動学的パネルデータ分析

動学的パネルデータ分析

千木良弘朗／早川和彦／山本拓 著

知泉書館

はしがき

　近年日本においてもパネルデータの充実が図られ，パネルデータを用いた実証分析も非常に数多く行われるようになってきた。パネルデータ分析の計量的手法に的を絞ったテキストは英語では幾つかあるが，日本語におけるテキストは訳書を含めてもまだ数少ない。またそれらは基本的にパネルデータ分析の全般を扱っており，かなり包括的な内容のテキストである。本書は話題を動学的パネルデータ分析の計量理論に絞った中級のテキストであり，大学院生，民間研究機関の実務家，計量経済学を専門としない研究者を対象としている。パネルデータ分析の創始者の一人である Marc Nerlove (2002) も強調しているように，動学は経済分析の要である。動学的パネルモデルを用いた実証分析は，購買力平価の検証をはじめとして多岐にわたっている。パネルデータ分析は今後ますます盛んになると思われるが，動学的パネルデータ分析はその最も主要な領域の一つである。

　動学的な計量分析といえば時系列分析が代表的であり，時系列分析は動学的パネルモデル分析における重要な構成要素である。しかし時系列分析の直接的拡張は可能ではない。パネルデータは時系列データに比べて，クロスセクション方向にデータが増したことにより，それなりの発想の転換が必要となる。例えば，時系列分析でよく知られた自己回帰モデルは最小2乗法で推定可能であるが，最も簡単な動学的パネルモデルに対しては最小2乗法は適用可能ではない。また時系列モデルにおける単位根検定の検定統計量は，一般的に標準的分布に従わないが，動学的パネルモデルの場合は，一定の条件の下に漸近的に正規分布に従うことが知られている。現代の経済時系列の分析では非定常時系列の分析が常識となっている。すなわち単位根検定や共和分分析に関わる問題である。これらのトピックは現在では大学院レベルの教育・研究でもよく扱われていると思われるが，決してたやすい話題ではない。

動学的パネル分析においても単位根検定や共和分分析が重要な課題となっているが，必然的にかなり高度な話題となってしまう．大学院生や民間研究機関の実務家，あるいは計量経済学を専門としない研究者が，いきなりこれらの計量分析についての原論文にあたることは至難の業と考えられる．一方近年，計量ソフトの充実は目覚ましく，次々と最新の手法が利用可能となってきており，考え方が分かれば実証分析に進むことができる．本書はそのような観点から，最先端の動学的パネル分析への橋渡し役を目指すものである．

本書は，大学院入門レベルの計量経済学・時系列分析の基礎知識を持った読者を前提としている．具体的には，計量的手法では操作変数法（あるいはGMM），時系列分析についていえば単位根検定についての基礎的知識を持っていることが望ましい．

本書は大きく分けて3つの部分からなっている．すなわち，第1章，第I部（第2章–第4章），ならびに第II部（第5章–第9章）である．第1章は静学的パネル分析を扱っており，本書全体の準備として，パネルデータ分析の計量手法についての基本的な考え方を解説している．

第I部は，定常な動学的パネル分析を扱っている．第2章では外生変数を含まない簡単なモデルを扱い，定常な動学的パネルモデル分析についての基本的な結果を整理して解説している，第3章では外生変数を含む場合に拡張し，第4章では定常な動学的パネルモデルについての検定やその他の様々な拡張を取り上げている．定常な動学的パネル分析は，70年代から始まったが，80年代から活発になり90年代に成熟期を迎えた．今世紀に入ってからは精緻化（例えば，推定法の効率性の比較や，小標本における推定量のバイアス修正の方法，初期条件の影響についての議論など）の時代に入ったと考えられる．したがって，本書では確立された代表的なアプローチと問題点を整理してまとめている．

第II部では非定常な動学的パネル分析を取り上げている．すなわちパネルデータを用いた単位根検定や共和分の問題などを扱っている．ここでは内容的に2種のカテゴリーに分けることができる．すなわちパネルデータのクロスセクション間に相関がない場合とクロスセクション間に相関がある場合である．それらは慣用に従い，それぞれ第1世代，第2世代とも表現されている．第5章で扱っている第1世代のパネル単位根検定ならびにパネル定常性

検定は第 II 部全体の序章ともなっている．この章で扱われている研究は 90 年代から研究が活発化し，今世紀に入って成熟の域に達し，現在では基本的アプローチは確立されたと言ってよいであろう．一方，第 6 章以降の話題は，一部を除いて，今世紀に入ってから研究が活発化し，現在もまだ新しい考え方が提案され続けている最先端の領域である．それらの章では，読者の理解を助けるため，統一的なモデル表記を用いて，式の展開をある程度詳しく説明している．なお 7.1 節では，その後の理解を助けるために，時系列分析における重要な結果を復習している．さらに GMM，ブラウン運動やファクター分析などについては，基本的考え方を付録にまとめてある．

本書は一橋大学の 21 世紀 COE プロジェクト「社会科学の統計分析拠点構築」(代表：斎藤修一橋大学経済研究所教授（当時），2003-2007 年度) における統計理論班の研究活動の一部をテキストとしてまとめたものである．本書の初期の原稿は，2008 年春刊行の『経済研究』に刊行されている．今回はその原稿を大幅に加筆・訂正したものである．素晴らしいチームワークでプロジェクトを推進された斎藤教授をはじめ，プロジェクト幹事の故加納悟教授，北村行伸教授，深尾京司教授に感謝したい．

同プロジェクト発足時の 2003 年には千木良は一橋大学大学院経済学研究科博士課程 1 年，早川は同大学院修士課程 1 年であり，いずれもパネルデータ分析の計量理論に深く関わることとなった．また今回の著者の他に，当時博士課程の学生であった Jung Hosung 氏も加わって，山本を含めた 4 人を中心に動学的パネル分析の私的研究会を定期的に開いて，動学的パネル分析の研究を推進してきた．

本書を同プロジェクトの幹事メンバーの一人であり，惜しくもプロジェクト半ばで亡くなられた一橋大学経済研究所の故加納悟教授に捧げたい．横浜国立大学以来の友人である加納教授の強い勧めで，山本はこの COE プロジェクトに幹事として加わることになり，パネル分析の研究を始めることとなった．そして当時の一橋大学の院生達を巻き込んで進めた研究プロジェクトであった．彼の誘いがなければ，全てがはじまらなかったと考えている．また彼が逝去された時，彼は早川の博士課程における指導教授でもあった．

最後に知泉書館の小山光夫氏に感謝したい．本書のようなやや狭い話題でかつ数学的に細かい内容の出版企画にもかかわらず，好意的に受け入れてい

ただき，フリーハンドで書かせて頂いた。

2010 年 6 月

著者を代表して
山 本　拓

目　次

はしがき ………………………………………………………………………… v

第1章　静学的パネル分析 ……………………………………………… 3
1.1　パネルデータ分析の問題意識 …………………………………… 6
1.1.1　クロスセクションデータに対する線形回帰モデルの問題点 …… 6
1.1.2　パネルデータに対する線形回帰モデルと Pooled OLS 推定 …… 8
1.2　固定効果分析 ……………………………………………………… 9
1.2.1　分析のアイデア ………………………………………………… 10
1.2.2　固定効果モデルとその推定 …………………………………… 11
1.2.3　実証分析例 -固定効果分析の経済学的な利点- ……………… 15
1.2.4　固定効果分析の問題点とその解決法 ………………………… 19
1.3　変量効果分析 ……………………………………………………… 23
1.3.1　変量効果モデルとその推定 …………………………………… 24
1.3.2　実証分析例 -変量効果分析の経済学的な利点- ……………… 27
1.3.3　変量効果分析の問題点とその解決法 ………………………… 30
1.4　パネルデータモデルの妥当性の検定 …………………………… 33
1.4.1　Hausman 検定 …………………………………………………… 33
1.4.2　その他の検定 …………………………………………………… 35
1.5　動学的パネルデータ分析に向けて ……………………………… 36
1.6　まとめ ……………………………………………………………… 38

第Ⅰ部　定常な動学的パネル分析

第2章　パネル自己回帰モデルの推定 ……………………………… 43
2.1　パネル自己回帰モデル …………………………………………… 43

目次

- 2.2 OLS 推定量 ……………………………………………………… 46
  - 2.2.1 Pooled OLS 推定量の不一致性と変換行列 …………………… 46
  - 2.2.2 一階階差変換 …………………………………………………… 47
  - 2.2.3 Within-Group 変換 …………………………………………… 48
  - 2.2.4 Forward Orthogonal Deviation 変換 ………………………… 51
  - 2.2.5 変量効果推定量 ………………………………………………… 53
  - 2.2.6 OLS 推定量のバイアス修正 …………………………………… 54
- 2.3 操作変数推定量 …………………………………………………… 57
  - 2.3.1 一階階差モデル ………………………………………………… 57
  - 2.3.2 FOD 変換されたモデル ……………………………………… 59
- 2.4 GMM 推定量 ……………………………………………………… 60
  - 2.4.1 一階階差 GMM 推定量 ……………………………………… 60
  - 2.4.2 FOD-GMM 推定量 …………………………………………… 64
  - 2.4.3 レベル GMM 推定量 ………………………………………… 66
  - 2.4.4 システム GMM 推定量 ……………………………………… 70
  - 2.4.5 Windmeijer の標準誤差の修正 ……………………………… 74
  - 2.4.6 追加的なモーメント条件 …………………………………… 75
  - 2.4.7 N と T が両方大きいときの GMM 推定量の性質 ………… 75
  - 2.4.8 モーメント条件の選択 ……………………………………… 77
- 2.5 その他の推定量 …………………………………………………… 79
  - 2.5.1 最尤推定量 ……………………………………………………… 80
  - 2.5.2 LIML 推定量 …………………………………………………… 80
- 2.6 初期条件について ………………………………………………… 82
  - 2.6.1 LSDV 推定量への影響 ……………………………………… 82
  - 2.6.2 一階階差 GMM 推定量への影響 …………………………… 83

第 3 章　外生変数を含んだ動学的パネルモデルの推定と検定 …… 88

- 3.1 外生変数を含んだ動学的パネルモデルの推定 ………………… 88
  - 3.1.1 LSDV 推定量 …………………………………………………… 90
  - 3.1.2 LSDV 推定量のバイアス修正 ……………………………… 92
  - 3.1.3 操作変数推定量・GMM 推定量 …………………………… 96

3.2　動学的パネルモデルにおける様々な検定……………………103
　　3.2.1　個別効果が含まれているかどうかの検定………………103
　　3.2.2　系列相関の有無の検定………………………………………104
　　3.2.3　初期条件の平均定常性の検定………………………………105
　3.3　実証分析例……………………………………………………………106

第4章　拡張された動学的パネルモデル……………………111
　4.1　パネル $AR(p)$ モデル…………………………………………111
　4.2　不均一なタイムトレンドを持つモデル…………………………112
　4.3　クロスセクション間に相関があるモデル………………………115
　　4.3.1　LSDV 推定量…………………………………………………115
　　4.3.2　GMM 推定量…………………………………………………116
　4.4　ARCH 構造を持つ動学的パネルモデル…………………………117
　4.5　パネル VAR モデル…………………………………………………120
　4.6　不均一な動学的パネルモデル (ランダム係数モデル)…………120

第 II 部　非定常な動学的パネル分析

第5章　第1世代の単位根検定と定常性検定……………………131
　5.1　Levin, Lin and Chu の単位根検定………………………………131
　　5.1.1　モデルと検定問題……………………………………………132
　　5.1.2　検定のアイデアと方法………………………………………133
　　5.1.3　検定の問題点…………………………………………………137
　5.2　Im, Pesaran and Shin の単位根検定……………………………140
　　5.2.1　モデルと検定問題……………………………………………140
　　5.2.2　検定のアイデアと方法………………………………………142
　　5.2.3　検定の問題点…………………………………………………145
　5.3　Combination 単位根検定…………………………………………146
　　5.3.1　モデルと検定問題……………………………………………146
　　5.3.2　検定のアイデアと方法………………………………………148
　　5.3.3　検定の問題点…………………………………………………151

5.4 Hadri の定常性検定 ··· 153
5.4.1 モデルと検定問題 ··· 154
5.4.2 検定のアイデアと方法 ··· 155
5.4.3 検定の問題点 ··· 156
5.5 検定の小標本特性の比較 ·· 159
5.5.1 パネル単位根検定の小標本特性 ······················· 160
5.5.2 パネル定常性検定の小標本特性 ······················· 162
5.6 実証分析例 ·· 163
5.6.1 購買力平価説の実証分析 ····································· 163
5.6.2 本質的な批判について ··· 169
5.6.3 その他の実証分析 ··· 172
5.7 まとめ ·· 173

第6章　第2世代の単位根検定と定常性検定 ···················· **175**
6.1 クロスセクション間の相関の導入 ······························ 176
6.1.1 共分散アプローチ ··· 176
6.1.2 時間効果アプローチ ··· 177
6.1.3 ファクターアプローチ ··· 177
6.2 単位根検定 ·· 178
6.2.1 GLS に基づいた検定 ··· 178
6.2.2 Choi の Combination 検定 ····································· 180
6.2.3 Moon and Perron 検定：ファクターアプローチ1 ·············· 184
6.2.4 Bai and Ng 検定：ファクターアプローチ2 ················ 190
6.2.5 Pesaran の CIPS 検定 ·· 196
6.2.6 その他の方法 ··· 202
6.2.7 検定の特性 ··· 202
6.3 定常性検定 ·· 203
6.3.1 Harris, Leybourne and McCabe 検定 ························ 203
6.3.2 Bai and Ng 検定 ··· 206
6.4 実証分析例 ·· 211
6.4.1 為替レート ··· 212

目次 xiii

  6.4.2 賃金 …………………………………………………………216
  6.4.3 GDP …………………………………………………………216
  6.4.4 利子率 ………………………………………………………218

第7章 第1世代の見せかけの回帰と共和分モデルの推定 …… 221
 7.1 非定常時系列回帰モデルの推定 ……………………………………222
  7.1.1 見せかけの回帰モデル ……………………………………222
  7.1.2 共和分モデルの推定 ………………………………………223
 7.2 第1世代の見せかけの回帰と共和分モデルの推定 ………………231
  7.2.1 見せかけの回帰モデル ……………………………………231
  7.2.2 パネル共和分モデルの推定 ………………………………233

第8章 第2世代の見せかけの回帰と共和分モデルの推定 …… 243
 8.1 見せかけの回帰モデル ………………………………………………243
 8.2 共和分モデルの推定：共分散アプローチ …………………………245
  8.2.1 システム OLS 推定量 ………………………………………249
  8.2.2 システム GLS 推定量 ………………………………………250
  8.2.3 システム FMOLS 推定量 …………………………………252
  8.2.4 システムダイナミック OLS 推定量 ……………………256
 8.3 共和分モデルの推定：時間効果アプローチ ………………………257
 8.4 共和分モデルの推定：ファクターアプローチ ……………………258
  8.4.1 共通ファクターが $I(0)$ のケース …………………………259
  8.4.2 共通ファクターが $I(1)$ のケース …………………………264

第9章 パネル共和分検定とパネル多変量共和分モデル ……… 267
 9.1 クロスセクション間の相関が無いときの共和分検定 ……………267
  9.1.1 Kao 検定 ……………………………………………………268
  9.1.2 Pedroni 検定 ………………………………………………269
  9.1.3 McCoskey and Kao 検定 …………………………………272
 9.2 クロスセクション間に相関があるときの共和分検定 ……………274
 9.3 パネル多変量共和分モデルの推定と検定 …………………………276

目 次

  9.3.1 クロスセクション間の相関がない場合……………………………276
  9.3.2 クロスセクション間の相関がある場合……………………………278

付録A 一般化モーメント (GMM) 推定量……………………………282
 A.1 GMM 推定量の定義………………………………………………………282
  A.1.1 GMM 推定量としての OLS 推定量……………………………283
  A.1.2 GMM 推定量としての 2SLS 推定量……………………………284
 A.2 GMM 推定量の漸近的特性………………………………………………284
 A.3 GMM 推定量における検定………………………………………………286
  A.3.1 過剰識別制約検定…………………………………………………286
  A.3.2 Sargan の階差検定…………………………………………………287

付録B ブラウン運動の復習と長期分散の推定………………………288
 B.1 ブラウン運動の定義………………………………………………………288
 B.2 いくつかの収束結果と長期分散…………………………………………289
 B.3 ブラウン運動の期待値と分散……………………………………………291
 B.4 長期分散の推定……………………………………………………………295

付録C ファクターモデルとファクター数の推定……………………297
 C.1 ファクターモデル…………………………………………………………297
 C.2 ファクターモデルの推定…………………………………………………299
 C.3 ファクター数の推定………………………………………………………300

付録D 検定の小標本特性と漸近特性について……………………302
 D.1 小標本特性…………………………………………………………………303
 D.2 大標本特性…………………………………………………………………304

付録E マクロパネルデータの分析における漸近論について……306

参考文献……………………………………………………………………………309
索引…………………………………………………………………………………335

動学的パネルデータ分析

第1章
静学的パネル分析

　経済データは，よくクロスセクションデータと時系列データという2つの種類に分類される。クロスセクションデータはいくつかの個体(個人や家計,企業等)についてのある1時点のデータであり，時系列データはいくつかの時点についてのある1個体のデータである。パネルデータとは，クロスセクションデータと時系列データを合わせたデータと言える。つまり，いくつかの個体についてある期間にわたって収集したデータがパネルデータである。

　このように経済データにはいくつかの種類があり，計量経済学は各種のデータが持つ特徴に応じて適切なモデルや分析手法を提案してきた。ただし，クロスセクションデータや時系列データに対して開発された計量経済手法は，もちろんそれ自体意義深いものではあるが，いくつかの制限も課せられている。パネルデータに対する計量経済手法は，クロスセクションと時系列のデータを組み合わせることでそれらの制限を緩和することに1つの大きな意義を持つ。具体的にどのような制限が解かれるのかを全て紹介することは難しいので，以下に主な3点を挙げる。

　パネルデータを使うことで緩和される最も大きな制限の1つは，Hsiao (2003), Baltagi (2008) 等に述べられているように，個体に固有な性質のコントロール (いわゆる "他の条件を一定として") の問題である。例えば，生産関数を推定するためにいくつかの企業の生産量と，投入量など生産量に影響を与える指標のデータを集めても，そのデータを分析する際には企業に固有な性質(例えば経営能力のようなもの)をコントロールするべきであろう。しかし，クロスセクションデータや時系列データを使った分析では，固有な性質に関するデータが得にくいこともあって，それを行うのは一般に難しい。これに

対し，パネルデータを使えばそのコントロールは容易に行えるのである。このような動機に基づいたパネルデータ分析が，いわゆる固定効果分析である。

2点目は，Arellano and Honoré (2001)，Arellano (2003a) が指摘しているように，モデルの誤差項に対するより詳しい分析の可能性である。クロスセクションあるいは時系列データに対する典型的な計量経済モデルでは，1つの被説明変数といくつかの説明変数，それに "1つ" の誤差項があるとされる。しかし，誤差項には様々な要素が詰め込まれているので，1つの変数として扱うよりも，異なる性質を持ったいくつかの変数から構成されると扱った方がもっともらしいだろう。パネルデータを使うことで誤差項をいくつかの変数もしくは要素へ分解し，その分解に基づいてより豊かな経済分析を可能にした手法が，いわゆる変量効果分析である。

最後は，Nerlove (2002) で強調されているように，動学の問題である。Nerlove (2002) は，経済行動は本質的に動学的であるので，計量経済モデルとしては動学を含むものが適切であると述べている。そして，クロスセクションデータでは動学をモデル化できず，時系列データは動学のモデル化に適してはいるが一般にかなり集計され過ぎている，と指摘し，個体の動学的な動きをモデル化できる動学的パネルデータモデルは非常に望ましい計量経済モデルであると主張している。これが，動学的パネル分析に焦点を当てた本書を執筆する1つの理由である。

以上，パネルデータ分析の利点を3点挙げたが，いずれの点もパネルデータの情報量がクロスセクションあるいは時系列データのそれより大きいことがもたらしたものである。上記以外のパネルデータ分析の利点も，基本的にはパネルデータが持つ情報量の多さに由来する[1]。

このように，パネルデータはクロスセクションあるいは時系列データに比べてより深い分析を可能にするので，パネルデータに対する計量経済手法は80年代以降盛んに研究され，大きく発展した。その発展の構図は，既存のクロスセクションあるいは時系列データに対する計量手法のパネルデータへの拡張とも言えるだろう。古典的な線形回帰モデルをパネルデータ向けに拡張

---

[1] 北村 (2003) では，パネルデータの利点としてミクロ経済学の理論を直接検定できることを重視している。他の利点は Hsiao (2003)，Baltagi (2008) 等参照。

することで個体に固有な性質や誤差項の複雑な構造を考慮した回帰分析が可能になったのを始め，Seemingly Unrelated Regressions (SUR) モデルや同時方程式モデルに対しても同様の拡張がなされている．また，通常はクロスセクションデータに対して用いられる質的変量モデル (Logit, Probit モデル等) や制限従属変数を持つモデル (Tobit モデル等) にもパネルデータに対応したモデルが提案されている．さらに，時系列データに対して用いられる自己回帰 (Autoregression, AR) モデルやベクトル自己回帰 (Vector Autoregression, VAR) モデル，単位根モデル，共和分モデルもパネルデータモデルへの拡張がなされている．先に述べた動学的パネルデータモデルも，時系列モデルのパネルデータへの拡張と見ることもできる．こうした計量手法の発展に伴って多くのサーベイ論文[2]やパネル分析の教科書[3]が出版され，Greene (2007) 等の標準的な教科書にもパネルデータ分析の章が設けられている．さらに，近年のパネルデータ整備の進展も相まって実証研究も活発に行われ，パネルデータ分析は計量経済学の1つの分野として確立するに至った．

さて，本書ではこのようなパネルデータ分析の中で動学に関する分析を扱う．動学モデルの特徴を明らかにするために，本章では動学を持たない基礎的なパネルデータ分析の手法を紹介し，動学的パネル分析への橋渡しとする．具体的には，静学的な線形回帰モデルを取り上げて，その分析手法について実証例を交えながらサーベイする．比較的簡単なモデルを使うことでパネルデータ分析の意義を明確に紹介すると共に，具体的な手法の使い方とその理論的背景を簡潔に示すのが本章の目的である．動学的パネル分析を始めとする高度なパネルデータ分析についても基本的な考え方は静学的な線形回帰モ

---

[2] 例えば，Chamberlain (1984), Arellano and Honoré (2001), 北村 (2003) 等．Chamberlain (1984) は主に動学を含まないパネル分析を，Arellano and Honoré (2001) は主に動学的パネル分析を扱っており，共に質的変量モデルを含む広い範囲をカバーしている．北村 (2003) は方法論だけでなく実証分析もサーベイしている．

[3] 先に挙げた Hsiao (2003), Baltagi (2008) の他にも Wooldridge (2001) や Arellano (2003a), 北村 (2005), Cameron and Trivedi (2005) 等がある．Hsiao (2003) や Baltagi (2008) は線形回帰，同時方程式，質的変量，制限従属変数，定常時系列，非定常時系列モデルといったかなり広い範囲を網羅している．北村 (2005) も広い範囲を網羅し，方法論だけでなく実証分析についての記述も充実している．Wooldridge (2001) はやや焦点を絞って線形回帰，質的変量，制限従属変数モデルを主に扱うが，各モデルへの動学の導入や実証例を解説するなど，詳細な内容まで記述している．Cameron and Trivedi (2005) も質的変量モデルに重点をおいている．Arellano (2003a) は主に動学的パネルモデルを扱っており，内容はやや高度である．

デルのそれと同じなので，まずは静学回帰モデルでパネルデータ分析の考え方を理解しておくのは有益である。

本章の構成は以下の通り。1.1 節では，クロスセクションデータに対する線形回帰モデルの問題点を 2 点指摘することでパネルデータ分析の意義を明確にする。1.2 節では，1.1 節で指摘した問題点の 1 つを解決するための分析手法，固定効果分析を紹介する。1.3 節では，1.1 節で指摘したもう 1 つの問題点を解決するための手法，変量効果分析を扱う。そして，1.4 節ではそれらの分析で使われるモデルが経済データと整合的なのかを検定する方法を紹介する。1.5 節では本章で紹介するモデルや分析手法が次章以降でどのように高度化・複雑化していくかを簡単に述べ，最後に 1.6 節でまとめを行う。

1.1 パネルデータ分析の問題意識

1.1.1 クロスセクションデータに対する線形回帰モデルの問題点

クロスセクションデータに対する線形回帰モデル

$$y_i = \mathbf{x}_i'\boldsymbol{\beta} + \mathbf{z}_i'\boldsymbol{\gamma} + v_i \qquad (i = 1, 2, ..., N) \tag{1.1}$$

を考える。ここで，i は個体を表す番号，y_i はスカラーの被説明変数，$\mathbf{x}_i$ と $\mathbf{z}_i$ は各々 $K \times 1$ と $L \times 1$ の説明変数ベクトル，$\boldsymbol{\beta}$ と $\boldsymbol{\gamma}$ は各々 $K \times 1$ と $L \times 1$ の定数パラメータベクトル，v_i はスカラーの誤差項である。説明変数 $\mathbf{x}_i$ と $\mathbf{z}_i$ は非確率変数でも確率変数でも良い。また，このモデルは以下のような回帰分析の標準的な仮定を満たすとする。

仮定 1: $\quad E(v_i|\mathbf{x}_i, \mathbf{z}_i) = 0 \qquad (i = 1, 2, ..., N)$

仮定 2: $\quad \mathrm{rank}\left\{ E\left[(\mathbf{x}_i', \mathbf{z}_i')' (\mathbf{x}_i', \mathbf{z}_i') \right] \right\} = K + L$

仮定 1 は説明変数と誤差項が相関しないことを，仮定 2 は説明変数間にいわゆる多重共線性が無いことを示す。

このような回帰モデルに対する代表的な推定法は最小 2 乗法 (Ordinary Least Squares, OLS) である。y_i, $\mathbf{x}_i$, $\mathbf{z}_i$ のデータが利用可能ならば，仮定 1, 2 の下で β と γ に対する OLS 推定量は一致性を持つ。このようなときには，パラメータの一致推定が可能であるという意味において，クロスセクションデータのみでの分析に問題は無い。

ここで，データ $\mathbf{z}_i$ が利用不可能であるとしよう。実証分析においては，データの中にはしばしば利用不可能なデータがある。例えば，(1.1) が生産関数で i が企業を表し，y_i が生産，$\mathbf{x}_i$ が投入，$\mathbf{z}_i$ がその企業の経営能力とすると，$\mathbf{z}_i$ のデータは一般に入手困難である。このようなときには，(1.1) を

$$\begin{aligned} y_i &= \mathbf{x}_i'\beta + (\mathbf{z}_i'\gamma + v_i) \\ &= \mathbf{x}_i'\beta + u_i \end{aligned} \qquad (1.2)$$

と見なして $u_i = (\mathbf{z}_i'\gamma + v_i)$ を誤差項と考え，y_i を $\mathbf{x}_i$ のみに回帰することが考えられる。

ここで，モデル (1.2) の妥当性を検証しよう。このモデルには次の 2 点の問題がある。

(i) $\mathbf{z}_i$ をコントロールせずに (つまり $\mathbf{z}_i$ で条件付けずに)β を一致推定するための仮定

$$E(u_i|\mathbf{x}_i) = 0 \qquad (i = 1, 2, ..., N) \qquad (1.3)$$

が満たされるか。

(ii) もし (1.3) が満たされるとしても $(\mathbf{z}_i'\gamma + v_i)$ を 1 つの誤差項 u_i として扱って良いのか。

(i) については，(1.3) はかなり厳しい仮定と言えるだろう。なぜなら，説明変数間には一般に相関がある，つまり $E(\mathbf{z}_i\mathbf{x}_i') \neq 0$ と考えられるが，(1.3) は $E(\mathbf{z}_i\mathbf{x}_i') = 0$ を示唆するからである。したがって (1.3) が成り立つとは考えにくく，このままでは β を一致推定することは困難である。

(ii) は，β の推定という観点からは，効率性の問題と言える。v_i がいわゆる均一分散であっても u_i は明らかにそうとは言えないので β についての OLS

推定量は効率的ではなくなる.さらに,別の観点として,経済学的な解釈の問題もある.$\mathbf{z}_i'\gamma$ が経済学的に重要な要素である場合には,$(\mathbf{z}_i'\gamma + v_i)$ を単に1つの誤差項 u_i として扱ってしまうと分析結果の解釈や経済理論の検証が難しくなることもあると思われる.

クロスセクションデータだけを使ってこれらの問題を解決することも不可能ではない.(i) の問題は,$\mathbf{z}_i$ に対する操作変数や代理変数が利用可能ならば解決できる.(ii) についても,何らかの方法で一般化最小 2 乗法 (Generalized Least Squares, GLS) を行えば効率的な推定量が得られる.また,$\mathbf{z}_i'\gamma$ が経済学的に重要な要素であるときのモデルとしては,例えば,確率的フロンティアモデルがある[4].

しかし,実際には $\mathbf{z}_i$ の操作変数や代理変数を見つけるのは困難なことも多く,GLS に必要な u_i の分散の情報を得るのも難しい.確率的フロンティアモデルにしても,モデルの制約が厳しいので使える状況は限られている.

つまり,クロスセクションデータだけでは (i),(ii) の問題に対してかなり限定的な対処しかできない.これに対し,本章の始めに述べたように,パネルデータはその制限を緩めることを可能にする.(i) の問題をパネルデータを使うことで解決する方法が固定効果分析,(ii) の問題に対処する方法が変量効果分析である.

1.1.2 パネルデータに対する線形回帰モデルと Pooled OLS 推定

ここでクロスセクションデータではなくパネルデータが利用できるとする.モデル (1.2) をパネルデータに拡張すると

$$y_{it} = \mathbf{x}_{it}'\beta + (\mathbf{z}_{it}'\gamma + v_{it}) \qquad (i=1,2,...,N;\ t=1,2,...,T) \tag{1.4}$$

$$= \mathbf{x}_{it}'\beta + u_{it} \tag{1.5}$$

となる.ここで,t は時間を表す番号,y_{it} はスカラーの被説明変数,$\mathbf{x}_{it}$ と $\mathbf{z}_{it}$ は各々 $K \times 1$ と $L \times 1$ の説明変数ベクトル,v_{it} はスカラーの誤差項であ

---

4) Greene (2007) 等を参照のこと.

る。パネルデータが利用可能になると，このようにクロスセクションと時系列の 2 方向に変数間の関係がモデル化される。ただし，説明変数 $\mathbf{z}_{it}$ が観測できないことに変わりはない。係数パラメータ β と γ については，標準的なクロスセクションあるいは時系列データに対する回帰モデル同様，i や t について均一と仮定する。

　モデル (1.5) を見ると，標本サイズが N から NT に変わっている点を除けば，パネルデータに対する回帰モデルは形の上ではクロスセクションデータに対するモデル (1.2) と変わらないことがわかる。このように，(1.5) を単に標本サイズが NT の回帰モデルとして扱い，OLS で β を推定する方法を **Pooled OLS** と言う。具体的には，以下で与えられる。

$$\widehat{\beta}_{POLS} = \left(\sum_{i=1}^{N} \sum_{t=1}^{T} \mathbf{x}_{it} \mathbf{x}_{it}' \right)^{-1} \sum_{i=1}^{N} \sum_{t=1}^{T} \mathbf{x}_{it} y_{it} \tag{1.6}$$

パネルデータを用いて Pooled OLS 推定を行っても，当然，上記 (i)，(ii) の問題は何ら解決されない。Pooled OLS 推定量 (1.6) は，標本サイズが大きいことを除けば，(1.2) に対する OLS 推定量と本質的に変わらないのである。しかし，Pooled OLS 推定量はパネルデータ分析を行う際の 1 つのベンチマークとしての役割を果たすのでここで示しておく。次節から，パネルデータを使ってそれらの問題点を解決する方法を紹介する。

1.2　固定効果分析

　本節では，1.1.1 項で挙げた (i) の問題に対処するためのパネルデータ分析，固定効果分析を紹介する。固定効果分析の問題意識は，線形回帰モデル (1.5) において $E(u_{it}|\mathbf{x}_{it}) = 0$ が成立しないため $\mathbf{z}_{it}$ をコントロールする必要があるが，$\mathbf{z}_{it}$ のデータは利用不可能であるという問題に対処する，ということである。

1.2.1 分析のアイデア

固定効果分析の基本的な考え方を，Wooldridge (2001)，Arellano (2003a) に沿って示そう．まず，線形回帰モデル (1.4) において，観測はできないがコントロールはしたい説明変数 z_{it} を時間について不変，つまり $z_{it} = z_i$ であると仮定する．例えば z_{it} を企業の経営能力とすると，この仮定は経営能力は企業ごとには異なるが時間がたっても変化しないことを示す．すると，モデル (1.4) は

$$y_{it} = \mathbf{x}'_{it}\beta + (\mathbf{z}'_i\gamma + v_{it}) \tag{1.7}$$

となる．次に，(1.7) を時間について階差を取ると

$$\Delta y_{it} = \Delta \mathbf{x}'_{it}\beta + (\Delta v_{it}) \tag{1.8}$$

を得る．ここで，$\Delta = 1 - L$，L はラグオペレーターである．すなわち，$L^s x_t = x_{t-s}, (s = 1, 2, ...)$ である．時間について不変な z_i は階差を取ると消えるので，(1.8) にはもはや z_i は存在しない．最後に，

$$E(\Delta v_{it} | \Delta \mathbf{x}_{it}) = 0 \qquad (i = 1, 2, ..., N;\ t = 2, ..., T) \tag{1.9}$$

を仮定し，(1.8) を OLS で推定すれば β の一致推定が可能となる．仮定 (1.9) は

$$E(v_{it} | \mathbf{x}_{i,t-1}, \mathbf{x}_{it}, \mathbf{x}_{i,t+1}) = 0 \qquad (i = 1, 2, ..., N;\ t = 2, ..., T-1) \tag{1.10}$$

により保障される．仮定 (1.10) は標準的な仮定 1 のパネルデータ版とも呼べるもので，$E(u_{it} | \mathbf{x}_{it}) = 0$ という仮定よりはるかにもっともらしく，許容できるだろう．

このように，$\mathbf{z}'_{it}\gamma$ を時間不変と仮定し，階差を取ることで消してしまえば $E(u_{it}|\mathbf{x}_{it}) = 0$ を仮定すること無く β を一致推定することができる．これが固定効果分析の基本的なアイデアである．クロスセクションデータだけでは時間的な階差を取ることはできないので，当然このような方法は行えない．

1.2.2 固定効果モデルとその推定

固定効果分析をより詳しく説明しよう。パネルデータに対する線形回帰モデル

$$y_{it} = \mathbf{x}'_{it}\boldsymbol{\beta} + (\mathbf{z}'_{it}\boldsymbol{\gamma} + v_{it}) \tag{1.4}$$

からスタートする。このモデルに次の仮定を置く。

仮定 3: $\mathbf{z}_{it} = \mathbf{z}_i$ $(i = 1, 2, ..., N;\ t = 1, 2, ..., T)$

この仮定は，前述したように，観測できない変数 $\mathbf{z}_{it}$ は個体ごとに異なるが時間については不変であることを示す。このとき，モデル (1.4) は

$$y_{it} = \mathbf{x}'_{it}\boldsymbol{\beta} + (\eta_i + v_{it}) \tag{1.11}$$

と書ける。ここで，$\eta_i = \mathbf{z}'_i\boldsymbol{\gamma}$ である。以下では，η_i を個別効果，モデル (1.11) を固定効果モデルと呼ぶ。

表記を簡単にするために，モデル (1.11) を次のように行列表示で書き直す。

$$\begin{bmatrix} y_{i1} \\ \vdots \\ y_{iT} \end{bmatrix} = \begin{bmatrix} \mathbf{x}'_{i1} \\ \vdots \\ \mathbf{x}'_{iT} \end{bmatrix} \boldsymbol{\beta} + \left(\begin{bmatrix} \eta_i \\ \vdots \\ \eta_i \end{bmatrix} + \begin{bmatrix} v_{i1} \\ \vdots \\ v_{iT} \end{bmatrix} \right) \quad (i = 1, 2, ..., N)$$

$$\Leftrightarrow \mathbf{y}_i = \mathbf{X}_i \boldsymbol{\beta} + (\boldsymbol{\iota}_T \eta_i + \mathbf{v}_i) \tag{1.12}$$

ここで，$\mathbf{y}_i$ は $T \times 1$ の被説明変数ベクトル，$\mathbf{X}_i$ は $T \times K$ の説明変数行列，$\boldsymbol{\iota}_T$ は全ての要素が 1 の $T \times 1$ ベクトル，$\mathbf{v}_i$ は $T \times 1$ の誤差項である。標準的なパネルデータ分析では，ここで次の仮定を置く。

仮定 4: $\{(\mathbf{y}_i, \mathbf{X}_i, \eta_i, \mathbf{v}_i),\ i = 1, 2, ..., N\}$ はランダムサンプル

仮定 4 は，各個体はクロスセクション方向に独立であることを意味する。本章では，特に言及しない限り，この仮定は常に満たされているとする。

1.1.1 項で紹介した回帰分析の標準的な仮定 1 と 2 は，このモデルでは以下のような形に書き直される。

仮定 1': $E(v_{it}|\mathbf{X}_i,\eta_i)=0 \qquad (i=1,2,...,N;\ t=1,2,...,T)$

仮定 2': $\mathrm{rank}\left\{E[(\mathbf{X}_i,\iota_T\eta_i)'(\mathbf{X}_i,\iota_T\eta_i)]\right\}=K+1$

仮定 1' は，説明変数 $\mathbf{X}_i$ と誤差項 v_{it} に相関が無いことと，個別効果 η_i と v_{it} にも相関が無いことを示す。仮定 2' は仮定 2 における $\mathbf{z}_i$ が $\iota_T\eta_i$ に置き換わったもので，多重共線性を排除するためのものである。また，分析の簡単化のために，次のように誤差項 $\mathbf{v}_i$ に均一分散ならびに系列無相関の仮定を置く。

仮定 5: $E(\mathbf{v}_i\mathbf{v}_i'|\mathbf{X}_i,\eta_i)=\sigma_v^2\mathbf{I}_T \qquad (i=1,2,...,N)$

なお，仮定 4 より，$\mathbf{v}_i$ と $\mathbf{v}_j$ は無相関である。

さて，この固定効果モデルの問題点は，これまで指摘してきたように，

$$E(u_{it}|\mathbf{X}_i)=E[(\eta_i+v_{it})|\mathbf{X}_i]=0 \qquad (i=1,2,...,N;\ t=1,2,...,T)$$

という仮定が満たされないことであった。この仮定は，仮定 1' の下では

仮定 6: $E(\eta_i|\mathbf{X}_i)=0 \qquad (i=1,2,...,N)$

と同値である。仮定 6 は，個別効果 η_i と説明変数 $\mathbf{x}_{it}$ に相関があると満たされない。実証分析では，例えば，企業の生産 y_{it} を説明する投入 $\mathbf{x}_{it}$ は企業に特有の経営能力 η_i と相関すると考えた方がもっともらしいので，仮定 6 は好ましくない。しかし，仮定 6 が成立しないと (1.12) を OLS で推定しても β の一致推定量を得ることはできない。

この問題を解決するには，一階階差を取って η_i を消せば良い。$(T-1)\times T$ の行列 $\mathbf{D}_T$ を

$$\mathbf{D}_T=\begin{bmatrix} -1 & 1 & 0 & \cdots & 0 & 0 \\ 0 & -1 & 1 & & 0 & 0 \\ \vdots & & & \ddots & & \vdots \\ 0 & 0 & 0 & \cdots & -1 & 1 \end{bmatrix}$$

第1章 静学的パネル分析

とすると，これを (1.12) に前から掛けることで階差を取ることができる．

$$\mathbf{D}_T \mathbf{y}_i = \mathbf{D}_T \mathbf{X}_i \boldsymbol{\beta} + \mathbf{D}_T \mathbf{v}_i \tag{1.13}$$

なお，$\mathbf{D}_T \boldsymbol{\iota}_T = \mathbf{0}$ なので，時間不変な η_i はモデルから消える．モデル (1.13) は，前項で言及したように，OLS によって推定可能である．ただし，仮定 5 より，階差を取った誤差項 $\mathbf{D}_T \mathbf{v}_i$ の共分散行列は $Var(\mathbf{D}_T \mathbf{v}_i | \mathbf{X}_i) = \sigma_v^2 \mathbf{D}_T \mathbf{D}_T'$ となるので，系列相関の問題が生じている．

この問題への対処として GLS 推定を考えよう．$\mathbf{Q}_T = \mathbf{D}_T'(\mathbf{D}_T \mathbf{D}_T')^{-1} \mathbf{D}_T = \mathbf{I}_T - \boldsymbol{\iota}_T \boldsymbol{\iota}_T'/T$ とすると，GLS 推定量は

$$\begin{aligned}\widehat{\boldsymbol{\beta}}_{FE} &= \left(\sum_{i=1}^{N} \mathbf{X}_i' \mathbf{Q}_T \mathbf{X}_i\right)^{-1} \sum_{i=1}^{N} \mathbf{X}_i' \mathbf{Q}_T \mathbf{y}_i \\ &= \left(\sum_{i=1}^{N} \sum_{t=1}^{T} (\mathbf{x}_{it} - \bar{\mathbf{x}}_i)(\mathbf{x}_{it} - \bar{\mathbf{x}}_i)'\right)^{-1} \sum_{i=1}^{N} \sum_{t=1}^{T} (\mathbf{x}_{it} - \bar{\mathbf{x}}_i)(y_{it} - \bar{y}_i)\end{aligned} \tag{1.14}$$

となり，これを以降では**固定効果推定量** (Fixed Effects Estimator) と呼ぶ．ただし，$\bar{\mathbf{x}}_i = T^{-1} \sum_{s=1}^{T} \mathbf{x}_{is}$, $\bar{y}_i = T^{-1} \sum_{s=1}^{T} y_{is}$ である．なお，固定効果推定量は $\mathbf{Q}_T$ を (1.12) に掛けて得られる

$$\mathbf{Q}_T \mathbf{y}_i = \mathbf{Q}_T \mathbf{X}_i \boldsymbol{\beta} + \mathbf{Q}_T \mathbf{v}_i$$

という回帰モデルに対する OLS 推定量と等しい．$\mathbf{Q}_T \mathbf{y}_i$ の要素は $y_{it} - \frac{1}{T} \sum_{s=1}^{T} y_{is}$ のように個体内 (Within-Group, WG) の変動となることから，$\mathbf{Q}_T$ によるモデルの変換を **WG 変換**と呼び，固定効果推定量のことを **WG 推定量**と呼ぶこともある．

仮定 1', 2' の下で，固定効果推定量 (1.14) は不偏性，一致性，漸近正規性を持つ．さらに仮定 5 を加えると，効率性も持つ．また，漸近分布の分散は，

$$\widehat{Var}\left(\widehat{\boldsymbol{\beta}}_{FE}\right) = \widehat{\sigma}_v^2 \left(\sum_{i=1}^{N} \mathbf{X}_i' \mathbf{Q}_T \mathbf{X}_i\right)^{-1} \tag{1.15}$$

により一致推定することができる．ここで，

$$\widehat{\sigma}_v^2 = \frac{1}{N(T-1) - K} \sum_{i=1}^{N} \left(\mathbf{Q}_T \mathbf{y}_i - \mathbf{Q}_T \mathbf{X}_i \widehat{\boldsymbol{\beta}}_{FE}\right)' \left(\mathbf{Q}_T \mathbf{y}_i - \mathbf{Q}_T \mathbf{X}_i \widehat{\boldsymbol{\beta}}_{FE}\right)$$

$$\tag{1.16}$$

である.このように,固定効果分析は仮定 6 が無くても β を一致推定することができる.実際,仮定 1', 2', 3, 5 は,いずれも $E(\eta_i|\mathbf{X}_i)$ については何も仮定していない.これにより,固定効果分析は η_i と $\mathbf{X}_i$ に相関を許した頑健な分析であると言える.

ここで,漸近特性についての注意点を挙げておく.パネルデータの標本サイズは NT であるが,本章で漸近特性を述べる際には,特に断らない限り T は有限で固定しており,$N \to \infty$ とする状況を考える.これは本章で紹介する分析手法がいわゆる典型的なパネルデータに対して適応されることを暗黙の前提としているためである.典型的なパネルデータとは,個人や企業についてのデータのように,N が大きく T が小さいデータのことである.実際,次項で取り上げる実証例では企業についてのデータが分析され $N = 63$, $T = 6$ であり,1.3.2 項で紹介する変量効果分析の実証例でも $N = 1144$, $T = 7$ の個人のデータを扱う.こうしたデータに対しては T を固定して $N \to \infty$ とする漸近論が妥当である.

固定効果分析の解釈

以上が固定効果分析の方法論的な解説である.次に,固定効果分析の解釈について述べる.固定効果分析は,説明変数 $\mathbf{X}_i$ と個別効果 η_i を共に条件付けた上で回帰係数 β を推定していると解釈できる.具体的には,$\mathbf{X}_i$ と η_i で条件付けると,(1.12) と仮定 1' より

$$E(\mathbf{y}_i|\mathbf{X}_i, \eta_i) = \mathbf{X}_i\beta + \iota_T\eta_i \tag{1.17}$$

を得る.これは $\mathbf{y}_i$ を $\mathbf{X}_i$ と i ごとに異なるダミー変数 ι_T に回帰することを意味し,その回帰モデルの β の OLS 推定量は最小 **2 乗ダミー変数 (Least Squares Dummy Variable, LSDV)** 推定量と呼ばれる.当然,β の推定に関して,LSDV 推定量は固定効果推定量 (1.14) と同一である[5].ただし,

---

5) 詳しくは Mundlak (1978) 参照.

LSDV 推定においては β だけではなく η_i の推定量も得られる。具体的には，

$$\widehat{\eta}_i = \frac{\iota'_T \mathbf{y}_i}{T} - \frac{\iota'_T \mathbf{X}_i \widehat{\boldsymbol{\beta}}_{FE}}{T}$$

である。この式より，η_i の推定には T 個のデータのみが使われているため，T を有限で固定して $N \to \infty$ とする漸近論では η_i の一致推定量を得ることはできないことがわかる。η_i を一致推定するためには $T \to \infty$ とする必要がある[6]。

本節では固定効果分析を "個別効果を消す分析" といった形で説明しているが，このように "個別効果で条件付けた分析" なる解釈が行えることは固定効果分析の1つの利点である。本書で固定効果分析の動機として個別効果をコントロールすることを挙げているのも，この解釈に基づいている。

1.2.3 実証分析例 -固定効果分析の経済学的な利点-

ここまで，固定効果分析の利点として，回帰モデルの誤差項 η_i と説明変数 $\mathbf{X}_i$ の相関の問題を解決できることを紹介した。本項では，実証例として Hoch (1962) を取り上げ，その利点が実際にどう活かされているのかを紹介する。

Hoch (1962) のモデル

Hoch (1962) はいわゆるコブ-ダグラス型の生産関数を考え，アメリカのいくつかの農場について，生産の投入に対する弾力性を推定しようと試みた。具体的には，クロスセクションデータに対する回帰モデルとして，

$$y_i = \alpha + \mathbf{x}'_i \boldsymbol{\beta} + u_i \tag{1.18}$$

という生産関数を考えた。ここで，y_i は農場 i の生産の対数でスカラー，$\mathbf{x}_i$ は投入の対数で $K \times 1$ ベクトル (労働，肥料，不動産・農業機械といった資産など)，β は生産の投入に対する弾力性パラメータ，α は定数項パラメータ，

---

[6] Arellano (2003a) 等参照のこと。

u_i は誤差項である。K 個の弾力性パラメータの合計が 1 より小さければ規模に関して収穫逓減，1 ならば収穫一定，1 より大きければ収穫逓増となる。Hoch (1962) の主な目的は，この合計値を推定して規模と収穫の関係を調べることであった。ただし，一方で，Hoch (1962) は投入は生産に応じて決まるとも考え，K 個の各投入要素の決定式として次のような単回帰モデル

$$x_{ik} = c_k + y_i + \xi_{ik} \qquad (k=1,2,...,K) \tag{1.19}$$

も構築した。ここで，x_{ik} は投入ベクトル $\mathbf{x}_i$ の各要素でスカラー，c_k は定数項パラメータ，ξ_{ik} は誤差項である。モデル (1.19) は，生産関数に対して投入関数と呼べるだろう。この投入関数における説明変数 y_i には係数パラメータが無いが，これはある経済理論からの帰結である[7]。つまり，Hoch (1962) は生産と投入は同時決定されるとして，(1.18) と (1.19) からなる同時方程式モデルを考えたのである。

同時性の扱い

同時方程式モデルを採用するといわゆる同時方程式バイアスが生じるため，興味のある (1.18) を単独で OLS 推定しても一致性は得られない。このようなときの解決法としてよく使われるのは 2 段階最小 2 乗法 (Two Stage Least Squares, 2SLS) である。しかし，今回のケースでは，生産関数 (1.18) には内生変数だけがあり外生変数が無いので識別不能となり，2SLS を使うことができない。Hoch (1962) はこの問題を 3 つのステップで解決した。まず，第 1 ステップで，投入関数 (1.19) の生産 y_i を見込み生産 a_i で置き換え，

$$x_{ik} = c_k + a_i + \xi_{ik} \qquad (k=1,2,...,K) \tag{1.20}$$

とした。これは，農家は実際の生産ではなく，どの程度生産するのかの見込み (もしくは計画) に応じて投入を決めることを示す。a_i は $\mathbf{x}_i$ と β のある関数と定義され，これにより投入関数から生産 y_i が消える。これは同時方程式バイアスの形が非常に簡単になることを意味する。具体的には，(1.20) は生

---

[7] 詳細は Hoch (1962) を参照のこと。

産関数 (1.18) の説明変数 $\mathbf{x}_i$ に誤差項 u_i が入らないことを示すので，残るバイアスの原因は u_i と ξ_{ik} の相関だけとなる．ここで，第 2 ステップとして，生産関数の誤差項 u_i を ξ_i と相関する部分 η_i と相関しない部分 v_i に分け，

$$y_i = \alpha + \mathbf{x}_i'\beta + (\eta_i + v_i) \tag{1.21}$$

というモデルを考えた．v_i は，実際の生産 y_i には影響するが，投入 $\mathbf{x}_i$ を決める際には影響しない (つまり ξ_{ik} と相関が無い) 確率要因で，天候などを表す．η_i は y_i と $\mathbf{x}_i$ に共に影響を及ぼす要因で，Hoch (1962) はこれを経営能力 (原論文では technical efficiency) と呼んだ．もし η_i のデータがあるならば (1.21) を OLS で推定すれば目的である β の推定量が得られるが，実際にはそのようなデータは無い．そこで，最後のステップで，ここまで考えてきたクロスセクションモデルを

$$y_{it} = \alpha + \mathbf{x}_{it}'\beta + (\eta_i + v_{it}) \tag{1.22}$$

のようにパネルデータモデルに拡張し[8]，固定効果分析を行ったのである．前項では固定効果分析は観測されない説明変数に起因する誤差項と説明変数の相関の問題を解決すると述べたが，Hoch (1962) の論文ではそれが同時方程式バイアスの回避に活かされている．同時方程式モデルの外生変数 (もしくは操作変数) をどう確保するか，つまり識別性をどう保証するかは実証分析家にとって難しい問題となることもあるが，Hoch (1962) の研究はパネルデータがその問題の解決に一定の役割を果たすことを示したとも言えるだろう．

以上は固定効果モデルの構築についての解説であるが，実証分析の結果について簡単に紹介しておく．ミネソタ州にある 63 の農場の 1946 年～1951 年のデータを使って (1.22) から固定効果推定値を計算し，K 個の係数推定値を合計したところ 0.832 となった．合計値が 1 より小さいので，農場は規模に関して収穫逓減というもっともらしい結果となった．Hoch (1962) は，固定効果分析が同時方程式バイアスの回避に役立ったことのデータからの主な証拠として，個別効果が有意だったことと[9]，(1.22) より得た β の Pooled OLS

---

[8] 実際には，パネルデータモデルへの拡張に伴って，各個体に共通で時間とともに変化する要因である時間効果もモデルに入れている．時間効果については 1.2.4 項を参照．

[9] 個別効果が存在するか否かの検定は 1.4.2 項を参照．

推定値の合計が 0.954 と 1 に近かったことの 2 点を挙げている。コブ-ダグラス型生産関数については，同時方程式バイアスを無視して推定すると係数推定値の合計が 1 に近づき，同時方程式バイアスを消した係数推定値の合計は 1 より下がることが理論的に知られている[10]。Hoch (1962) は，今回の結果 (Pooled OLS 推定値の合計は 1 に近く，固定効果推定値の合計は 1 より下がって 0.832) はまさにそのケースに当たると主張したのである。

経済学的解釈

次に，個別効果の経済学的解釈について説明する。実証分析においては，係数パラメータの推定と並んで，個別効果が持つ経済学的な意味を探ることも重要な目的となることがある。ただし，次項で示すように，個別効果が具体的に何を示しているのかは一般には判断できない。固定効果分析では個別効果をコントロールすることは出来るが，個別効果自体は基本的にブラックボックスとなる。それにもかかわらず，Hoch (1962) の研究では，経営能力という一種の解釈を与えている。この解釈の一つのよりどころは経済理論である。規模についての収穫に関する理論では，全ての投入要素が無制限に自由に調整できるなら規模について収穫一定となりうる，とよく言われている。Hoch (1962) は，投入要素の中で調整がきかないのは経営能力だろうとし[11]，経営能力を考慮すると規模について収穫逓減になるだろうと考えた。このことと，個別効果を考慮した推定結果が規模について収穫逓減 (弾力性推定値の合計が 0.832) を示すことを重ね合わせて，個別効果は経営能力を表すだろうと推測した。一方，Hoch (1962) は，個別効果は労働投入の効率が規模と共に上がることを示すとも解釈した。モデル (1.22) における労働投入の係数の固定効果推定値が Pooled OLS 推定推定値より大きく下がったことがその主な理由である[12]。また，個別効果は値が大きい方がその農場の生産性が高い (つまり効率的である) ことを示すが，各農場の個別効果の推定値は労働投入の大きい農場ほどおおむね高かったこともその解釈を後押しした。このよ

---

10) 詳細は Hoch (1962) を参照されたい。
11) Hoch (1962) は，労働力や肥料は 2 倍に増やすことも簡単にできるが，経営能力は 2 倍に増やせと言われても難しい，といった主張をしている。
12) 係数推定値の下落がなぜ効率性という解釈に結びつくかは Hoch (1962) を参照のこと。

うに，①経済理論を援用する，②固定効果推定と Pooled OLS 推定の結果を比べる，③個別効果の推定値と説明変数の関係を見る，という観点から個別効果にある程度の解釈を与えることは出来る．しかし，Hoch (1962) 自身もこれらの解釈を『明らかに不確かな推測 (Hoch, 1962, p. 48)』と言っているように個別効果の経済学的解釈は基本的に容易ではない．

1.2.4 固定効果分析の問題点とその解決法

固定効果分析はパネルデータを使って個別効果をコントロールするための優れた分析手法であるが，いくつかの問題点も持つ．本項ではそれらを概観する．

仮定 1' について

1つ目の問題点は仮定 1' である．この仮定は一見すると標準的な仮定 1 と同じように見えるが，実はそうではない．仮定 1' は

$$E(v_{it}|\mathbf{x}_{i1}, \mathbf{x}_{i2}, \cdots, \mathbf{x}_{iT}, \eta_i) = 0 \quad (i=1,2,...,N;\ t=1,2,...,T) \quad (1.23)$$

を意味するのに対し，仮定 1 をそのままパネルデータに拡張するのなら

$$E(v_{it}|\mathbf{x}_{it}, \eta_i) = 0 \quad (i=1,2,...,N;\ t=1,2,...,T) \quad (1.24)$$

となるだろう．つまり，仮定 1' は $\mathbf{x}_{it}$ ではなく $\mathbf{x}_{i1}, \mathbf{x}_{i2}, \cdots, \mathbf{x}_{iT}$ で条件付けられている分，厳しい仮定である[13]．仮定 (1.24) が同時点外生性と呼ばれるのに対し，仮定 1' は厳密な外生性 (strict exogeneity) と呼ばれる．固定効果分析に厳密な外生性が必要な理由を簡単に説明しよう．固定効果推定量は (1.12) と (1.14) より

$$\widehat{\boldsymbol{\beta}}_{FE} = \boldsymbol{\beta} + \left(\sum_{i=1}^{N} \mathbf{X}'_i \mathbf{Q}_T \mathbf{X}_i\right)^{-1} \sum_{i=1}^{N} \mathbf{X}'_i \mathbf{Q}_T \mathbf{v}_i$$

---

[13] (1.23) は，1.2.1 項で示した階差変換したモデルに対する OLS 推定量の一致性を保障する仮定 (1.10) よりやや厳しい．これは，固定効果推定量が階差変換したモデルに対し GLS 推定を行っているためである．

と書け，不偏性のためには右辺第 2 項の期待値が $\mathbf{0}$ に，一致性のためには確率極限が $\mathbf{0}$ になる必要がある．ここで，右辺第 2 項の $\mathbf{X}'_i\mathbf{Q}_T\mathbf{v}_i$ が

$$\sum_{t=1}^{T}\left[\left(\mathbf{x}_{it}-\frac{1}{T}\sum_{s=1}^{T}\mathbf{x}_{is}\right)v_{it}\right] \tag{1.25}$$

となることに注意すると，v_{it} は同時点の $\mathbf{x}_{it}$ だけでなく全ての時点の $\mathbf{x}_{is}(s=1,...,T)$ と無相関であること，つまり厳密な外生性が必要なことがわかるだろう．厳密な外生性が無いときのパネル分析はかなり難しくなるので本章では扱わないが，一般化モーメント法 (Generalized Method of Moments, GMM) 等使った対処法が提案されている[14]．また，厳密な外生性が成立しているか否かを検定する方法は Wooldridge (2001) の 10 章で紹介されている．

仮定 2' について

2 つ目の問題点は仮定 2' である．仮定 2' は，説明変数 $\mathbf{X}_i$ の中に時間について不変な変数が入ることを除外している．これは，$(\mathbf{X}_i,\iota_T\eta_i)$ の中に時間について不変な変数 $\iota_T\eta_i$ があるので，$\mathbf{X}_i$ にもそのような変数があると多重共線性を引き起こしてしまうためである．この制約は，実証分析をするときにはかなり厳しいものとなる．例えば，i が企業を表し，$\mathbf{y}_i$ が企業の生産，$\mathbf{X}_i$ が投入，η_i が観察不能の経営能力とする．ここで，生産には企業の立地も影響を与えるとし，立地の係数パラメータにも興味があるとする．企業の所在地についてのデータは簡単に手に入るので説明変数として加えればよさそうだが，標本期間内に企業が移転しないのなら所在地は時間について不変となるので説明変数として加えることはできない．言い換えれば，所在地という説明変数は既に η_i に含まれてしまっている．この，時間不変な説明変数を加えることはできないという問題は，固定効果分析を行う限り解決できない．この問題を解決するには，次節で紹介する変量効果分析や Hausman and Taylor モデル (Hausman and Taylor, 1981) を使う必要がある．なお，仮定 2' は全ての企業について時間不変な説明変数を加えることはできないことを示すので，全 N 企業の内，1 社でも所在地の移転を行っているときは仮定 2'

---

14) Arellano and Honoré (2001)，Arellano (2003a) 等参照．

は成立する。

仮定 2' に関わる問題がもう 1 つある。それは個別効果 η_i の解釈である。これまで 1 つの例として η_i を経営能力と言ってきたが，それは経営者の業務管理能力といったある具体的なものを示すのではない。前項で取り上げた Hoch (1962) でも η_i に経営能力といった解釈を与えているが，それはある特定の要素を明示しているとは言えない。なぜなら，すぐ上で指摘したように，η_i には企業の立地など時間について不変な全ての要素が含まれてしまうからである。Hoch (1962) が行った解釈は，前項の終わりで述べたように，経済理論等に基づいた仮説的な推測と言えるだろう。逆に言えば，経済理論等を援用すれば個別効果をどう解釈するかという問題を (明快にではないにしても) ある程度解決できる，と考えることもできる。

仮定 3 について

仮定 3 も，実証分析家にとってはやや制約的である。例えば，企業の生産関数を推定する際に，標本期間内で大きな好況と不況の波が発生したとする。すると，生産に影響を与える変数として，景気という観察が難しいものをコントロールする必要が生じる。しかし，景気は明らかに時間について不変ではないので，仮定 3 を満たす η_i に景気も含まれると考えるのはおかしい。このようなときには，仮定 3 の代わりに

仮定 3': $\mathbf{z}_{it} = [\mathbf{z}_i', \mathbf{z}_t']'$ $\quad (i = 1, 2, ..., N;\ t = 1, 2, ..., T)$

を置くのが良い。この仮定は，$\mathbf{z}_{it}$ を $L_1 \times 1$ の時間不変で個体間で異なる変数 $\mathbf{z}_i$ と $L_2 \times 1$ の時変で個体間では不変な変数 $\mathbf{z}_t$ に分けている。ここで，$L_1 + L_2 = L$ である。経営能力のような時間について不変だが個体間で異なる変数を示すのが $\mathbf{z}_i$，景気のような時変だが各個体が等しく影響を受けるであろう変数を示すのが $\mathbf{z}_t$ である。このときには，$\boldsymbol{\gamma} = [\boldsymbol{\gamma}_1', \boldsymbol{\gamma}_2']'$ として，モデル (1.4) は

$$y_{it} = \mathbf{x}_{it}'\boldsymbol{\beta} + (\mathbf{z}_{it}'\boldsymbol{\gamma} + v_{it}) \tag{1.4}$$
$$= \mathbf{x}_{it}'\boldsymbol{\beta} + (\mathbf{z}_i'\boldsymbol{\gamma}_1 + \mathbf{z}_t'\boldsymbol{\gamma}_2 + v_{it})$$
$$= \mathbf{x}_{it}'\boldsymbol{\beta} + (\eta_i + \lambda_t + v_{it}) \tag{1.26}$$

と書ける。ここで，$\eta_i = \mathbf{z}_i'\gamma_1$, $\lambda_t = \mathbf{z}_t'\gamma_2$ である。前述の固定効果モデル (1.11) に比べ，(1.26) には λ_t という新たな項が存在する。この λ_t は時間効果と呼ばれ，景気のような変数を表現している。モデル (1.11) と (1.26) を区別するために，(1.11) を一元配置固定効果モデル，(1.26) を二元配置固定効果モデルと呼ぶこともある。二元配置固定効果モデルの分析法は本章では扱わないが，その基本的な分析のアイデアは一元配置固定効果モデルと同じである。一元配置固定効果分析が時間的な階差を取って η_i を消して推定を行うように，二元配置固定効果分析もある操作を行うことでモデルから λ_t を消して推定を行う[15]。λ_t をモデルに入れることには，仮定 4 を緩める効用もある。λ_t は全個体に共通であるため，各個体はこの共通要因を通じて相関し合うことになる。ただし，それで考慮できるクロスセクション相関は限定的である。なお，λ_t が何を表すかを明示的に解釈することは，η_i の解釈同様難しい。λ_t には個体間で不変で時間について可変な全ての変数が含まれるためである。先に紹介した Hoch (1962) の論文でもこの λ_t をモデルに入れているが，λ_t が何を表すかについては，全農場に共通するような気候要因，農業界全体の生産性，投入要素の価格，などが混在していると説明している。

仮定 5 について

仮定 5 も制約的だが，これは簡単に緩めることができる。仮定 5 を緩めると，誤差項 $\mathbf{v}_i$ に不均一分散・系列相関が生じる。このときには，クロスセクションでの回帰分析と同じように，GLS 推定を行えば効率的な推定ができる。また，仮定 5 を緩めても固定効果推定量 (1.14) が一致性を持つならば，固定効果推定量をそのまま使うことも考えられる。ただし，漸近分散は (1.15) ではなく White (1980) の方法をパネルデータモデルに拡張した Arellano (1987) の方法で推定する必要がある。このことに関する文献は数多くあるが，Wooldridge (2001) の 10 章，Arellano (2003a) の 2.3 節，Greene (2007) の 9 章でよくサーベイされている[16][17]。

---

15) 詳しくは Baltagi (2008) の 3 章等を参照されたい。
16) 頑健な標準誤差の推定に関する最近の研究には Kezdi (2003), Hansen (2007), Stock and Watson (2008), Petersen (2009) がある。
17) Arellano (2003a) には，GLS 推定量に加え，固定効果推定量より効率的になる GMM

一階階差の影響

最後の問題は，固定効果分析そのものに関する問題である．固定効果分析は，観察できないが説明変数と相関がある変数 $\eta_i = \mathbf{z}_i'\gamma$ をコントロールするという動機に基づいている．これまで説明したように，確かに固定効果分析はその目的を達成してはいるが，その分析の過程でモデルの階差を取る．Nerlove (2002) は，この階差を取るという作業が重要な情報を失わせる可能性があると批判している．Nerlove (2002) は世帯の消費 y_{it} を所得 x_{it} で説明するという例を取り上げ，x_{it} の変動の大半は世帯間の変動 (いわゆる between 変動) であるので階差を取ってしまうと x_{it} の変動の大部分が失われてしまうと指摘した．つまり，η_i をコントロールしたいからと安易に階差を取ると Δx_{it} があまり変動しなくなるといった問題が生じることがある．この問題の解決も，次節で紹介する変量効果分析の1つのモチベーションとなる．

1.3 変量効果分析

本節では，1.1.1項で挙げた (ii) の問題に対処するためのパネルデータ分析，変量効果分析を紹介する．変量効果分析においても固定効果分析と同様に，パネルデータに対する線形回帰モデル

$$y_{it} = \mathbf{x}_{it}'\beta + u_{it} \tag{1.5}$$

を考える．ただし，変量効果分析を行うに当たっての動機は固定効果分析とはかなり異なる．固定効果分析の主たるモチベーションが線形回帰モデル (1.5) において $E(u_{it}|\mathbf{x}_{it}) = 0$ が成立しないことから生じる問題の解決にあったのに対し，変量効果分析は $E(u_{it}|\mathbf{x}_{it}) = 0$ を前提とする．この前提の下では，$\mathbf{z}_{it}$ をコントロールしなくても β は一致推定することができる．この前提は

推定量も載っている．Wooldridge (2001) では，v_{it} がランダムウォークに従う場合は 1.2.1 項で紹介した (1.8) に対する OLS 推定量が効率的な推定量になることが示されている．

かなり制約的だが，これを置くことでモデル (1.5) の誤差項 $u_{it} = \mathbf{z}'_{it}\gamma + v_{it}$ についてかなり詳しい分析が可能になる．その結果として得られる1つの利点が β の効率的な推定であり，もう1つの利点が $\mathbf{z}'_{it}\gamma$ の確率的特性に基づいた経済分析ができるようになることである．これらが変量効果分析を行う主な動機である．

1.3.1 変量効果モデルとその推定

変量効果分析も固定効果分析と同様にパネルデータに対する線形回帰モデル

$$y_{it} = \mathbf{x}'_{it}\beta + (\mathbf{z}'_{it}\gamma + v_{it}) \tag{1.4}$$

からスタートし，固定効果分析と同じ仮定3を課す．すると，$\eta_i = \mathbf{z}'_{it}\gamma$ として，(1.4) は

$$y_{it} = \mathbf{x}'_{it}\beta + (\eta_i + v_{it}) \tag{1.27}$$

となり，これを**変量効果モデル**と呼ぶ．モデル (1.27) は，形の上では固定効果モデル (1.11) と同じである．ただし，固定効果分析では η_i と $\mathbf{x}_{it}$ の相関のため η_i を誤差項とは扱わなかったのに対し，変量効果分析では誤差項として扱う．変量効果分析は，計量経済モデルの誤差項は様々な要素 (今の場合は固有要因項 (idiosyncratic term)v_{it} と観察不能変数 $\mathbf{z}_{it}$ に由来する η_i) から構成されるので誤差項の構造を詳しく分析するべきだ，という問題意識の上に立っている．よって，モデル (1.27) は，誤差項が時間不変である η_i と時変である v_{it} の2つから構成された回帰モデルと見ることができる．パネルデータを使うと，誤差項をこのように時間不変と時変という2つの異なる要素で明示的に表現できるが，クロスセクションデータだけでは当然そのようなことはできない．クロスセクションデータを用いて誤差項の要因分解をするモデルとしては 1.1.1 項で言及した確率的フロンティアモデルがあるが，そのモデルでは誤差項の構成要素を区別するために各構成要素にかなり厳しい分布の制約を置く必要がある．

第1章 静学的パネル分析

変量効果モデルは，行列表示では

$$\begin{bmatrix} y_{i1} \\ \vdots \\ y_{iT} \end{bmatrix} = \begin{bmatrix} \mathbf{x}'_{i1} \\ \vdots \\ \mathbf{x}'_{iT} \end{bmatrix} \boldsymbol{\beta} + \left(\begin{bmatrix} \eta_i \\ \vdots \\ \eta_i \end{bmatrix} + \begin{bmatrix} v_{i1} \\ \vdots \\ v_{iT} \end{bmatrix} \right) \quad (i=1,2,...,N)$$

$$\Leftrightarrow \quad \mathbf{y}_i = \mathbf{X}_i \boldsymbol{\beta} + (\boldsymbol{\iota}_T \eta_i + \mathbf{v}_i) \tag{1.28}$$

と書ける。ここで，固定効果分析と同様に，仮定1'と5は満たされているとする。仮定4についても，特に言及しない限り，常に満たされているとする。なお，η_i は固定効果モデルと同様に個別効果と呼ぶ。以上の仮定は固定効果分析とほぼ同じだが，以下の点が異なる。

まず，固定効果モデルでは η_i は確率変数でも非確率変数でも良いとしていたが，変量効果モデルでは明示的に確率変数として扱い，

仮定7: $E(\eta_i^2 | \mathbf{X}_i) = \sigma_\eta^2 \quad (i=1,2,...,N)$

を満たすとする。なお，仮定4より，η_i と η_j は無相関である。仮定1'，5，7の下では

$$Var(\eta_i + v_{it}) = Var(\eta_i) + Var(v_{it}) = \sigma_\eta^2 + \sigma_v^2 \tag{1.29}$$
$$(i=1,2,...,N;\ t=1,2,...,T)$$

となり，誤差項 $(\eta_i + v_{it})$ の分散が恒久的(時間について不変)な分散 σ_η^2 と一時的な分散 σ_v^2 に分解できることになる。また，異時点間の共分散が

$$Cov[(\eta_i + v_{it})(\eta_i + v_{is})] = \sigma_\eta^2 \quad (i=1,2,...,N; s,t=1,2,...,T; s \neq t)$$

となることから，誤差項には異時点間の相関があることがわかる。このような誤差項の構造が変量効果分析では重要な役割を果たす。

次に，固定効果分析では成立しないと考えていた仮定6の成立を前提とする。すると，モデル (1.28) は OLS でも一致推定が可能となる。このときの $\boldsymbol{\beta}$ に対する OLS 推定量は 1.1.2 項で紹介した Pooled OLS 推定量 (1.6) である。ただし，仮定1'，5，7の下で，モデル (1.28) の誤差項 $(\boldsymbol{\iota}_T \eta_i + \mathbf{v}_i)$ の共分散行列は

$$Var[(\boldsymbol{\iota}_T \eta_i + \mathbf{v}_i) | X_i] = \sigma_\eta^2 \boldsymbol{\iota}_T \boldsymbol{\iota}_T' + \sigma_v^2 \mathbf{I}_T \equiv \boldsymbol{\Omega}_T \tag{1.30}$$

となるので，系列相関が生じている．したがって効率性を得るためには GLS 推定を行う必要がある．実際には，$\mathbf{\Omega}_T$ を

$$\widehat{\mathbf{\Omega}}_T = \widehat{\sigma}_\eta^2 \boldsymbol{\iota}_T \boldsymbol{\iota}_T' + \widehat{\sigma}_v^2 \mathbf{I}_T$$

で推定して，実行可能な一般化最小 2 乗 (Feasible Generalized Least Squares, FGLS) 推定量が以下のように求められる．

$$\widehat{\boldsymbol{\beta}}_{RE} = \left(\sum_{i=1}^{N} \mathbf{X}_i' \widehat{\mathbf{\Omega}}_T^{-1} \mathbf{X}_i\right)^{-1} \sum_{i=1}^{N} \mathbf{X}_i' \widehat{\mathbf{\Omega}}_T^{-1} \mathbf{y}_i \tag{1.31}$$

ここで，$\widehat{\sigma}_v^2$ は (1.16) より得られ，$\widehat{\sigma}_\eta^2$ は

$$\widehat{\sigma}_\eta^2 = \frac{1}{NT - K} \sum_{i=1}^{N} \left(\mathbf{y}_i - \mathbf{X}_i \widehat{\boldsymbol{\beta}}_{FE}\right)' \left(\mathbf{y}_i - \mathbf{X}_i \widehat{\boldsymbol{\beta}}_{FE}\right) - \widehat{\sigma}_v^2 \tag{1.32}$$

として計算するのが一般的である[18]．なお，(1.32) によって σ_η^2 が一致推定できることは，(1.32) 式の右辺第一項が $Var(\eta_i + v_{it})$ の一致推定量であることと (1.29) より容易にわかる．以下では，(1.31) を**変量効果推定量 (Random Effects Estimator)** と呼ぶ．

変量効果推定量は，仮定 1'，6，それに固定効果分析での仮定 2' の代わりの

仮定 2''：　　$\text{rank}\left\{E[\mathbf{X}_i' \mathbf{\Omega}_T^{-1} \mathbf{X}_i]\right\} = K$

の下に一致性と漸近正規性を持つ．さらに仮定 5 と 7 を加えると，効率性も持つ．また，漸近分布の分散は，

$$\widehat{Var}(\widehat{\boldsymbol{\beta}}_{RE}) = \left(\sum_{i=1}^{N} \mathbf{X}_i' \widehat{\mathbf{\Omega}}_T^{-1} \mathbf{X}_i\right)^{-1} \tag{1.33}$$

によって一致推定が可能である[19]．

以上のように，変量効果分析では誤差項 $(\eta_i + v_{it})$ の構造を仮定 5，7 によって特定化することにより Pooled OLS 推定量よりも効率的な推定量が得られ

[18) 他にも，最尤推定量などいくつかの推定量が提案されている．Arellano (2003a) の 3 章や Nerlove (2002) 等参照．

[19) 厳密にはいくつかの仮定を追加する必要がある．Wooldridge (2001) を参照．

る。もう1つ注目すべき点は仮定2"である。固定効果分析で置いた仮定2'と仮定2"はかなり異なる。仮定2'は時間不変な説明変数があると満たされないが，仮定2"は時間不変な説明変数があっても満たされる。つまり，変量効果分析では，固定効果分析と違ってモデルに時間不変な説明変数を加えてその係数パラメータを推定できる。この差は，固定効果分析が個別効果 η_i を消すためにモデルの階差を取ったのに対し変量効果分析では η_i を消す必要が無いことから生じたものである。時間不変な説明変数が利用可能なことと，η_i をモデルに残したまま分析する (つまり η_i をコントロールしない) という特徴が，変量効果分析ならではの η_i に基づく経済分析を可能にする。次項では，この点をより詳しく説明する。

1.3.2　実証分析例 -変量効果分析の経済学的な利点-

本項では，変量効果分析の利点を経済学的な観点から解説する。経済学的な利点は主に2つある。1つ目は個別効果 η_i に一定の経済学的解釈を与えられることである。1.2.4項で述べたように，固定効果モデルでは個別効果に全ての時間不変な変数が入るため，それが何を表しているのかはっきりしなかった。しかし，変量効果モデルでは必ずしもそうではない。2つ目の利点は，個別効果の確率的な特性を考慮して被説明変数の分析ができることである。変量効果分析では固定効果分析と違って個別効果をコントロールしない (つまり条件付けをしない) ので，個別効果が確率変数として明示的にモデルに残る。これにより，個別効果の確率的特性が被説明変数にどのような影響を与えるかについて分析できるようになる。そのような分析は，個別効果のコントロールとはまた違った経済学的な意義を持つ。その意義は，個別効果にある程度の経済学的な解釈が与えられるという変量効果分析の1つ目の利点とも相まって，より深いものとなる。

個別効果の経済学的解釈

これらの利点をより明白に示すために，実例として Lillard and Willis (1978)

を取り上げて説明する[20]。彼らは変量効果モデル

$$y_{it} = \mathbf{x}'_{it}\boldsymbol{\beta} + (\eta_i + v_{it}) \tag{1.34}$$

の形で，個人 i の t 時点における所得 y_{it} を，人種，教育年数，勤務年数，職種等の変数 $\mathbf{x}_{it}$ と誤差要因 $\eta_i + v_{it}$ で説明する所得関数を考えた。Lillard and Willis (1978) の目的は貧困 (y_{it} がある水準 y_{it}^* を下回ること) が一時的な現象なのか恒久的に続くものなのかを解明することであり，η_i で個人 i に対する貧困の恒久的 (つまり時間について変わらない) な要因を捉えようと試みた。1967 年〜1973 年にかけてのアメリカの 1144 人の個人データを使い，彼らはまず説明変数を何も入れずにモデル (1.34) を推定し，所得 y_{it} の全変動 $Var(\eta_i + v_{it}) = \sigma_\eta^2 + \sigma_v^2$，恒久変動 σ_η^2，一時変動 σ_v^2 を推定した[21]。その結果 $\widehat{\sigma}_\eta^2 = 0.224$, $\frac{\widehat{\sigma}_\eta^2}{\widehat{\sigma}_\eta^2 + \widehat{\sigma}_v^2} = 0.731$ となった。これは個人間の所得の差が恒久的な要因で 73.1% 占められることを意味し，恒久的要因の重要性を示唆する。一方，人種や学歴など時間不変な説明変数を加えると $\widehat{\sigma}_\eta^2 = 0.125$, $\frac{\widehat{\sigma}_\eta^2}{\widehat{\sigma}_\eta^2 + \widehat{\sigma}_v^2} = 0.607$ となった。彼らは，この結果を貧困の恒久的要因の内 44%[22]は人種や学歴等で説明できると解釈した。

このように，変量効果分析では時間不変な説明変数を使って個別効果に「人種や学歴等を除いた恒久的要因」といった解釈を与えることができる。固定効果分析では，このように個別効果から学歴や人種等の要因を分離することはできない。これが，変量効果分析の 1 つ目の利点である個別効果 η_i の経済学的解釈の一例である。

個別効果の確率的特性に基づく分析

Lillard and Willis (1978) は続いて貧困に陥る確率を 2 種類計算した。

$$\phi_{it} = \text{Prob}(y_{it} \leq y_{it}^* | \mathbf{x}_{it}, \eta_i) = \text{Prob}(v_{it} \leq y_{it}^* - \mathbf{x}'_{it}\boldsymbol{\beta} - \eta_i | \mathbf{x}_{it}, \eta_i)$$

---

20) 本例は Arellano (2003a) によって，変量効果モデルを使った『傑出した研究の一例 (Arellano, 2003a, p. 31)』と評される研究である。
21) 実際には，景気等のマクロ経済全体の動向を考慮するため，1.2.4 項で紹介した時間についての個別効果 λ_t がモデルに入っている。また，v_{it} に自己回帰型の系列相関を置き，一時変動を純粋な短期変動と系列相関から来る中期変動に分解している。
22) 1-0.125/0.224≈0.44

第 1 章 静学的パネル分析

$$p_t = \mathrm{Prob}(y_{it} \leq y_{it}^*|\mathbf{x}_{it}) = \mathrm{Prob}(v_{it} + \eta_i \leq y_{it}^* - \mathbf{x}_{it}'\boldsymbol{\beta}|\mathbf{x}_{it})$$

ここで，ϕ_{it} は説明変数と個別効果で条件付けられているので，ある特定の個人 i が t 時点で貧困になる確率を表す。一方，p_t は説明変数でしか条件付けられていないので，ある特定の個人ではなく，ある特定のグループ (人種と学歴を $\mathbf{x}_{it}$ とすると白人・高学歴や黒人・低学歴といった個人からなるグループ) が貧困になる確率である[23]。同様にして，時点 t と $t-1$ で共に貧困となる確率 $\phi_{it,t-1}$ や $p_{t,t-1}$ も計算できる。

これらの確率のうち，ϕ_{it} は彼らの目的である貧困の持続性を測るにはあまり役に立たない。なぜなら，ϕ_{it} は v_{it} についての確率であり，通常仮定する $v_{it} \sim i.i.d.$ の下では貧困に持続性が全く無いことはわざわざパネルデータを集めてこのような実証分析をするまでもなく自明だからである。具体的には，$v_{it} \sim i.i.d.$ なら，$t-1$ 時点で貧困な人が t 時点でも貧困となる確率 $\phi_{it|t-1}$ は

$$\phi_{i,t|t-1} \equiv \frac{\phi_{i,t,t-1}}{\phi_{i,t-1}} = \frac{\phi_{it}\phi_{i,t-1}}{\phi_{i,t-1}} = \phi_{it}$$

となり，ある期に貧困であることは次の期の困窮さに全く影響しない[24]。ある特定の個人の個別効果まで条件付けてしまったら，残りはほぼ $i.i.d.$ となるので，経済学的に意味のある分析ができないのは当然だろう。

これに対し，個別効果で条件付けられていない p_t には個別効果 (つまり恒久的貧困要因) の確率的特性が被説明変数 (つまり所得) に及ぼす影響が消されずに残っているので，恒久的要因に起因する貧困持続確率が計算できる。具体的には，p_t は $\eta_i + v_{it}$ についての確率なので η_i に由来する異時点間の相関が $p_{t,t-1} \neq p_t p_{t-1}$ を示唆し

$$p_{t|t-1} \equiv \frac{p_{t,t-1}}{p_{t-1}} \neq \frac{p_t p_{t-1}}{p_{t-1}} = p_t$$

---

[23] p_t は個別効果を集計した確率とも言える。実際，$p_t = \int_{-\infty}^{\infty} \phi_{it} f(\eta) d\eta$ である。ここで，$f(\eta)$ は η の確率密度関数。p_t はあるグループが貧困になる確率だが，そのグループ全員をみな同じ個人とみなしているのではない。そのグループに属する個人はそれぞれ異なる η_i を持つ個人だが，その η_i を集計した，もしくは動くことを許した確率が p_t なのである。Lillard and Willis (1978) は，この意味で，あるグループに属する個人を『observationally identical individuals(Lillard and Willis, 1978, p. 985)』と呼び，p_t をそのグループからランダムに選ばれた個人の貧困確率と解釈している。

[24] 彼らの論文では v_{it} に系列相関を仮定しているので，ϕ_{it} でもある程度の貧困の持続性を捉えられている。

となる。彼らはデータより $p_{t|t-1}$ を推定し、黒人グループはある時点で貧困だと次の時点も 65.2% の確率で貧困になるが、白人グループは 46.9% しか貧困にならない、といった興味深い貧困持続確率を算出している。

このように、変量効果分析では個別効果を確率変数として明示的にモデルに残すので、個別効果の確率的な特性が被説明変数に与える影響を捉えることができ、貧困持続確率の推定といった経済学的に意義のある分析が可能になる。固定効果分析では個別効果をモデルから除く（もしくは個別効果で条件付ける）ので、今の例では、ϕ_{it} は計算できるだろうが恒久的要因に起因する（もしくは個別効果で条件付けない）貧困の持続性 p_t を測るのは難しい。以上が、変量効果分析の2つ目の利点である個別効果の確率的特性の関係に基づく経済分析の一例である。

このようなアプローチはその後も継承されている。Lillard and Weiss (1979) では、より精緻なモデルを使って所得の持続性に関する実証分析が行われている。方法論の面では、Lillard and Willis (1978) が貧困確率 ϕ_{it} や p_t を計算するために v_{it} と η_i の正規性を仮定したのに対し、分布に仮定を置かずにそれらの確率を計算する様々な方法が提案されている。これらに関する文献は数多いが、Arellano (2003a) の3章に優れたサーベイが与えられている。

1.3.3 変量効果分析の問題点とその解決法

変量効果分析はパネルデータに含まれる個別効果を上手く活かすための優れた分析法であるが、いくつかの問題点も持つ。

仮定 1' について

1つ目の問題点は仮定 1' である。1.2.4 項で述べたように仮定 1' は厳密な外生性という強い仮定である。固定効果分析と同様に変量効果分析もこの強い仮定を必要とする理由を以下で説明する。変量効果推定量は (1.28) と (1.31) より

$$\widehat{\beta}_{RE} = \beta + \left(\sum_{i=1}^{N} \mathbf{X}_i' \widehat{\mathbf{\Omega}}_T^{-1} \mathbf{X}_i\right)^{-1} \sum_{i=1}^{N} \mathbf{X}_i' \widehat{\mathbf{\Omega}}_T^{-1} (\iota_T \eta_i + \mathbf{v}_i)$$

と書け，一致性のためには右辺第 2 項の確率極限が **0** になる必要がある．ここで，$\widehat{\theta} = 1 - \widehat{\sigma}_v/\sqrt{\widehat{\sigma}_v^2 + T\widehat{\sigma}_\eta^2}$ とすると右辺第 2 項の $\mathbf{X}_i' \widehat{\mathbf{\Omega}}_T^{-1} (\iota_T \eta_i + \mathbf{v}_i)$ は

$$\sum_{t=1}^{T} \left\{ \frac{1}{\widehat{\sigma}_v^2} \left(\mathbf{x}_{it} - \frac{\widehat{\theta}}{T} \sum_{s=1}^{T} \mathbf{x}_{is} \right) \left[(\eta_i + v_{it}) - \frac{\widehat{\theta}}{T} \sum_{s=1}^{T} (\eta_i + v_{is}) \right] \right\} \quad (1.35)$$

となる[25]．この期待値が **0** になるために，厳密な外生性が必要になる．本章では扱わないが，厳密な外生性が成立しないモデルにおける変量効果分析はかなり複雑になる．なお，(1.25) と (1.35) を見比べると $\widehat{\theta} = 1$ のときには固定効果推定量と変量効果推定量が等しくなることがわかる．具体的には，$T \to \infty$ や $\widehat{\sigma}_\eta^2/\widehat{\sigma}_v^2 \to \infty$ のときに 2 つの推定量は等しくなる．このように，固定効果分析と変量効果分析は全く別の分析ではない．

仮定 3 について

2 つ目の問題点は仮定 3 だが，これについては固定効果分析と同様に仮定 3' で置き換えることで解決できる．1.2.4 項と同様の操作で，変量効果モデル (1.27) は

$$y_{it} = \mathbf{x}_{it}'\boldsymbol{\beta} + (\eta_i + \lambda_t + v_{it})$$

のように時間効果 λ_t を持つ．この λ_t も，固定効果分析で紹介したものと同様に，クロスセクション方向の相関を限定的にではあるが認める効果を持つ．このようなモデルは，(1.27) を一元配置変量効果モデルと呼ぶのに対し，二元配置変量効果モデルと呼ばれ，その分析法は Baltagi (2008) の 3 章等によくまとめられている．二元配置固定効果モデルと違って λ_t をモデルに残したまま分析する (つまりコントロールしない) のが特徴で，そのため λ_t に自己回帰移動平均 (Autoregressive Moving Average, ARMA) 型の系列相関を置いて λ_t の構造を詳しく分析することもできる[26]．なお，先に紹介した Lillard and Willis (1978) でも λ_t をモデルに入れているが，そこでは固定効果分析の要領で λ_t をコントロールしている．つまり，個人についての個別効果 η_i

---

25) この導出は Nerlove (1971) 参照．
26) Karlsson and Skoglund (2004) を参照のこと．

はコントロールしないで，時間についての個別効果 λ_t はコントロールするという混合的なモデルを構築している。

仮定 5 と 7 について

仮定 5 と 7 は実証分析をする際には制約的となることもあるが，緩めることは可能である。これらの仮定を緩めると誤差項 $(\eta_i + v_{it})$ に (1.30) とは違う形の不均一分散・系列相関が生じるが，その問題を解決するための GLS や GMM に基づく方法が既に提案されている。Wooldridge (2001) の 10 章や Arellano (2003a) の 3 章，Greene (2007) の 9 章を参照されたい。

仮定 6 について

変量効果分析の最大の問題点は仮定 6 である。この仮定は個別効果と説明変数に相関が無いことを示すのでかなり制約的である。変量効果分析を行う以上この仮定を緩めることは難しいが，Wooldridge (2001) は実証分析を行う上ではある程度緩められると解釈している。実証分析を行う際には，通常，説明変数に人種，学歴，性別など時間不変な変数を入れる。このときには，仮定 6 は「人種・学歴・性別などを除いた上では個別効果と説明変数には相関が無い」と解釈できるのでそう制約的ではない，という訳である。逆に言えば，時間不変な説明変数をあまり加えない変量効果分析はかなり制約的な分析と言える。

なお，ここでは詳しく述べないが，Hausman and Taylor モデルもこの問題に対する 1 つの解決法となる。1.2.4 項で Hausman and Taylor (1981) の方法は時間不変な説明変数が使えないという固定効果分析の問題点を解決すると紹介したが，この方法は実は仮定 6 という変量効果分析の問題点も同時に解決するのである。Hausman and Taylor (1981) は，固定効果分析と変量効果分析の問題を同時に解決するために，固定効果分析と変量効果分析の折衷案のような分析手法を提案しているとも言えるだろう。

1.4 パネルデータモデルの妥当性の検定

ここまで，パネルデータを使ったモデルを 2 種類紹介した．1 つが固定効果モデルであり，もう 1 つが変量効果モデルである．実証分析を行う際には，基本的にはその分析の目的に合わせてどちらのモデルを使うかを決めることになる．個別効果をコントロールして時変な説明変数の係数パラメータを推定したいなら固定効果モデルを使うことになる．一方，時間不変な説明変数の係数パラメータに興味があったり，個別効果の確率的な特性を考慮した経済分析を行いたいなら変量効果モデルを使うべきである．

ただし，モデル選択に当たっては，実証分析の目的と同時にデータの性質も加味しなければならない．実証分析の目的上あるモデルを使いたくても，用いる経済データがそのモデルの仮定を満たしていなかったら意味のある分析ができない場合もあるからである．そこで，本節では，データがパネルデータモデルの仮定を満たしているかどうかを検定する方法を紹介する．

1.4.1 Hausman 検定

本項では，経済データが変量効果モデルの仮定 6 を満たしているかどうかを検定する．Hausman (1978) は計量経済モデルの特定化についての一般的な検定法を構築し，それを応用して変量効果モデルの仮定 6 が成立しているか否かを検定した．以下では，その検定 (Hausman 検定と呼ばれる) のアイデアと実行方法を簡潔に示す．

Hausman 検定では

$H_0:\quad E(\eta_i|\mathbf{X}_i) = 0$ （仮定 6 が成立する）

$H_1:\quad E(\eta_i|\mathbf{X}_i) \neq 0$ （仮定 6 が成立しない）

という仮説を検定する．変量効果モデルは仮定 6 の下に特定化されるモデルであるので，この帰無仮説の棄却はその経済データが変量効果モデルの特定

化に従わないことを意味する．Hausman (1978) は，この問題を検定するために，H_0 の下では固定効果推定量 $\widehat{\beta}_{FE}$ も変量効果推定量 $\widehat{\beta}_{RE}$ も一致性を持つが，H_1 の下では固定効果推定量しか一致性を持たないという特徴に着目した．この特徴からは，H_0 が正しければ $\widehat{\beta}_{FE}$ も $\widehat{\beta}_{RE}$ も同じ β に確率収束するので $\widehat{\beta}_{FE} - \widehat{\beta}_{RE} \approx \mathbf{0}$ となり，H_0 が正しくなければ 2 つの収束先が異なるので $\widehat{\beta}_{FE} - \widehat{\beta}_{RE} \not\approx \mathbf{0}$ となる，という関係がわかる．このことは，2 つの推定量に差があれば H_0 を棄却すれば良いことを示唆する．こうしたことから，Hausman 検定等計量は

$$H = \left(\widehat{\beta}_{FE} - \widehat{\beta}_{RE}\right)' \left[\widehat{Var}(\widehat{\beta}_{FE}) - \widehat{Var}(\widehat{\beta}_{RE})\right]^{-1} \left(\widehat{\beta}_{FE} - \widehat{\beta}_{RE}\right) \tag{1.36}$$

という形で 2 つの推定量の差を測る．統計量 (1.36) は，仮定 1'，2'，2''，5，6，7 の下で $H \xrightarrow{d} \chi^2_K$ となる．この検定統計量が臨界値を超えなければ変量効果モデルを使えるが，臨界値を越えたときは仮定 6 が無くても使える固定効果モデルを使う必要性が生じる．この意味で，Hausman 検定は実質的には変量効果モデルと固定効果モデルのモデル選択の検定とも言える．ただし，Hausman 検定で変量効果モデルが棄却されても，実証分析の目的が時間不変な変数のパラメータ推定等にあった場合は固定効果モデルを使う訳には行かない．そのような場合は Hausman and Taylor モデルを使う等の打開策を検討すべきだろう．

Hausman 検定の注意点

ここで，Hausman 検定の注意点を 2 つ述べる．1 つ目は，(1.36) を使う際には仮定 2'，つまり $\mathbf{x}_{it}$ に時間不変な変数が入らないことが前提になる点である．多くの実証分析では時間不変な説明変数があるので，仮定 2' は必ずしも満たされないだろう．そのときには次のように検定を行う．まず時変な説明変数を $\mathbf{x}_{it}^*(K^* \times 1)$，時間不変な説明変数を $\mathbf{x}_i^{\dagger}(K^{\dagger} \times 1)$ として $\mathbf{x}_{it} = \left[\mathbf{x}_{it}^{*\prime}, \mathbf{x}_i^{\dagger\prime}\right]'$ と置く．ここで，$K^* + K^{\dagger} = K$ である．次に，説明変数として $\mathbf{x}_{it}^*$ だけを使った固定効果推定量 $\widehat{\beta}_{FE}^*$ と，説明変数として $\mathbf{x}_{it}$ 全てを使った変量効果推定量 $\widehat{\beta}_{RE}$ を計算する．最後に，$\widehat{\beta}_{RE}$ の内 $\mathbf{x}_{it}^*$ に対応する部分を $\widehat{\beta}_{RE}^*$ と置

第 1 章 静学的パネル分析

いて

$$H^* = \left(\widehat{\boldsymbol{\beta}}^*_{FE} - \widehat{\boldsymbol{\beta}}^*_{RE}\right)' \left[\widehat{Var}(\widehat{\boldsymbol{\beta}}^*_{FE}) - \widehat{Var}(\widehat{\boldsymbol{\beta}}^*_{RE})\right]^{-1} \left(\widehat{\boldsymbol{\beta}}^*_{FE} - \widehat{\boldsymbol{\beta}}^*_{RE}\right) \tag{1.37}$$

で Hausman 検定を行えば良い。検定統計量 (1.37) は仮定 1', 2", 5, 6, 7, それに $\mathbf{x}^*_{it}$ が仮定 2' を満たせば $H^* \xrightarrow{d} \chi^2_{K^*}$ となる。なお，この検定で帰無仮説が棄却されなければ変量効果モデルで時間不変な説明変数 $\mathbf{x}^\dagger_i$ を使えるが，棄却されて固定効果分析に進むなら当然 $\mathbf{x}^\dagger_i$ は使えなくなる。

2 つ目の注意点は，(1.36) も (1.37) も仮定 5 と 7 を必要とすることである。詳しい説明は省略するが，Hausman 検定は帰無仮説の下で変量効果推定量が効率性を持たないと実行できない。そのため，仮定 5, 7 が成り立っていないと思われるときには代替案を探さねばならない。Wooldridge (2001) の 10 章や Arellano (1993)，Creel (2004) 等を参照されたい。

1.4.2 その他の検定

パネルデータモデルを使う際には，Hausman 検定以外にもいくつかの検定を行う必要がある。本項ではそれらを簡単に紹介する。

固定効果モデルは，個別効果 η_i が i に応じて変わることを暗黙の前提としている。η_i が全ての i で等しいなら個別効果は全ての i に共通な定数項パラメータになるので，固定効果モデルを使う必要は無く定数項を入れた Pooled OLS 推定で十分である。したがって，固定効果モデルを使う際には

$H_0 : \eta_1 = \eta_2 = \cdots = \eta_N$

$H_1 : \text{not } H_0$

を検定して H_0 が棄却されることを確かめるべきだろう。この検定は

$$F = \frac{\left(\sum_{i=1}^N \widehat{\mathbf{u}}'_i \widehat{\mathbf{u}}_i - \sum_{i=1}^N \widehat{\mathbf{v}}'_i \widehat{\mathbf{v}}_i\right)/(N-1)}{\left(\sum_{i=1}^N \widehat{\mathbf{v}}'_i \widehat{\mathbf{v}}_i\right)/(NT-N-K)}$$

という通常の F 検定統計量を使って $F_{N-1,NT-N-K}$ 分布で検定できる。ここで，$\widehat{\mathbf{v}}_i$ は固定効果モデルの推定残差 $(\mathbf{Q}_T \mathbf{y}_i - \mathbf{Q}_T \mathbf{X}_i \widehat{\boldsymbol{\beta}}_{FE})$ であり，$\widehat{\mathbf{u}}_i$ は

Pooled OLS 推定の残差 $(\mathbf{y}_i - \mathbf{X}_i\widehat{\boldsymbol{\beta}}_{POLS})$ である.なお,$\widehat{\mathbf{u}}_i$ を計算する際には $\mathbf{X}_i$ に定数項を含ませなければならない.すぐ上で述べたように,H_0 の下では,固定効果モデルは全個体に共通な定数項を持つことになるからである.

一方,変量効果モデルは個別効果の分散 σ_η^2 が 0 でないことを暗黙の前提としている.$\sigma_\eta^2 = 0$ なら個別効果が存在しないことになるので,変量効果推定ではなく Pooled OLS 推定で十分である.検定問題

$H_0: \sigma_\eta^2 = 0$

$H_1: \sigma_\eta^2 \neq 0$

で変量効果モデルを使う意味があるかどうか調べるべきだろう.この検定問題は,ラグランジュ乗数 (Lagrange Multiplier, LM) 検定統計量

$$LM = \frac{NT}{2(T-1)} \left[\frac{\sum_{i=1}^{N} (\boldsymbol{\iota}_T' \widehat{\mathbf{u}}_i)^2}{\sum_{i=1}^{N} \widehat{\mathbf{u}}_i' \widehat{\mathbf{u}}_i} - 1 \right]^2$$

を使って χ_1^2 分布で検定できる.

パネルデータモデルを適切に使うためには,例えば,時間効果 λ_t をモデルに入れるべきかどうかの検定等,これら以外にもいくつかの検定を行った方が良い.それらの検定は,北村 (2005) によく整理されている.

1.5 動学的パネルデータ分析に向けて

ここまで,基本的な静学的パネルデータモデルの分析手法を紹介してきた.この節では,次章から紹介していく動学モデルが,本章でのモデルとどう違いどのような困難に直面するのかについてごく簡単に述べる.

1つ目の違いは,動学的パネルモデルでは仮定 1' のような厳密な外生性が成り立たないことである.これによって固定効果推定量のような基本的な推定量は一致性を失い,GMM 等に基づくより高度な推定量が導入される.

2つ目はデータの非定常性の問題である.経済データには GDP のように非定常だと思われるデータがあるため,動学モデルを考える以上は単位根・

共和分といった非定常性の話題は避けて通れない。時系列分析での多くの研究で既に明らかになっている通り，データに非定常性があるとパラメータ推定量の漸近特性を導くことが複雑になる。

3つ目は係数パラメータの不均一性である。係数パラメータを個体や時間に応じて変えることは，クロスセクションあるいは時系列データに対するモデルではそう多くは見られないが，パネルデータモデルではよく行われる。本章では簡単化のため β を i と t について均一としていたが。不均一性を導入すると分析手法は複雑になるが，一般には制約の少ないモデルが構築できるので，次章以降ではしばしばそうしたモデルが登場する。

4つ目はクロスセクション方向の相関である。本章では仮定4のように個体同士を独立としたが，本書の第II部で紹介する非定常な動学的パネル分析ではクロスセクション相関の導入が1つの大きなテーマとなる。クロスセクション相関のモデル化は難しい面もあるが[27]，現実の経済データは個体間で相関を持つことが多いので考慮しない訳には行かない。

5つ目は漸近論についてである。本章では典型的なパネルデータを念頭に T を固定して $N \to \infty$ とする漸近論を用いたが，常にこうした漸近論を考えていれば良い訳ではない。N だけでなく T も大きいパネルデータを分析対象としたり，パネルデータの時系列的な特性に興味があるならば，$N, T \to \infty$ の下でのパラメータ推定量の挙動を考える必要がある。そのため，N と T を共に大きくするという，より複雑な漸近論が導入される。

次章以降では，こうした点も考慮して様々な動学的パネルモデルとその分析手法が紹介される。なお，上記の3, 4, 5番目の点は動学モデルに限った話ではなく静学モデルでも大きなテーマになっている。係数に個体間の可変性を導入した静学モデルついては Mátyás and Sevestre (1992), Hsiao (2003) の6章, Hsiao and Pesaran (2008) 等を参照されたい。また，Pesaran (2006) では，静学モデルにおいてかなり一般的なクロスセクション方向の相関構造と係数パラメータの不均一性を許したモデルの推定問題を N と T を共に大きくする漸近論を使って議論している。また，係数の不均一性を許していな

---

[27] Quah (1994) は，クロスセクションデータには時系列データと違って自然な並び順が無いのでクロスセクション相関のモデル化は難しい，と述べている。

いが，クロスセクション方向の相関を認めるモデルにおいて，Bai (2009) は，N と T を共に大きくする漸近論，Ahn, Lee and Schmidt (2001, 2006) は T を固定して N のみを大きくする漸近論を使って静学パネルモデルを考察している．

1.6　まとめ

　本章では，パネルデータ分析の基本的な手法についてサーベイを行った．パネルデータは，クロスセクションあるいは時系列データのみでは困難な分析を可能にする．その可能性は，どのような障害を打開したいかという動機に応じて 2 種類の分析法 (固定効果分析と変量効果分析) に結実した．それらの分析法を，分析の目的と経済データの性質を考慮して適切に使えば意義のある分析ができるだろう．本章では基本的なモデルを使い，以上のことを統一的に解りやすくまとめようと試みた．

　ところで，本書では一貫して計量経済学の視点からパネルデータ分析を見ている．そのため，経済データを念頭においてパネルデータをクロスセクションと時系列の 2 方向からなるデータとし，固定効果分析と変量効果分析の区別の面でも経済学的な動機の違いを重視した．ただし，パネルデータ分析は計量経済学の一分野として始まった訳ではない．計量経済分析に用いられる前からいわゆる分散分析 (analysis of variance, ANOVA) として一般の統計学的文脈の中で論じられている．そこでは，データの方向はクロスセクションと時系列に限られている訳ではない．また，固定効果分析と変量効果分析の違いや個別効果に関する見方も，生産関数や貧困といったある特定の問題意識に基づくものではないだろう．

　Nerlove (2002) は，経済学的な問題意識こそが計量経済学におけるパネルデータ分析の発展の原動力だと述べている．その意識が，個別効果の解釈・考慮の仕方や固定効果分析と変量効果分析の位置付け，それら 2 つの分析の融合のような Hausman and Taylor (1981) の研究といった多くのパネル計量経済学の研究につながったと思われる．Nerlove (2002) はさらに，経済に特

有なデータの方向 (特に時系列という方向) が計量経済学におけるパネルデータ分析に独自の発展をもたらした，としている．時間と共に観測される経済データと経済行動に本質的に備わっている動学性が合わさることで生まれた動学的パネル分析が，パネル計量経済分析と一般のパネル分析に大きな違いを付けるのである．

ただし，本章で扱ったのはあくまで静学的な分析である[28]．動学的パネル分析では，1.5 節で言及したような厳密な外生性の欠如や変数の非定常性といった独自の問題が生じ，その解決がパネル計量経済学の最新の話題の1つとなっている．今後も，経済データに特有な性質や経済学的な問題意識に動機付けられて，計量経済学特有のパネルデータ分析手法が開発されていくと考えられる．

---

28) 1.3.2 項で紹介した Lillard and Willis (1978) は貧困の持続性という時間に関する分析を行っているが，いわゆる動学的パネル分析とは異なる．

第Ⅰ部

定常な動学的パネル分析

第 I 部では第 1 章で考察した静学的パネルモデルに動学構造を入れた，**動学的パネルモデル** (dynamic panel data model)

$$y_{it} = \alpha y_{i,t-1} + \mathbf{x}'_{it}\boldsymbol{\beta} + u_{it}, \qquad (i=1,...,N;\ t=1,...,T)$$

について説明する．動学的パネルモデルを最初に提案した Marc Nerlove が "Economic behavior is inherently dynamic so that most econometrically interesting relationships are explicitly or implicitly dynamic" (Nerlove, 2002) と言っているように，経済行動は本来動学的であり，モデルに動学構造を入れることは自然な拡張である．実際，動学的パネルモデルを用いた実証分析例には雇用方程式，賃金方程式，生産関数，成長モデル，投資関数の推定，喫煙の中毒性の検証，職業訓練の効果の測定など非常に多岐に渡る[29]．

また，van den Doel and Kiviet (1994, 1995), Egger and Pfaffermayr (2004) が示したように，本来動学的モデルであるにもかかわらず，それを無視して静学的モデルで推定した場合，$\boldsymbol{\beta}$ の正確な推定値を得ることが難しいという側面からも動学構造を考慮することは重要である．

動学的パネルモデルが第 1 章で考察した静学的モデルと異なるのはラグ変数 $y_{i,t-1}$ が説明変数に含まれている点だけであるが，実はこの小さな拡張が推定問題を複雑にする．それらの問題の所在とそれをどのように克服するのかを詳しく見るために，第 2 章では動学的パネルモデルの最も簡単な形である一階のパネル自己回帰 (パネル AR(1)) モデルを中心に考察する[30]．パネル AR(1) モデルはかなり制約的なモデルであるが，動学的パネルモデルの基本的性質を理解するには有用であろう．第 3 章では第 2 章のモデルに外生変数 $\mathbf{x}_{it}$ を加えた，より一般的な動学的パネルモデルの推定と検定について説明し，実証分析例を紹介する．そして，第 4 章では第 2 章，第 3 章で考察したモデルの様々な方向への拡張を紹介する．

---

29) 詳しい文献の紹介に関しては 3.3 節を参照されたい．
30) 動学的パネルモデルに関する研究は非常に多く行われており，サーベイ論文として，例えば Arellano and Honoré (2001), Bond (2002), Arellano (2003a), Hsiao (2003), Blundell, Bond and Windmeijer (2000) などがある．また，Judson and Owen (1999), Harris and Mátyás (2004) は様々な推定量をモンテカルロ実験で比較している．

第2章
パネル自己回帰モデルの推定

本章では動学的パネルモデルの構造や推定問題を詳しく見るために，外生変数 $\mathbf{x}_{it}$ が含まれていない自己回帰モデル，特にパネル AR(1) モデルを中心に考察する．本章で議論される内容の多くは次章の外生変数を含んだ場合でも成り立つ．

2.1 パネル自己回帰モデル

次のようなパネル AR(1) モデルを考えよう．

$$y_{it} = \alpha y_{i,t-1} + \eta_i + v_{it} \quad (i=1,...,N;\ t=1,...,T) \tag{2.1}$$

ここで，$|\alpha| < 1$，すなわち y_{it} は安定的な過程であり単位根を持たないとする．また，表記を簡単にするために y_{i0} が観測可能であるとする．η_i は観測できない個別効果，v_{it} は誤差項である．

後の説明のためにモデルを行列で表しておこう．(2.1) を i ごとに t に関して積み重ねると

$$\begin{bmatrix} y_{i1} \\ \vdots \\ y_{iT} \end{bmatrix} = \alpha \begin{bmatrix} y_{i0} \\ \vdots \\ y_{i,T-1} \end{bmatrix} + \begin{bmatrix} 1 \\ \vdots \\ 1 \end{bmatrix} \eta_i + \begin{bmatrix} v_{i1} \\ \vdots \\ v_{iT} \end{bmatrix} \quad (i=1,...,N)$$

となり，これを

$$\underset{(T\times 1)}{\mathbf{y}_i} = \alpha \underset{(T\times 1)}{\mathbf{y}_{i,-1}} + \underset{(T\times 1)}{\boldsymbol{\iota}_T} \eta_i + \underset{(T\times 1)}{\mathbf{v}_i} \qquad (i=1,...,N) \tag{2.2}$$

と表す。さらに (2.2) を i に関して積み重ねると

$$\begin{bmatrix} \mathbf{y}_1 \\ \vdots \\ \mathbf{y}_N \end{bmatrix} = \alpha \begin{bmatrix} \mathbf{y}_{1,-1} \\ \vdots \\ \mathbf{y}_{N,-1} \end{bmatrix} + \begin{bmatrix} \boldsymbol{\iota}_T & & 0 \\ & \ddots & \\ 0 & & \boldsymbol{\iota}_T \end{bmatrix} \begin{bmatrix} \eta_1 \\ \vdots \\ \eta_N \end{bmatrix} + \begin{bmatrix} \mathbf{v}_1 \\ \vdots \\ \mathbf{v}_N \end{bmatrix}$$

となり，これを

$$\underset{(NT\times 1)}{\mathbf{y}} = \alpha \underset{(NT\times 1)}{\mathbf{y}_{-1}} + \underset{(NT\times N)}{(\mathbf{I}_N \otimes \boldsymbol{\iota}_T)} \underset{(N\times 1)}{\boldsymbol{\eta}} + \underset{(NT\times 1)}{\mathbf{v}}$$

と表す。ただし，$\otimes$ はクロネッカー積，$\boldsymbol{\eta}=(\eta_1,...,\eta_N)'$ である。

次に，誤差項 v_{it}，個別効果 η_i，初期条件 y_{i0} は $i,j=1,...,N$，$s,t=1,...,T$ に関して次の仮定を満たすとする。

$$\begin{aligned} E(v_{it}) &= 0, \qquad E(\eta_i) = 0, \\ E(v_{it}\eta_i) &= 0 \\ E(v_{it}v_{js}) &= \begin{cases} \sigma_v^2 & t=s, i=j \\ 0 & \text{otherwise} \end{cases} \\ E(\eta_i\eta_j) &= \begin{cases} \sigma_\eta^2 & i=j \\ 0 & \text{otherwise} \end{cases} \\ E(y_{i0}v_{it}) &= 0 \end{aligned} \tag{2.3}$$

これらの仮定は動学的パネルモデルの推定で置かれる標準的な仮定である。

y_{it} は逐次代入によって次のように表すことができる。

$$\begin{aligned} y_{it} &= \alpha^t y_{i0} + (1+\alpha+\cdots+\alpha^{t-1})\eta_i + (v_{it}+\alpha v_{i,t-1}+\cdots+\alpha^{t-1}v_{i1}) \\ &= \alpha^t y_{i0} + \left(\sum_{s=0}^{t-1}\alpha^s\right)\eta_i + \sum_{s=0}^{t-1}\alpha^s v_{i,t-s} \end{aligned} \tag{2.4}$$

そして，初期条件は次の式で与えられると仮定する。

$$y_{i0} = \delta_0 + \delta\mu_i + \varepsilon_{i0} \tag{2.5}$$

ただし，$\mu_i = \eta_i/(1-\alpha)$ とする．初期条件 (2.5) を (2.4) に代入すると次の式を得る．

$$y_{it} = \alpha^t \delta_0 + \left[1 - (1-\delta)\alpha^t\right] \mu_i + \sum_{s=0}^{t-1} \alpha^s v_{i,t-s} + \alpha^t \varepsilon_{i0} \tag{2.6}$$

ここで，議論を簡単にするために初期条件 y_{i0} は次の式を満たすと仮定する．

$$y_{i0} = \frac{\eta_i}{1-\alpha} + w_{i0} = \mu_i + w_{i0} \qquad (i=1,...,N) \tag{2.7}$$

ただし，$w_{i0} = \sum_{j=0}^{\infty} \alpha^j v_{i,-j}$ である．すなわち，(2.7) は (2.5) において，$\delta_0 = 0$, $\delta = 1$, $\varepsilon_{i0} = w_{i0}$ とすれば得られる．(2.4) と (2.7) を使うと，y_{it} は次のように表すことができる．

$$y_{it} = \frac{\eta_i}{1-\alpha} + w_{it} = \mu_i + w_{it} \tag{2.8}$$

ただし，$w_{it} = \sum_{j=0}^{\infty} \alpha^j v_{i,t-j}$ である．したがって，(2.8) で与えられる y_{it} は共分散定常過程になっている．ここで $\delta_0 = 0$ とすると，初期条件 (2.5) を用いた (2.6) の条件付き期待値は

$$E(y_{it}|\eta_i) = \left[1-(1-\delta)\alpha^t\right]\mu_i \tag{2.9}$$

となり，制約を置いた初期条件 (2.7) を用いた (2.8) の条件付き期待値は

$$E(y_{it}|\eta_i) = \mu_i \tag{2.10}$$

となることに注意しよう．

　条件付き期待値 (2.9) は時間 t に依存しているので，y_{it} は非定常過程になっていることがわかる．一方，条件付き期待値 (2.10) は時間 t に依存していないので，(平均) 定常になっていることがわかる．それゆえ，(2.5) のような初期条件は平均非定常な初期条件，(2.7) のような初期条件は平均定常な初期条件と呼ばれている．時系列分析のように時系列の標本サイズ T が大きい場合は初期条件の影響は漸近的に無視できる．しかし，パネルデータのように一般的に T が小さい場合，初期条件に関する仮定は非常に重要であり，例えば 2.4 節で詳しく説明するが，レベル・システム GMM 推定量 の一致性は平均

定常な初期条件のときにのみ得られる性質である[31]。ただし，以下の説明では式の表現を簡単にするために，特に断らない限り，平均定常な初期条件を用いた結果を紹介する。

以上の設定のもとで，未知パラメータ α の推定を考えよう．本章ではパネル AR(1) モデル (2.1) の推定方法として，OLS 推定量 (2.2 節)，操作変数推定量 (2.3 節)，GMM 推定量 (2.4 節) を詳しく説明し，これら以外の推定量は 2.5 節で簡単に紹介する．有限標本における初期条件の影響については 2.6 節で詳しく取り上げる．

2.2 OLS 推定量

ここでは Pooled OLS 推定量，一階階差モデルの OLS 推定量，LSDV 推定量 (固定効果推定量)，GLS 推定量 (変量効果推定量) の漸近的性質について考察する．これらのうち，Pooled OLS 推定量以外の推定量はモデル変換後に OLS を適用することで得られることに注意されたい．

2.2.1 Pooled OLS 推定量の不一致性と変換行列

モデル (2.1) の Pooled OLS 推定量は

$$\begin{aligned}\widehat{\alpha}_{POLS} &= \frac{\sum_{i=1}^{N}\sum_{t=1}^{T} y_{i,t-1} y_{it}}{\sum_{i=1}^{N}\sum_{t=1}^{T} y_{i,t-1}^2} \\ &= \alpha + \frac{\sum_{i=1}^{N}\sum_{t=1}^{T} y_{i,t-1}(\eta_i + v_{it})}{\sum_{i=1}^{N}\sum_{t=1}^{T} y_{i,t-1}^2}\end{aligned} \quad (2.11)$$

となる．上式の 2 つ目の等号の第 2 項の分子は (2.8) より，$y_{i,t-1} = \eta_i/(1-\alpha) + w_{i,t-1}$ と表すことができるので，説明変数 $y_{i,t-1}$ は η_i を通じて誤差項 $(\eta_i + v_{it})$ と相関していることがわかる．実際，$E[y_{i,t-1}(\eta_i + v_{it})] = \sigma_\eta^2/(1-\alpha)$，

---

[31] 動学的パネルモデルで初期条件の問題を最初に議論したのは Anderson and Hsiao (1981, 1982) である．

$E(y_{i,t-2}^2) = \sigma_\eta^2/(1-\alpha)^2 + \sigma_v^2/(1-\alpha^2)$ となるので,T 固定,$N \to \infty$ のときの $\widehat{\alpha}_{POLS}$ の確率極限は

$$\plim_{N\to\infty} (\widehat{\alpha}_{POLS} - \alpha) = \frac{\sum_{i=1}^N \sum_{t=1}^T E[y_{i,t-1}(\eta_i + v_{it})]}{\sum_{i=1}^N \sum_{t=1}^T E(y_{i,t-1}^2)}$$

$$= (1-\alpha)\frac{\frac{\sigma_\eta^2}{\sigma_v^2}}{\frac{\sigma_\eta^2}{\sigma_v^2} + \frac{1-\alpha}{1+\alpha}}$$

となり,$\sigma_\eta^2 > 0$ であれば一致性を持たない.

この結果より,Pooled OLS 推定量が一致性を持たない原因は,時間を通じて一定である個別効果 η_i の存在であることがわかる.そこで,この η_i をモデルから取り除いた場合について考えよう.個別効果を取り除くということはモデル (2.2) において $\mathbf{K}_T \iota_T = \mathbf{0}$ となるような行列 $\mathbf{K}_T$ をかけることと同じであるが,$\mathbf{K}_T$ には様々な種類が存在する.ここでは代表的な3つの変換を考える.すなわち,一階階差変換 ($\mathbf{K}_T = \mathbf{D}_T$),Within-Group(WG) 変換 ($\mathbf{K}_T = \mathbf{Q}_T$),Forward Orthogonal Deviation (FOD) 変換 ($\mathbf{K}_T = \mathbf{F}_T$) の3つである[32]。

2.2.2 一階階差変換

一階階差をとる $(T-1) \times T$ 行列 $\mathbf{D}_T$ は次のように与えられる.

$$\underset{(T-1 \times T)}{\mathbf{D}_T} = \begin{bmatrix} -1 & 1 & 0 & \cdots & 0 & 0 \\ 0 & -1 & 1 & \cdots & 0 & 0 \\ \vdots & & & \ddots & & \vdots \\ 0 & 0 & 0 & \cdots & -1 & 1 \end{bmatrix} \quad (2.12)$$

モデル (2.2) に前から $\mathbf{D}_T$ をかけた一階階差モデルは次のようになる.

$$\mathbf{D}_T \mathbf{y}_i = \alpha \mathbf{D}_T \mathbf{y}_{i,-1} + \mathbf{D}_T \mathbf{v}_i \quad (i=1,...,N)$$

---

[32] FOD 変換は Helmert 変換と呼ばれることもある.また,これら以外にも例えば長階差変換 (long difference) といった方法が Hahn, Hausman and Kuersteiner (2007) で提案されている.

上式の t 行目を取り出すと次のようになる。

$$\Delta y_{it} = \alpha \Delta y_{i,t-1} + \Delta v_{it} \quad (i=1,...,N;\ t=2,...,T) \tag{2.13}$$

ここで，$\Delta y_{it} = y_{it} - y_{i,t-1}$，$\Delta y_{i,t-1} = y_{i,t-1} - y_{i,t-2}$，$\Delta v_{it} = v_{it} - v_{i,t-1}$ である。一階階差モデル (2.13) の OLS 推定量は次のようになる。

$$\begin{aligned}\widehat{\alpha}_{FDOLS} &= \frac{\sum_{i=1}^{N}\sum_{t=2}^{T}\Delta y_{i,t-1}\Delta y_{it}}{\sum_{i=1}^{N}\sum_{t=2}^{T}(\Delta y_{i,t-1})^2} \\ &= \alpha + \frac{\sum_{i=1}^{N}\sum_{t=2}^{T}\Delta y_{i,t-1}\Delta v_{it}}{\sum_{i=1}^{N}\sum_{t=2}^{T}(\Delta y_{i,t-1})^2}\end{aligned} \tag{2.14}$$

上式の2つ目の等号の第2項の分子を見ると，(2.11) で相関を生じさせていた η_i は一階階差によって取り除かれているが，$\Delta y_{i,t-1} = v_{i,t-1} + (\alpha-1)w_{i,t-2}$ と表すことができるので，説明変数 $\Delta y_{i,t-1}$ は $v_{i,t-1}$ を通じて誤差項 Δv_{it} と相関していることがわかる。実際，$E(\Delta y_{i,t-1}\Delta v_{it}) = -E(v_{i,t-1}^2) = -\sigma_v^2$, $E(\Delta y_{i,t-1}^2) = E[(w_{i,t-1}-w_{i,t-2})^2] = 2\sigma_v^2/(1+\alpha)$ となるので，(2.14) の T 固定，$N \to \infty$ のときの確率極限は

$$\plim_{N\to\infty} \widehat{\alpha}_{FDOLS} = \alpha - \frac{1+\alpha}{2} = \frac{\alpha-1}{2}$$

となり，一致性を持たないことがわかる。また，漸近バイアスは未知パラメータ α のみの関数で T にも依存していないことに注意されたい。これは $T \to \infty$ の場合でも一致性を持たないことを意味しており，次に説明する LSDV 推定量と大きく異なる点である。

2.2.3 Within-Group 変換

Within-Group 変換によって与えられる LSDV 推定量は (2.2) に前から $\mathbf{Q}_T = \mathbf{D}_T'(\mathbf{D}_T\mathbf{D}_T')^{-1}\mathbf{D}_T = \mathbf{I}_T - \frac{1}{T}\iota_T\iota_T'$ をかけたモデル

$$\mathbf{Q}_T\mathbf{y}_i = \alpha\mathbf{Q}_T\mathbf{y}_{i,-1} + \mathbf{Q}_T\mathbf{v}_i \quad (i=1,...,N)$$

の OLS 推定量である。上式の t 行目を取り出すと

$$y_{it} - \bar{y}_i = \alpha(y_{i,t-1} - \bar{y}_{i,-1}) + (v_{it} - \bar{v}_i) \quad (i=1,...,N;\ t=1,...,T)$$

となる。ここで, $\bar{y}_i = T^{-1}\sum_{s=1}^{T} y_{is}$, $\bar{y}_{i,-1} = T^{-1}\sum_{s=1}^{T} y_{i,s-1}$, $\bar{v}_i = T^{-1}\sum_{s=1}^{T} v_{is}$ は各変数の時間平均を表す。

LSDV 推定量は $\mathbf{Q}_T = \mathbf{Q}_T'\mathbf{Q}_T$ より次のようになる。

$$\widehat{\alpha}_{LSDV} = \frac{\sum_{i=1}^{N} \mathbf{y}_{i,-1}'\mathbf{Q}_T\mathbf{y}_i}{\sum_{i=1}^{N} \mathbf{y}_{i,-1}'\mathbf{Q}_T\mathbf{y}_{i,-1}} = \frac{\sum_{i=1}^{N}\sum_{t=1}^{T}(y_{i,t-1}-\bar{y}_{i,-1})(y_{it}-\bar{y}_i)}{\sum_{i=1}^{N}\sum_{t=1}^{T}(y_{i,t-1}-\bar{y}_{i,-1})^2}$$
$$= \alpha + \frac{\sum_{i=1}^{N}\sum_{t=1}^{T}(y_{i,t-1}-\bar{y}_{i,-1})(v_{it}-\bar{v}_i)}{\sum_{i=1}^{N}\sum_{t=1}^{T}(y_{i,t-1}-\bar{y}_{i,-1})^2} \tag{2.15}$$

ここで, (2.15) の最後の式の第 2 項の分子の $\sum$ の中は

$$y_{i,t-1}v_{it} - y_{i,t-1}\bar{v}_i - \bar{y}_{i,-1}v_{it} + \bar{y}_{i,-1}\bar{v}_i$$

という 4 つの項に分解できる。第 1 項の期待値は v_{it} に系列相関がないと仮定しているので 0 になるが, 残りの項の期待値は 0 ではない。したがって, 説明変数にラグ変数 $y_{i,t-1}$ が含まれている場合, 必然的に第 1 章で説明した厳密な外生性が成立しないことになる。実際に仮定 (2.3) の下で期待値を計算すると, $i = 1,...,N$ について次の結果が成り立つ。

$$E\left[(y_{i,t-1} - \bar{y}_{i,-1})(v_{it} - \bar{v}_i)\right]$$
$$= -E[y_{i,t-1}\bar{v}_i] - E(\bar{y}_{i,-1}v_{it}) + E[\bar{y}_{i,-1}\bar{v}_i]$$
$$= -E\left[w_{i,t-1}\left(\frac{1}{T}\sum_{s=1}^{T}v_{is}\right)\right] - E\left[\left(\frac{1}{T}\sum_{s=1}^{T}w_{i,s-1}\right)v_{it}\right]$$
$$\quad + E\left[\left(\frac{1}{T}\sum_{s=1}^{T}w_{i,s-1}\right)\left(\frac{1}{T}\sum_{s=1}^{T}v_{is}\right)\right]$$
$$= -\frac{\sigma_v^2}{T}\frac{(1-\alpha^{t-1})}{1-\alpha} - \frac{\sigma_v^2}{T}\frac{(1-\alpha^{T-t})}{1-\alpha} + \frac{\sigma_v^2}{T}\left[\frac{1}{1-\alpha} - \frac{1}{T}\frac{(1-\alpha^T)}{(1-\alpha)^2}\right]$$
$$= \frac{-\sigma_v^2}{T(1-\alpha)}\left[1 - \alpha^{t-1} - \alpha^{T-t} + \frac{1}{T}\frac{(1-\alpha^T)}{(1-\alpha)}\right] \equiv A_t$$

同様に $E(y_{i,t-1} - \bar{y}_{i,-1})^2$ の期待値を計算すると $i=1,...N$ に対して

$$E(y_{i,t-1} - \bar{y}_{i,-1})^2 = E(w_{i,t-1}^2) - 2E\left[w_{i,t-1}\left(\frac{1}{T}\sum_{s=1}^{T}w_{i,s-1}\right)\right]$$
$$+ E\left(\frac{1}{T}\sum_{s=1}^{T}w_{i,s-1}\right)^2$$

$$
\begin{aligned}
&= \frac{\sigma_v^2}{1-\alpha^2} - \frac{2\sigma_v^2}{T(1-\alpha^2)}\left[\frac{1-\alpha^t}{1-\alpha} + \frac{\alpha(1-\alpha^{T-t})}{1-\alpha}\right] \\
&\quad + \frac{\sigma_v^2}{T(1-\alpha)^2}\left[1 - \frac{2\alpha(1-\alpha^T)}{T(1-\alpha^2)}\right] \equiv B_t
\end{aligned}
$$

が得られる．したがって，$N \to \infty$ のときの LSDV 推定量の確率極限は

$$
\begin{aligned}
\plim_{N \to \infty}(\widehat{\alpha}_{LSDV} - \alpha) &= \frac{\sum_{i=1}^N \sum_{t=1}^T E\left[(y_{i,t-1} - \bar{y}_{i,-1})(v_{it} - \bar{v}_i)\right]}{\sum_{i=1}^N \sum_{t=1}^T E(y_{i,t-1} - \bar{y}_{i,-1})^2} \\
&= \frac{\sum_{t=1}^T A_t}{\sum_{t=1}^T B_t} = \frac{A(\alpha,T)}{B(\alpha,T)} = O\left(\frac{1}{T}\right) \quad (2.16)
\end{aligned}
$$

となる．ただし，

$$
\begin{aligned}
A(\alpha,T) &= \frac{-\sigma_v^2}{(1-\alpha)}\left[1 - \frac{1}{T}\left(\frac{1-\alpha^T}{1-\alpha}\right)\right] \quad (2.17) \\
B(\alpha,T) &= \frac{\sigma_v^2(T-1)}{(1-\alpha^2)}\left[1 - \frac{2\alpha}{(1-\alpha)(T-1)}\left(1 - \frac{1-\alpha^T}{T(1-\alpha)}\right)\right] \quad (2.18) \\
&= O(T)
\end{aligned}
$$

である．これは Nickell (1981) によって示された結果であり，LSDV 推定量は T が固定されているときには一致性を持たないことがわかる．また，漸近バイアスは未知パラメータ α と T の関数になっており，その大きさは T^{-1} のオーダーになっていることもわかる．この性質は $\widehat{\alpha}_{FDOLS}$ と決定的に違うところである．すなわち，$\widehat{\alpha}_{FDOLS}$ は T が大きくなっても一致性を持たないが，LSDV 推定量は T が大きくなれば一致性を持つことがわかる．表 2.1 は $\alpha = 0.3, 0.6, 0.9$，$T = 5, 10, 20, 50, 100$ の LSDV 推定量の確率極限の理論値 $\plim_{N \to \infty} \widehat{\alpha}_{LSDV}$ を示している．この表より，LSDV 推定量は T が小さいときには非常に大きいバイアスを持つこと，T が大きくなるにつれてバイアスが小さくなることがわかる．

ところで，(2.16) は T を固定して $N \to \infty$ としたときの確率極限であったが，Hahn and Kuersteiner (2002), Alvarez and Arellano (2003) は N と T が両方とも大きくなったときの LSDV 推定量の漸近的性質を調べている．彼らは LSDV 推定量は，N の大きさに関係なく，$T \to \infty$ のときは，次のように一致性を持つことを示している[33]．

---

33) Hahn and Kuersteiner (2002) は実際はパネル VAR(1) モデルを考察している．

表 2.1: LSDV 推定量の確率極限 $\plim_{N\to\infty} \widehat{\alpha}_{LSDV}$ の理論値

T	$\alpha = 0.3$	$\alpha = 0.6$	$\alpha = 0.9$
5	0.03	0.24	0.44
10	0.17	0.42	0.66
20	0.23	0.51	0.78
50	0.27	0.57	0.86
100	0.29	0.58	0.88

$$\widehat{\alpha}_{LSDV} \xrightarrow[T\to\infty]{p} \alpha$$

さらに，$N, T \to \infty$，$N/T^3 \to 0$ のとき，次のような漸近分布を持つことも示している．

$$\sqrt{NT}\left[\widehat{\alpha}_{LSDV} - \left(\alpha - \frac{1+\alpha}{T}\right)\right] \xrightarrow[N,T\to\infty]{d} \mathcal{N}\left(0, 1-\alpha^2\right) \tag{2.19}$$

2.2.4 Forward Orthogonal Deviation 変換

FOD 変換，あるいは Helmert 変換と呼ばれる変換で個別効果を取り除いた場合について考えよう。FOD 変換行列は次のようになる。

$$\underset{(T-1\times T)}{\mathbf{F}_T} = \begin{bmatrix} \sqrt{\frac{T-1}{T}} & & \mathbf{O} \\ & \ddots & \\ \mathbf{O} & & \sqrt{\frac{1}{2}} \end{bmatrix}$$

$$\times \begin{bmatrix} 1 & -\frac{1}{T-1} & -\frac{1}{T-1} & \cdots & -\frac{1}{T-1} & -\frac{1}{T-1} & -\frac{1}{T-1} \\ 0 & 1 & -\frac{1}{T-2} & \cdots & -\frac{1}{T-2} & -\frac{1}{T-2} & -\frac{1}{T-2} \\ \vdots & \vdots & \vdots & & \vdots & \vdots & \vdots \\ 0 & 0 & 0 & \cdots & 1 & -\frac{1}{2} & -\frac{1}{2} \\ 0 & 0 & 0 & \cdots & 0 & 1 & -1 \end{bmatrix}$$

ここで，$(\mathbf{D}_T\mathbf{D}_T')^{-1/2}$ が $(\mathbf{D}_T\mathbf{D}_T')^{-1}$ の上三角コレスキー分解を表しているとすると，$\mathbf{F}_T = (\mathbf{D}_T\mathbf{D}_T')^{-1/2}\mathbf{D}_T$ という関係があるので，$\mathbf{F}_T$ は $\mathbf{F}_T\mathbf{F}_T' = \mathbf{I}_{T-1}$，$\mathbf{F}_T'\mathbf{F}_T = \mathbf{Q}_T$ という性質を持っていることに注意しよう[34]。

モデル (2.2) に前から $\mathbf{F}_T$ をかけたモデルは次のようになる。

$$\mathbf{F}_T\mathbf{y}_i = \alpha\mathbf{F}_T\mathbf{y}_{i,-1} + \mathbf{F}_T\mathbf{v}_i \qquad (i = 1, ..., N)$$

これを次のように書き換えよう。

$$\mathbf{y}_i^* = \alpha\mathbf{y}_{i,-1}^* + \mathbf{v}_i^* \qquad (i = 1, ..., N)$$

上式の t 行目を取り出すと

$$y_{it}^* = \alpha y_{i,t-1}^* + v_{it}^* \qquad (i = 1, ..., N;\ t = 1, ..., T-1)$$

と書ける。ただし，

$$\begin{aligned}
y_{it}^* &= c_t\left[y_{it} - \frac{(y_{i,t+1} + \cdots + y_{iT})}{(T-t)}\right], \\
y_{i,t-1}^* &= c_t\left[y_{i,t-1} - \frac{(y_{it} + \cdots + y_{i,T-1})}{(T-t)}\right], \\
v_{it}^* &= c_t\left[v_{it} - \frac{(v_{i,t+1} + \cdots + v_{iT})}{(T-t)}\right], \\
c_t^2 &= \frac{(T-t)}{(T-t+1)}
\end{aligned} \qquad (2.20)$$

である。各変数の構造を見ると，FOD 変換は将来の平均からの偏差を取ることで，個別効果を取り除いていることがわかる[35]。また，$T=2$ のときは一階階差と同じになることにも注意されたい。FOD 変換したモデルの OLS 推定量は $\mathbf{F}_T'\mathbf{F}_T = \mathbf{Q}_T$ となるので次に示すように LSDV 推定量になる。

$$\widehat{\alpha}_{FODOLS} = \frac{\sum_{i=1}^N \mathbf{y}_{i,-1}'\mathbf{F}_T'\mathbf{F}_T\mathbf{y}_i}{\sum_{i=1}^N \mathbf{y}_{i,-1}'\mathbf{F}_T'\mathbf{F}_T\mathbf{y}_{i,-1}} = \frac{\sum_{i=1}^N \mathbf{y}_{i,-1}'\mathbf{Q}_T\mathbf{y}_i}{\sum_{i=1}^N \mathbf{y}_{i,-1}'\mathbf{Q}_T\mathbf{y}_{i,-1}} = \widehat{\alpha}_{LSDV}$$

---

[34] 一階階差モデルの誤差項の共分散行列は $\sigma_v^2\mathbf{D}_T\mathbf{D}_T'$ となるので，FOD 変換行列 $\mathbf{F}_T$ は個別効果を取り除くと同時に GLS タイプの変換を行っていることになる。

[35] WG 変換は全期間の平均からの偏差を取ることで個別効果を取り除いていることを思い出そう。また，過去の平均からの偏差を取ることで個別効果を取り除いたモデルを考えることもできるが，その場合，後で説明する GMM 推定量を構築することが困難である。しかしながら，2.3 節で説明するように，操作変数の構築に効果を発揮する。

したがって，OLS 推定量を用いた場合，WG 変換と FOD 変換に違いはない。しかしながら，両者は 2.3 節，2.4 節で説明する操作変数を使った推定では大きな違いをもたらす。

2.2.5 変量効果推定量

最後に，LSDV 推定量との比較のために変量効果推定量 (GLS 推定量) を考えよう。$\mathbf{u}_i = \mathbf{v}_i + \iota_T \eta_i$ の分散を

$$Var(\mathbf{u}_i) = E(\mathbf{u}_i\mathbf{u}_i') = \sigma_v^2 \mathbf{I}_T + \sigma_\eta^2 \iota_T \iota_T' \equiv \mathbf{\Omega}_T \tag{2.21}$$

とすると，実行できない GLS 推定量は

$$\widehat{\alpha}_{GLS} = \frac{\sum_{i=1}^N \mathbf{y}_{i,-1}' \mathbf{\Omega}_T^{-1} \mathbf{y}_i}{\sum_{i=1}^N \mathbf{y}_{i,-1}' \mathbf{\Omega}_T^{-1} \mathbf{y}_{i,-1}} = \alpha + \frac{\sum_{i=1}^N \mathbf{y}_{i,-1}' \mathbf{\Omega}_T^{-1} \mathbf{u}_i}{\sum_{i=1}^N \mathbf{y}_{i,-1}' \mathbf{\Omega}_T^{-1} \mathbf{y}_{i,-1}} \tag{2.22}$$

となる。ここで，

$$\sigma_v^2 \mathbf{\Omega}_T^{-1} = \mathbf{I}_T - \theta \frac{1}{T} \iota_T \iota_T' = \mathbf{Q}_T + \mathbf{R}_T,$$
$$\theta = 1 - \frac{1}{1 + T(\sigma_\eta^2/\sigma_v^2)},$$
$$\mathbf{Q}_T = \mathbf{I}_T - \frac{1}{T} \iota_T \iota_T', \qquad \mathbf{R}_T = \frac{1}{1 + T(\sigma_\eta^2/\sigma_v^2)} \frac{1}{T} \iota_T \iota_T'$$

となることが知られているので，LSDV 推定量の結果と簡単な計算より，T 固定，$N \to \infty$ のときの確率極限は

$$\plim_{N \to \infty} (\widehat{\alpha}_{GLS} - \alpha) = \frac{-A(\alpha, T) + A^*(\alpha, T)}{B(\alpha, T) + B^*(\alpha, T)} = O\left(\frac{1}{T}\right)$$

となる。ただし，$A(\alpha, T)$, $B(\alpha, T)$ は (2.17), (2.18) で与えられており，

$$A^*(\alpha, T) = \frac{T}{1 + T(\sigma_\eta^2/\sigma_v^2)} \left[\frac{\sigma_\eta^2}{1-\alpha} + \frac{\sigma_v^2}{T^2(1-\alpha)} \left(1 - \frac{1-\alpha^T}{T(1-\alpha)}\right) \right]$$
$$B^*(\alpha, T) = \frac{T}{1 + T(\sigma_\eta^2/\sigma_v^2)}$$
$$\times \left[\frac{\sigma_\eta^2}{(1-\alpha)^2} + \frac{\sigma_v^2}{T(1-\alpha^2)} \left(\frac{1+\alpha}{1-\alpha} - \frac{2\alpha(1-\alpha^T)}{T(1-\alpha)^2}\right) \right]$$

である。これより，T 固定のときは一致推定量ではないが，$T \to \infty$ のときは一致性を持つことがわかる。

2.2.6 OLS 推定量のバイアス修正

これまでの結果より，動学的パネルモデルの種々の OLS 推定量は T が固定されているときはどの推定量も一致推定量ではないことがわかった。そこで，以下では OLS 推定量のバイアス修正について考える。OLS 推定量のバイアスを修正する方法は大きく分けて 3 つ存在する[36]。1 つ目は有限標本バイアスの式を漸近展開を用いて導出し，そのバイアスの推定値を引くことでバイアス修正する方法である。この方法は Kiviet (1995, 1999)，Bun and Kiviet (2003)，Bun (2003) によって採用されている。2 つ目は N と T を両方大きくしたときの漸近分布に残っているバイアスを引く方法で，この方法は，Hahn and Kuersteiner (2002)，Hahn and Moon (2006) によって提案されている。3 つ目は T 固定で $N \to \infty$ のときの漸近バイアスの逆関数を用いてバイアス修正する方法で，Chowdhury (1987)，Bun and Carree (2005, 2006)，Ramalho (2005)，Phillips and Sul (2007)，Hayakawa (2007a)，Han and Phillips (2010) によって考えられている。1 つ目の漸近展開の方法は次章の 3.1.2 項で扱い，ここではパネルモデル特有の方法である 2 つ目の方法と 3 つ目の方法を紹介しよう。

漸近分布のバイアス修正

Hahn and Kuersteiner (2002)，Alvarez and Arellano (2003) は N と T が両方大きいときの LSDV 推定量の漸近分布は (2.19) のようになるということを示したと紹介したが，この漸近分布を用いてバイアス修正することが可能である。すなわち，(2.19) より $\widehat{\alpha}_{LSDV} - \alpha$ のバイアスは近似的に $-(1+\alpha)/T$ であるので，Hahn and Kuersteiner (2002) はこのバイアスが修正された，次のような LSDV 推定量を提案した。

$$\widehat{\alpha}_{HK} = \frac{T+1}{T}\widehat{\alpha}_{LSDV} + \frac{1}{T}$$

---

[36] ここで紹介する 3 つの方法以外にブートストラップを用いてバイアス修正する方法が例えば Brown and Newey (2002)，Everaert and Pozzi (2007) などで議論されている。

そして，この推定量は次の漸近分布が示すように，漸近的に効率性を失うことなくバイアス修正できる．

$$\sqrt{NT}(\widehat{\alpha}_{HK} - \alpha) \xrightarrow[N,T\to\infty]{d} \mathcal{N}(0, 1-\alpha^2) \tag{2.23}$$

Hahn and Moon (2006) は個別効果に加え，時間効果 λ_t が入ったモデル

$$y_{it} = \alpha y_{i,t-1} + \eta_i + \lambda_t + v_{it}$$

にも同じバイアス修正された推定量が使えることを示している．

漸近バイアスの逆関数を用いたバイアス修正

上で紹介した方法は N と T が両方大きいときの漸近分布に現れるバイアスの表現を使ってバイアス修正をしているが，ここで説明する方法は T 固定，$N \to \infty$ のときの漸近バイアスの逆関数を使ってバイアス修正するという方法である．このようなアプローチは Chowdhury (1987)，Bun and Carree (2005, 2006)，Ramalho (2005)，Phillips and Sul (2007)，Hayakawa (2007a)，Han and Phillips (2010) らによって議論されている[37]．

ここで，LSDV 推定量や一階階差 OLS 推定量など，個別効果が取り除かれたモデルの OLS 推定量を $\widehat{\alpha}_{pool}$ と表すことにして，$\widehat{\alpha}_{pool}$ は次のような漸近バイアス $b(\alpha, T)$ を持つとする．

$$\plim_{N\to\infty} \widehat{\alpha}_{pool} = \alpha + b(\alpha, T) \tag{2.24}$$

例えば，一階階差を取ったモデルの場合は $b(\alpha, T) = -(1+\alpha)/2$ であり，WG 変換された LSDV 推定量の場合は $b(\alpha, T) = A(\alpha, T)/B(\alpha, T)$ である．$\widehat{\alpha}_{pool}$ のバイアスを修正した推定量はこの $\alpha + b(\alpha, T)$ の逆関数を用いて次のように表すことができる．

$$\widehat{\alpha}^{BC} = f(\widehat{\alpha})$$

---

[37] Bun and Carree (2006) は不均一分散がある場合のバイアス修正を議論しているが，一部誤りがある．すなわち，彼らは時間方向の分散の推定値が T が固定されているときに GMM 推定量の残差から計算できるとしているが，これは間違いである．実際，分散の推定値は T^{-1} のオーダーの誤差を持つため，T が大きいときにのみ一致推定できる．

ここで、$f(\cdot)$ は $\alpha + b(\alpha, T)$ の逆関数である。Chowdhury (1987), Ramalho (2005), Hayakawa (2007a), Han and Phillips (2010) は一階階差を取ったモデルの OLS 推定量にこの方法を用いており、Bun and Carree (2005, 2006), Phillips and Sul (2007) は WG 変換したモデルにこの方法を用いている。バイアス修正の原理は一階階差を取ったモデルでも WG 変換したモデルでも同じであるが、バイアス修正された推定量が明示的にかけるかどうかが異なる。

一階階差を取ったモデルでは $\plim_{N\to\infty} \widehat{\alpha}_{FDOLS} = \alpha + b(\alpha, T) = (\alpha - 1)/2$ となるので、逆関数を明示的に求めることができ、実際、バイアス修正された推定量は $\widehat{\alpha}_{FDOLS}^{BC} = 2\widehat{\alpha}_{FDOLS} + 1$ と表すことができる[38]。Han and Phillips (2010) は T を固定して $N \to \infty$ としたとき

$$\sqrt{NT}(\widehat{\alpha}_{FDOLS}^{BC} - \alpha) \xrightarrow[N\to\infty]{d} \mathcal{N}(0, V_T)$$

$$V_T = \frac{E\left[\frac{1}{T-1}\left(\sum_{t=2}^{T} \Delta y_{i,t-1}\{2\Delta y_{it} + (1-\rho)\Delta y_{i,t-1}\}\right)^2\right]}{\left[E\left(\frac{1}{T-1}\sum_{t=2}^{T}(\Delta y_{i,t-1})^2\right)\right]^2}$$

になり、$N, T \to \infty$ のときは

$$\sqrt{NT}(\widehat{\alpha}_{FDOLS}^{BC} - \alpha) \xrightarrow[N,T\to\infty]{d} \mathcal{N}(0, 2(1+\alpha))$$

になることを示している。ここでは $|\alpha| < 1$ の場合を考えているが、実は $\widehat{\alpha}_{FDOLS}^{BC}$ は $\alpha = 1$ の単位根の場合でもこの漸近分布は同じ形になるという興味深い特徴を持っている。

一方、WG 変換されたモデルの場合は、$T = 2$ のときは WG 変換と一階階差は同一であるので $\alpha + b(\alpha, T) = (\alpha - 1)/2$ となるが、$T \geq 3$ のときには $\alpha + b(\alpha, T)$ が非常に複雑な形になるため、バイアス修正された LSDV 推定量は次の α に関する方程式を満たす解として定義される。

$$\widehat{\alpha}_{LSDV} = \alpha - \frac{\frac{1}{T(1-\alpha)}\left[T - \frac{1-\alpha^T}{1-\alpha}\right]}{\frac{T-1}{(1-\alpha^2)}\left[1 - \frac{2\alpha}{(1-\alpha)(T-1)}\left(1 - \frac{1-\alpha^T}{T(1-\alpha)}\right)\right]}$$

---

[38] 一階階差を取ったモデルにこのバイアス修正を適用する方法はパネルデータだけではなく、時系列モデルの場合でも可能である。実際、Hayakawa (2006) や Phillips and Han (2008) では同じ方法を時系列モデルの枠組みで考えている。

第 2 章　パネル自己回帰モデルの推定　　57

与えられた $\widehat{\alpha}_{LSDV}$, T に対して, α を解析的に求めるのは難しいため, 数値最適化によって解く必要がある. この方程式の解を $\widehat{\alpha}_{LSDV}^{BC}$ とすると, Bun and Carree (2005) は T を固定して, $N \to \infty$ のとき, $\widehat{\alpha}_{LSDV}^{BC}$ は一致性・漸近正規性を持つことを示している.

2.3　操作変数推定量

OLS 推定量の結果からは, T が固定されているときは, ほとんどの推定量が一致性を失い, 正確な推定値を得るためにはバイアス修正を行う必要があることがわかった. 本節では OLS 推定量の代替的な方法として, 一致性を有する操作変数を用いた推定を考察する. 動学的パネルモデルの操作変数推定量を最初に提案したのは Anderson and Hsiao (1981, 1982) である[39]。

動学的パネルモデルの操作変数推定では, 一階階差モデルと FOD 変換されたモデルがよく用いられる[40]。最初に一階階差を取ったモデルを考え, 次に FOD 変換されたモデルを考えよう.

2.3.1　一階階差モデル

一階階差を取ったモデルをここでもう一度示しておこう.

$$(y_{it} - y_{i,t-1}) = \alpha(y_{i,t-1} - y_{i,t-2}) + (v_{it} - v_{i,t-1})$$
$$(i = 1, ..., N;\ t = 2, ..., T)$$

一階階差モデルの OLS 推定量の問題点は $v_{i,t-1}$ と $y_{i,t-1}$ の相関により, 内生性が生じていることであった. そこで, この内生性の問題への対処として操作変数を使った推定を考える. クロスセクションモデルでは通常, 操作変数は自

---

39) Wansbeek and Bekker (1996), Harris and Mátyás (2000) は Anderson and Hsiao (1981, 1982) とは異なるタイプの (最適な) 操作変数推定量を提案している.
40) WG 変換したモデルでは適切な操作変数を見つけることが困難であるため, 使うことが難しい.

然実験など，外部から探してこなければならないが，動学的パネルモデルの場合は自身の過去の値を操作変数として使えるという点が特徴的である．すなわち，$(v_{it}-v_{i,t-1})$ に相関していないが，$y_{i,t-1}-y_{i,t-2}$ に相関している変数を自分自身の過去の値から探せるということである．v_{it} に系列相関がないという仮定のもとでは $t-2$ 期以前の y_{it}, つまり $y_{is}, (s = 0, 1, ..., t-2)$ は $(v_{it}-v_{i,t-1})$ と直交する．そして $y_{is}, (s = 0, 1, ..., t-2)$ は内生変数 $(y_{i,t-1}-y_{i,t-2})$ とも相関しているので操作変数として適切である．また，$t-1$ 個の操作変数 $y_{is}, (s = 0, 1, ..., t-2)$ は全て $v_{it} - v_{i,t-1}$ と直交しているので，当然 $y_{is}, (s = 0, 1, ..., t-2)$ の一部分を用いた場合も，$y_{is}, (s = 0, 1, ..., t-2)$ の任意の線形結合を用いた場合も操作変数として用いることができる．

実際，Anderson and Hsiao (1981) は $y_{i,t-2}$ と $\Delta y_{i,t-2} = y_{i,t-2} - y_{i,t-3}$ を操作変数として用いた操作変数推定量を提案している．彼らの操作変数推定量は次のモーメント条件から得られる．

$$E[\mathbf{y}_i^{T-2'} \Delta \mathbf{v}_i] = E\left[\sum_{t=2}^{T} y_{i,t-2} \left(\Delta y_{it} - \alpha \Delta y_{i,t-1}\right)\right] = 0,$$

$$E[\Delta \mathbf{y}_i^{T-2'} \Delta \check{\mathbf{v}}_i] = E\left[\sum_{t=3}^{T} \Delta y_{i,t-2} \left(\Delta y_{it} - \alpha \Delta y_{i,t-1}\right)\right] = 0$$

ただし，$\mathbf{y}_i^{T-2} = (y_{i0}, ..., y_{i,T-2})'$, $\Delta \mathbf{y}_i^{T-2} = (\Delta y_{i1}, ..., \Delta y_{i,T-2})'$, $\Delta \mathbf{v}_i = (\Delta v_{i2}, ..., \Delta v_{iT})'$, $\Delta \check{\mathbf{v}}_i = (\Delta v_{i3}, ..., \Delta v_{iT})'$ である．
これらのモーメント条件から導かれる操作変数推定量は次のようになる[41]．

$$\begin{aligned}
\widehat{\alpha}_{IV}^{D,L0} &= \frac{\sum_{i=1}^{N}\sum_{t=2}^{T} y_{i,t-2}\Delta y_{it}}{\sum_{i=1}^{N}\sum_{t=2}^{T} y_{i,t-2}\Delta y_{i,t-1}}, \\
\widehat{\alpha}_{IV}^{D,D0} &= \frac{\sum_{i=1}^{N}\sum_{t=3}^{T} \Delta y_{i,t-2}\Delta y_{it}}{\sum_{i=1}^{N}\sum_{t=3}^{T} \Delta y_{i,t-2}\Delta y_{i,t-1}}
\end{aligned}$$

この操作変数推定量は T 固定で $N \to \infty$，N 固定で $T \to \infty$，あるいは $N,T \to \infty$ のいずれの場合も一致性を持つ[42]．

---

41) Arellano (1989) はレベルの操作変数を用いた $\widehat{\alpha}_{IV}^{D,L0}$ を使うことを推奨している．
42) T 固定で $N \to \infty$ のときの漸近分布は Anderson and Hsiao (1981) に示されている．

2.3.2 FOD 変換されたモデル

FOD 変換されたモデルの操作変数推定量も一階階差モデルと同じように構築できる[43]。FOD 変換したモデルをここでもう一度示しておこう。

$$y_{it}^* = \alpha y_{i,t-1}^* + v_{it}^* \quad (i=1,...,N;\ t=1,...,T-1)$$

ここで，$y_{i0},...,y_{i,t-1}$ は v_{it}^* に直交し，$y_{i,t-1}^*$ と相関しているので操作変数として使うことができる。したがって，モーメント条件は

$$E[\mathbf{y}_i^{T-2'}\mathbf{v}_i^*] = E\left[\sum_{t=1}^{T-1} y_{i,t-1}\left(y_{it}^* - \alpha y_{i,t-1}^*\right)\right] = 0,$$

$$E[\Delta \mathbf{y}_i^{T-2'}\mathbf{\breve{v}}_i^*] = E\left[\sum_{t=2}^{T-1} \Delta y_{i,t-1}\left(y_{it}^* - \alpha y_{i,t-1}^*\right)\right] = 0$$

となる。ただし，$\mathbf{v}_i^* = (v_{i1}^*,...,v_{i,T-1}^*)'$, $\mathbf{\breve{v}}_i^* = (v_{i2}^*,...,v_{i,T-1}^*)'$ である。したがって，FOD 変換したモデルの操作変数推定量は

$$\begin{aligned}\widehat{\alpha}_{IV}^{F,L0} &= \frac{\sum_{i=1}^{N}\sum_{t=1}^{T-1} y_{i,t-1}y_{it}^*}{\sum_{i=1}^{N}\sum_{t=1}^{T-1} y_{i,t-1}y_{i,t-1}^*}, \\ \widehat{\alpha}_{IV}^{F,D0} &= \frac{\sum_{i=1}^{N}\sum_{t=2}^{T-1} \Delta y_{i,t-1}y_{it}^*}{\sum_{i=1}^{N}\sum_{t=2}^{T-1} \Delta y_{i,t-1}y_{i,t-1}^*}\end{aligned}$$

となる。両推定量とも T 固定で $N \to \infty$，N 固定で $T \to \infty$，あるいは $N,T \to \infty$ のいずれの場合も一致性を持つ。

Hayakawa (2009b) はレベル変数や一階階差を取った変数を操作変数を使うのではなく，Backward Orthogonal Deviation(BOD) 変換した変数

$$y_{i,t-1}^{**} = y_{i,t-1} - \frac{y_{i,t-2} + \cdots + y_{i0}}{t-1}, \quad (i=1,...,N;\ t=2,...,T) \quad (2.25)$$

を操作変数として使った操作変数推定量

$$\widehat{\alpha}_{IV}^{F,B0} = \frac{\sum_{i=1}^{N}\sum_{t=2}^{T-1} y_{i,t-1}^{**}y_{it}}{\sum_{i=1}^{N}\sum_{t=2}^{T-1} y_{i,t-1}^{**}y_{i,t-1}^*}$$

---

43) FOD 変換されたモデルの操作変数推定は Arellano (2003b) や Hayakawa (2009b) で考えられている。

を提案している[44]。Hayakawa (2009b) はこの操作変数推定量は $\widehat{\alpha}_{IV}^{F,L0}$, $\widehat{\alpha}_{IV}^{F,D0}$ よりも効率的であり，N と T が大きいときの漸近分布は以下のようになることを示している。

$$\sqrt{NT}\left(\widehat{\alpha}_{IV}^{F,B0} - \alpha\right) \xrightarrow[N,T\to\infty]{d} \mathcal{N}\left(0, 1-\alpha^2\right) \tag{2.26}$$

この結果と LSDV 推定量の漸近分布 (2.19) を比べると，分散が同じになっていることがわかるので $\widehat{\alpha}_{IV}^{F,B0}$ は LSDV 推定量と同じくらい効率的であるが，バイアスは LSDV 推定量よりも小さいことがわかる。また，Hahn and Kuersteiner (2002) のバイアス修正された LSDV 推定量と同じ漸近分布 (2.23) になっていることにも注意されたい。

以上より，操作変数推定量は T 固定で N が大きい場合，N 固定で T が大きい場合，N と T が両方とも大きい場合のいずれの場合も一致性を持つことがわかった。しかしながら，操作変数推定量は一般的に効率的な推定量ではない。Holtz-Eakin, Newey and Rosen (1988) と Arellano and Bond (1991) は操作変数推定量の効率性を改善するために GMM 推定量を使うことを提案している。そこで次に GMM 推定量について説明しよう。なお，GMM 推定量に馴染みのない読者は付録 A を参照されたい。

2.4　GMM 推定量

2.4.1　一階階差 GMM 推定量

Holtz-Eakin, Newey and Rosen (1988), Arellano and Bond (1991) は操作変数推定量の効率性の問題を解決するために一階階差モデル

$$\Delta y_{it} = \alpha \Delta y_{i,t-1} + \Delta v_{it} \qquad (i=1,...,N;\ t=2,...,T)$$

---

[44]　Hayakawa (2009b) はより一般的なパネル AR(p) モデルを考察している。

第 2 章　パネル自己回帰モデルの推定

をGMMで推定することを提案している。このGMM推定量は一階階差をとったモデルに基づいているので**一階階差GMM推定量**と呼ばれている。

彼らは次のようなモーメント条件を使うことを提案している。

$$E\left[\mathbf{y}_i^{t-2}(\Delta y_{it} - \alpha \Delta y_{i,t-1})\right] = 0 \quad (t = 2, ..., T)$$

ここで，$\mathbf{y}_i^{t-2} = (y_{i0}, ..., y_{i,t-2})'$である。このモーメント条件を行列を用いて表すと次のようになる。

$$E\left[\mathbf{Z}_i^{L2'} \Delta \mathbf{v}_i\right] = \mathbf{0} \tag{2.27}$$

ただし，

$$\mathbf{Z}_i^{L2} = \begin{bmatrix} y_{i0} & 0 & 0 & \cdots & 0 & \cdots & 0 \\ 0 & y_{i0} & y_{i1} & & 0 & & 0 \\ \vdots & & & \ddots & & & \vdots \\ 0 & 0 & 0 & \cdots & y_{i0} & \cdots & y_{i,T-2} \end{bmatrix}, \tag{2.28}$$

$$\Delta \mathbf{v}_i = \begin{bmatrix} \Delta v_{i2} \\ \Delta v_{i3} \\ \vdots \\ \Delta v_{iT} \end{bmatrix}$$

である。モーメント条件 (2.27) をより詳しく書くと次のようになる。

$$E \begin{bmatrix} y_{i0} \Delta v_{i2} \\ y_{i0} \Delta v_{i3} \\ y_{i1} \Delta v_{i3} \\ \vdots \\ y_{i0} \Delta v_{iT} \\ \vdots \\ y_{i,T-2} \Delta v_{iT} \end{bmatrix} = \mathbf{0} \tag{2.29}$$

上式において，1行目は$t = 2$期に利用可能なモーメント条件，2〜3行目は$t = 3$期に利用可能なモーメント条件・・・というように，tが大きくなるに

つれて利用可能なモーメント条件の数が増えていき,最終的に $T(T-1)/2$ 個のモーメント条件が得られる.なお,Anderson and Hsiao (1981, 1982) の操作変数推定量は上の操作変数行列 (2.28) ではなく

$$\mathbf{Z}_i^{AH} = \begin{bmatrix} y_{i0} \\ y_{i1} \\ \vdots \\ y_{i,T-2} \end{bmatrix}, \text{ または } \begin{bmatrix} \Delta y_{i1} \\ \Delta y_{i2} \\ \vdots \\ \Delta y_{i,T-2} \end{bmatrix}$$

から導かれるので,モーメント条件の数は $\mathbf{Z}_i^{L2}$ を使った場合よりもはるかに少なく,いくつかのモーメント条件も利用していないので,GMM 推定量と比べると効率的ではないことは明らかである (例えば $t=3$ の場合 $E[y_{i0}\Delta v_{i3}] = 0$ というモーメント条件を使っていない).

最適なウェイト行列はモーメント条件の共分散行列の逆行列であり,次のようになる.

$$\mathbf{V}_{D,L2} = \left[E(\mathbf{Z}_i^{L2\prime} \Delta \mathbf{v}_i \Delta \mathbf{v}_i' \mathbf{Z}_i^{L2}) \right]^{-1} = \left[\sigma_v^2 E(\mathbf{Z}_i^{L2\prime} \mathbf{D}_T \mathbf{D}_T' \mathbf{Z}_i^{L2}) \right]^{-1}$$

ここで $\mathbf{D}_T$ は (2.12) で定義された一階階差を取る行列であり,$\mathbf{D}_T \mathbf{D}_T'$ は次のようになる

$$\mathbf{D}_T \mathbf{D}_T' = \begin{bmatrix} 2 & -1 & 0 & 0 & \cdots & 0 \\ -1 & 2 & -1 & 0 & \cdots & 0 \\ \vdots & & & \ddots & & \\ 0 & 0 & & -1 & 2 & -1 \\ 0 & 0 & & 0 & -1 & 2 \end{bmatrix}$$

$\mathbf{V}_{D,L2}$ はスカラーである σ_v^2 を除いて,未知パラメータに依存していないので,ウェイト行列

$$\widehat{\mathbf{V}}_{D,L2} = \left(\sum_{i=1}^N \mathbf{Z}_i^{L2} \mathbf{D}_T \mathbf{D}_T' \mathbf{Z}_i^{L2\prime} \right)^{-1}$$

を用いれば,1 ステップ推定で効率性が得られる[45].

---

45) 通常の GMM 推定量は最適なウェイト行列に未知パラメータが含まれているため,2 ステップ推定を必要とする.したがって,このように 1 ステップで効率性が得られるのは一階階差 GMM 推定量特有の結果である.

モーメント条件 (2.27) から得られる，最適な1ステップの一階階差 GMM 推定量は次のように表される。

$$\begin{aligned}
\widehat{\alpha}_{GMM}^{D,L2} &= \underset{\alpha}{\mathrm{argmin}} \left[\left(\sum_{i=1}^{N} \Delta \mathbf{v}_i' \mathbf{Z}_i^{L2} \right) \widehat{\mathbf{V}}_{D,L2} \left(\sum_{i=1}^{N} \mathbf{Z}_i^{L2'} \Delta \mathbf{v}_i \right) \right] \\
&= \left[\left(\sum_{i=1}^{N} \Delta \mathbf{y}_{i,-1}' \mathbf{Z}_i^{L2} \right) \widehat{\mathbf{V}}_{D,L2} \left(\sum_{i=1}^{N} \mathbf{Z}_i^{L2'} \Delta \mathbf{y}_{i,-1} \right) \right]^{-1} \\
&\quad \times \left[\left(\sum_{i=1}^{N} \Delta \mathbf{y}_{i,-1}' \mathbf{Z}_i^{L2} \right) \widehat{\mathbf{V}}_{D,L2} \left(\sum_{i=1}^{N} \mathbf{Z}_i^{L2'} \Delta \mathbf{y}_i \right) \right]
\end{aligned}$$

ただし，$\Delta \mathbf{y}_i = (\Delta y_{i2}, ..., \Delta y_{iT})'$, $\Delta \mathbf{y}_{i,-1} = (\Delta y_{i1}, ..., \Delta y_{i,T-1})'$ である。

対応する頑健 (robust) な2ステップの最適一階階差 GMM 推定量は次のようになる。

$$\begin{aligned}
\widehat{\widehat{\alpha}}_{GMM}^{D,L2} &= \left[\left(\sum_{i=1}^{N} \Delta \mathbf{y}_{i,-1}' \mathbf{Z}_i^{L2} \right) \widehat{\widehat{\mathbf{V}}}_{D,L2} \left(\sum_{i=1}^{N} \mathbf{Z}_i^{L2'} \Delta \mathbf{y}_{i,-1} \right) \right]^{-1} \\
&\quad \times \left[\left(\sum_{i=1}^{N} \Delta \mathbf{y}_{i,-1}' \mathbf{Z}_i^{L2} \right) \widehat{\widehat{\mathbf{V}}}_{D,L2} \left(\sum_{i=1}^{N} \mathbf{Z}_i^{L2'} \Delta \mathbf{y}_i \right) \right] \\
\widehat{\widehat{\mathbf{V}}}_{D,L2} &= \left(\sum_{i=1}^{N} \mathbf{Z}_i^{L2} \widehat{\Delta \mathbf{v}_i} \widehat{\Delta \mathbf{v}_i}' \mathbf{Z}_i^{L2'} \right)^{-1}
\end{aligned}$$

$\widehat{\Delta \mathbf{v}_i}$ は例えば1ステップの一階階差 GMM 推定量 $\widehat{\alpha}_{GMM}^{D,L2}$ 等から得られる $\Delta \mathbf{v}_i$ の一致推定値である。付録Aで示されているような一般的な GMM 推定量に関する漸近的な結果を用いると，この GMM 推定量は T 固定で $N \to \infty$ のときに一致性，漸近正規性を持つことが容易に示せる。

一階階差 GMM 推定量の長所と短所

まず一階階差 GMM 推定量の長所であるが，一階階差 GMM 推定量の一致性は誤差項に系列相関がないという仮定のみに依存し，初期条件の仮定に依存しないという点である。これは後で説明するレベル GMM 推定量，システム GMM 推定量と最も異なる点である。次に，短所であるが，一階階差 GMM 推定量は誤差項に系列相関がある場合は一致性を失ってしまう。しかしながら，次章で説明するが，誤差項の系列相関の有無は検定することが可能であ

り，系列相関がある場合でも利用する操作変数や定式化を少し変えるだけで一致性は得られるのでそれほど大きな問題ではない。

系列相関よりも深刻な問題は**弱い操作変数** (weak instruments) の問題である。操作変数は内生変数の代理変数としての意味を持っているので，操作変数は内生変数と強く相関していることが望ましいが，内生変数と操作変数の相関が非常に小さい場合がある。これを弱い操作変数の問題という。実は一階階差 GMM 推定量は α が 1 に近づくとき，あるいは $\sigma_\eta^2/\sigma_v^2 \to \infty$ のときにこの弱い操作変数の問題が生じることが知られている。α が 1 に近づくと弱い操作変数の問題が生じることを示すために，$t = 2$ のときの 2 段階最小 2 乗 (2SLS) 回帰

$$\begin{aligned}\Delta y_{i2} &= \alpha \Delta y_{i1} + \Delta v_{i2} \\ \Delta y_{i1} &= \pi_D y_{i0} + r_i \qquad (i = 1, ..., N)\end{aligned} \qquad (2.30)$$

を考えよう。簡単な式変形より (2.30) は次のように表すことができる。

$$\Delta y_{i1} = (\alpha - 1) y_{i0} + \eta_i + v_{i1}$$

つまり，$\pi_D = \alpha - 1$，$r_i = \eta_i + v_{i1}$ と見なすことができる。モデル (2.30) の OLS 推定量を $\hat{\pi}_D$ とすると $\hat{\pi}_D$ の確率極限は

$$\plim_{N \to \infty} \hat{\pi}_D = (\alpha - 1) \frac{k}{\sigma_\eta^2/\sigma_v^2 + k}$$

となる，ただし，$k = (1-\alpha)/(1+\alpha)$ である。この式より，$\alpha \to 1$ のとき，あるいは $\sigma_\eta^2/\sigma_v^2 \to \infty$ のとき $\plim_{N \to \infty} \hat{\pi}_D \to 0$ になることがわかる。これは α が 1 に近いとき，あるいは σ_η^2/σ_v^2 が大きいとき，y_{i0} は Δy_{i1} に対して説明力を持たない，つまり，y_{i0} が弱い操作変数になることを示している。この弱い操作変数の問題は後で説明するシステム GMM 推定量である程度克服できる。

2.4.2　FOD-GMM 推定量

これまでの説明では一階階差モデルを用いてきたが，FOD 変換したモデルでも同じように GMM 推定量が構築できる。FOD 変換したモデルの GMM 推定量を **FOD-GMM 推定量**と呼ぶことにしよう。

第2章 パネル自己回帰モデルの推定

推定するモデルは以下のようになる。

$$y_{it}^* = \alpha y_{i,t-1}^* + v_{it}^* \qquad (i=1,...,N;\ t=1,...,T-1)$$

v_{it}^* は将来の平均からの偏差になっているので一階階差モデルと同じ操作変数を使うことができる。個別効果を取り除く変換が違うだけなので，利用できる操作変数は同じである。したがって，モーメント条件は次にようになる。

$$E[\mathbf{Z}_i^{L2'}\mathbf{v}_i^*] = \mathbf{0} \tag{2.31}$$

ただし，$\mathbf{v}_i^* = (v_{1i}^*,...,v_{i,T-1}^*)'$ である。ここで，$\mathbf{F}_T\mathbf{F}_T' = \mathbf{I}_{T-1}$ より，最適なウェイト行列は[46]

$$\mathbf{V}_{F,L2} = \left[E\left(\mathbf{Z}_i^{L2'}\mathbf{v}_i^*\mathbf{v}_i^{*'}\mathbf{Z}_i^{L2}\right)\right]^{-1} = \left[\sigma_v^2 E\left(\mathbf{Z}_i^{L2'}\mathbf{Z}_i^{L2}\right)\right]^{-1}$$

となり，スカラーである σ_v^2 を除いて未知パラメータに依存しないので，1ステップ GMM 推定量は漸近的に効率的な推定量になる。したがって，モーメント条件 (2.31) に基づいた1ステップの最適な GMM 推定量は以下のようになる。

$$
\begin{aligned}
\widehat{\alpha}_{GMM}^{F,L2} &= \left[\left(\sum_{i=1}^N \mathbf{y}_{i,-1}^{*'}\mathbf{Z}_i^{L2}\right)\left(\sum_{i=1}^N \mathbf{Z}_i^{L2'}\mathbf{Z}_i^{L2}\right)^{-1}\left(\sum_{i=1}^N \mathbf{Z}_i^{L2'}\mathbf{y}_{i,-1}^*\right)\right]^{-1} \\
&\quad \times \left[\left(\sum_{i=1}^N \mathbf{y}_{i,-1}^{*'}\mathbf{Z}_i^{L2}\right)\left(\sum_{i=1}^N \mathbf{Z}_i^{L2'}\mathbf{Z}_i^{L2}\right)^{-1}\left(\sum_{i=1}^N \mathbf{Z}_i^{L2'}\mathbf{y}_i^*\right)\right]
\end{aligned}
\tag{2.32}
$$

$$
\begin{aligned}
&= \left[\sum_{t=1}^{T-1} \mathbf{y}_{t-1}^{*'}\mathbf{Z}_t^{L2}\left(\mathbf{Z}_t^{L2'}\mathbf{Z}_t^{L2}\right)^{-1}\mathbf{Z}_t^{L2'}\mathbf{y}_{t-1}^*\right]^{-1} \\
&\quad \times \left[\sum_{t=1}^{T-1} \mathbf{y}_{t-1}^{*'}\mathbf{Z}_t^{L2}\left(\mathbf{Z}_t^{L2'}\mathbf{Z}_t^{L2}\right)^{-1}\mathbf{Z}_t^{L2'}\mathbf{y}_t^*\right]
\end{aligned}
\tag{2.33}
$$

---

[46] ウェイト行列の形は変換された誤差項の相関構造と深い関わりがある。すなわち，一階階差を取ると必然的に誤差項に系列相関が生じてしまうが，FOD 変換は，元々の誤差項 v_{it} が均一分散で，系列相関がないときは FOD 変換された誤差項 v_{it}^* も均一分散，系列相関なしという優れた特徴を引き継ぐという特徴を持っている。v_{it} に不均一分散等がある場合の変換方法は Chamberlain (1992)，Arellano (2003a, pp. 156-157) などに示されている。

ただし，$\mathbf{y}_{i,-1}^* = (y_{i0}^*, ..., y_{i,T-2}^*)'$，$\mathbf{y}_i^* = (y_{i1}^*, ..., y_{i,T-1}^*)'$，
$\mathbf{y}_{t-1}^* = (y_{1,t-1}^*, ..., y_{N,t-1}^*)'$，$\mathbf{y}_t^* = (y_{1t}^*, ..., y_{Nt}^*)'$，$\mathbf{Z}_t^{L2} = (\mathbf{z}_{1t}^{L2}, ..., \mathbf{z}_{Nt}^{L2})'$，$\mathbf{z}_{it}^{L2} = (y_{i0}, ..., y_{i,t-2})'$である．ここで，(2.32) から (2.33) への変換はウェイト行列がブロック対角行列であるという結果を用いている．したがって，ウェイト行列 $\left(\sum_{i=1}^N \mathbf{Z}_i^{L2'} \mathbf{D}_T \mathbf{D}_T' \mathbf{Z}_i^{L2} \right)^{-1}$ を用いた最適な一階階差 GMM 推定量ではこのような書き換えはできない．

ところで，一階階差 GMM 推定量 $\widehat{\alpha}_{GMM}^{D,L2}$ と FOD-GMM 推定量 $\widehat{\alpha}_{GMM}^{F,L2}$ にはどのような関係にあるのだろうか？ 実は利用可能な操作変数を全て使った $\mathbf{Z}_i^{L2}$ を用いた場合，両推定量は全く同一の推定量になることが Arellano and Bover (1995) によって示されている．したがって，一階階差 GMM 推定量の性質はそのまま FOD-GMM 推定量も持つことになる．ただし，操作変数の数を減らしたりすると両推定量は異なってくることに注意されたい．また，$\widehat{\alpha}_{GMM}^{D,L2}$ と $\widehat{\alpha}_{GMM}^{F,L2}$ は全く同一であるので，どちらを使ってもよさそうであるが，計算の負荷に大きな違いがある．一階階差 GMM 推定量 $\widehat{\alpha}_{GMM}^{D,L2}$ を計算するときには $T(T-1)/2$ 次元のウェイト行列 $\left(\sum_{i=1}^N \mathbf{Z}_i^{L2'} \mathbf{D}_T \mathbf{D}_T' \mathbf{Z}_i^{L2} \right)^{-1}$ を計算する必要があり，T が大きい場合，計算負荷が非常に大きくなる．さらに，もしモーメント条件の数がクロスセクションの標本サイズ N よりも大きくなってしまうと，ウェイト行列が特異になってしまい，推定量が計算できなくなってしまう[47]．しかしながら，FOD-GMM 推定量 $\widehat{\alpha}_{GMM}^{F,L2}$ は最大でも $T-1$ 次元の逆行列であるので，一階階差 GMM 推定量に比べて計算負荷ははるかに小さく，$T \leq N$ であれば計算可能である．

2.4.3 レベル GMM 推定量

Arellano and Bover (1995) は一階階差 GMM 推定量のようにモデルから個別効果を取り除く方法ではなく，モデルはレベルのまま扱い，操作変数から個別効果を取り除いた，レベル GMM 推定量を提案している．

---

[47] 行列が特異な場合の対処としてよく一般化逆行列が使われるが，Satchachai and Schmidt (2008) は GMM 推定量では一般化逆行列を用いてもこの問題を解決できないことを示している．

第 2 章　パネル自己回帰モデルの推定　　　　　　　　　　67

次のようなレベルモデルに対しての操作変数を用いた推定を考えよう。

$$y_{it} = \alpha y_{i,t-1} + \eta_i + v_{it} \qquad (i=1,...,N;\ t=2,...,T) \tag{2.34}$$

このモデルでは誤差項の部分 ($\eta_i + v_{it}$) に個別効果 η_i が含まれているので，直交条件が満たされるためには，操作変数は個別効果を含んでいてはいけない。個別効果を取り除く簡単な方法は一階階差を取ることであるが，一階階差で個別効果を完全に除去するためには初期条件に平均定常性の仮定を置かなければならない。このことを詳しく見るために，一般的な初期条件 (2.5) とそれを用いた y_{it} の表現 (2.6) を考えよう。表現 (2.6) より Δy_{it} は

$$\begin{aligned}\Delta y_{it} &= (\alpha^t - \alpha^{t-1})\delta_0 - (1-\delta)(\alpha^t - \alpha^{t-1})\frac{\eta_i}{1-\alpha} \\ &\quad + \alpha^{t-1}v_{i1} + (\alpha^t - \alpha^{t-1})\varepsilon_{i0}\end{aligned} \tag{2.35}$$

となる。この表現の第 2 項に注目すると一階階差を取った場合でも個別効果 η_i が依然として残っていることがわかる。個別効果 η_i が完全に除去されるのは $\delta = 1$ のときのみ，すなわち，平均定常な初期条件の場合のみであることがわかる。

ここで，レベル GMM 推定量の一致性が初期条件の仮定に強く依存していることを見るために $T=2$，$\delta_0 = 0$，$\varepsilon_{i0} = w_{i0}$ のケースを考えよう。推定するモデルは

$$y_{i2} = \alpha y_{i1} + \eta_i + v_{i2}$$

であり，操作変数は Δy_{i1} になる。$T = 2$ の場合，レベル GMM 推定量は

$$\widehat{\alpha}_{GMM}^{L,D} = \frac{\sum_{i=1}^{N}\Delta y_{i1} y_{i2}}{\sum_{i=1}^{N}\Delta y_{i1} y_{i1}} = \alpha + \frac{\sum_{i=1}^{N}\Delta y_{i1}(\eta_i + v_{i2})}{\sum_{i=1}^{N}\Delta y_{i1} y_{i1}}$$

となる。ここで，$E[\Delta y_{i1}(\eta_i + v_{i2})] = E[\Delta y_{i1}\eta_i] = (1-\delta)\sigma_\eta^2$ となるので，

$$\plim_{N\to\infty} \widehat{\alpha}_{GMM}^{L,D} = \alpha + \frac{(1-\delta)\sigma_\eta^2}{(1-\delta)\frac{1-(1-\delta)\alpha}{1-\alpha}\sigma_\eta^2 + \frac{1}{1+\alpha}\sigma_v^2}$$

が得られる。この式からもわかるように，$\delta = 1$，つまり初期条件が平均定常性を満たすときにのみ，一階階差変数を操作変数にしたレベル GMM 推定量は一致性を持つことがわかる。

レベル GMM 推定量の具体的なモーメント条件について考えよう。初期条件が平均定常性を満たすという仮定の下では $\Delta y_{it}, (t=1,...,T)$ は η_i と直交するので，この中から v_{it} と直交するものを選べばよい。それは結局 $\Delta y_{is}, (s=1,...,t-1)$ である。実際，$\Delta y_{is}, (s=1,...,t-1)$ は誤差項 η_i+v_{it} と直交しており，説明変数 $y_{i,t-1}$ と相関している。$\Delta \mathbf{y}_i^{t-1} = (\Delta y_{i1},...,\Delta y_{i,t-1})'$ とすると，モーメント条件は次のように書ける。

$$E[\Delta \mathbf{y}_i^{t-1}(\eta_i + v_{it})] = \mathbf{0} \qquad (t=2,...,T)$$

これを行列を用いて表すと，

$$E[\mathbf{Z}_i^{D2\prime} \dot{\mathbf{u}}_i] = \mathbf{0} \qquad (2.36)$$

となる。ただし，

$$\mathbf{Z}_i^{D2} = \begin{bmatrix} \Delta y_{i1} & 0 & 0 & & & \\ 0 & \Delta y_{i1} & \Delta y_{i2} & 0 & & \\ & & & & \ddots & \\ 0 & & & & \Delta y_{i1} & \cdots & \Delta y_{i,T-1} \end{bmatrix}, \qquad (2.37)$$

$$\dot{\mathbf{u}}_i = \begin{bmatrix} \eta_i + v_{i2} \\ \eta_i + v_{i3} \\ \cdots \\ \eta_i + v_{iT} \end{bmatrix}$$

である。このモーメント条件の最適なウェイト行列は

$$\mathbf{V}_{L,D2} = \left[E\left(\mathbf{Z}_i^{D2\prime} \dot{\mathbf{u}}_i \dot{\mathbf{u}}_i' \mathbf{Z}_i^{D2} \right) \right]^{-1} = \left[E\left(\mathbf{Z}_i^{D2\prime} \mathbf{\Omega}_{T-1} \mathbf{Z}_i^{D2} \right) \right]^{-1}$$

となるが，この最適なウェイト行列は未知パラメータに依存しているので，一階階差 GMM 推定量のように 1 ステップで効率性は得られない。効率性を得るためには 2 ステップ推定が必要となる。モーメント条件 (2.36) から得られる最適な 2 ステップ GMM 推定量は次のように表される。

$$\widehat{\widehat{\alpha}}_{GMM}^{L,D2} = \left[\left(\sum_{i=1}^N \dot{\mathbf{y}}_{i,-1}' \mathbf{Z}_i^{D2} \right) \widehat{\widehat{\mathbf{V}}}_{L,D2} \left(\sum_{i=1}^N \mathbf{Z}_i^{D2\prime} \dot{\mathbf{y}}_{i,-1} \right) \right]^{-1}$$

$$\times \left[\left(\sum_{i=1}^{N}\dot{\mathbf{y}}'_{i,-1}\mathbf{Z}_{i}^{D2}\right)\widehat{\widehat{\mathbf{V}}}_{L,D2}\left(\sum_{i=1}^{N}\mathbf{Z}_{i}^{D2\prime}\dot{\mathbf{y}}_{i}\right)\right],$$

$$\widehat{\widehat{\mathbf{V}}}_{L,D2} = \left(\sum_{i=1}^{N}\mathbf{Z}_{i}^{D2\prime}\widehat{\dot{\mathbf{u}}}_{i}\widehat{\dot{\mathbf{u}}}'_{i}\mathbf{Z}_{i}^{D2}\right)^{-1}$$

ただし, $\dot{\mathbf{y}}_i = (y_{i2}, ..., y_{iT})'$, $\dot{\mathbf{y}}_{i,-1} = (y_{i1}, ..., y_{i,T-1})'$, $\widehat{\dot{\mathbf{u}}}_i$ は $\dot{\mathbf{u}}_i$ の一致推定値であり, 例えば最適ではないウェイト行列 $\left(\sum_{i=1}^{N}\mathbf{Z}_{i}^{D2\prime}\mathbf{Z}_{i}^{D2}\right)^{-1}$ を用いた GMM 推定量

$$\widehat{\alpha}_{GMM}^{L,D2} = \left[\left(\sum_{i=1}^{N}\dot{\mathbf{y}}'_{i,-1}\mathbf{Z}_{i}^{D2}\right)\widehat{\mathbf{V}}_{L,D2}\left(\sum_{i=1}^{N}\mathbf{Z}_{i}^{D2\prime}\dot{\mathbf{y}}_{i,-1}\right)\right]^{-1}$$
$$\times \left[\left(\sum_{i=1}^{N}\dot{\mathbf{y}}'_{i,-1}\mathbf{Z}_{i}^{D2}\right)\widehat{\mathbf{V}}_{L,D2}\left(\sum_{i=1}^{N}\mathbf{Z}_{i}^{D2\prime}\dot{\mathbf{y}}_{i}\right)\right]$$

$$\widehat{\mathbf{V}}_{L,D2} = \left(\sum_{i=1}^{N}\mathbf{Z}_{i}^{D2\prime}\mathbf{Z}_{i}^{D2}\right)^{-1}$$

などから計算できる.

レベル GMM 推定量の長所と短所

レベル GMM 推定量の長所は, 一階階差 GMM 推定量とは異なり, α が 1 に近づいても弱い操作変数の問題が生じないことである. このことを一階階差 GMM 推定量のときと同じように $t = 2$ の場合を使って示そう. $t = 2$ のときの 2SLS 回帰

$$y_{i2} = \alpha y_{i1} + \eta_i + v_{i2}$$
$$y_{i1} = \pi_L \Delta y_{i1} + r_i$$

を考えよう. π_L の OLS 推定量を $\widehat{\pi}_L$ とすると, その確率極限は

$$\operatorname*{plim}_{N\to\infty} \widehat{\pi}_L = \frac{1}{2}$$

となる. この結果は α の値に関係なく, Δy_{i1} は y_{i1} に対して一定の説明力を持っていることを意味している. つまり, 一階階差 GMM 推定量とは異なり, α が 1 に近づいても操作変数が弱くならないことを意味している.

短所としては，一致性が初期条件の仮定に強く依存することである．上で示したように，初期条件が平均定常性を満たさない限り，レベル GMM 推定量は一致性を持たない[48]．したがってレベル GMM 推定量の一致性は一階階差 GMM 推定量よりも強い仮定の下で得られていることを意味している．また，Bun and Windmeijer (2010) は，レベル GMM 推定量は σ_η^2/σ_v^2 が大きいときに弱い操作変数の問題に直面することを示している．

2.4.4 システム GMM 推定量

Arellano and Bover (1995), Blundell and Bond (1998) はこれまで説明した一階階差モデルとレベルモデルを 1 つのシステムとみなし，そのシステムの GMM 推定量，すなわち，システム GMM 推定量を提案している．

次のような一階階差を取ったモデルとレベルモデルで構成されているシステムを考えよう．

$$\begin{bmatrix} \Delta \mathbf{y}_i \\ \dot{\mathbf{y}}_i \end{bmatrix} = \alpha \begin{bmatrix} \Delta \mathbf{y}_{i,-1} \\ \dot{\mathbf{y}}_{i,-1} \end{bmatrix} + \begin{bmatrix} \Delta \mathbf{v}_i \\ \dot{\mathbf{u}}_i \end{bmatrix}$$

これを次のように書き換える．

$$\mathbf{y}_i^\dagger = \alpha \mathbf{y}_{i,-1}^\dagger + \mathbf{u}_i^\dagger$$

Blundell and Bond (1998) が提案しているモーメント条件は次の形になる．

$$E[\mathbf{Z}_i^{S'} \mathbf{u}_i^\dagger] = \mathbf{0} \tag{2.38}$$

ただし，

$$\mathbf{Z}_i^S = \begin{bmatrix} \mathbf{Z}_i^{L2} & \mathbf{O} \\ \mathbf{O} & \mathbf{Z}_i^{D1} \end{bmatrix} = \begin{bmatrix} \mathbf{Z}_i^{L2} & 0 & 0 & \cdots & 0 \\ 0 & \Delta y_{i1} & 0 & \cdots & 0 \\ 0 & 0 & \Delta y_{i2} & \cdots & 0 \\ \vdots & & & \ddots & 0 \\ 0 & 0 & 0 & \cdots & \Delta y_{i,T-1} \end{bmatrix}$$

---

48) 初期条件が平均定常性を満たしているかどうかの検定は次章で扱う．

である.

このモーメント条件をみると,レベル GMM 推定量のモーメント条件は一部のみが使われていることがわかる.これは利用されていないモーメント条件が他のモーメント条件の線形結合になっているからである.これを詳しく考察するために $t=3$ の場合を考えよう.

$u_{it} = \eta_i + v_{it}$ とすると,$t=3$ のときの一階階差 GMM 推定量のモーメント条件は

$$E[y_{i0}\Delta u_{i3}] = 0 \qquad (2.40)$$
$$E[y_{i1}\Delta u_{i3}] = 0 \qquad (2.41)$$

となる.一方,$t=2$ と $t=3$ のときのレベル GMM 推定量のモーメント条件は次のようになる.

$$E[\Delta y_{i1} u_{i2}] = 0 \qquad (2.42)$$
$$E[\Delta y_{i1} u_{i3}] = 0 \qquad (2.43)$$
$$E[\Delta y_{i2} u_{i3}] = 0 \qquad (2.44)$$

この場合,(2.43) がシステム GMM 推定量のモーメント条件から取り除かれているが,このモーメント条件は (2.41) − (2.40) + (2.42) と表すことができるので他のモーメント条件の線形結合になっていることがわかる.このような計算を繰り返すと,(2.36) で使われているが,(2.38) で使われていないモーメント条件は一階階差 GMM 推定量のモーメント条件と,(2.38) で使われているレベル GMM 推定量のモーメント条件の線形結合によって得られることがわかる.一般的にモーメント条件を線形変換することによって得られた追加的なモーメント条件は元々のモーメント条件と同じ情報量しかもっておらず,効率性を改善しないため,モーメント条件には含めない.このようなモーメント条件は重複する (redundant) モーメント条件と呼ばれている[49]。

---

49) 重複するモーメント条件に関する議論に関しては Breusch, Qian, Schmidt and Wyhowski (1999) を参照されたい.

システム GMM 推定量の最適なウェイト行列は未知パラメータに依存するので効率性を得るためには 2 ステップ推定が必要になる。モーメント条件 (2.38) から導かれる最適な 2 ステップシステム GMM 推定量は次のような形になる。

$$\widehat{\widehat{\alpha}}_{GMM}^{SYS} = \left[\left(\sum_{i=1}^{N}\mathbf{y}_{i,-1}^{\dagger\prime}\mathbf{Z}_i^S\right)\widehat{\widehat{\mathbf{V}}}_{SYS}\left(\sum_{i=1}^{N}\mathbf{Z}_i^{S\prime}\mathbf{y}_{i,-1}^{\dagger}\right)\right]^{-1}$$
$$\times \left[\left(\sum_{i=1}^{N}\mathbf{y}_{i,-1}^{\dagger\prime}\mathbf{Z}_i^S\right)\widehat{\widehat{\mathbf{V}}}_{SYS}\left(\sum_{i=1}^{N}\mathbf{Z}_i^{S\prime}\mathbf{y}_i^{\dagger}\right)\right]$$
$$\widehat{\widehat{\mathbf{V}}}_{SYS} = \left(\sum_{i=1}^{N}\mathbf{Z}_i^{S\prime}\widehat{\mathbf{u}}_i^{\dagger}\widehat{\mathbf{u}}_i^{\dagger\prime}\mathbf{Z}_i^S\right)^{-1}$$

ただし，$\widehat{\mathbf{u}}_i^{\dagger}$ は $\mathbf{u}_i^{\dagger}$ の一致推定値であり，例えば最適ではないウェイト行列 $\left(\sum_{i=1}^{N}\mathbf{Z}_i^{S\prime}\mathbf{Z}_i^S\right)^{-1}$ を用いたシステム GMM 推定量

$$\widehat{\alpha}_{GMM}^{SYS} = \left[\left(\sum_{i=1}^{N}\mathbf{y}_{i,-1}^{\dagger\prime}\mathbf{Z}_i^S\right)\widehat{\mathbf{V}}_{SYS}\left(\sum_{i=1}^{N}\mathbf{Z}_i^{S\prime}\mathbf{y}_{i,-1}^{\dagger}\right)\right]^{-1}$$
$$\times \left[\left(\sum_{i=1}^{N}\mathbf{y}_{i,-1}^{\dagger\prime}\mathbf{Z}_i^S\right)\widehat{\mathbf{V}}_{SYS}\left(\sum_{i=1}^{N}\mathbf{Z}_i^{S\prime}\mathbf{y}_i^{\dagger}\right)\right]$$
$$\widehat{\mathbf{V}}_{SYS} = \left(\sum_{i=1}^{N}\mathbf{Z}_i^{S\prime}\mathbf{Z}_i^S\right)^{-1}$$

などから得られる。

システム GMM 推定量の長所・短所

システム GMM 推定量の長所は大きく分けて 2 つある。1 つ目は α が 1 に近い場合でも弱い操作変数の問題が生じないこと，2 つ目は一階階差 GMM 推定量，レベル GMM 推定量のいずれよりも効率的であることである。

1 つ目の長所を見るために 1 ステップのシステム GMM 推定量 $\widehat{\alpha}_{GMM}^{SYS}$ を考えよう[50]。簡単な計算より $\widehat{\alpha}_{GMM}^{SYS}$ は次のように一階階差 GMM 推定量と

---

50) Blundell, Bond and Windmeijer (2000) を参照．

レベル GMM 推定量の加重和として表すことができる。

$$\widehat{\alpha}_{GMM}^{SYS} = \gamma \widetilde{\alpha}_{GMM}^{D,L2} + (1-\gamma) \widehat{\alpha}_{GMM}^{L,D1}$$

$$\gamma = \frac{\Delta \mathbf{y}'_{-1} \mathbf{P}^{L2} \Delta \mathbf{y}_{-1}}{\Delta \mathbf{y}'_{-1} \mathbf{P}^{L2} \Delta \mathbf{y}_{-1} + \mathbf{y}'_{-1} \mathbf{P}^{D1} \mathbf{y}_{-1}}$$

$$= \frac{\widehat{\pi}'_D \mathbf{Z}^{L2'} \mathbf{Z}^{L2} \widehat{\pi}_D}{\widehat{\pi}'_D \mathbf{Z}^{L2'} \mathbf{Z}^{L2} \widehat{\pi}_D + \widehat{\pi}'_L \mathbf{Z}^{D1'} \mathbf{Z}^{D1} \widehat{\pi}_L}$$

ただし，$\Delta \mathbf{y}_{-1} = (\Delta \mathbf{y}'_{1,-1}, ..., \Delta \mathbf{y}'_{N,-1})'$，$\dot{\mathbf{y}}_{-1} = (\dot{\mathbf{y}}'_{1,-1}, ..., \dot{\mathbf{y}}'_{N,-1})'$，$\mathbf{P}^{L2} = \mathbf{Z}^{L2} \left(\mathbf{Z}^{L2'} \mathbf{Z}^{L2} \right)^{-1} \mathbf{Z}^{L2'}$，$\mathbf{P}^{D1} = \mathbf{Z}^{D1} \left(\mathbf{Z}^{D1'} \mathbf{Z}^{D1} \right)^{-1} \mathbf{Z}^{D1'}$，$\mathbf{Z}^{L2} = \left(\mathbf{Z}_1^{L2'}, ..., \mathbf{Z}_N^{L2'} \right)'$，$\mathbf{Z}^{D1} = \left(\mathbf{Z}_1^{D1'}, ..., \mathbf{Z}_N^{D1'} \right)'$ である。また，$\widehat{\pi}_D, \widehat{\pi}_L$ はそれぞれ $\Delta \mathbf{y}_{-1}$ を $\mathbf{Z}^{L2}$ に，$\dot{\mathbf{y}}_{-1}$ を $\mathbf{Z}^{D1}$ に回帰したときの係数の推定値，$\widetilde{\alpha}_{GMM}^{D,L2}$ は操作変数 $\mathbf{Z}_i^{L2}$ とウェイト行列 $\left(\sum_{i=1}^N \mathbf{Z}_i^{L2'} \mathbf{Z}_i^{L2} \right)^{-1}$ を使った 1 ステップの一階階差 GMM 推定量，$\widehat{\alpha}_{GMM}^{L,D1}$ は操作変数 $\mathbf{Z}_i^{D1}$ とウェイト行列 $\left(\sum_{i=1}^N \mathbf{Z}_i^{D1'} \mathbf{Z}_i^{D1} \right)^{-1}$ を使った 1 ステップのレベル GMM 推定量を表している。

一階階差 GMM 推定量の説明のところで，$\alpha \to 1$，$\sigma_\eta^2/\sigma_v^2 \to \infty$ のときに $\underset{N \to \infty}{\text{plim}} \widehat{\pi}_D \to 0$ になることを説明したが，これは $\alpha \to 1$，$\sigma_\eta^2/\sigma_v^2 \to \infty$ のときに $\gamma \to 0$ になることを意味している。つまり，システム GMM 推定量は α が 1 に近づくにつれて，弱い操作変数の問題を持つ一階階差 GMM 推定量に小さいウェイトを，弱い操作変数の問題を持たないレベル GMM 推定量に大きいウェイトをかける，という構造を持っており，α が 1 に近いときでも弱い操作変数の問題が生じないことを意味している。2 つ目の長所である，効率性の改善はシステム GMM 推定量が一階階差 GMM 推定量やレベル GMM 推定量よりも多くのモーメント条件から導かれていることを考えると明らかである[51]。

次に短所であるが，システム GMM 推定量はレベル GMM 推定量のモーメント条件を含んでいるため，初期条件が平均定常性を満たさなければ一致性を持たない。また，σ_η^2/σ_v^2 が大きいとき，一階階差 GMM 推定量，レベル

---

51) 定常な初期条件と効率性の関係については Hahn (1999) を参照されたい。

GMM 推定量共に弱い操作変数の問題を持つため，両推定量の線形結合であるシステム GMM 推定量も弱い操作変数の問題を持つことになる[52]。

ところで，大標本における効率性の観点からは，より多くのモーメント条件に基づいた GMM 推定量を使うことが望ましいが，モーメント条件の数が多すぎると有限標本ではバイアスが大きくなることが知られている[53]。したがって，システム GMM 推定量は一階階差 GMM 推定量とレベル GMM 推定量の両方のモーメント条件を用いているため両推定量よりもバイアスが大きくなると考えられる。しかしながら，Hayakawa (2007b) は，パネル AR(1) モデルの枠組みでシステム GMM 推定量の有限標本バイアスを理論的に導出し，一階階差 GMM 推定量はマイナス方向のバイアス，レベル GMM 推定量はプラス方向のバイアスを持っていること，そして，システム GMM 推定量では両者のバイアスが相殺されてバイアスが非常に小さくなりうるケースがあることを示している。また，σ_η^2/σ_v^2 が 1 に近いときはシステム GMM 推定量のバイアスは非常に小さくなるが，σ_η^2/σ_v^2 が大きいときはバイアスが大きくなることも示している[54]。

2.4.5　Windmeijer の標準誤差の修正

パラメータに関する統計的推測を行うときは，2 ステップ GMM 推定量に基づいて行うことが多いが，2 ステップ GMM 推定量の標準誤差は過小評価されているという結果がいくつかの研究で報告されている。Windmeijer (2005) は 2 ステップ GMM 推定量において，第 1 ステップの推定結果を用いて計算される最適なウェイト行列の推定の誤差が 2 ステップ GMM 推定量の標準誤差の推定に大きな誤差を与えることを示し，推定値の標準誤差の有限標本修正を提案している。Bond and Windmeijer (2005) はこの Windmeijer (2005) の方法をシステム GMM 推定量に適用し，Wald 検定のサイズの歪みが改善されることを報告している。

---

52) Bun and Windmeijer (2010) を参照されたい。
53) Kunitomo (1980), Morimune (1983), Bekker (1994) などを見よ。
54) 外生変数を含んだ場合の GMM 推定量の有限標本バイアスに関しては Bun and Kiviet (2006), Hayakawa (2010) を参照されたい。

2.4.6 追加的なモーメント条件

GMM 推定量は一般的にモーメント条件の数が多いほど漸近的に効率性が高まるという性質を持っている．この点に注目して Ahn and Schmidt (1995, 1997) は仮定 (2.3) の下で，さらなるモーメント条件が利用可能であり，それらを使うことで効率性を改善できることを示している．Anderson and Hsiao (1981)，Holtz-Eakin, Newey and Rosen (1988)，Arellano and Bond (1991) では誤差項に系列相関がないという仮定からモーメント条件を導いているが，Ahn and Schmidt (1995, 1997) は均一分散の仮定や初期条件の仮定により追加的モーメント条件

$$E[y_{i,t-2}\Delta u_{i,t-1} - y_{i,t-1}\Delta u_{it}] = 0 \qquad (t=3,...,T)$$
$$E(\bar{u}_i \Delta v_{it}) = 0 \qquad (t=2,...,T)$$
$$E\left[y_{i0}^2 + \frac{y_{i1}\Delta v_{i2}}{1-\alpha^2} - \frac{u_{i2}u_{i1}}{(1-\alpha)^2}\right] = 0 \qquad (2.45)$$

などが利用可能であることを示している．ただし，$\bar{u}_i = T^{-1}\sum_{t=1}^{T} u_{it}$, $u_{it} = \eta_i + v_{it}$ である．条件 (2.45) は α に関して非線形のモーメント条件であるが，Kruiniger (2007) は (2.45) と漸近的に同等の α に関して線形のモーメント条件を提案している．

2.4.7 N と T が両方大きいときの GMM 推定量の性質

クロスセクションモデルでは標本サイズ N と比較して操作変数の数が大きい場合，2SLS 推定量のバイアスが大きくなることが知られている．例えば，伝統的な同時方程式モデルの枠組みにおいて標本サイズ N と操作変数の数 K がともに大きくなるような漸近論を考えた場合，2SLS 推定量は一致性を失ってしまうことが Kunitomo (1980)，Morimune (1983)，Bekker (1994) などによって示されており，2SLS 推定量の代替的な推定量として制限情報最尤 (Limited Information Maximum Likelihood, LIML) 推定量や経験尤度 (Empirical Likelihood) 推定量の有効性に関する研究が盛んに行われている．

動学的パネルモデルの GMM 推定量でも同じような問題が生じる．これまで見てきたように，動学的パネルモデルの GMM 推定量のモーメント条件の数は時系列の標本サイズ T に依存しており，T が大きくなれば利用可能なモーメント条件の数も増えていく．例えば $\mathbf{Z}_i^{L2}$ や $\mathbf{Z}_i^{D2}$ では $O(T^2)$ でモーメント条件の数が増えていくので，例えば $T=20$ の場合，モーメント条件の数は 190 個になり，極めて多くなる．このような場合，T 固定，$N \to \infty$ とする漸近論よりも，T と N が同時に大きくなる漸近論を用いたほうが GMM 推定量の振る舞いをより正確に分析できると考えられる．T を固定し，$N \to \infty$ としたときの GMM 推定量の性質は付録 A で示されているような一般的な GMM 推定量の議論を援用することで一致性や漸近正規性などを示せるが，N と T がともに大きくなる場合，それらの結果を使うことはできないため，新たに導出する必要がある．

N と T が同時に大きくなる漸近論を用いて動学的パネルモデルの代表的な推定量の性質を初めて議論したのが Alvarez and Arellano (2003) である．彼らは動学的パネルモデルの代表的な推定量の 1 つである最適な一階階差 GMM 推定量 (FOD-GMM 推定量) は，$N, T \to \infty$，$T/N \to c, (0 \leq c < \infty)$ のときに一致性を持ち，さらに $(\log T)^2/N \to 0$ のとき，次のような漸近分布を持つことを示している．

$$\sqrt{NT}\left[\widehat{\alpha}_{GMM}^{F,L2} - \left(\alpha - \frac{1+\alpha}{N}\right)\right] \xrightarrow[N,T \to \infty]{d} \mathcal{N}\left(0, 1-\alpha^2\right) \tag{2.46}$$

この結果から GMM 推定量は N と T が大きい場合でも一致性，漸近正規性を持つが，漸近分布に $O(1/N)$ のバイアスが残っていることがわかる．

2.3 節で Hayakawa (2009b) の提案した操作変数推定量 $\widehat{\alpha}_{IV}^{F,B0}$ の $N, T \to \infty$ のときの漸近分布は (2.26) のようになることを示したが，これと (2.46) を比べると，漸近分散の大きさは同じであるが，バイアスは GMM 推定量のほうが大きいことがわかる．これは，Hayakawa (2009b) で提案された BOD 変換された操作変数 $y_{i,t-1}^{**}$ を使えば，漸近的に効率性を落とすことなく，操作変数の数を減らし，バイアスを小さくできることを意味している．

Alvarez and Arellano (2003) は最適なウェイト行列 $\left(\sum_{i=1}^{N} \mathbf{Z}_i^{L2\prime} \mathbf{D}_T \mathbf{D}_T^{\prime} \mathbf{Z}_i^{L2}\right)^{-1}$ ではなく，非最適なウェイト行列 $\left(\sum_{i=1}^{N} \mathbf{Z}_i^{L2\prime} \mathbf{Z}_i^{L2}\right)^{-1}$ を用いた一階階差 GMM 推定量の N と T が両方同時に大きくなるときの漸近的性質も導出している．

T 固定，$N \to \infty$ の場合は非最適なウェイト行列を使うと効率性が落ちるだけで，一致性には影響しないが，Alvarez and Arellano (2003) は N, T が両方大きくなる漸近論のもとでは，非最適なウェイト行列を使うと一致性を失ってしまうことを示している。実際，非最適なウェイト行列 $\left(\sum_{i=1}^{N} \mathbf{Z}_i^{L2'} \mathbf{Z}_i^{L2}\right)^{-1}$ を用いた一階階差 GMM 推定量は $N, T \to \infty$, $T/N \to c, (0 \leq c < \infty)$ のとき，次のように一致性を持たない。

$$\tilde{\alpha}_{GMM}^{D,L2} \xrightarrow[N,T \to \infty]{p} \alpha - \frac{1+\alpha}{2}\left[\frac{c}{2-(1+\alpha)(2-c)/2}\right]$$

Hayakawa (2008) はこの結果を拡張し，N と T が両方大きいとき，非最適なウェイト行列を用いた場合，システム GMM 推定量も一致性を失うが，(部分的に) 最適なウェイト行列を用いたシステム GMM 推定量は一致性があることを示している[55]。この結果は T がある程度大きい場合，2 ステップ GMM 推定量に必要な 1 ステップの推定値を非最適なウェイト行列を使って求めると，最適ウェイト行列の推定が正確に行えない場合があることを示唆している。そのような場合，よりバイアスの小さい操作変数推定量などを用いて最適ウェイト行列を推定した方が安全である。

2.4.8　モーメント条件の選択

T が大きいときには利用可能な操作変数の数が膨大になり，実際，Ziliak (1997) は利用可能な操作変数を全て用いると GMM 推定量のバイアスが大きくなることを示している。また，ラグの長い操作変数，例えば 10 期前の変数を操作変数として使うと，内生変数 $\Delta y_{i,t-1}$ と操作変数 $y_{i,t-10}$ の相関は非常に弱くなるので，弱い操作変数の問題も生じてしまう。そのため，実証分析では効率性を犠牲にして数期前，例えば各時点 t について，最大で 3 期前までの操作変数しか使わないという方法が取られることが多い。そこで，操作変数の数を減らした場合に GMM 推定量のバイアスがどのように変わるのかを

---

[55]　「(部分的に) 最適な」という意味や証明に関しては Hayakawa (2008) を参照されたい。

示しておこう[56]。GMM 推定量のバイアスの大きさ (オーダー) は操作変数行列とウェイト行列に依存して変わってくる。操作変数行列として 7 個のタイプを考える。すなわち，それぞれ (2.28)，(2.37)，(2.39) で定義された $\mathbf{Z}_i^{L2}$，$\mathbf{Z}_i^{D2}$，$\mathbf{Z}_i^{D1}$，$\mathbf{Z}_i^{S}$，と以下の 3 つの行列である。

$$\mathbf{Z}_i^{L1} = \begin{bmatrix} y_{i0} & 0 \\ & \ddots & \\ 0 & & y_{i,T-2} \end{bmatrix}, \quad \mathbf{Z}_i^{L0} = \begin{bmatrix} y_{i0} & 0 \\ y_{i1} & y_{i0} \\ \vdots & \vdots \\ y_{i,T-2} & y_{i,T-3} \end{bmatrix}$$

$$\mathbf{Z}_i^{D0} = \begin{bmatrix} \Delta y_{i0} & 0 \\ \Delta y_{i1} & \Delta y_{i0} \\ \vdots & \vdots \\ \Delta y_{i,T-2} & \Delta y_{i,T-3} \end{bmatrix}$$

操作変数の数は $\mathbf{Z}_i^{L2}, \mathbf{Z}_i^{D2}, \mathbf{Z}_i^{S}$ は $O(T^2)$，$\mathbf{Z}_i^{L1}, \mathbf{Z}_i^{D1}$ は $O(T)$，$\mathbf{Z}_i^{L0}, \mathbf{Z}_i^{D0}$ は $O(1)$ である。例えば，各時点につき最大 3 期前までの操作変数しか使わないというケースは操作変数の数は $O(T)$ になるので操作変数として $\mathbf{Z}_i^{L1}$，$\mathbf{Z}_i^{D1}$ を使った場合のバイアスのオーダーと同じである。

表 2.2 は操作変数行列を変えたときの GMM 推定量の有限標本バイアスのオーダーを示している[57]。この結果はパネル AR(1) モデルだけではなく，次章で扱うより一般的な外生変数が入ったモデルでも成り立つ。この表を見ると，例えば FOD-GMM 推定量は操作変数に $\mathbf{Z}_i^{L2}$ を使った場合は $O(1/N)$ のバイアスを持つが，$\mathbf{Z}_i^{L2}$ より少ない操作変数を持つ $\mathbf{Z}_i^{L1}$ を使った場合，バイアスのオーダーが $O(1/NT)$ になることを示している。

なお，ここで説明した方法は人為的に操作変数の数を決めているが，データに依存させて操作変数を選択する方法もある。例えば，Andrews and Lu (2001) は情報量基準を用いて適切なモーメント条件を選択する計算手順を，Okui (2009) はデータに依存させて GMM 推定量の平均 2 乗誤差を最小にす

---

[56] Roodman (2009) は操作変数の数を減らしたときに，一階差分 GMM 推定量，システム GMM 推定量の推定値がどのように変化するのかを実証例を通じて示している。

[57] この結果は Bun and Kiviet (2006)，Hayakawa (2010) に示されたものである。

表 2.2: GMM 推定量の有限標本バイアス

モデル	操作変数	ウェイト行列	有限標本バイアスの大きさ
FOD/一階階差	$L2$	最適	$O(1/N)$
FOD	$L1$	最適	$O(1/NT)$
FOD	$L0$	最適	$O(1/NT)$
レベル	$D2$	最適	$O(1/N)$
レベル	$D2$	非最適	$O(T/N)$
レベル	$D1$	最適	$O(1/NT)$
レベル	$D1$	非最適	$O(1/N)$
レベル	$D0$	最適	$O(1/NT)$
レベル	$D0$	非最適	$O(1/NT)$
システム	S	部分的に最適	$O(1/N)$
システム	S	部分的に最適	$O(1/N)$

注1:「操作変数」の列は $\mathbf{Z}_i$ の上添え字を表している。例えば $\mathbf{Z}_i^{L2}$ は $L2$ と表している。
注2: 最適なウェイト行列を用いたレベル GMM 推定量はレベルモデル (2.34) ではなく, (2.34) を t に関して積み重ねたベクトル表示のモデルに $\mathbf{\Omega}_{T-1}^{-1}$ の上三角コレスキー分解行列をかけたモデルの推定を考えている。詳細は Hayakawa (2010) を参照されたい。

るような最適な操作変数の数を選ぶ手順を提案している。

2.5 その他の推定量

これまで, OLS 推定量, 操作変数推定量, GMM 推定量を中心に説明してきたが, ここでは代替的な推定量として最尤推定量と LIML 推定量を簡単に紹介する[58]。

---

58) これら以外の推定量としては経験尤度推定量 (Owen 1990, Qin and Lawless 1994, Imbens 1997, Kitamura 2001, 2006, Brown and Newey 2002, Newey and Smith 2004), Forward Filter 推定量 (Keane and Runkle 1992), パネル Fully Aggregated 推定量 (Han, Phillips and Sul, 2010) などがある。

2.5.1 最尤推定量

最尤推定量は一致性,漸近的正規性,漸近的効率性など優れた統計的特性を持つため,多くの計量経済モデルの推定に用いられている。動学的パネルモデルも最尤法で推定可能であるが,実証分析では GMM 推定量に比べると使用頻度はきわめて低い。その理由としては (i) 個別効果が固定効果であるか,変量効果であるか,さらには初期条件の仮定に依存して推定量の形が変わり,一致性を失う場合もある,(ii)(多くの場合) 最尤推定量を計算するときに複雑な非線形推定が必要になる,などの理由が考えられる。本書ではこれらの理由で最尤推定量については説明を省略する。最尤推定量に関心のある読者は Anderson and Hsiao (1981, 1982), Bhargava and Sargan (1983), Hsiao, Pesaran and Tahmiscioglu (2002), Hsiao (2003), Arellano (2003a), Alvarez and Arellano (2003), Kruiniger (2008) などを参照されたい。

2.5.2 LIML 推定量

GMM 推定量の有限標本の特性は 1990 年代後半から,特に「モーメント条件の数」と「モーメント条件の質」という観点から活発に議論が行われている。クロスセクションモデルの枠組みでは 2SLS 推定量は操作変数の数が多いときにバイアスが大きくなることが知られており,代替的な推定方法が議論されている。その代表的なものが LIML 推定量である。LIML 推定量は Anderson and Rubin (1949, 1950) によって提案された方法で,2SLS 推定量と同じ漸近分布に従うことが知られている。しかしながら,有限標本ではかなり異なる特性を持っていることが分かっており,近年の研究では操作変数の数が多いときは 2SLS 推定量よりも LIML 推定量の方がバイアスが小さく,好ましいという結果が得られている。

Alonso-Borrego and Arellano (1999) ではこの LIML 推定量を動学的パネルモデルに適用している。頑健ではない LIML 推定量は次の問題の解として

得られる。

$$\begin{aligned}\widehat{\alpha}_{LIML1} &= \underset{\alpha}{\operatorname{argmin}} \frac{(\mathbf{y}^* - \alpha \mathbf{y}_{-1}^*)' \mathbf{Z}^{L2} \left(\mathbf{Z}^{L2'} \mathbf{Z}^{L2}\right)^{-1} \mathbf{Z}^{L2'}(\mathbf{y}^* - \alpha \mathbf{y}_{-1}^*)}{(\mathbf{y}^* - \alpha \mathbf{y}_{-1}^*)'(\mathbf{y}^* - \alpha \mathbf{y}_{-1}^*)} \\ &= \frac{\mathbf{y}_{-1}^{*'} \mathbf{Z}^{L2} \left(\mathbf{Z}^{L2'} \mathbf{Z}^{L2}\right)^{-1} \mathbf{Z}^{L2'} \mathbf{y}^* - \widehat{\ell}(\mathbf{y}_{-1}^{*'} \mathbf{y}^*)}{\mathbf{y}_{-1}^{*'} \mathbf{Z}^{L2} \left(\mathbf{Z}^{L2'} \mathbf{Z}^{L2}\right)^{-1} \mathbf{Z}^{L2'} \mathbf{y}_{-1}^* - \widehat{\ell}(\mathbf{y}_{-1}^{*'} \mathbf{y}_{-1}^*)}\end{aligned}$$

ただし，$\mathbf{y}^* = (\mathbf{y}_1^{*'}, ..., \mathbf{y}_N^{*'})'$，$\mathbf{y}_{-1}^* = (\mathbf{y}_{1,-1}^{*'}, ..., \mathbf{y}_{N,-1}^{*'})'$ であり，$\widehat{\ell}$ は次の多項方程式の最小の特性根である。

$$\det\left[\ell(\mathbf{y}_{-1}^{*'} \mathbf{y}_{-1}^*) - \mathbf{y}_{-1}^{*'} \mathbf{Z}^{L2} \left(\mathbf{Z}^{L2'} \mathbf{Z}^{L2}\right)^{-1} \mathbf{Z}^{L2'} \mathbf{y}_{-1}^*\right] = 0$$

頑健な LIML 推定量，あるいは，Continuously Updated (CU-)GMM 推定量は次の解として得られる。

$$\begin{aligned}\widehat{\alpha}_{LIML2} &= \underset{\alpha}{\operatorname{argmin}} (\mathbf{y}^* - \alpha \mathbf{y}_{-1}^*)' \mathbf{Z}^{L2} \mathbf{V}^{L2}(\alpha) \mathbf{Z}^{L2'} (\mathbf{y}^* - \alpha \mathbf{y}_{-1}^*) \\ \mathbf{V}^{L2}(\alpha) &= \left(\sum_{i=1}^{N} \mathbf{Z}_i^{L2'} \mathbf{u}_i^*(\alpha) \mathbf{u}_i^*(\alpha)' \mathbf{Z}_i^{L2}\right)^{-1}\end{aligned}$$

ただし，$\mathbf{u}_i^*(\alpha) = \mathbf{y}_i^* - \alpha \mathbf{y}_{i,-1}^*$ である。$\widehat{\alpha}_{LIML2}$ は $\widehat{\alpha}_{LIML1}$ とは異なり，最小固有値問題を解くことで計算することはできず，数値最適化を行わなければならない。

Alonso-Borrego and Arellano (1999) はモンテカルロ実験で GMM 推定量とロバストではない LIML 推定量を比較しており，LIML 推定量は GMM 推定量よりもバイアスが小さいが，推定量のばらつきに関しては LIML 推定量の方が GMM 推定量よりも大きいことを確認している。

Alvarez and Arellano (2003) は N と T が大きいときの頑健ではない LIML 推定量の漸近分布を導出しており，$T/N \to c, (0 \leq c \leq 2)$ のとき，次のようになることを示している。

$$\sqrt{NT}\left[\widehat{\alpha}_{LIML1} - \left(\alpha - \frac{1}{2N-T}(1+\alpha)\right)\right] \xrightarrow[N,T\to\infty]{d} \mathcal{N}\left(0, 1-\alpha^2\right)$$

LSDV 推定量，GMM 推定量はそれぞれ $O(1/T)$，$O(1/N)$ のバイアスを持っているので，$N > T$ のときは LIML 推定量のバイアスが最も小さく，$N = T$ のときは 3 つの推定量は同じ大きさのバイアスを持つことがわかる。

2.6 初期条件について

時系列分析では時系列の標本サイズが大きくなれば一般的に初期条件の影響は無視できるほど小さくなるので，初期条件の効果についてはそれほど議論されていない．しかし，パネルデータのように時系列方向の標本サイズが小さい場合，初期条件に関する仮定は非常に重要である．2.4.3 項，2.4.4 項ではレベル GMM 推定量，システム GMM 推定量の一致性は初期条件の平均定常性に依存していることを説明したが，本節では LSDV 推定量と一階階差 GMM 推定量が初期条件によってどのような影響を受けるのかを考察する[59]．

次のような初期条件を考えよう．

$$y_{i0} = \delta\mu_i + w_{i0} \tag{2.47}$$

2.1 節で説明したように，上式において $\delta \neq 1$ のとき，$E(y_{it}|\eta_i)$ は t に依存するので，y_{it} は平均非定常過程になり，$\delta = 1$ のときは t に依存しないので平均定常過程になる．平均非定常な初期条件は戦争などの大きな歴史的なイベントの直後や (Barro and Sala-i-Martin, 1995)，新しい企業，新卒労働者など初期の時点で自身の定常状態にいないと考えられる場合に生じると考えられる (Hause, 1980)．実際，Arellano (2003a,b) は平均非定常な初期条件を示唆する実証結果を示している．

2.6.1 LSDV 推定量への影響

まず LSDV 推定量が平均非定常な初期条件によってどのような影響を受けるのかを考えよう．初期条件が (2.47) で与えられるときの LSDV 推定量の漸

---

[59] 初期条件の仮定と最尤推定量の一致性の関係は Anderson and Hsiao (1982)，Hsiao (2003) に詳しくまとめられている．初期条件の問題を議論した最近の研究に Kiviet (2007)，Hayakawa (2009a) などがある．

近バイアスは (2.16) と同じような計算をすると,

$$\plim_{N\to\infty} (\widehat{\alpha}_{LSDV} - \alpha) = -\frac{A(\alpha, T)}{B(\alpha, T) + B^*(\alpha, T, \sigma_\eta^2/\sigma_v^2, \delta)} \quad (2.48)$$

$$B^*(\alpha, T, \sigma_\eta^2/\sigma_v^2, \delta) = (T-1)\frac{\sigma_\eta^2}{\sigma_v^2}\frac{(1-\delta)^2}{(1-\alpha)^2}\left[\frac{1-\alpha^{2T}}{1-\alpha^2} - \frac{1}{T}\left(\frac{1-\alpha^T}{1-\alpha}\right)^2\right]$$

となることは容易に示せる。ただし $A(\alpha,T), B(\alpha,T)$ は (2.17), (2.18) で与えられている。ここで, (2.16) と (2.48) を比べると LSDV 推定量の漸近バイアスの分子は初期条件の仮定に関係なく同じであるが, 分母は初期条件が平均非定常のときには新たに $B^*(\alpha, T, \sigma_\eta^2/\sigma_v^2, \delta)$ という項が追加されていることがわかる。そして, $B^*(\alpha, T, \sigma_\eta^2/\sigma_v^2, \delta)$ は正の値であり, σ_η^2/σ_v^2 が大きくなるにつれて $B^*(\alpha, T, \sigma_\eta^2/\sigma_v^2, \delta)$ も大きくなるので, 初期条件が平均非定常のときは σ_η^2/σ_v^2 が大きくなれば LSDV 推定量のバイアスは小さくなることがわかる。

表 2.3 は (2.48) において $\delta = 0.9$ としたときの LSDV 推定量の確率極限を計算したものである。この表より, (i)T が小さいとき, α が 1 に近いほど初期条件の影響を強く受ける, (ii)$r = \sigma_\eta^2/\sigma_v^2$ が大きいほどバイアスが小さくなる, という点がわかる。また, 平均定常な初期条件の場合 (表 2.1) と比較すると平均非定常な初期条件の影響がよくわかる。例えば $T = 5, \alpha = 0.9$ で, 平均定常な初期条件のときは LSDV 推定量の確率極限は 0.44 で非常にバイアスが大きいが, 平均非定常な初期条件の場合は 0.88 となって, ほとんどバイアスがないことがわかる。したがって, T が小さい場合でも LSDV 推定量がバイアスの小さい推定値を与えるケースがあるということになる。

2.6.2 一階階差 GMM 推定量への影響

次に GMM 推定量, 特に一階階差 GMM 推定量への影響を考えよう[60]。一階階差 GMM 推定量は初期条件が非定常の場合にでも一致性を持つので, ここでは有限標本での影響を調べる。

---

[60] 2.4 節で説明したようにレベル GMM 推定量, システム GMM 推定量の一致性は初期条件が平均定常であるという仮定の下で導かれており, 非定常初期条件の場合は一致性を失ってしまう。したがって, ここではこれらの推定量は考察しない。

表 2.3: LSDV 推定量の確率極限 $\underset{N\to\infty}{\text{plim}}\, \widehat{\alpha}_{LSDV}$ の理論値 (平均非定常な初期条件の場合)

T	$\alpha = 0.3$			$\alpha = 0.6$			$\alpha = 0.9$		
	$r = 0.2$	$r = 1$	$r = 5$	$r = 0.2$	$r = 1$	$r = 5$	$r = 0.2$	$r = 1$	$r = 5$
5	0.03	0.03	0.03	0.24	0.25	0.27	0.50	0.65	0.81
10	0.17	0.17	0.17	0.42	0.42	0.43	0.67	0.71	0.80
20	0.23	0.23	0.23	0.51	0.51	0.52	0.78	0.79	0.82
50	0.27	0.27	0.27	0.57	0.57	0.57	0.86	0.86	0.86
100	0.29	0.29	0.29	0.58	0.58	0.58	0.88	0.88	0.88

$r = \sigma_\eta^2/\sigma_v^2$, $\delta = 0.9$

まず FOD-GMM 推定量 (2.33) を次のように書き換えることができることに注意しよう。

$$\widehat{\alpha}_{GMM}^{F,L2} = \frac{\sum_{t=1}^{T-1} \mathbf{y}_{t-1}^{*\prime} \mathbf{P}_t^{L2} \mathbf{y}_t^*}{\sum_{t=1}^{T-1} \mathbf{y}_{t-1}^{*\prime} \mathbf{P}_t^{L2} \mathbf{y}_{t-1}^*} = \frac{\sum_{t=1}^{T-1} \mathbf{y}_{t-1}^{*\prime} \mathbf{P}_t^{L2} \mathbf{y}_{t-1}^* \cdot \widehat{\alpha}_{2SLS,t}^{L2}}{\sum_{t=1}^{T-1} \mathbf{y}_{t-1}^{*\prime} \mathbf{P}_t^{L2} \mathbf{y}_{t-1}^*}$$

ただし, $\mathbf{P}_t^{L2} = \mathbf{Z}_t^{L2} \left(\mathbf{Z}_t^{L2\prime} \mathbf{Z}_t^{L2}\right)^{-1} \mathbf{Z}_t^{L2\prime}$ である。これより, FOD-GMM 推定量は t 期におけるクロスセクションの 2SLS 推定量

$$\widehat{\alpha}_{2SLS,t}^{L2} = \frac{\mathbf{y}_{t-1}^{*\prime} \mathbf{P}_t^{L2} \mathbf{y}_t^*}{\mathbf{y}_{t-1}^{*\prime} \mathbf{P}_t^{L2} \mathbf{y}_{t-1}^*} \qquad (t = 1, ..., T-1)$$

の加重和となっているので, FOD-GMM 推定量の性質と $\widehat{\alpha}_{2SLS,t}^{L2}$ の性質は同じようなものであると考えられる。したがって, 以下では $\widehat{\alpha}_{2SLS,t}^{L2}$ の性質を中心に考えていく。そのために, ある t 期のクロスセクション回帰

$$\begin{aligned} y_{it}^* &= \alpha y_{i,t-1}^* + v_{it}^*, \qquad (i = 1, ..., N) \\ y_{i,t-1}^* &= \boldsymbol{\pi}_t' \mathbf{z}_{it}^{L2} + \varepsilon_{it} \end{aligned}$$

を考えよう。よく知られているように 2SLS 推定量 $\widehat{\alpha}_{2SLS,t}^{L2}$ の性質は内生変数 $y_{i,t-1}^*$ と操作変数 $\mathbf{z}_{it}^{L2} = (y_{i0}, ..., y_{i,t-1})'$ の相関に強く依存する。実際, $y_{i,t-1}^*$ と $\mathbf{z}_{it}^{L2}$ の相関は簡単な計算より

$$E(y_{i,t-1}^* \mathbf{z}_{it}^{L2}) = C_1(\alpha, \sigma_v^2, t, T) + (1-\delta) C_2(\alpha, \sigma_\eta^2, t, T) \qquad (2.49)$$

という2つの項に分解できる[61]。第1項の C_1 は v_{it}, w_{it} などの固有要因項 (idiosyncratic term) の相関によって生じる部分，第2項の C_2 は個別効果 η_i の相関から生じる部分である。

さらに，(2.49) より内生変数 $y_{i,t-1}^*$ と操作変数 $\mathbf{z}_{it}^{L2}$ の相関は初期条件が平均定常 ($\delta = 1$) のときは C_1 のみだが，平均非定常な初期条件 ($\delta \neq 1$) のときは C_1 と C_2 の両方で構成されていることがわかる。これは，一階階差や FOD 変換など個別効果を取り除く変換をした場合でも，初期条件が平均非定常のときは $\Delta y_{i,t-1}$ や $y_{i,t-1}^*$ にはまだ個別効果が残っており，その取り除かれていない個別効果を通じて新たな相関が生じていることがわかる ((2.35) を見よ)。また，$\mathbf{z}_{it}^{L2}$ と $y_{i,t-1}^*$ の相関の強さを決める上で重要になるのが $(1-\delta)C_2$ の符号である。パネル AR(1) モデルでは C_1 は必ず負の値になるが，$(1-\delta)C_2$ は δ の値によって正にも負にもなってしまう。もし $(1-\delta)C_2$ が正の場合は C_1 と相殺されて $y_{i,t-1}^*$ と $\mathbf{z}_{it}^{L2}$ の相関が非常に弱くなる場合があるが，$(1-\delta)C_2$ が負の場合は必ず $y_{i,t-1}^*$ と $\mathbf{z}_{it}^{L2}$ の相関は強くなり，操作変数が強くなる。2.4 節では一階階差 GMM 推定量は σ_η^2/σ_v^2 が大きいとき，あるいは α が 1 に近いときに弱い操作変数の問題が生じることを説明したが，その結果は初期条件が定常性を満たすという仮定の下で得られたものであり，ここで示したように，平均非定常な初期条件のときは弱い操作変数の問題は必ずしも起こらない。それどころか，逆に操作変数が強くなるケースもある。

以上は理論的，直感的な説明であったが，次に，初期条件によって一階階差 (FOD-)GMM 推定量のパフォーマンスがどのように変わるのかをシミュレーションで見てみよう。図 2.1, 2.2 は $T=9, N=100$ としたときの FOD-GMM 推定量 $\hat{\alpha}_{GMM}^{F,L2}$ の推定値を表している。図 2.1 は $\alpha = 0.3$，図 2.2 は $\alpha = 0.9$ の結果を表している。ここでは (2.47) 式において，δ を動かす代わりに，$y_{i0} = \eta_i/(1-\bar{\alpha}) + w_{i0}$ として，$\bar{\alpha}$ を $\alpha - 0.1$ から $\alpha + 0.0975$ まで 0.0025 刻みで動かしたときのシミュレーション結果を示す[62]。個別効果と誤差項の分散比は $0.2, 0.5, 1, 10$ の 4 つのケースを考えている。縦軸は推定値，横軸は $\bar{\alpha}$ を表している。この図より，$\alpha = 0.3$ のときは初期条件の影響はほとんど

---

61) $C_1(\cdot)$, $C_2(\cdot)$ の具体的な式の形は Hayakawa (2009a) を参照されたい。
62) $\delta = (1-\alpha)/(1-\bar{\alpha})$ という関係があるので，$\alpha = \bar{\alpha}$ のときに $\delta = 1$ となる。

ないが, $\alpha=0.9$ のときは定常初期条件からの乖離の大きさを表す $\bar{\alpha}$(すなわち δ) と分散比 σ_η^2/σ_v^2 に強く影響されることがわかる。これより, 一階階差 GMM 推定量は初期条件の仮定に関係なく一致推定量ではあるが, 有限標本では定常な初期条件からの乖離の大きさと個別効果と誤差項の分散比によってバイアスの大きさが著しく変わってくることがわかる。特に $\alpha=0.9$ という従属性が強い場合 (図 2.2), $\delta>1$ の領域では平均定常な初期条件のときと比較して, バイアスが小さくなっていることがわかる。これは $\delta>1$ のときは操作変数が必ず強くなるからである。

なおここでは単純な AR(1) モデルをベースに議論しているが, 外生変数が入ったモデルにおいても非定常初期条件のときには一階階差, FOD 変換では完全に個別効果を除去できないため, (2.49) で示したように, 未知パラメータによって説明変数と操作変数の相関の強さが変わってくる。したがって, 初期条件が平均非定常のときにでも一致性を持つ一階階差 GMM 推定量は, 有限標本では初期条件によってパフォーマンスが大きく変わることを意味している。

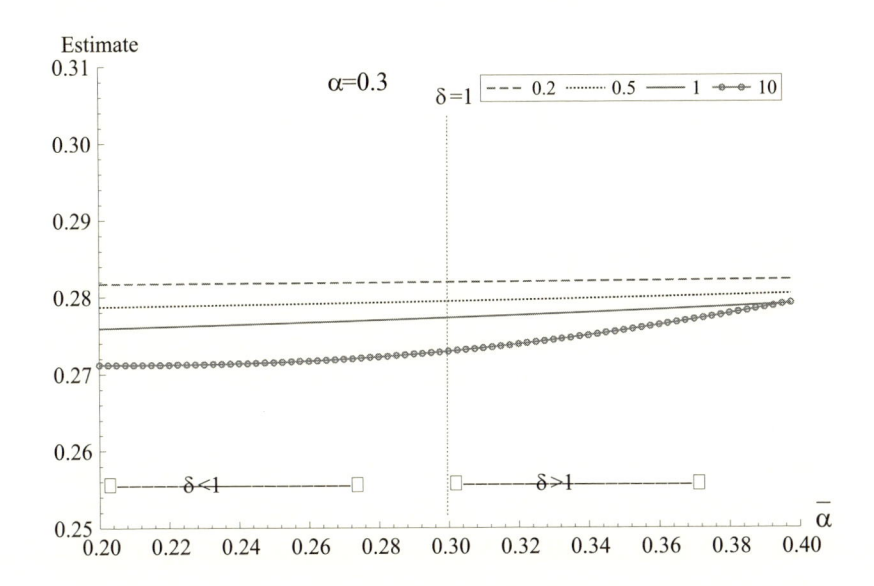

図 2.1: GMM 推定量における初期条件の影響：$\alpha = 0.3$ のケース

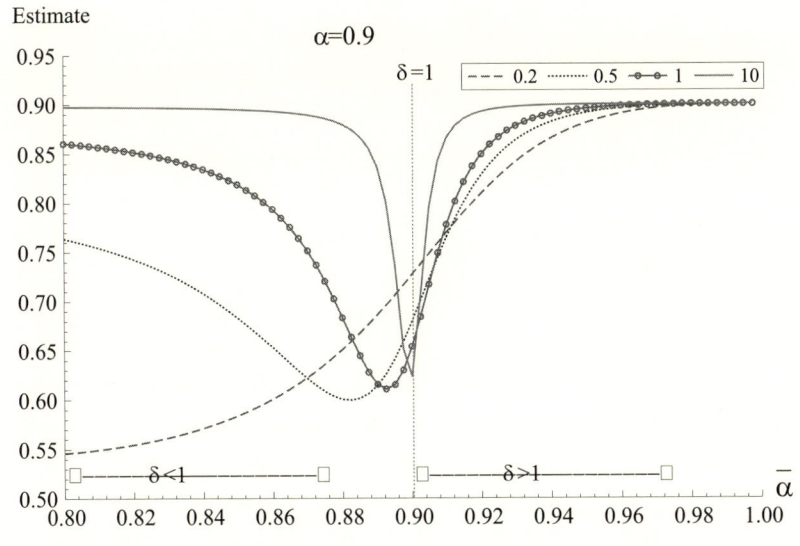

図 2.2: GMM 推定量における初期条件の影響：$\alpha = 0.9$ のケース

第3章

外生変数を含んだ動学的パネルモデルの推定と検定

本章では前章で考察してきた自己回帰パネルモデルを拡張し，ラグ変数以外に外生変数 $\mathbf{x}_{it}$ が入った動学的パネルモデルを考察する。第 3.1 節では外生変数が含まれたモデルの推定方法として LSDV 推定量，操作変数推定量，GMM 推定量を，第 3.2 節では動学的パネルモデルにおけるいくつかの検定を説明し，第 3.3 節では動学的パネルモデルを用いた実証分析例を紹介する。

3.1 外生変数を含んだ動学的パネルモデルの推定

本節では，ラグ変数 $y_{i,t-1}$ 以外に外生変数 $\mathbf{x}_{it}$ を含んだ動学的パネルモデル

$$y_{it} = \alpha y_{i,t-1} + \mathbf{x}_{it}'\boldsymbol{\beta} + \eta_i + v_{it} \tag{3.1}$$
$$= \mathbf{w}_{it}'\boldsymbol{\delta} + \eta_i + v_{it} \tag{3.2}$$

の推定について考察する。ただし，$\mathbf{x}_{it}, \boldsymbol{\beta}$ は K 次元ベクトル，$\mathbf{w}_{it} = (y_{i,t-1}, \mathbf{x}_{it}')'$，$\boldsymbol{\delta} = (\alpha, \boldsymbol{\beta}')'$ である。そして，$\mathbf{x}_{it}$ が厳密な外生変数 (strictly exogenous variable) の場合，$\mathbf{x}_{it}$ が先決変数 (predetermined variable) の場合を区別して扱う。

$\mathbf{x}_{it}$ が v_{it} に関して厳密に外生であるということは次のように書ける。

$$E(v_{it}|\mathbf{x}_{i1},...,\mathbf{x}_{iT},\eta_i) = 0 \qquad (i=1,...,N;\ t=1,...,T) \tag{3.3}$$

第3章 外生変数を含んだ動学的パネルモデルの推定と検定

これは v_{it} はどの時点の $\mathbf{x}_{it},(t=1,...,T)$ とも相関していないことを意味している。これに対して $\mathbf{x}_{it}$ が v_{it} に関して先決であるということは次のように書ける。

$$E(v_{it}|y_{i0},...,y_{i,t-1},\mathbf{x}_{i1},...,\mathbf{x}_{it},\eta_i)=0 \quad (i=1,...,N;\ t=1,...,T) \quad (3.4)$$

これは v_{it} は1期前までの y_{it} と現在までの $\mathbf{x}_{it}$ とは相関していないが，将来の y_{it}, $\mathbf{x}_{it}$ と相関する可能性を排除していないことを意味している。また，どちらのケースでも $\mathbf{x}_{it}$ と個別効果 η_i の相関を許している。

以下の説明のためにモデルを行列を使って表しておこう。モデル (3.1), (3.2) を i ごとに t に関して積み重ねると

$$\begin{bmatrix} y_{i1} \\ \vdots \\ y_{iT} \end{bmatrix} = \alpha \begin{bmatrix} y_{i0} \\ \vdots \\ y_{i,T-1} \end{bmatrix} + \begin{bmatrix} \mathbf{x}'_{i1} \\ \vdots \\ \mathbf{x}'_{iT} \end{bmatrix} \beta + \begin{bmatrix} 1 \\ \vdots \\ 1 \end{bmatrix} \eta_i + \begin{bmatrix} v_{i1} \\ \vdots \\ v_{iT} \end{bmatrix}$$

$$= \begin{bmatrix} \mathbf{w}'_{i1} \\ \vdots \\ \mathbf{w}'_{iT} \end{bmatrix} \boldsymbol{\delta} + \begin{bmatrix} 1 \\ \vdots \\ 1 \end{bmatrix} \eta_i + \begin{bmatrix} v_{i1} \\ \vdots \\ v_{iT} \end{bmatrix}$$

となり，これを次のように表す。

$$\underset{(T\times 1)}{\mathbf{y}_i} = \alpha \underset{(1\times 1)(T\times 1)}{\mathbf{y}_{i,-1}} + \underset{(T\times K)(K\times 1)}{\mathbf{X}_i \beta} + \underset{(T\times 1)}{\boldsymbol{\iota}_T} \eta_i + \underset{(T\times 1)}{\mathbf{v}_i} \quad (3.5)$$

$$= \underset{(T\times K_1)(K_1\times 1)}{\mathbf{W}_i \boldsymbol{\delta}} + \underset{(T\times 1)}{\boldsymbol{\iota}_T} \eta_i + \underset{(T\times 1)}{\mathbf{v}_i} \quad (i=1,...,N) \quad (3.6)$$

ただし，$K_1 = K+1$ である。さらに (3.5), (3.6) を i に関して積み重ねると

$$\begin{bmatrix} \mathbf{y}_1 \\ \vdots \\ \mathbf{y}_N \end{bmatrix} = \alpha \begin{bmatrix} \mathbf{y}_{1,-1} \\ \vdots \\ \mathbf{y}_{N,-1} \end{bmatrix} + \begin{bmatrix} \mathbf{X}_1 \\ \vdots \\ \mathbf{X}_N \end{bmatrix} \beta$$

$$+ \begin{bmatrix} \boldsymbol{\iota}_T & & 0 \\ & \ddots & \\ 0 & & \boldsymbol{\iota}_T \end{bmatrix} \begin{bmatrix} \eta_1 \\ \vdots \\ \eta_N \end{bmatrix} + \begin{bmatrix} \mathbf{v}_1 \\ \vdots \\ \mathbf{v}_N \end{bmatrix}$$

$$= \begin{bmatrix} \mathbf{W}_1 \\ \vdots \\ \mathbf{W}_N \end{bmatrix} \boldsymbol{\delta} + \begin{bmatrix} \boldsymbol{\iota}_T & & 0 \\ & \ddots & \\ 0 & & \boldsymbol{\iota}_T \end{bmatrix} \begin{bmatrix} \eta_1 \\ \vdots \\ \eta_N \end{bmatrix} + \begin{bmatrix} \mathbf{v}_1 \\ \vdots \\ \mathbf{v}_N \end{bmatrix}$$

となり,

$$\underset{(NT \times 1)}{\mathbf{y}} = \underset{(1 \times 1)}{\alpha} \underset{(NT \times 1)}{\mathbf{y}_{-1}} + \underset{(NT \times K)}{\mathbf{X}} \underset{(K \times 1)}{\boldsymbol{\beta}} + \underset{(NT \times N)}{(\mathbf{I}_N \otimes \boldsymbol{\iota}_T)} \underset{(N \times 1)}{\boldsymbol{\eta}} + \underset{(NT \times 1)}{\mathbf{v}}$$
$$= \underset{(NT \times K_1)}{\mathbf{W}} \underset{(K_1 \times 1)}{\boldsymbol{\delta}} + \underset{(NT \times N)}{(\mathbf{I}_N \otimes \boldsymbol{\iota}_T)} \underset{(N \times 1)}{\boldsymbol{\eta}} + \underset{(NT \times 1)}{\mathbf{v}}$$

と表すことができる。ただし, $\boldsymbol{\eta} = (\eta_1, ..., \eta_N)'$ である。

3.1.1 LSDV 推定量

LSDV 推定量は

$$\widetilde{\mathbf{y}} = \alpha \widetilde{\mathbf{y}}_{-1} + \widetilde{\mathbf{X}} \boldsymbol{\beta} + \widetilde{\mathbf{v}} = \widetilde{\mathbf{W}} \boldsymbol{\delta} + \widetilde{\mathbf{v}}$$

の OLS 推定量である。ただし, $\widetilde{\mathbf{y}} = \mathbf{Q}\mathbf{y}$, $\widetilde{\mathbf{y}}_{-1} = \mathbf{Q}\mathbf{y}_{-1}$, $\widetilde{\mathbf{X}} = \mathbf{Q}\mathbf{X}$, $\widetilde{\mathbf{v}} = \mathbf{Q}\mathbf{v}$, $\widetilde{\mathbf{W}} = \mathbf{Q}\mathbf{W} = \left(\widetilde{\mathbf{y}}_{-1} \ \widetilde{\mathbf{X}} \right)$, $\mathbf{Q} = \mathbf{I}_N \otimes \mathbf{Q}_T$, $\mathbf{Q}_T = \mathbf{I}_T - \frac{1}{T} \boldsymbol{\iota}_T \boldsymbol{\iota}_T'$ である。したがって, $\boldsymbol{\delta}$ の LSDV 推定量 $\widehat{\boldsymbol{\delta}}_{LSDV}$ は

$$\begin{aligned} \widehat{\boldsymbol{\delta}}_{LSDV} &= \left(\widetilde{\mathbf{W}}' \widetilde{\mathbf{W}} \right)^{-1} \widetilde{\mathbf{W}}' \widetilde{\mathbf{y}} = (\mathbf{W}' \mathbf{Q} \mathbf{W})^{-1} \mathbf{W}' \mathbf{Q} \mathbf{y} \\ &= \boldsymbol{\delta} + \begin{bmatrix} \widetilde{\mathbf{y}}'_{-1} \widetilde{\mathbf{y}}_{-1} & \widetilde{\mathbf{y}}'_{-1} \widetilde{\mathbf{X}} \\ \widetilde{\mathbf{X}}' \widetilde{\mathbf{y}}_{-1} & \widetilde{\mathbf{X}}' \widetilde{\mathbf{X}} \end{bmatrix}^{-1} \begin{bmatrix} \widetilde{\mathbf{y}}'_{-1} \widetilde{\mathbf{v}} \\ \widetilde{\mathbf{X}}' \widetilde{\mathbf{v}} \end{bmatrix} \end{aligned}$$

となる。また, 分割行列の逆行列の公式を用いると

$$\begin{aligned} \widehat{\alpha}_{LSDV} - \alpha &= \left(\widetilde{\mathbf{y}}'_{-1} \mathbf{M} \widetilde{\mathbf{y}}_{-1} \right)^{-1} \widetilde{\mathbf{y}}'_{-1} \mathbf{M} \widetilde{\mathbf{v}} \quad (3.7) \\ \widehat{\boldsymbol{\beta}}_{LSDV} - \boldsymbol{\beta} &= - \left(\widetilde{\mathbf{X}}' \widetilde{\mathbf{X}} \right)^{-1} \widetilde{\mathbf{X}}' \widetilde{\mathbf{y}}_{-1} (\widehat{\alpha}_{LSDV} - \alpha) + \left(\widetilde{\mathbf{X}}' \widetilde{\mathbf{X}} \right)^{-1} \widetilde{\mathbf{X}}' \widetilde{\mathbf{v}} \end{aligned}$$
(3.8)

が得られる。ただし, $\mathbf{M} = \mathbf{I}_{NT} - \widetilde{\mathbf{X}} \left(\widetilde{\mathbf{X}}' \widetilde{\mathbf{X}} \right)^{-1} \widetilde{\mathbf{X}}'$ である。

第3章 外生変数を含んだ動学的パネルモデルの推定と検定

LSDV 推定量の確率極限を導くために (3.7), (3.8) の収束先を調べよう。まず (3.7) の右辺の最初の ( ) の中は

$$\begin{aligned}
\plim_{N\to\infty} \frac{\widetilde{\mathbf{y}}'_{-1}\mathbf{M}\widetilde{\mathbf{y}}_{-1}}{N} &= \plim_{N\to\infty} \frac{\widetilde{\mathbf{y}}'_{-1}\widetilde{\mathbf{y}}_{-1}}{N} - \plim_{N\to\infty} \frac{\widetilde{\mathbf{y}}'_{-1}\widetilde{\mathbf{X}}}{N}\left(\frac{\widetilde{\mathbf{X}}'\widetilde{\mathbf{X}}}{N}\right)^{-1}\frac{\widetilde{\mathbf{X}}'\widetilde{\mathbf{y}}_{-1}}{N} \\
&= \sigma_{y_{-1}}^2 - \boldsymbol{\sigma}'_{xy_{-1}}\boldsymbol{\Sigma}_{xx}^{-1}\boldsymbol{\sigma}_{xy_{-1}}
\end{aligned}$$

になると仮定する。次に, $\widetilde{\mathbf{y}}'_{-1}\mathbf{M}\widetilde{\mathbf{v}}/N$ の収束先であるが, これを導く前に, $\mathbf{x}_{it}$ が v_{it} に関して厳密に外生であれば (3.3) で示したように全ての t, s について $E(\mathbf{x}_{it}v_{is}) = \mathbf{0}$ が成り立つので

$$\plim_{N\to\infty} \frac{\widetilde{\mathbf{X}}'\widetilde{\mathbf{v}}}{N} = \frac{1}{N}\sum_{i=1}^{N}\sum_{t=1}^{T}E(\widetilde{\mathbf{x}}_{it}\widetilde{v}_{it}) = \sum_{t=1}^{T}E(\widetilde{\mathbf{x}}_{it}\widetilde{v}_{it}) = \mathbf{0} \tag{3.9}$$

が得られることに注意しよう。もし $\mathbf{x}_{it}$ が先決変数の場合は $E(\widetilde{\mathbf{x}}_{it}\widetilde{v}_{it}) \neq \mathbf{0}$ となり, (3.9) は成り立たないことに注意されたい。

$\mathbf{x}_{it}$ が厳密な外生変数のとき, (3.9) を用いると $\widetilde{\mathbf{y}}'_{-1}\mathbf{M}\widetilde{\mathbf{v}}/N$ の収束先は

$$\begin{aligned}
\plim_{N\to\infty} \frac{\widetilde{\mathbf{y}}'_{-1}\mathbf{M}\widetilde{\mathbf{v}}}{N} &= \plim_{N\to\infty} \frac{\widetilde{\mathbf{y}}'_{-1}\widetilde{\mathbf{v}}}{N} - \plim_{N\to\infty} \frac{\widetilde{\mathbf{y}}'_{-1}\widetilde{\mathbf{X}}}{N}\left(\frac{\widetilde{\mathbf{X}}'\widetilde{\mathbf{X}}}{N}\right)^{-1}\frac{\widetilde{\mathbf{X}}'\widetilde{\mathbf{v}}}{N} \\
&= \frac{1}{N}\sum_{i=1}^{N}\sum_{t=1}^{T}E(\widetilde{y}_{i,t-1}\widetilde{v}_{it}) = \sum_{t=1}^{T}E(\widetilde{y}_{i,t-1}\widetilde{v}_{it}) \\
&= A(\alpha, T)
\end{aligned}$$

となる。ただし, $A(\alpha, T)$ は (2.17) で定義されている。

以上より, T 固定, $N \to \infty$ としたときの LSDV 推定量の確率極限は

$$\begin{aligned}
b_\alpha &= \plim_{N\to\infty}(\widehat{\alpha}_{LSDV} - \alpha) = \left[\plim_{N\to\infty} \frac{\widetilde{\mathbf{y}}'_{-1}\mathbf{M}\widetilde{\mathbf{y}}_{-1}}{N}\right]^{-1}\plim_{N\to\infty} \frac{\widetilde{\mathbf{y}}'_{-1}\mathbf{M}\widetilde{\mathbf{v}}}{N} \\
&= \frac{A(\alpha, T)}{\sigma_{y_{-1}}^2 - \boldsymbol{\sigma}'_{xy_{-1}}\boldsymbol{\Sigma}_{xx}^{-1}\boldsymbol{\sigma}_{xy_{-1}}} = O\left(\frac{1}{T}\right)
\end{aligned} \tag{3.10}$$

$$\begin{aligned}
\mathbf{b}_\beta &= \plim_{N\to\infty}(\widehat{\boldsymbol{\beta}}_{LSDV} - \boldsymbol{\beta}) \\
&= -\plim_{N\to\infty}\left[\left(\frac{\widetilde{\mathbf{X}}'\widetilde{\mathbf{X}}}{N}\right)^{-1}\frac{\widetilde{\mathbf{X}}'\widetilde{\mathbf{y}}_{-1}}{N}\right]\plim_{N\to\infty}(\widehat{\alpha}_{LSDV} - \alpha) \\
&\quad + \left(\plim_{N\to\infty} \frac{\widetilde{\mathbf{X}}'\widetilde{\mathbf{X}}}{N}\right)^{-1}\plim_{N\to\infty} \frac{\widetilde{\mathbf{X}}'\widetilde{\mathbf{v}}}{N}
\end{aligned} \tag{3.11}$$

$$= -\mathbf{\Sigma}_{xx}^{-1}\boldsymbol{\sigma}_{xy_{-1}}b_\alpha = O\left(\frac{1}{T}\right) \tag{3.12}$$

となる．したがって，T が固定されているときは LSDV 推定量は一致性を持たないが，$T \to \infty$ のときは一致推定量になる．また，もし $\mathbf{x}_{it}$ が先決変数の場合は (3.11) の第 2 項は $\mathbf{0}$ にならないので，$\mathbf{b}_\beta$ の形が $\mathbf{x}_{it}$ と v_{it} の相関の仕方に応じ変わってくることに注意されたい．

3.1.2　LSDV 推定量のバイアス修正

前章ではバイアス修正の方法として，$N, T \to \infty$ のときの漸近分布のバイアスを修正する方法と T 固定，$N \to \infty$ のときの漸近バイアスの逆関数を用いてバイアスを修正する方法を説明したが，ここでは漸近展開を用いてバイアス修正する方法と，前章でも説明した T 固定，$N \to \infty$ のときの逆関数を用いてバイアス修正する方法を説明する．なお，これらのバイアス修正は $\mathbf{x}_{it}$ が厳密な外生変数のときにのみ利用可能であり，先決変数の場合には妥当な方法ではないことに注意されたい[63]．

漸近展開によるバイアス修正

Kiviet (1995) は漸近展開を用いて LSDV 推定量の有限標本バイアスを理論的に導出し，バイアスの推定値を元の LSDV 推定量から差し引いたバイアス修正された LSDV 推定量を提案している[64]．この推定量を導出するために

$$\widehat{\boldsymbol{\Xi}} = \frac{\mathbf{W'QW}}{NT}, \quad \boldsymbol{\Xi} = E\left(\frac{\mathbf{W'QW}}{NT}\right),$$
$$\widehat{\boldsymbol{\xi}} = \frac{\mathbf{W'Qv}}{NT}, \quad \boldsymbol{\xi} = E\left(\frac{\mathbf{W'Qv}}{NT}\right)$$

を定義しよう．これらを使うと，LSDV 推定量のバイアスは

$$E\left(\widehat{\boldsymbol{\delta}} - \boldsymbol{\delta}\right) = E\left[\left(\mathbf{W'QW}\right)^{-1}\mathbf{W'Qv}\right] = E\left(\widehat{\boldsymbol{\Xi}}^{-1}\widehat{\boldsymbol{\xi}}\right)$$

---

63)　$\mathbf{x}_{it}$ が先決変数のときは GMM 推定量を使うことで T 固定のときに一致推定値を得ることができる．

64)　漸近展開を用いたバイアス修正は Nagar (1959) 以降，様々なモデルのバイアス修正で用いられている．例えば Newey and Smith (2004) は漸近展開を用いて GMM 推定量，一般化経験尤度推定量の有限標本バイアスを導出している．

第3章 外生変数を含んだ動学的パネルモデルの推定と検定

となる。$\widehat{\Xi}$, $\widehat{\xi}$ は共に確率変数なので，このバイアスを直接評価することは難しい。そのために $\widehat{\Xi}$ の漸近展開という手法を用いる。まず，$\widehat{\Xi}$ は次のように表すことができることに注意しよう。

$$\widehat{\Xi} = \Xi + \widehat{\Xi} - \Xi = \left[\mathbf{I}_{NT} + \left(\widehat{\Xi} - \Xi\right)\Xi^{-1}\right]\Xi$$

ここで，$\mathbf{C} = O_p(1/\sqrt{n})$ である $L \times L$ 行列 $\mathbf{C}$ に対して，$(\mathbf{I}_L + \mathbf{C})^{-1} = \mathbf{I}_L - \mathbf{C} + \mathbf{C}^2 + o_p(1/n)$ となることが知られているので，$\mathbf{C} = \left(\widehat{\Xi} - \Xi\right)\Xi^{-1}$, $\widehat{\Xi} - \Xi = O_p(1/\sqrt{NT})$ を使うと

$$\begin{aligned}
\widehat{\Xi}^{-1} &= \Xi^{-1}\left[\mathbf{I}_{NT} + \left(\widehat{\Xi} - \Xi\right)\Xi^{-1}\right]^{-1} \\
&= \Xi^{-1}\left[\mathbf{I}_{NT} - \left(\widehat{\Xi} - \Xi\right)\Xi^{-1}\right. \\
&\qquad \left. + \left(\widehat{\Xi} - \Xi\right)\Xi^{-1}\left(\widehat{\Xi} - \Xi\right)\Xi^{-1}\right] + o_p\left(\frac{1}{NT}\right) \\
&= \underbrace{\Xi^{-1}}_{O(1)} \underbrace{- \Xi^{-1}\left(\widehat{\Xi} - \Xi\right)\Xi^{-1}}_{O_p(1/\sqrt{NT})} \\
&\qquad + \underbrace{\Xi^{-1}\left(\widehat{\Xi} - \Xi\right)\Xi^{-1}\left(\widehat{\Xi} - \Xi\right)\Xi^{-1}}_{O_p(1/NT)} + o_p\left(\frac{1}{NT}\right)
\end{aligned}$$

が得られる。同様に (3.10), (3.12) と $\widehat{\xi} - \xi = O_p(1/\sqrt{NT})$ を用いると

$$\widehat{\xi} = \underbrace{\xi}_{O(1/T)} + \underbrace{(\widehat{\xi} - \xi)}_{O_p(1/\sqrt{NT})}$$

となるので，

$$\begin{aligned}
\widehat{\Xi}^{-1}\widehat{\xi} &= \underbrace{\Xi^{-1}\xi}_{O(1/T)} + \underbrace{\Xi^{-1}\left(\widehat{\xi} - \xi\right)}_{O_p(1/\sqrt{NT})} - \underbrace{\Xi^{-1}\left(\widehat{\Xi} - \Xi\right)\Xi^{-1}\xi}_{O_p(1/T\sqrt{NT})} \\
&\quad - \underbrace{\Xi^{-1}\left(\widehat{\Xi} - \Xi\right)\Xi^{-1}(\widehat{\xi} - \xi)}_{O_p(1/NT)} + \underbrace{\Xi^{-1}\left(\widehat{\Xi} - \Xi\right)\Xi^{-1}(\widehat{\Xi} - \Xi)\Xi^{-1}\xi}_{O_p(1/NT^2)} \\
&\quad + O_p\left(\frac{1}{NT\sqrt{NT}}\right) + o_p\left(\frac{1}{NT^2}\right) \qquad (3.13)
\end{aligned}$$

が得られる．したがって，LSDV 推定量のバイアスは (3.13) の期待値をとると第 2 項，第 3 項は 0 になるので，

$$E\left(\widehat{\delta}-\delta\right) = \underbrace{\Xi^{-1}\xi}_{O(1/T)} - \underbrace{\Xi^{-1}E\left(\widehat{\Xi}\Xi^{-1}\widehat{\xi}\right) + \Xi^{-1}\xi}_{O(1/NT)}$$

$$+\underbrace{\Xi^{-1}E\left(\widehat{\Xi}\Xi^{-1}\widehat{\Xi}\right)\Xi^{-1}\xi - \Xi^{-1}\xi}_{O(1/NT^2)}$$

$$+O_p\left(\frac{1}{NT\sqrt{NT}}\right) + o_p\left(\frac{1}{NT^2}\right)$$

$$= \underbrace{\mathbf{b}_1}_{O(1/T)} + \underbrace{\mathbf{b}_2}_{O(1/NT)} + \underbrace{\mathbf{b}_3}_{O(1/NT^2)} + O_p\left(\frac{1}{NT\sqrt{NT}}\right) + o_p\left(\frac{1}{NT^2}\right)$$

となる．Kiviet (1995, 1999)，Bun and Kiviet (2003) は，$\mathbf{b}_1$，$\mathbf{b}_2$，$\mathbf{b}_3$ は次のようになることを示している．

$$\mathbf{b}_1 = \frac{\sigma_v^2}{NT} tr\left(\mathbf{\Pi}\right)\mathbf{q}_1$$

$$\mathbf{b}_2 = \frac{-\sigma_v^2}{NT}\left[\mathbf{\Xi}^{-1}\bar{\mathbf{W}}'\mathbf{\Pi}\mathbf{Q}\bar{\mathbf{W}} + tr\left(\mathbf{\Xi}^{-1}\bar{\mathbf{W}}'\mathbf{\Pi}\mathbf{Q}\bar{\mathbf{W}}\right)\mathbf{I}_{K+1}\right.$$
$$\left.+2\sigma_v^2 q_{11} tr\left(\mathbf{\Pi}'\mathbf{\Pi}\mathbf{\Pi}\right)\mathbf{I}_{K+1}\right]\mathbf{q}_1$$

$$\mathbf{b}_3 = \frac{\sigma_v^4}{NT} tr\left(\mathbf{\Pi}\right)\left\{2q_{11}\mathbf{\Xi}^{-1}\bar{\mathbf{W}}'\mathbf{\Pi}\mathbf{\Pi}'\bar{\mathbf{W}}\mathbf{q}_1\right.$$
$$+\left[\mathbf{q}_1'\bar{\mathbf{W}}'\mathbf{\Pi}\mathbf{\Pi}'\bar{\mathbf{W}}\mathbf{q}_1 + q_{11} tr\left(\mathbf{\Xi}^{-1}\bar{\mathbf{W}}'\mathbf{\Pi}\mathbf{\Pi}'\bar{\mathbf{W}}\right)\right.$$
$$\left.\left.+2\, tr\left(\mathbf{\Pi}'\mathbf{\Pi}\mathbf{\Pi}'\mathbf{\Pi}\right)q_{11}^2\right]\mathbf{q}_1\right\}$$

ただし，$\bar{\mathbf{W}} = E(\mathbf{W})$，$\mathbf{q}_1 = \mathbf{\Xi}^{-1}\mathbf{e}_1$，$q_{11} = \mathbf{e}_1'\mathbf{\Xi}^{-1}\mathbf{e}_1$，$\mathbf{e}_1 = (1,0,...,0)'$,

$$\mathbf{\Pi} = \mathbf{Q}\mathbf{L}\mathbf{\Gamma} = \mathbf{I}_N \otimes \mathbf{Q}_T \mathbf{L}_T \mathbf{\Gamma}_T,$$

$$\mathbf{Q} = \mathbf{I}_N \otimes \mathbf{Q}_T, \quad \mathbf{L} = \mathbf{I}_N \otimes \mathbf{L}_T, \quad \mathbf{\Gamma} = \mathbf{I}_N \otimes \mathbf{\Gamma}_T,$$

$$\mathbf{Q}_T = \mathbf{I}_T - \frac{1}{T}\iota_T \iota_T', \quad \mathbf{\Gamma}_T = (\mathbf{I}_T - \alpha \mathbf{L}_T)^{-1},$$

第 3 章　外生変数を含んだ動学的パネルモデルの推定と検定　　95

$$\mathbf{L}_T = \begin{bmatrix} 0 & & & & 0 \\ 1 & 0 & & & \\ 0 & 1 & \ddots & & \\ & & \ddots & \ddots & \\ 0 & & & 1 & 0 \end{bmatrix}$$

である。Kiviet (1995) はバイアスの一致推定値 $\widehat{\mathbf{b}} = \widehat{\mathbf{b}}_1 + \widehat{\mathbf{b}}_2 + \widehat{\mathbf{b}}_3$ を元の LSDV 推定量から差し引くことでバイアス修正された LSDV 推定量

$$\widehat{\boldsymbol{\delta}}_{LSDVc} = \widehat{\boldsymbol{\delta}}_{LSDV} - \widehat{\mathbf{b}}$$

を提案している[65]。

この方法は $\mathbf{x}_{it}$ が厳密な外生変数であると仮定しているが，Kiviet (1999) は $\mathbf{x}_{it}$ が先決変数の場合，$\mathbf{x}_{it}$ のデータ生成過程をモデル化しない限りこのバイアス修正を使うことは難しいことを示している。また，Bun (2003) はモデルをラグの長さを 1 から p へ，誤差項が均一分散の場合から不均一分散とクロスセクション間の相関を許す場合へと拡張している。Bruno (2005) は i ごとに時系列の長さが異なるアンバランスパネルデータの場合に，上記の方法をどのように修正するかを議論している。

漸近バイアスの逆関数を用いたバイアス修正

次に，前章で説明した Bun and Carree (2005)，Phillips and Sul (2007) のバイアス修正を外生変数を含んだ場合に拡張しよう。バイアス修正の考え方は AR(1) モデルのときと同じで，T 固定，$N \to \infty$ のときの漸近バイアスの逆関数を用いるという方法である。すなわち，$\displaystyle\plim_{N \to \infty} \widehat{\boldsymbol{\delta}}_{LSDV} = \mathbf{g}(\boldsymbol{\delta})$ とすると，$\widehat{\boldsymbol{\delta}}_{LSDV} = \mathbf{g}(\boldsymbol{\delta})$ を $\boldsymbol{\delta} = (\alpha, \boldsymbol{\beta}')'$ について解いたときの解がバイアス修正

---

[65]　ここではバイアス $\mathbf{b}_1$, $\mathbf{b}_2$, $\mathbf{b}_3$ を使ってバイアス修正する方法を説明したが，Bun and Kiviet (2003) は，実は LSDV 推定量のバイアスのほとんどの部分は $\mathbf{b}_1$ だけで説明できることを示している。

された LSDV 推定量 $\widehat{\boldsymbol{\delta}}_{LSDV}^{BC}$ になる。ただし，

$$\mathbf{g}(\boldsymbol{\delta}) = \begin{bmatrix} \alpha - \widetilde{\sigma}_v^2(\alpha,\boldsymbol{\beta})\widetilde{A}(\alpha,T)/\widehat{\sigma}_{y_{-1}|X}^2 \\ \boldsymbol{\beta} + \widetilde{\sigma}_v^2(\alpha,\boldsymbol{\beta})\widehat{\boldsymbol{\psi}}\widetilde{A}(\alpha,T)/\widehat{\sigma}_{y_{-1}|X}^2 \end{bmatrix}$$

$$\widehat{\sigma}_{y_{-1}|X}^2 = \frac{\widetilde{\mathbf{y}}_{-1}'\mathbf{M}\widetilde{\mathbf{y}}_{-1}}{N(T-1)}, \quad \widetilde{A}(\alpha,T) = \frac{1}{(1-\alpha)}\left[1 - \frac{1}{T}\left(\frac{1-\alpha^T}{1-\alpha}\right)\right]$$

$$\widetilde{\sigma}_v^2(\alpha,\boldsymbol{\beta}) = \frac{1}{N(T-1)}\sum_{i=1}^{N}\sum_{t=1}^{T}(\widetilde{y}_{it} - \alpha\widetilde{y}_{i,t-1} - \boldsymbol{\beta}'\widetilde{\mathbf{x}}_{it})^2$$

$$\widehat{\boldsymbol{\psi}} = \left(\widetilde{\mathbf{X}}'\widetilde{\mathbf{X}}\right)^{-1}\widetilde{\mathbf{X}}'\widetilde{\mathbf{y}}_{-1}$$

である。AR(1) モデルの計算手順と外生変数が含まれたモデルの計算手順を比較すると，AR(1) モデルの場合は誤差項の分散 σ_v^2 は推定量の分母分子で相殺されて消えてしまうので推定する必要がなかったが，外生変数が含まれたモデルでは相殺されないため計算手順に組み込まなければならないことがわかる。なお Bun and Carree (2005) は T 固定，$N \to \infty$ のとき，$\widehat{\boldsymbol{\delta}}_{LSDV}^{BC}$ は一致性・漸近正規性を持つことを示している。

3.1.3　操作変数推定量・GMM 推定量

次に，モデル (3.1) の操作変数推定量，GMM 推定量を考えよう。

操作変数推定量

モデル (3.1) の一階階差を取ると，次のような一階階差モデルを得る。

$$\begin{aligned} \Delta y_{it} &= \alpha\Delta y_{i,t-1} + \Delta\mathbf{x}_{it}'\boldsymbol{\beta} + \Delta v_{it} \\ &= \Delta\mathbf{w}_{it}'\boldsymbol{\delta} + \Delta v_{it} \quad (i=1,...,N;\ t=2,...,T) \end{aligned} \quad (3.14)$$

このモデルの操作変数推定量は

$$\widehat{\boldsymbol{\alpha}}_{IV} = \left[\sum_{i=1}^{N}\sum_{t=t_0}^{T}\mathbf{z}_{it}\Delta\mathbf{w}_{it}'\right]^{-1}\sum_{i=1}^{N}\sum_{t=t_0}^{T}\mathbf{z}_{it}\Delta y_{it}$$

となる。レベルの操作変数を使った場合は $t_0 = 2$，$\mathbf{z}_{it} = (y_{i,t-2}, \mathbf{x}_{i,t-1}')'$，一階階差を取った操作変数を使った場合は $t_0 = 3$，$\mathbf{z}_{it} = (\Delta y_{i,t-2}, \Delta\mathbf{x}_{i,t-1}')'$ である。

第3章 外生変数を含んだ動学的パネルモデルの推定と検定

個別効果を一階階差ではなく，FOD変換で取り除いたモデルを次のように表そう。

$$\begin{aligned} y_{it}^* &= \alpha y_{i,t-1}^* + \mathbf{x}_{it}^{*'}\boldsymbol{\beta} + v_{it}^* \\ &= \mathbf{w}_{it}^{*'}\boldsymbol{\delta} + v_{it}^* \quad (i=1,...,N;\ t=1,...,T-1) \end{aligned} \quad (3.15)$$

$y_{it}^*, \mathbf{w}_{it}^*, v_{it}^*$の定義は前章と同様，将来の平均からの偏差を取った変数である（(2.20)を見よ）。このモデルの操作変数推定量は

$$\widehat{\boldsymbol{\alpha}}_{IV} = \left[\sum_{i=1}^{N}\sum_{t=t_0}^{T-1}\mathbf{z}_{it}\mathbf{w}_{it}^{*'}\right]^{-1}\sum_{i=1}^{N}\sum_{t=t_0}^{T-1}\mathbf{z}_{it}y_{it}^*$$

となる。レベルの操作変数を使った場合は$t_0=1$，$\mathbf{z}_{it}=(y_{i,t-1},\mathbf{x}_{it}')'$，一階階差を取った操作変数を使った場合は$t_0=2$，$\mathbf{z}_{it}=(\Delta y_{i,t-1},\Delta \mathbf{x}_{it}')'$である。

次に，これらの操作変数推定量よりも効率的なGMM推定量について考察しよう。

一階階差GMM推定量

一階階差を取ったモデル(3.14)を考えよう。GMM推定量の場合，$\mathbf{x}_{it}$が厳密な外生変数であるか先決変数であるかの違いは操作変数行列の形に影響を与えるだけで，推定量自体の式の形は同じである。まず$\mathbf{x}_{it}$が厳密な外生変数である場合を考えよう。

前章の議論より，$\mathbf{y}_i^{(t-2)} = (y_{i0},...,y_{i,t-2})'$は$\Delta v_{it}$に直交して，$\Delta y_{i,t-1}$と相関しているので操作変数として使えることがわかっている。このモデルではさらに，$\mathbf{x}_{it}$は厳密に外生であるということを仮定しているので，全てのt,sについて$E(\mathbf{x}_{is}\Delta v_{it})=\mathbf{0}$が成り立つ。したがって，モーメント条件は

$$\begin{aligned} E(y_{is}\Delta v_{it}) &= 0 \quad (t=2,...,T;\ s=0,...,t-2) \\ E(\mathbf{x}_{is}\Delta v_{it}) &= \mathbf{0} \quad (t=2,...,T;\ s=1,...,T) \end{aligned}$$

となる。これを行列を使って表すと，

$$E(\mathbf{Z}_i^{L2'}\Delta \mathbf{v}_i) = \mathbf{0} \quad (3.16)$$

となる。ただし,

$$\mathbf{Z}_i^{L2} = \begin{bmatrix} y_{i0} & \mathbf{x}_i' & & & & & & & 0 \\ & & y_{i0} & y_{i1} & \mathbf{x}_i' & & & & \\ & & & & & \ddots & & & \\ 0 & & & & & & y_{i0} & \cdots & y_{i,T-2} & \mathbf{x}_i' \end{bmatrix},$$

$\mathbf{x}_i = (\mathbf{x}_{i1}', ..., \mathbf{x}_{iT}')'$, $\Delta \mathbf{v}_i = (\Delta v_{i2}, \cdots \Delta v_{iT})'$ である。これより (3.16) は $T(T-1)/2 + KT(T-1)$ 個のモーメント条件があることがわかる。

モーメント条件 (3.16) の最適なウェイト行列は

$$\left[E(\mathbf{Z}_i^{L2'} \Delta \mathbf{v}_i \Delta \mathbf{v}_i' \mathbf{Z}_i^{L2}) \right]^{-1} = \left[\sigma_v^2 E(\mathbf{Z}_i^{L2'} \mathbf{D}_T \mathbf{D}_T' \mathbf{Z}_i^{L2}) \right]^{-1}$$

となるので最適な1ステップの一階階差 GMM 推定量は

$$\begin{aligned} \widehat{\boldsymbol{\delta}}_{GMM}^{D,L2} &= \left[\left(\sum_{i=1}^N \Delta \mathbf{W}_i' \mathbf{Z}_i^{L2} \right) \widehat{\mathbf{V}}_{D,L2} \left(\sum_{i=1}^N \mathbf{Z}_i^{L2'} \Delta \mathbf{W}_i \right) \right]^{-1} \\ &\quad \times \left[\left(\sum_{i=1}^N \Delta \mathbf{W}_i' \mathbf{Z}_i^{L2} \right) \widehat{\mathbf{V}}_{D,L2} \left(\sum_{i=1}^N \mathbf{Z}_i^{L2'} \Delta \mathbf{y}_i \right) \right] \\ \widehat{\mathbf{V}}_{D,L2} &= \left(\sum_{i=1}^N \mathbf{Z}_i^{L2'} \mathbf{D}_T \mathbf{D}_T' \mathbf{Z}_i^{L2} \right)^{-1} \end{aligned}$$

となる。ただし,$\mathbf{D}_T$ は (2.12) で定義された一階階差を取る行列,$\Delta \mathbf{W}_i = (\Delta \mathbf{w}_{i2}, ..., \Delta \mathbf{w}_{iT})'$, $\Delta \mathbf{y}_i = (\Delta y_{i2}, ..., \Delta y_{iT})'$ である。

この推定量はウェイト行列の次元 $T(T-1)/2 + KT(T-1)$ がクロスセクションの標本サイズ N よりも小さいときにのみ計算可能である。前章で見たように,一階階差ではなく,FOD 変換でモデルを変換した場合,これより緩い制約 $T - 1 + KT < N$ が満たされていれば計算可能である。そこで,次に外生変数が入った場合の FOD-GMM 推定量について考えよう。

FOD-GMM 推定量

FOD 変換で個別効果を取り除いたモデル (3.15) のモーメント条件は

$$E(\mathbf{Z}_i^{L2'} \mathbf{v}_i^*) = \mathbf{0}$$

となる．ただし，$\mathbf{v}_i^* = (v_{i1}^*, ..., v_{i,T-1}^*)'$ である．最適なウェイト行列は

$$\left[E(\mathbf{Z}_i^{L2'}\mathbf{v}_i^*\mathbf{v}_i^{*'}\mathbf{Z}_i^{L2'})\right]^{-1} = \left[\sigma_v^2 E\left(\mathbf{Z}_i^{L2'}\mathbf{Z}_i^{L2}\right)\right]^{-1}$$

となるので最適な1ステップの FOD-GMM 推定量は

$$\begin{aligned}
\widehat{\boldsymbol{\delta}}_{GMM}^{F,L2} &= \left[\left(\sum_{i=1}^N \mathbf{W}_i^{*'}\mathbf{Z}_i^{L2}\right)\left(\sum_{i=1}^N \mathbf{Z}_i^{L2'}\mathbf{Z}_i^{L2}\right)^{-1}\left(\sum_{i=1}^N \mathbf{Z}_i^{L2'}\mathbf{W}_i^*\right)\right]^{-1} \\
&\quad \times \left[\left(\sum_{i=1}^N \mathbf{W}_i^{*'}\mathbf{Z}_i^{L2}\right)\left(\sum_{i=1}^N \mathbf{Z}_i^{L2'}\mathbf{Z}_i^{L2}\right)^{-1}\left(\sum_{i=1}^N \mathbf{Z}_i^{L2'}\mathbf{y}_i^*\right)\right] \\
&= \left[\sum_{t=1}^{T-1}\mathbf{W}_t^{*'}\mathbf{Z}_t^{L2}\left(\mathbf{Z}_t^{L2'}\mathbf{Z}_t^{L2}\right)^{-1}\mathbf{Z}_t^{L2}\mathbf{W}_t^*\right]^{-1} \\
&\quad \times \left[\sum_{t=1}^{T-1}\mathbf{W}_t^{*'}\mathbf{Z}_t^{L2}\left(\mathbf{Z}_t^{L2'}\mathbf{Z}_t^{L2}\right)^{-1}\mathbf{Z}_t^{L2}\mathbf{y}_t^*\right]
\end{aligned}$$

となる．ただし，$\mathbf{W}_i^* = (\mathbf{w}_{i1}^*, ..., \mathbf{w}_{i,T-1}^*)'$，$\mathbf{y}_i^* = (y_{i1}^*, ..., y_{i,T-1}^*)'$，$\mathbf{W}_t^* = (\mathbf{w}_{1t}^*, ..., \mathbf{w}_{Nt}^*)'$，$\mathbf{Z}_t^{L2} = (\mathbf{z}_{1t}^{L2}, ..., \mathbf{z}_{Nt}^{L2})'$，$\mathbf{y}_t^* = (y_{1t}^*, ..., y_{Nt}^*)'$，$\mathbf{z}_{it}^{L2} = (y_{i0}, ..., y_{i,t-2}, \mathbf{x}_i')'$ である．Arellano and Bover (1995) が示しているように，一階階差 GMM 推定量と FOD-GMM 推定量は（ウェイト行列が非特異であれば）同一の推定量である．

レベル GMM 推定量

次にレベルモデル

$$y_{it} = \alpha y_{i,t-1} + \mathbf{x}_{it}'\boldsymbol{\beta} + \eta_i + v_{it}$$

の GMM 推定量を考えよう．操作変数 Δy_{is} ($s = 1, ..., t-1$)，$\Delta \mathbf{x}_{is}$ ($s = 1, ..., T$) が誤差項 $\eta_i + v_{it}$ と直交するためには

$$\begin{aligned}
E(\Delta y_{is}\eta_i) &= E(y_{is}\eta_i) - E(y_{i,s-1}\eta_i) = 0, \\
E(\Delta \mathbf{x}_{is}\eta_i) &= E(\mathbf{x}_{is}\eta_i) - E(\mathbf{x}_{i,s-1}\eta_i) = \mathbf{0}
\end{aligned}$$

が満たされなければならない．この仮定は y_{it}，$\mathbf{x}_{it}$ と η_i の相関が時間を通じて一定であることを意味している．この仮定は前章で見たように初期条件が平均定常性を満たしている，という仮定と関係している．

ここではこれらの仮定が満たされているとしよう．このとき，モーメント条件は次のようになる．

$$E(\mathbf{Z}_i^{D2\prime} \dot{\mathbf{u}}_i) = \mathbf{0} \tag{3.17}$$

となる．ただし，

$$\mathbf{Z}_i^{D2} = \begin{bmatrix} \mathbf{z}_{i1}^{D2\prime} & & & \\ & \mathbf{z}_{i2}^{D2\prime} & & \\ & & \ddots & \\ & & & \mathbf{z}_{i,T-1}^{D2\prime} \end{bmatrix}$$

$\mathbf{z}_{it}^{D2} = (\Delta y_{i1}, ..., \Delta y_{i,t-1}, \Delta \mathbf{x}_i')'$, $\Delta \mathbf{x}_i = (\Delta \mathbf{x}_{i2}', ..., \Delta \mathbf{x}_{iT}')'$, $\dot{\mathbf{u}}_i = (\eta_i + v_{i2}, \cdots, \eta_i + v_{iT})'$ である．これより (3.17) には $(T-2)(T-1)/2 + KT(T-2)$ 個のモーメント条件があることがわかる．最適なウェイト行列は $\left[E\left(\mathbf{Z}_i^{D2\prime} \dot{\mathbf{u}}_i \dot{\mathbf{u}}_i' \mathbf{Z}_i^{D2}\right)\right]^{-1} = \left[E\left(\mathbf{Z}_i^{D2\prime} \mathbf{\Omega}_{T-1} \mathbf{Z}_i^{D2}\right)\right]^{-1}$ となり，未知パラメータに依存するので，一階階差 GMM 推定量のように 1 ステップで最適になるウェイト行列は存在しない[66]．最適な 2 ステップのレベル GMM 推定量は

$$\widehat{\widehat{\boldsymbol{\delta}}}_{GMM}^{LEV} = \left[\left(\sum_{i=1}^N \dot{\mathbf{W}}_i' \mathbf{Z}_i^{D2}\right) \widehat{\widehat{\mathbf{V}}}_{L,D2} \left(\sum_{i=1}^N \mathbf{Z}_i^{D2\prime} \dot{\mathbf{W}}_i\right)\right]^{-1}$$
$$\times \left[\left(\sum_{i=1}^N \dot{\mathbf{W}}_i' \mathbf{Z}_i^{D2}\right) \widehat{\widehat{\mathbf{V}}}_{L,D2} \left(\sum_{i=1}^N \mathbf{Z}_i^{D2\prime} \dot{\mathbf{y}}_i\right)\right]$$
$$\widehat{\widehat{\mathbf{V}}}_{L,D2} = \left(\sum_{i=1}^N \mathbf{Z}_i^{D2\prime} \widehat{\dot{\mathbf{u}}}_i \widehat{\dot{\mathbf{u}}}_i' \mathbf{Z}_i^{D2}\right)^{-1}$$

で与えられる．ただし，$\dot{\mathbf{W}}_i = (\mathbf{w}_{i2}, ..., \mathbf{w}_{iT})'$, $\dot{\mathbf{y}}_i = (y_{i2}, ..., y_{iT})'$, $\widehat{\dot{\mathbf{u}}}_i = \dot{\mathbf{y}}_i - \dot{\mathbf{W}}_i \widehat{\boldsymbol{\delta}}$ で，$\widehat{\boldsymbol{\delta}}$ は $\boldsymbol{\delta}$ の一致推定値である．$\widehat{\boldsymbol{\delta}}$ の候補としては，例えば操作変数推定量 $\widehat{\boldsymbol{\delta}}_{IV}$ や最適でないウェイト行列を用いたレベル GMM 推定量がある．

システム GMM 推定量

最後に，次のような一階階差モデルとレベルモデルからなるシステムを考

---

[66] $\mathbf{\Omega}_T$ の定義は (2.21) を見よ．

第3章 外生変数を含んだ動学的パネルモデルの推定と検定

えよう。

$$\mathbf{y}_i^\dagger = \mathbf{W}_i^\dagger \boldsymbol{\delta} + \mathbf{u}_i^\dagger$$

ただし,

$$\mathbf{y}_i^\dagger = \left[\begin{array}{c} \Delta \mathbf{y}_i \\ \dot{\mathbf{y}}_i \end{array} \right], \quad \mathbf{W}_i^\dagger = \left[\begin{array}{c} \Delta \mathbf{W}_i \\ \dot{\mathbf{W}}_i \end{array} \right], \quad \mathbf{u}_i^\dagger = \left[\begin{array}{c} \Delta \mathbf{v}_i \\ \dot{\mathbf{u}}_i \end{array} \right]$$

である。$\Delta \mathbf{v}_i$ に直交する操作変数行列 $\mathbf{Z}_i^{L2}$ と $\dot{\mathbf{u}}_i$ に直交する操作変数行列

$$\mathbf{Z}_i^{D1} = \left[\begin{array}{cccc} \Delta y_{i0} & \Delta \mathbf{x}_i' & & \\ & & \Delta y_{i1} & \Delta \mathbf{x}_i' & \\ & & & \ddots & \\ & & & & \Delta y_{i,T-2} & \Delta \mathbf{x}_i' \end{array} \right]$$

に基づいたシステム GMM 推定量のモーメント条件は次のようになる。

$$E(\mathbf{Z}_i^{S'} \mathbf{u}_i^\dagger) = \mathbf{0}$$

ただし,

$$\mathbf{Z}_i^S = \left[\begin{array}{cc} \mathbf{Z}_i^{L2} & 0 \\ 0 & \mathbf{Z}_i^{D1} \end{array} \right]$$

である。一階階差 GMM 推定量のように 1 ステップで最適になるようなウェイト行列は存在しないので,効率性を得るためには 2 ステップ GMM 推定量が必要になる。最適な 2 ステップのシステム GMM 推定量は

$$\begin{aligned} \widehat{\boldsymbol{\delta}}_{GMM}^{SYS} &= \left[\left(\sum_{i=1}^N \mathbf{W}_i^{\dagger'} \mathbf{Z}_i^S \right) \widehat{\widehat{\mathbf{V}}}_{SYS} \left(\sum_{i=1}^N \mathbf{Z}_i^{S'} \mathbf{W}_i^\dagger \right) \right]^{-1} \\ &\quad \times \left[\left(\sum_{i=1}^N \mathbf{W}_i^{\dagger'} \mathbf{Z}_i^S \right) \widehat{\widehat{\mathbf{V}}}_{SYS} \left(\sum_{i=1}^N \mathbf{Z}_i^{S'} \mathbf{y}_i^\dagger \right) \right] \\ \widehat{\widehat{\mathbf{V}}}_{SYS} &= \left(\sum_{i=1}^N \mathbf{Z}_i^{S'} \widehat{\mathbf{u}}_i^\dagger \widehat{\mathbf{u}}_i^{\dagger'} \mathbf{Z}_i^S \right)^{-1} \end{aligned}$$

となる。$\widehat{\mathbf{u}}_i^\dagger$ は $\mathbf{u}_i^\dagger$ の一致推定値である。

$\mathbf{x}_{it}$ が先決変数のときの GMM 推定量

$\mathbf{x}_{it}$ が先決変数のときの操作変数推定量,GMM 推定量に関する議論は厳密な外生変数の場合とほとんど同じである.変わってくるのは操作変数行列の形だけである.

$\mathbf{x}_{it}$ が先決変数の場合,$E(\mathbf{x}_{is}\Delta v_{it}) = \mathbf{0}$ が $1 \leq s \leq t-1$ に対して成り立つので,一階階差モデルのモーメント条件は

$$E(y_{is}\Delta v_{it}) = 0 \quad (t=2,...,T;\ s=0,...,t-2)$$
$$E(\mathbf{x}_{is}\Delta v_{it}) = \mathbf{0} \quad (t=2,...,T;\ s=1,...,t-1)$$

となる.これを行列を使って表すと,

$$E(\mathbf{Z}_i^{L2\prime}\Delta\mathbf{v}_i) = \mathbf{0} \tag{3.18}$$

となる.ただし,

$$\mathbf{Z}_i^{L2} = \begin{bmatrix} \mathbf{z}_{i1}^{L2\prime} & & & \\ & \mathbf{z}_{i2}^{L2\prime} & & \\ & & \ddots & \\ & & & \mathbf{z}_{i,T-1}^{L2\prime} \end{bmatrix}$$

$\mathbf{z}_{it}^{L2} = (y_{i0},...,y_{i,t-1},\mathbf{x}_{i1}^\prime,...,\mathbf{x}_{it}^\prime)^\prime$,$\Delta\mathbf{v}_i = (\Delta v_{i2},\cdots\Delta v_{iT})^\prime$ である.これより (3.18) は $T(T-1)(K+1)/2$ 個のモーメント条件があることがわかる.レベル GMM 推定量も同じように操作変数行列を

$$\mathbf{Z}_i^{D2} = \begin{bmatrix} \mathbf{z}_{i1}^{D2\prime} & & & \\ & \mathbf{z}_{i2}^{D2\prime} & & \\ & & \ddots & \\ & & & \mathbf{z}_{i,T-1}^{D2\prime} \end{bmatrix}$$

$\mathbf{z}_{it}^{D2} = (\Delta y_{i1},...,\Delta y_{i,t-1},\Delta\mathbf{x}_{i2}^\prime,...,\Delta\mathbf{x}_{it}^\prime)^\prime$ と変えるだけでよい.システム GMM 推定量も全く同様なのでここでは省略する.また,ここでは全ての変数が厳密な外生変数,あるいは先決変数であるという極端なケースを考えてきたが,実際には両タイプの変数が混在していることが多い.そのような場

合は操作変数行列 $\mathbf{Z}_i$ を変更することで上で説明した方法と同じように GMM 推定量を構築できる。

3.2 動学的パネルモデルにおける様々な検定

前章と本章の前節では動学的パネルモデルの推定に焦点を当てて説明してきたが，本節では動学的パネルモデルにおける検定について説明する。前章で説明したように，GMM 推定量の一致性はいくつかの仮定の下で得られているため，実際に使うときにはそれらの仮定を検定しなければならない。本節では，(i) 個別効果が存在するかどうかの検定，(ii) 誤差項に系列相関があるかどうかの検定，(iii) 初期条件が平均定常性を満たしているかどうかの検定を説明する。

3.2.1 個別効果が含まれているかどうかの検定

動学的パネルモデルの推定を難しくしているのは個別効果の存在である。もし個別効果が存在しなければ推定は極めて簡単になるので，個別効果が存在するかどうかの検定は重要である。個別効果の存在の有無の検定は Holtz-Eakin (1988)，Arellano (1993, 2003a)，Jimenez-Martin (1998)，Hayakawa (2007a) によって議論されている。

検定方法には Hausman 検定に基づく方法と Sargan の階差検定に基づく方法があるが，ここでは Hausman 検定を用いた検定を紹介する[67]。次のような仮説を考えよう。

$H_0:$ 個別効果が存在しない

$H_1:$ 個別効果は存在する

---

[67] Sargan の階差検定を用いた方法に関しては付録 A や Arellano (2003a, pp. 124-125) などを参照されたい。

OLS 推定量は H_0 のもとでは一致推定量であり，最も効率的な推定量であるが，H_1 のもとで一致性を失ってしまう。また，GMM 推定量は H_0, H_1 のどちらの場合でも一致推定量である。したがって，Hausman 検定を使うことにより，個別効果の有無が検定できる。

3.2.2 系列相関の有無の検定

一階階差 GMM 推定量の一致性は誤差項に系列相関がないという仮定のもとで得られるため，誤差項に系列相関があるかどうかは重要な問題である。動学的パネルモデルにおける代表的な系列相関の検定は Arellano and Bond (1991)，Arellano (2003a, pp. 121-122) の m_j 検定である。Arellano and Bond (1991) は j 次の系列相関を想定し，

$$H_0: \quad E(\Delta v_{it} \Delta v_{i,t-j}) = 0$$
$$H_1: \quad E(\Delta v_{it} \Delta v_{i,t-j}) \neq 0$$

という仮説を考え，次のような検定統計量を提案している。

$$m_j = \frac{\widehat{r}_j}{\sqrt{\widehat{Var}(\widehat{r}_j)/N}} \qquad (j=1,2,...,p; \quad p \leq T-3)$$

ただし，

$$\widehat{r}_j = \frac{1}{N} \sum_{i=1}^{N} \left(\frac{1}{T-3-j} \sum_{t=4+j}^{T} \widehat{\Delta v}_{it} \widehat{\Delta v}_{i,t-j} \right),$$

$$\widehat{Var}(\widehat{r}_j) = \begin{bmatrix} 1 & -\widehat{\mathbf{g}}'\mathbf{P}' \end{bmatrix} \mathbf{R} \begin{bmatrix} 1 \\ -\mathbf{P}\widehat{\mathbf{g}} \end{bmatrix},$$

$$\mathbf{R} = \frac{1}{N} \sum_{i=1}^{N} \begin{bmatrix} \widehat{\zeta}_{ji}^2 & \widehat{\zeta}_{ji}\widehat{\Delta \mathbf{v}}_i' \mathbf{Z}_i^{L2} \\ \mathbf{Z}_i^{L2'}\widehat{\Delta \mathbf{v}}_i \widehat{\zeta}_{ji} & \mathbf{Z}_i^{L2'}\widehat{\Delta \mathbf{v}}_i \widehat{\Delta \mathbf{v}}_i' \mathbf{Z}_i^{L2'} \end{bmatrix},$$

$$\widehat{\zeta}_{ji} = \frac{1}{T-3-j} \sum_{t=4+j}^{T} \widehat{\Delta v}_{it} \widehat{\Delta v}_{i,t-j},$$

$$\widehat{\mathbf{g}} = \frac{1}{N(T-3-j)} \sum_{i=1}^{N} \sum_{t=4+j}^{T} (\Delta \widehat{v}_{it} \Delta \mathbf{w}_{i,t-j} + \Delta \widehat{v}_{i,t-j} \Delta \mathbf{w}_{it}),$$

第 3 章 外生変数を含んだ動学的パネルモデルの推定と検定　　　105

$$\begin{aligned}\mathbf{P} &= \left(\sum_{i=1}^{N}\mathbf{Z}_i^{L2'}\mathbf{D}_T\mathbf{D}_T'\mathbf{Z}_i^{L2}\right)^{-1}\left(\sum_{i=1}^{N}\mathbf{Z}_i^{L2'}\Delta\mathbf{W}_i\right)\\ &\quad\times\left[\left(\sum_{i=1}^{N}\Delta\mathbf{W}_i'\mathbf{Z}_i^{L2}\right)\left(\sum_{i=1}^{N}\mathbf{Z}_i^{L2'}\mathbf{D}_T\mathbf{D}_T'\mathbf{Z}_i^{L2}\right)^{-1}\left(\sum_{i=1}^{N}\mathbf{Z}_i^{L2'}\Delta\mathbf{W}_i\right)\right]^{-1}\end{aligned}$$

である. そして, Arellano and Bond (1991), Arellano (2003a, pp. 121-122) は

$$m_j \xrightarrow[N\to\infty]{d} \mathcal{N}(0,1)$$

となることを示している.

v_{it} に系列相関が無いときは $E(\Delta v_{it}\Delta v_{i,t-1})\neq 0$ であるが, $s\geq 2$ に対しては $E(\Delta v_{it}\Delta v_{i,t-s})=0$ となる. したがって, v_{it} に系列相関が無いときは m_1 は有意, m_2 は非有意になるが, v_{it} に系列相関があれば m_1, m_2 も有意になることになる.

m_j 検定は実証分析で最もよく使われる検定統計量であるが, これ以外にも Arellano and Bond (1991) による Sargan の階差検定, Jung (2005) による残差の t 検定に基づいた系列相関の検定, Yamagata (2008) による $2\sim p$ 階の系列相関の同時検定などがある. 関心のある読者はこれらの文献を参照されたい.

3.2.3　初期条件の平均定常性の検定

初期条件が平均定常性を満たしているかどうかの検定は Blundell, Bond and Windmeijer (2000), Arellano (2003a, p. 123) で提案されている. 誤差項に系列相関がないとき, 初期条件が平均定常性を満たしている (パネル AR(1) モデルの場合は (2.5) 式において, $\delta=1$) という帰無仮説のもとでは一階階差 GMM 推定量, システム GMM 推定量のモーメント条件はともに満たされるが, 初期条件が平均定常性を満たさない場合 (パネル AR(1) モデルの場合は $\delta\neq 1$), 一階階差 GMM 推定量のモーメント条件は成り立つが, システム GMM 推定量のモーメント条件の一部は成り立たない. したがって, Sargan の階差検定を用いて初期条件が平均定常性を満たしているかどうかが検定できる.

J_{dif} を一階階差 GMM 推定量の過剰識別制約検定統計量，J_{sys} をシステム GMM 推定量の過剰識別制約検定統計量とすると，Sargan の階差検定統計量は

$$J_d = J_{sys} - J_{dif} \xrightarrow[N\to\infty]{d} \chi_m^2$$

となる[68]。ただし m はシステム GMM 推定量のモーメント条件の数から一階階差 GMM 推定量のモーメント条件の数を引いたものである。なお，この検定を行うときには一階階差 GMM 推定量のモーメント条件が満たされていなければならないことに注意されたい。

3.3 実証分析例

動学的パネルモデルを用いた実証分析は非常に多く存在する。動学的パネルモデルの研究の嚆矢となった Balestra and Nerlove (1966) は天然ガスの需要の推定，Arellano and Bond (1991) は企業の雇用方程式，賃金方程式の推定，Blundell and Bond (2000) は生産関数の推定，Bond and Meghir (1994) は投資関数の推定，Caselli, Esquivel and Lefort (1996)，Benhabib and Spiegel (2000)，Levine, Loayza and Beck (2000)，Beck, Levine and Loayza (2000)，Bond, Hoeffler and Temple (2001)，Beck and Levine (2004) は経済成長モデルの推定に動学的パネルモデルを用いている。また，Baltagi and Levin (1986, 1992)，Becker, Grossman and Murphy (1994)，Baltagi, Griffin and Xiong (2000)，Baltagi and Griffin (2001) は喫煙の中毒性の検証を，Chamberlain (1993)，Arellano and Honoré (2001)，Arellano (2003a, pp. 162-163) は職業訓練の動学的効果の検証を動学的パネルモデルを用いて行っている。

また，ラグ変数を含んでいない場合でも，説明変数 $\mathbf{x}_{it}$ が先決変数であれば T 固定，$N \to \infty$ のときは LSDV 推定量は一致性を失うので，本章で説明したような GMM 推定量を使う必要性が出てくる。このようなケースの実証分析例

---

68) GMM 推定量における過剰識別制約検定については付録 A を参照されたい。

としては，恒常所得仮説を検証した Zeldes (1989)，Runkle (1991)，Keane and Runkle (1992)，労働供給モデルを推定した MaCurdy (1985)，Ziliak (1997)，投資モデルを推定した Hayashi and Inoue (1991)，Blundell, Bond, Devereux and Schiantarelli (1992) などがある。

本節ではこれらの中で Arellano (2003a, pp. 116-125) で示されている実証分析結果を紹介しよう[69]。

雇用方程式・賃金方程式の推定

n_{it}, w_{it} をそれぞれ雇用数，賃金 の対数を表しているとすると，$(n_{it}\ w_{it})'$ の VAR(2) モデルは次のように表すことができる。

$$n_{it} = \delta_{1t} + \alpha_1 n_{i,t-1} + \alpha_2 n_{i,t-2} + \beta_1 w_{i,t-1} + \beta_2 w_{i,t-2} + \eta_{1i} + v_{1it},$$
$$w_{it} = \delta_{2t} + \gamma_1 w_{i,t-1} + \gamma_2 w_{i,t-2} + \lambda_1 n_{i,t-1} + \lambda_2 n_{i,t-2} + \eta_{2i} + v_{2it}$$

ここでは $\alpha_1, \alpha_2, \beta_1, \beta_2, \gamma_1, \gamma_2, \lambda_1, \lambda_2$ の推定を考える。さらに時間効果を表すパラメータ δ_{1t}, δ_{2t} の推定も考える。

まず予備分析として雇用量に AR (1)，AR (2) モデルを仮定した場合の推定を考えよう。使用しているデータは Alonso-Borrego and Arellano (1999) で用いられているスペインの製造業 738 社 ($N=738$) の 1983–1990 年 ($T=8$) のデータである。

AR(1) モデルの推定結果は表 3.1 の 1–5 列にまとめられている。ここではレベルモデル，一階階差モデルの OLS 推定量，LSDV 推定量，GMM 推定量を使っている。GMM1, GMM2 はモーメント条件

$$E\left[\begin{pmatrix} 1 \\ \mathbf{n}_i^{t-2} \end{pmatrix}(\Delta n_{it} - \Delta \delta_t - \alpha \Delta n_{i,t-1})\right] = \mathbf{0} \quad (t=3,...,T)$$

から得られる 1 ステップ，2 ステップの GMM 推定量を表している。ただし，$\mathbf{n}_i^{t-2} = (n_{i1},...,n_{i,t-2})'$ である。このモーメント条件の数は 27 個，パラメータ数は 7 個であるので過剰識別制約の数は 20 個である。GMM 推定量の結果

---

[69] Eviews 6 では一階階差，FOD-GMM 推定量が，STATA では "xtabond2" というコマンド (ver.11 では "xtdpd") でシステム GMM 推定量が計算できる。コマンド "xtabond2" の詳細については Roodman (2006) を参照されたい。

をベンチマークとすると，第 2 章の理論的結果と同様，レベルモデルの OLS 推定量は上方バイアス，一階階差モデルの OLS 推定量，LSDV 推定量は下方バイアスを持つことがわかる。

AR (2) モデルの結果は表 3.1 の 6–7 列にまとめられている。ここでは 2 ステップ GMM 推定量と CU-GMM 推定量の結果のみを報告する。2 ステップ GMM 推定量と CU-GMM 推定量は漸近的には同じ特性を持つが，有限標本では CU-GMM 推定量は 2 ステップ GMM 推定量よりも小さいバイアスを持つことが知られている[70]。

次に VAR(2) モデルの推定結果について見てみよう。推定結果は表 3.2 にまとめられている。なお，ここでは簡単化のために雇用方程式と賃金方程式を別々に推定した場合の結果を示している。

まず，一階階差 GMM 推定量の結果であるが，一階階差 GMM 推定量が一致性を持つためには誤差項に系列相関が無いことが必要であった。それを検定する m_1, m_2 検定の結果を見てみると，m_1 は有意，m_2 は非有意になっていることから誤差項には系列相関が無いと判断できる。また，過剰識別制約検定もモーメント条件が成り立っているという帰無仮説を棄却しないという結果を示している。

次にシステム GMM 推定量の結果であるが，2.4 節で見たようにシステム GMM 推定量の一致性は初期条件が平均定常性を満たしているという仮定に依存しているので，その検定結果を見てみよう。雇用方程式の一階階差 GMM 推定量，システム GMM 推定量の過剰識別制約検定の検定統計量はそれぞれ 36.9，61.2 であるので，Sargan の階差検定の検定統計量は $J_d = 61.2 - 36.9 = 24.3$ になる。自由度は $48 - 36 = 12$ となるので p 値は 0.0185 となり，初期条件が平均定常である，言い換えればレベルモデルのモーメント条件が正しいという帰無仮説を棄却する。賃金方程式においても統計量は $J_d = 64.2 - 21.4 = 42.8$，p 値は 0.00 となり，帰無仮説は棄却される。この結果はシステム GMM 推定量が一致推定量ではないことを示している。

なお，システム GMM 推定量の過剰識別制約検定統計量を見ると雇用方程

---

[70] 2 ステップ GMM 推定量と CU-GMM 推定量の理論的比較については例えば Newey and Smith (2004) などを参照されたい。

式，賃金方程式の p 値はそれぞれ 0.096, 0.06 となっているので，有意水準 5% に近いものの，モーメント条件は正しい，言い換えればシステム GMM 推定量は一致推定量であるという結果を示唆している．この結果は上の Sargan の階差検定の結果と矛盾しているように見えるが，Bowsher (2002) が示すように，自由度が大きくなると過剰識別制約検定の検出力が著しく低くなるため，結果に違いが生じたものと考えられる．

表 3.1: AR(1), AR(2) モデルの推定結果 (雇用方程式)

推定量 モデル	OLS レベル	OLS 一階階差	WG	GMM1 一階階差	GMM2 一階階差	GMM2 一階階差	CU-GMM 一階階差
$n_{i,t-1}$	0.992 (0.001)	0.054 (0.026)	0.69 (0.025)	0.86 (0.07)	0.89 (0.06)	0.75 (0.09)	0.83 (0.09)
$n_{i,t-2}$						0.04 (0.02)	0.03 (0.02)
Sargan (自由度)	-	-	-	35.1 (20)	15.5 (20)	14.4 (18)	13.0 (18)
m_1	2.3	-0.6	-9.0	-8.0	-7.6	-6.0	
m_2	2.2	2.3	0.6	0.5	0.5	0.3	

Arellano (2003a) より抜粋．
$N = 738, T = 8$，( ) 内はロバスト標準誤差，時間効果を含んでいる．

表 3.2: VAR (2) モデルの推定結果

		雇用方程式			賃金方程式	
推定量	OLS	GMM2	GMM2	OLS	GMM2	GMM2
モデル	レベル	一階階差	システム	レベル	一階階差	システム
$n_{i,t-1}$	1.11	0.84	1.17	0.08	-0.04	0.08
	(0.03)	(0.09)	(0.03)	(0.03)	(0.10)	(0.03)
$n_{i,t-2}$	-0.12	-0.003	-0.13	-0.07	0.05	-0.06
	(0.03)	(0.03)	(0.02)	(0.03)	(0.03)	(0.02)
$w_{i,t-1}$	0.14	0.08	0.13	0.78	0.26	0.78
	(0.03)	(0.08)	(0.02)	(0.03)	(0.11)	(0.02)
$w_{i,t-2}$	-0.11	-0.05	-0.11	0.18	0.02	0.08
	(0.03)	(0.02)	(0.02)	(0.03)	(0.02)	(0.02)
Sargan	-	36.9	61.2	-	21.4	64.2
(自由度)		(36)	(48)		(36)	(48)
p 値		0.43	0.096		0.97	0.06
m_1	-0.6	-6.8	-8	0.05	-5.7	-9.5
m_2	1.6	0.2	1.3	-2.7	0.5	-0.6

Arellano (2003a) より抜粋。
$N=738, T=8$，（ ）内はロバスト標準誤差，時間効果を含んでいる。

第4章
拡張された動学的パネルモデル

───────

　本章では第2章,第3章で考察してきた動学的パネルモデルを様々な方向に拡張する。具体的には,第4.1節でパネル AR(p) モデル,第4.2節で異なる傾きのタイムトレンドを持つモデル,第4.3節でクロスセクション間に相関があるモデル,第4.4節で Autoregressive Conditional Heteroskedasticity (ARCH) 構造を持つモデル,第4.5節でパネルベクトル自己回帰 (VAR) モデル,最後に第4.6節で不均一な係数を持つ動学的パネルモデルへの拡張を考察する。

4.1　パネル AR(p) モデル

　第2章ではパネル AR(1) モデルをベースに様々な推定量の性質を議論してきたが,この AR(1) という定式化が正しいという保証はない。パネル自己回帰モデルにおけるラグ次数の選択問題は Lee (2007) で詳しく考察されており,バイアス修正された LSDV 推定量も提案している。また,第2章で紹介した Hayakawa (2009b) の操作変数推定量はパネル AR(p) モデルにおいても利用できる。GMM 推定量は操作変数を適切に選ぶことで前章と同じように構築できるので,ここでは説明を省略する。Alvarez and Arellano (2004) は分散が時間に関して不均一な誤差項を持つパネル AR(p) モデルの最尤推定量を提案している。

4.2 不均一なタイムトレンドを持つモデル

次のような i ごとに異なる傾きのタイムトレンドを持つ動学的パネルモデルを考えよう。

$$y_{it} = \alpha y_{i,t-1} + \eta_i + \delta_i t + v_{it} \qquad (i=1,...,N;\ t=1,...,T) \qquad (4.1)$$

このモデルの OLS 推定量はトレンドを持たないモデルのときと同様, $y_{i,t-1}$ と η_i, δ_i が相関しているので一致推定量にはならない。したがって個別効果 η_i と δ_i を取り除く必要がある。ここでは WG タイプの変換と階差タイプの変換の 2 つを考える[71]。

まず WG タイプの変換を考えよう。そのためにモデル (4.1) を時間に関して積み重ねたモデル

$$\mathbf{y}_i = \alpha \mathbf{y}_{i,-1} + \boldsymbol{\iota}_T \eta_i + \boldsymbol{\tau}_T \delta_i + \mathbf{v}_i$$

を考える。ただし, $\mathbf{y}_i = (y_{i1},...,y_{iT})'$, $\mathbf{y}_{i,-1} = (y_{i0},...,y_{i,T-1})'$, $\boldsymbol{\iota}_T = (1,...,1)'$, $\boldsymbol{\tau}_T = (1,2,...,T)'$, $\mathbf{v}_i = (v_{i1},...,v_{iT})'$ である。WG タイプの変換に基づく推定量は $\mathbf{H}_T = \mathbf{I}_T - \mathbf{R}_T(\mathbf{R}_T'\mathbf{R}_T)^{-1}\mathbf{R}_T'$, $\mathbf{R}_T = (\boldsymbol{\iota}_T\ \boldsymbol{\tau}_T)$ を前からかけたモデルの OLS 推定量

$$\widehat{\alpha}_{MLSDV} = \left[\sum_{i=1}^{N} \mathbf{y}_{i,-1}' \mathbf{H}_T \mathbf{y}_{i,-1}\right]^{-1} \sum_{i=1}^{N} \mathbf{y}_{i,-1}' \mathbf{H}_T \mathbf{y}_i$$

として与えられる。Phillips and Sul (2007) は T 固定, $N \to \infty$ のときの $\widehat{\alpha}_{MLSDV}$ の確率極限は次のようになることを示している。

$$\plim_{N \to \infty}(\widehat{\alpha}_{MLSDV} - \alpha) = -\frac{C(\alpha,T)}{D(\alpha,T)} = O\left(\frac{1}{T}\right)$$

---

[71] Hayakawa and Nogimori (2010) は η_i と δ_i を取り除く代替的な方法を提案している。

第4章 拡張された動学的パネルモデル

ただし,

$$C(\alpha,T) = \frac{-2}{(T-1)(1-\alpha)}\left[(T-1) - \frac{2}{1-\alpha}C_1\right],$$

$$D(\alpha,T) = \frac{T-2}{1-\alpha^2}\left[1 - \frac{1}{T-2}\frac{4\alpha}{1-\alpha}D_1\right],$$

$$C_1 = 1 - \frac{1}{T+1}\left(1 + \frac{1-\alpha^3}{(1-\alpha)^3}\frac{1}{T}\right)$$
$$+ \left(\frac{1}{2} + \frac{1}{T+1}\left[\frac{1+2\alpha}{1-\alpha} + \frac{1-\alpha^3}{(1-\alpha)^3}\frac{1}{T}\right]\right)\alpha^T,$$

$$D_1 = 1 - \frac{1}{T+1}\frac{2}{1-\alpha}\left\{1 + \frac{1}{T-1}\left[1 - \frac{1-\alpha^3}{T(1-\alpha)^3}(1-\alpha^T)\right.\right.$$
$$\left.\left. + \left(\frac{3\alpha}{1-\alpha} + \frac{T+3}{2}\right)\alpha^T\right]\right\}$$

したがって, $\hat{\alpha}_{MLSDV}$ は $O(1/T)$ のバイアスを持つので T が固定されているときは一致性を持たないことがわかる。しかしながら, 漸近バイアスは α と T の関数であるので 2.2 節で説明した, T 固定, $N \to \infty$ のときの漸近バイアスの逆関数を使う方法でバイアス修正が可能である。また, ここでは外生変数の含まれていないモデルを考えているが, 厳密な外生変数がモデルに含まれている場合でも同様にバイアス修正は可能である。

次に階差タイプの変換を考えよう。モデル (4.1) の一階階差を取ると次のようになる。

$$\Delta y_{it} = \alpha \Delta y_{i,t-1} + \delta_i + \Delta v_{it} \qquad (i = 1, ..., N;\ t = 2, ..., T)$$

このモデルにはまだ個別効果 δ_i が残っているのでさらに一階階差を取ると

$$\Delta^2 y_{it} = \alpha \Delta^2 y_{i,t-1} + \Delta^2 v_{it} \qquad (i = 1, ..., N;\ t = 3, ..., T)$$

となる。ただし, $\Delta^2 y_{it} = \Delta y_{it} - \Delta y_{i,t-1}$, $\Delta^2 y_{i,t-1} = \Delta y_{i,t-1} - \Delta y_{i,t-2}$, $\Delta^2 v_{it} = \Delta v_{it} - \Delta v_{i,t-1} = v_{it} - 2v_{i,t-1} + v_{i,t-2}$ である。ここで, v_{it} に系列相関がないという仮定の下では, $\mathbf{y}_i^{t-3} = (y_{i0}, ..., y_{i,t-3})'$ は $\Delta^2 v_{it}$ と直交し, $\Delta^2 y_{i,t-1}$ と相関しているので操作変数として使うことができる。これを用いたモーメント条件は

$$E\left[\mathbf{Z}_i^{L2'}\Delta^2 \mathbf{v}_i\right] = \mathbf{0}$$

となる。ただし，

$$\mathbf{Z}_i^{L2} = \begin{bmatrix} y_{i0} & 0 & 0 & \cdots & 0 & \cdots & 0 \\ 0 & y_{i0} & y_{i1} & & 0 & & 0 \\ \vdots & & & \ddots & & & \vdots \\ 0 & 0 & 0 & \cdots & y_{i0} & \cdots & y_{i,T-3} \end{bmatrix} \quad \Delta^2 \mathbf{v}_i = \begin{bmatrix} \Delta^2 v_{i3} \\ \Delta^2 v_{i4} \\ \vdots \\ \Delta^2 v_{iT} \end{bmatrix}$$

である。ここで，(2.12) で定義された一階階差を取る行列 $\mathbf{D}_T$ を使って，$\Delta^2 \mathbf{v}_i = \mathbf{D}_{T-1} \mathbf{D}_T \mathbf{v}_i$ と書けることに注意すると，最適なウェイト行列は，次のようになる。

$$\begin{aligned} \mathbf{V}_{D,L2} &= \left[E(\mathbf{Z}_i^{L2\prime} \Delta^2 \mathbf{v}_i \Delta^2 \mathbf{v}_i' \mathbf{Z}_i^{L2}) \right]^{-1} \\ &= \left[\sigma_v^2 E(\mathbf{Z}_i^{L2\prime} \mathbf{D}_{T-1} \mathbf{D}_T \mathbf{D}_T' \mathbf{D}_{T-1}' \mathbf{Z}_i^{L2}) \right]^{-1} \end{aligned}$$

ただし，$\mathbf{D}_{T-1} \mathbf{D}_T \mathbf{D}_T' \mathbf{D}_{T-1}'$ は次のようになる

$$\mathbf{\Lambda}_{T-1} = \mathbf{D}_{T-1} \mathbf{D}_T \mathbf{D}_T' \mathbf{D}_{T-1}' = \begin{bmatrix} 6 & -4 & 1 & & & 0 \\ -4 & \ddots & \ddots & \ddots & & \\ 1 & \ddots & \ddots & \ddots & \ddots & \\ & \ddots & \ddots & \ddots & \ddots & 1 \\ & & \ddots & \ddots & \ddots & -4 \\ 0 & & & 1 & -4 & 6 \end{bmatrix}$$

したがって最適な 1 ステップの GMM 推定量は次のように表される。

$$\begin{aligned} \widehat{\alpha}_{GMM} &= \left[\left(\sum_{i=1}^N \Delta^2 \mathbf{y}_{i,-1}' \mathbf{Z}_i^{L2} \right) \widehat{\mathbf{V}}_{D,L2} \left(\sum_{i=1}^N \mathbf{Z}_i^{L2\prime} \Delta^2 \mathbf{y}_{i,-1} \right) \right]^{-1} \\ &\quad \times \left[\left(\sum_{i=1}^N \Delta^2 \mathbf{y}_{i,-1}' \mathbf{Z}_i^{L2} \right) \widehat{\mathbf{V}}_{D,L2} \left(\sum_{i=1}^N \mathbf{Z}_i^{L2\prime} \Delta^2 \mathbf{y}_i \right) \right] \\ \widehat{\mathbf{V}}_{D,L2} &= \left(\sum_{i=1}^N \mathbf{Z}_i^{L2} \mathbf{\Lambda}_{T-1} \mathbf{Z}_i^{L2\prime} \right)^{-1} \end{aligned}$$

ただし，$\Delta^2 \mathbf{y}_i = (\Delta^2 y_{i3}, ..., \Delta^2 y_{iT})'$，$\Delta^2 \mathbf{y}_{i,-1} = (\Delta^2 y_{i2}, ..., \Delta^2 y_{i,T-1})'$ である。

このように，タイムトレンドを含んだ動学的パネルモデルの GMM 推定量もタイムトレンドを含まないモデルの議論を若干修正することで簡単に構築できる。Wansbeek and Knaap (1999) は標本サイズ N が小さいと，GMM 推定量のバイアスが大きくなること，LIML 推定量は GMM 推定量よりもバイアスが小さくなることをシミュレーションで確認している。

4.3 クロスセクション間に相関があるモデル

4.3.1 LSDV 推定量

Phillips and Sul (2003, 2007) はファクターモデルでクロスセクション間の相関を導入した動学的パネルモデル

$$y_{it} = \alpha y_{i,t-1} + \eta_i + \boldsymbol{\delta}_i' \mathbf{f}_t + v_{it} \qquad (i=1,...,N;\ t=1,...,T) \tag{4.2}$$

を考察している。$\boldsymbol{\delta}_i$ を非確率変数，$\mathbf{f}_t$ を，$E(\mathbf{f}_t) = \mathbf{0}$，$Var(\mathbf{f}_t) = \boldsymbol{\Sigma}_f$ を持つ確率変数とすると，異なる i, j に対して $E(\boldsymbol{\delta}_i' \mathbf{f}_t \mathbf{f}_t' \boldsymbol{\delta}_j) = \boldsymbol{\delta}_i' \boldsymbol{\Sigma}_f \boldsymbol{\delta}_j \neq 0$ となるので y_{it} にはクロスセクション間の相関が生じていることがわかる。

Phillips and Sul (2007) はクロスセクション間の相関があるモデル (4.2) の LSDV 推定量の T 固定，$N \to \infty$ のときの確率極限は次のようになることを示している。

$$\begin{aligned}
\plim_{N \to \infty} (\widehat{\alpha}_{LSDV} - \alpha) &= \frac{\sigma_v^2 A(\alpha, T) + \psi_A}{\sigma_v^2 B(\alpha, T) + \psi_B} \\
\psi_A &= tr\left\{\sum_{t=1}^T \left(\mathbf{F}_{t-1} - \bar{\mathbf{F}}_{-1}\right) \left(\mathbf{f}_t - \bar{\mathbf{f}}\right)' \mathbf{M}_\delta\right\}, \\
\psi_B &= tr\left\{\sum_{t=1}^T \left(\mathbf{F}_{t-1} - \bar{\mathbf{F}}_{-1}\right) \left(\mathbf{F}_{t-1} - \bar{\mathbf{F}}_{-1}\right)' \mathbf{M}_\delta\right\} \\
\mathbf{F}_t &= \sum_{j=0}^\infty \alpha^j \mathbf{f}_{t-j}, \quad \bar{\mathbf{F}}_{-1} = \frac{1}{T}\sum_{t=1}^T \mathbf{F}_{t-1}
\end{aligned}$$

$A(\alpha, T)$, $B(\alpha, T)$ は (2.17), (2.18) で与えられている. クロスセクションに相関がない場合の (2.16) と比較すると, 新しく ψ_A, ψ_B という項が加わっていることがわかる. ここで注意しなければならないのはこの追加項が確率変数になっている点である. クロスセクション間に相関がない場合は (2.16) で示されているように確率極限は定数になっているが, ここでは共通ファクター $\mathbf{f}_t$ の存在によって確率的となる. そして, Phillips and Sul (2007) は時間効果を入れることによって LSDV 推定量のバイアスを小さくできること, Phillips and Sul (2003) で提案された GLS の原理と逆関数によるバイアス修正を組み合わせることで, バイアスと効率性を改善できることを示している.

4.3.2 GMM 推定量

次に GMM 推定量を考えよう. Sarafidis and Robertson (2009) はクロスセクション間の相関がある動学的パネルモデルの GMM 推定量について議論している. Sarafidis and Robertson (2009) はクロスセクション間の相関がある場合, 操作変数推定量, GMM 推定量は一致性を失ってしまうが, 時間効果を含めることでバイアスを小さくできることを示している. 時間効果を含めるということはクロスセクション平均からの偏差を取るということであり, 次のようなモデルを考えればよい.

$$\dot{y}_{it} = \alpha \dot{y}_{i,t-1} + \dot{\eta}_i + \dot{\boldsymbol{\delta}}_i' \mathbf{f}_t + \dot{v}_{it} \qquad (i=1,...,N;\ t=1,...,T) \qquad (4.3)$$

ただし, $\dot{y}_{it} = y_{it} - \frac{1}{N}\sum_{j=1}^{N} y_{jt}$, $\dot{y}_{i,t-1} = y_{i,t-1} - \frac{1}{N}\sum_{j=1}^{N} y_{j,t-1}$, $\dot{\eta}_i = \eta_i - \frac{1}{N}\sum_{j=1}^{N} \eta_j$, $\dot{\boldsymbol{\delta}}_i = \boldsymbol{\delta}_i - \frac{1}{N}\sum_{j=1}^{N} \boldsymbol{\delta}_j$, $\dot{v}_{it} = v_{it} - \frac{1}{N}\sum_{j=1}^{N} v_{jt}$ である. Sarafidis and Robertson (2009) は (4.3) の一階階差を取ったモデル

$$\Delta \dot{y}_{it} = \alpha \Delta \dot{y}_{i,t-1} + \dot{\boldsymbol{\delta}}_i' \Delta \mathbf{f}_t + \Delta \dot{v}_{it} \qquad (i=1,...,N;\ t=2,...,T)$$

において, クロスセクション平均からの偏差を取った操作変数 $\dot{y}_{is}, (s=0,...,t-2)$ を使った GMM 推定量は, 多くの場合, クロスセクション間の相関を考慮しない GMM 推定量よりもバイアスが小さくなることを示している.

クロスセクション間に相関があるパネルモデルのこれら以外の推定方法としては Andrews (1993) の中位数不偏推定量 (Median Unbiased Estimator)

と GLS 原理を組み合わせた Phillips and Sul (2003) の推定量, So and Shin (1999) の逐次平均調整法 (Recursive Mean Adjustment Method) をクロスセクション間の相関があるパネル AR(p) モデルに応用した Choi, Mark and Sul (2010), クロスセクション間の相関がある場合でも一致性を持つ GMM 推定量を提案した Sarafidis (2008) などがある。また, Sarafidis, Yamagata and Robertson (2009) はクロスセクション間の相関の有無を検定する統計量を提案している。関心のある読者は原論文を参照されたい。

4.4 ARCH 構造を持つ動学的パネルモデル

次のようなモデルを考えよう。

$$y_{it} = \alpha y_{i,t-1} + u_{it} \quad (i=1,...,N;\ t=1,...,T)$$
$$u_{it} = \eta_i + v_{it}$$

ただし, v_{it} の条件付き期待値は 0 であるが, 条件付き分散が η_i とは異なる個別効果 $\kappa_i > 0$ と y_{it} の過去の値に依存すると想定する。すなわち

$$E(v_{it}|\eta_i,\kappa_i,\mathbf{y}_i^{t-1}) = 0,$$
$$E(v_{it}^2|\eta_i,\kappa_i,\mathbf{y}_i^{t-1}) = \sigma_t^2(\mathbf{y}_i^{t-1},\boldsymbol{\gamma})\kappa_i,$$
$$E(v_{it}v_{i,t-s}|\eta_i,\kappa_i,\mathbf{y}_i^{t-s-1}) = 0 \quad (s>0)$$

を仮定する。ただし, $\mathbf{y}_i^{t-1} = (y_{i0},...,y_{i,t-1})$ である。$\sigma_t^2(\mathbf{y}_i^{t-1},\boldsymbol{\gamma})$ の定式化としては例えば

$$\sigma_{it}^2 = \exp\left(\gamma_0 + \gamma_1 y_{i,t-1} + \gamma_2 y_{i,t-1}^2\right)$$

などがある。

ここでは v_{it} に系列相関はないので α は 2.4 節で示したように一階階差 GMM 推定量などで推定が可能であるので, $\boldsymbol{\gamma}$ の推定に焦点を当てることにしよう。まず

$$E\left[u_{it}(u_{i,t+1}-u_{it})|\eta_i,\kappa_i,\mathbf{y}_i^{t-1}\right] = -E(v_{it}^2|\eta_i,\kappa_i,\mathbf{y}_i^{t-1}) = -\sigma_t^2(\mathbf{y}_i^{t-1},\boldsymbol{\gamma})\kappa_i$$

となることは簡単に示せる。ここで $r_{it}(\boldsymbol{\gamma}) = u_{it}(u_{i,t+1} - u_{it})/\sigma_t^2(\mathbf{y}_i^{t-1}, \boldsymbol{\gamma})$ と定義して条件付き期待値を取ると

$$E\left(r_{it}(\boldsymbol{\gamma})|\kappa_i, \mathbf{y}_i^{t-1}\right) = -\kappa_i$$

となる。同様に

$$E\left(r_{i,t-1}(\boldsymbol{\gamma})|\kappa_i, \mathbf{y}_i^{t-2}\right) = -\kappa_i$$

となるので，両辺をそれぞれ引くと

$$E\left[r_{it}(\boldsymbol{\gamma}) - r_{i,t-1}(\boldsymbol{\gamma})|\mathbf{y}_i^{t-2}\right]$$
$$= E\left[\left(\frac{u_{it}(u_{i,t+1} - u_{it})}{\sigma_t^2(\mathbf{y}_i^{t-1}, \boldsymbol{\gamma})} - \frac{u_{i,t-1}(u_{it} - u_{i,t-1})}{\sigma_{t-1}^2(\mathbf{y}_i^{t-2}, \boldsymbol{\gamma})}\right)|\mathbf{y}_i^{t-2}\right] = 0$$

という (条件付き) モーメント条件が得られる[72]。したがって，モーメント条件は例えば

$$E\left(\mathbf{Z}_i' \Delta \mathbf{r}_i\right) = \mathbf{0}$$

となる[73]。ただし，

$$\mathbf{Z}_i = \begin{bmatrix} y_{i0} & 0 & 0 & \cdots & 0 & \cdots & 0 \\ 0 & y_{i0} & y_{i1} & & 0 & & 0 \\ \vdots & & & \ddots & & & \vdots \\ 0 & 0 & 0 & \cdots & y_{i0} & \cdots & y_{i,T-3} \end{bmatrix}$$

$$\Delta \mathbf{r}_i = \begin{bmatrix} \dfrac{u_{i2}(u_{i3} - u_{i2})}{\sigma_2^2(\mathbf{y}_i^1, \boldsymbol{\gamma})} - \dfrac{u_{i1}(u_{i2} - u_{i1})}{\sigma_1^2(\mathbf{y}_i^0, \boldsymbol{\gamma})} \\ \vdots \\ \dfrac{u_{i,T-1}(u_{iT} - u_{i,T-1})}{\sigma_{T-1}^2(\mathbf{y}_i^{T-2}, \boldsymbol{\gamma})} - \dfrac{u_{i,T-2}(u_{i,T-1} - u_{i,T-2})}{\sigma_{T-2}^2(\mathbf{y}_i^{T-3}, \boldsymbol{\gamma})} \end{bmatrix}$$

である。このモーメント条件から得られる GMM 推定量は α, $\boldsymbol{\gamma}$ について明示的に表せないため，数値最適化によって計算しなければならない。

---

[72] Meghir and Windmeijer (1999) は v_{it} が q 次の移動平均過程に従う場合のモーメント条件も示している。

[73] $\mathbf{y}_i^{t-2}$ の任意の関数 $g(\mathbf{y}_i^{t-2})$ を操作変数として使うことができるが，ここでは最も簡単な $g(\mathbf{y}_i^{t-2}) = \mathbf{y}_i^{t-2}$ という場合だけを考える。

第4章 拡張された動学的パネルモデル

次に Holtz-Eakin, Newey and Rosen (1988) が考察している，個別効果が時間とともに変化するモデル

$$y_{it} = \alpha y_{i,t-1} + f_t \eta_i + v_{it} \qquad (i=1,...,N;\ t=1,...,T) \tag{4.4}$$

を考えよう．ただし，$f_t, (t=1,...,T)$ は非確率的なパラメータであるとする．このモデルでは個別効果が f_t の存在によって時間とともに変化する構造になっている．したがって，一階階差をとっても $\Delta f_t \eta_i$ となって個別効果が消えないので，2.1 節で示した方法は使えない．しかし，t 期のモデル (4.4) から $t-1$ 期のモデルに f_t/f_{t-1} をかけたモデルを引くと，v_{it} に系列相関がないとき，モーメント条件

$$E\left[\left(u_{it} - \frac{f_t}{f_{t-1}} u_{i,t-1}\right) | \mathbf{y}_i^{t-2}\right] = 0$$

を得る．ただし，$u_{it} = f_t \eta_i + v_{it}$ である．また，上の議論より

$$E\left[u_{it}\left(\frac{f_t}{f_{t+1}} u_{i,t+1} - u_{it}\right)\right] = -E(v_{it}^2)$$

が成り立つ．したがって (条件付き) モーメント条件は

$$E\left[\left(\frac{u_{it}\left(\frac{f_t}{f_{t+1}} u_{i,t+1} - u_{it}\right)}{\sigma_t^2(\mathbf{y}_i^{t-1}, \boldsymbol{\gamma})} - \frac{u_{i,t-1}\left(\frac{f_{t-1}}{f_t} u_{it} - u_{i,t-1}\right)}{\sigma_{t-1}^2(\mathbf{y}_i^{t-2}, \boldsymbol{\gamma})}\right) | \mathbf{y}_i^{t-2}\right] = 0$$

となる．これより，ARCH 構造と時間とともに変化する個別効果を仮定したモデル (4.4) のモーメント条件は，例えば

$$E\left(\mathbf{Z}_i' \Delta \tilde{\mathbf{r}}_i\right) = \mathbf{0}$$

となる．ただし，

$$\Delta \tilde{\mathbf{r}}_i = \begin{bmatrix} \dfrac{u_{i2}\left(\frac{f_2}{f_3} u_{i3} - u_{i2}\right)}{\sigma_2^2(\mathbf{y}_i^1, \boldsymbol{\gamma})} - \dfrac{u_{i1}\left(\frac{f_1}{f_2} u_{i2} - u_{i1}\right)}{\sigma_1^2(\mathbf{y}_i^0, \boldsymbol{\gamma})} \\ \vdots \\ \dfrac{u_{i,T-1}\left(\frac{f_{T-1}}{f_T} u_{iT} - u_{i,T-1}\right)}{\sigma_{T-1}^2(\mathbf{y}_i^{T-2}, \boldsymbol{\gamma})} - \dfrac{u_{i,T-2}\left(\frac{f_{T-2}}{f_{T-1}} u_{i,T-1} - u_{i,T-2}\right)}{\sigma_{T-2}^2(\mathbf{y}_i^{T-3}, \boldsymbol{\gamma})} \end{bmatrix}$$

である．この場合も GMM 推定量を計算するときには数値最適化が必要になる．

4.5 パネル VAR モデル

パネルデータモデルにおける VAR モデルに関する研究はそれほど多く存在しない。パネルデータモデルの枠組みで VAR モデルを最初に議論したのは Holtz-Eakin, Newey and Rosen (1988) であり,これまで見てきたように操作変数を用いて推定することを提案している。Binder, Hsiao and Pesaran (2005) はやや制約的なパネル VAR(1) モデルの一階階差 GMM 推定量,システム GMM 推定量,擬似最尤推定量を提案している。また,Cao and Sun (2006) は個別効果・時間効果をともに含んだパネル VAR(p) モデルの GMM 推定量とインパルス応答関数の漸近分布を導出している。

4.6 不均一な動学的パネルモデル (ランダム係数モデル)

今まではパラメータが全ての i で共通であると仮定していたが,ここではその仮定を緩くした不均一な係数を持つパネルモデルを考えよう。動学的パネルモデルの説明の前に,準備として静学的な場合を考えよう。i ごとに異なるパラメータを持つパネルモデルは

$$y_{it} = \beta_i' \mathbf{x}_{it} + v_{it} \qquad (i=1,...,N;\ t=1,...,T)$$

と表すことができる。ここで,β_i は確率的であり,

$$\beta_i = \beta + \eta_i$$

を仮定する。ただし η_i は期待値 $\mathbf{0}$,均一分散を持つ確率変数である。このモデルはパラメータ β_i が確率的になっているのでランダム係数モデルと呼ば

れている[74]。このモデルを考える目的は β_i の平均的な大きさ $\beta = E(\beta_i)$ を推定することである。

β の推定方法として，

推定法 (I) i ごとに回帰した N 個の OLS 推定量 $\widehat{\beta}_i$ を計算し，その平均 $\bar{\widehat{\beta}} = N^{-1} \sum_{i=1}^{N} \widehat{\beta}_i$ を計算する

推定法 (II) β_i は全ての i で共通であると仮定して推定する

推定法 (III) クロスセクション平均を取ったデータを使って時系列回帰する

推定法 (IV) 時系列平均を取ったデータを用いてクロスセクション回帰する

の 4 つの方法が考えられる。Zellner (1969) は静学的モデルの場合，この 4 つの方法はどれも β の一致推定量を与えることを示している。

この議論を動学的パネルモデルに拡張したのが Pesaran and Smith (1995) である。彼らはラグ変数 $y_{i,t-1}$ を説明変数に含めた次のような動学的パネルモデルを考察している[75]。

$$\begin{aligned} y_{it} &= \alpha_i y_{i,t-1} + \beta'_i \mathbf{x}_{it} + v_{it} \quad (i=1,...,N;\ t=1,...,T) \\ &= \delta'_i \mathbf{w}_{it} + v_{it} \end{aligned} \quad (4.5)$$

ここで，パラメータ α_i, β_i は次のように確率的であるとする。

$$\alpha_i = \alpha + \eta_{1i}, \qquad \beta_i = \beta + \eta_{2i}$$

ただし，η_{1i}, η_{2i} は平均 0 で均一分散を持つと仮定する。このモデルを推定する目的は短期係数 α_i, β_i の平均的な大きさ $\alpha = E(\alpha_i)$, $\beta = E(\beta_i)$ の推定，あるいは，長期係数 $\theta_i = \beta_i/(1-\alpha_i)$ の平均的な大きさ $\theta = E(\theta_i) = E(\beta_i/(1-\alpha_i))$ の推定にある。

---

[74] ランダム係数パネルモデルに関しては例えば Hsiao and Pesaran (2008) などを参照されたい。

[75] このようなモデルを用いた実証例としては Pesaran and Smith (1995) による産業別の労働需要関数の推定，Lee, Pesaran and Smith (1997) による経済成長モデルの推定，Pesaran, Shin and Smith (1999) による OECD 諸国の消費関数，アジアの発展途上国のエネルギー関数の推定，Hsiao, Pesaran and Tahmiscioglu (1999) による投資関数の推定などがある。

以下ではまず (II)〜(IV) の推定法ではモデルが動学的になると一致推定量が得られないということを示し，最後に (I) の方法を使えば，α, β, θ の一致推定量が得られることを説明しよう．

推定法 (II) は次のようなモデルを推定することと同じである．

$$\begin{aligned} y_{it} &= \mu_i + \alpha y_{i,t-1} + \beta' \mathbf{x}_{it} + e_{it} \qquad (i=1,...,N;\ t=1,...,T) \\ e_{it} &= v_{it} + \eta_{1i} y_{i,t-1} + \eta_{2i}' \mathbf{x}_{it} \end{aligned} \qquad (4.6)$$

e_{it} の中には $y_{i,t-1}, \mathbf{x}_{it}$ という項が含まれているので説明変数と e_{it} には相関が生じており，OLS 推定量では一致推定量が得られないことがわかる．2.1 節ではこのような場合は操作変数を使って一致推定できるということを示したが，2.1 節で示された操作変数はこの枠組みでは適切な操作変数ではなくなり，その代わりの適切な操作変数を探すことも困難である．すなわち，真のモデルが (4.5) に従っているときにモデル (4.6) のようにパラメータが全ての i で共通であると仮定して GMM 推定などを行うと，操作変数/GMM 推定量は一致性を持たないということがいえる．言い換えれば，2.1 節で示した操作変数/GMM 推定量の一致性などの結果はパラメータが全ての i で共通であるという仮定の下でのみ成り立つということになる．

推定法 (III) は回帰モデル

$$\bar{y}_t = \alpha \bar{y}_{t-1} + \beta' \bar{\mathbf{x}}_t + \bar{v}_t \qquad (t=1,...,T)$$

の OLS 推定量から得られる．ただし，$\bar{y}_t = N^{-1} \sum_{i=1}^{N} y_{it}$，$\bar{y}_{t-1} = N^{-1} \sum_{i=1}^{N} y_{i,t-1}$，$\bar{\mathbf{x}}_t = N^{-1} \sum_{i=1}^{N} \mathbf{x}_{it}$，$\bar{v}_t = N^{-1} \sum_{i=1}^{N} v_{it} + N^{-1} \sum_{i=1}^{N} (\eta_{1i} y_{i,t-1} + \eta_{2i}' \mathbf{x}_{it})$ である．この場合も (II) のときと同様，説明変数と誤差項の間に相関が生じ，OLS 推定量は一致推定量ではない．また，適切な操作変数を探すことも困難である．

推定法 (IV) は回帰モデル

$$\begin{aligned} \bar{y}_i &= \alpha_i \bar{y}_{i,-1} + \beta_i' \bar{\mathbf{x}}_i + \bar{v}_i \qquad (i=1,...,N) \\ &= \alpha \bar{y}_{i,-1} + \beta' \bar{\mathbf{x}}_i + \bar{e}_i \end{aligned} \qquad (4.7)$$

の OLS 推定量から得られる．ただし，$\bar{y}_i = T^{-1} \sum_{t=1}^{T} y_{it}$，$\bar{y}_{i,-1} = T^{-1} \sum_{t=1}^{T} y_{i,t-1}$，$\bar{\mathbf{x}}_i = T^{-1} \sum_{t=1}^{T} \mathbf{x}_{it}$，$\bar{v}_i = T^{-1} \sum_{t=1}^{T} v_{it}$，$\bar{e}_i = \eta_{1i} \bar{y}_{i,-1} + \eta_{2i}' \bar{\mathbf{x}}_i + \bar{v}_i$

である．この OLS 推定量は動学的パネルモデルの between 推定量であり，一致性を持たない推定量である．

以上より，(II)〜(IV) の方法では全て一致推定量が得られないことがわかった[76]．

さて，推定法 (I) の推定量のクロスセクション平均をとる方法について考えよう．推定法 (I) を用いた短期係数の推定値は次のように計算される．

$$\widehat{\boldsymbol{\delta}}_{MG} = \frac{1}{N}\sum_{i=1}^{N}\widehat{\boldsymbol{\delta}}_i, \quad \widehat{\boldsymbol{\delta}}_i = \left(\sum_{t=1}^{T}\mathbf{w}_{it}\mathbf{w}_{it}'\right)^{-1}\sum_{t=1}^{T}\mathbf{w}_{it}y_{it} \quad (i=1,...,N)$$

また，長期係数の推定値は

$$\widehat{\boldsymbol{\theta}}_{MG} = \frac{1}{N}\sum_{i=1}^{N}\frac{\widehat{\beta}_i}{1-\widehat{\alpha}_i}$$

となる．Pesaran and Smith (1995) はこのような推定量を平均グループ (**Mean Groups, MG**) 推定量と呼んでいる．$T \to \infty$ のとき $\widehat{\boldsymbol{\delta}}_i \xrightarrow{p} \boldsymbol{\delta}_i$ となるので，

$$\plim_{N\to\infty}\plim_{T\to\infty}\widehat{\boldsymbol{\delta}}_{MG} = \plim_{N\to\infty}\frac{1}{N}\sum_{i=1}^{N}\left(\plim_{T\to\infty}\widehat{\boldsymbol{\delta}}_i\right) = \plim_{N\to\infty}N^{-1}\sum_{i=1}^{N}\boldsymbol{\delta}_i = \boldsymbol{\delta}$$

$$\plim_{N\to\infty}\plim_{T\to\infty}\widehat{\boldsymbol{\theta}}_{MG} = \plim_{N\to\infty}\frac{1}{N}\sum_{i=1}^{N}\left(\plim_{T\to\infty}\frac{\widehat{\beta}_i}{1-\widehat{\alpha}_i}\right) = \plim_{N\to\infty}\frac{1}{N}\sum_{i=1}^{N}\left(\frac{\beta_i}{1-\alpha_i}\right)$$

$$= E\left(\frac{\beta_i}{1-\alpha_i}\right) = \boldsymbol{\theta}$$

となって，$\boldsymbol{\delta}, \boldsymbol{\theta}$ を一致推定できることがわかる．

Hsiao, Pesaran and Tahmiscioglu (1999) は短期係数 α_i, β_i の OLS 推定量はラグ変数が説明変数に入っていると $O(1/T)$ のバイアスを持つので，Kiviet and Phillips (1993) のバイアス修正された推定量を使うことでバイアスを小さくすることができるが，長期係数 θ_i にはバイアス修正の効果はほとんどないことを示している．Pesaran and Zhao (1999) はその問題を解決すべく，Kiviet and Phillips (1993) の方法を援用して長期係数のバイアスを修正する方法を提案している．

---

76) Pesaran and Smith (1995) は推定法 (IV) の方法は，少し修正すれば，$T \to \infty$ のときに長期係数を一致推定できることを示している．

また，推定法 (II) で見たように，パラメータが i ごとに異なっているにも関わらず，パラメータが全ての i で共通であるという誤った仮定を置いて推定した場合，LSDV 推定量，GMM 推定量などは一致性を失ってしまう。したがって，パラメータが i ごとに異なるかどうかを検定するのは非常に重要なテーマである。Swamy (1970), Pesaran, Smith and Im (1996), Pesaran and Yamagata (2008) はパラメータが均一かどうかの検定を提案している。

第 II 部

非定常な動学的パネル分析

これまで紹介してきたパネルデータ分析の手法は，基本的に，いわゆる典型的なパネルデータに対して適用されることを暗黙の前提としていた。典型的なパネルデータとは，1.2.2 項で触れたように，クロスセクション方向の標本サイズ N が大きく時系列方向の標本サイズ T が小さいパネルデータのことである。そのようなデータは，企業や個人などの個票データに多いことから，ミクロパネルデータと呼ばれることがある。ミクロパネルデータ分析の主な動機は，第 1 章で述べたように，個別効果をコントロールすること (固定効果分析)，個別効果の確率的特性を活かすこと (変量効果分析)，そして動学的な特性を調べること (動学的パネル分析) の 3 点であった。固定効果分析と変量効果分析は第 1 章で詳述し，動学的パネル分析は第 I 部で扱った。ただし，当然だが，全てのパネルデータが"典型的"な訳ではない。この第 II 部では，ミクロパネルデータとは異なった特徴を持つパネルデータを考えていく。

個人や企業といったミクロな個体ではなく，国や地域といったマクロな個体を考えてみる。そうした複数の個体の GDP や為替レート，物価等の時系列を追って収集してもパネルデータセットができ上がる。こうしたパネルデータは，ミクロパネルデータと違って長期間のデータが蓄積されているので T が大きいという特徴を持つ。Baltagi (2008) は，このような T(と当然 N も) 大きいパネルデータを，ミクロパネルデータと区別してマクロパネルデータと呼んでいる。マクロパネルデータに対する分析の動機は，ミクロパネルデータに対するそれともちろん共通しているが，いくつかの点で異なっている。マクロパネルデータには，T が大きいことの他にも，GDP のように非定常と考えられるデータが含まれるなど，ミクロパネルデータとは異なる特徴があるからである。以下に，そうした特徴に基づく主な 4 つの分析動機を挙げる。

1 つ目は，Phillips and Moon (1999) が指摘するように，パネルデータにおけるデータの非定常性，特に単位根・共和分の議論をしようというものである。単位根・共和分の研究は，元々はパネルデータ分析ではなく時系列分析の枠組みで 1970 年代頃から進められてきた。時系列分析では T が大きいときの漸近論を使って非定常モデルの分析を行うが，パネルデータ分析でもマクロパネルの T が大きいことを考えれば T を大きくする漸近理論が妥当性を持つ。このことから，時系列分析で開発された T を大きくする漸近論に基づく単位根・共和分モデルの分析手法をパネルデータモデルに輸入して適

用しようという動きが 1990 年前後から非常に盛んになってきた。こうした動きの背景には，マクロ変数を対象とした経済理論の実証においては変数が定常か非定常かが鍵となることがあるという事情もあっただろう[77]。単位根・共和分の研究はここ数十年で急速に進んだため，非定常パネル分析の文献の数もかなりの勢いで増えている。

 2つ目は，Baltagi (2008) が述べているように，T が大きいことを利用して個体ごとにパラメータを変えようというものである。第 1 章や第 I 部では基本的に T が小さいときのパネルデータモデルを考えており，そこでは個体ごとに異なる切片のパラメータといった形で個別効果を導入してはいたが係数パラメータは全個体で均一としていた。Balestra and Nerlove (1966) が言うように，T が小さいときに個体ごとに係数を変えると自由度が著しく下がるため，典型的なミクロパネルでは係数を均一とすることも正当化されるだろう。しかし T が大きければ，直感的には，各個体ごとに個別にモデルの推定ができるため係数を不均一にすることも妥当と考えられる。個体ごとに異なる係数を考慮した分析は上に挙げた非定常パネル分析とは違って，Swamy (1970) のランダム係数モデルのようにかなり以前から研究されていた[78]。また，本書で紹介しているようなパネルデータ分析とはやや異なった枠組みでも研究されていたこともあって[79]，この話題についての文献は膨大で多岐にわたる。近年では，そうした過去の膨大な蓄積に基づいて，動学的パネルモデルのいくつかの係数パラメータに不均一性を認める研究も行われている。こうした研究の方向は，Maddala and Wu (1999) が主張するように，マクロな個体の全ての係数が均一であると仮定することの経済学的な不適切さから動機付けられたものでもある。

 3つ目は，Pesaran (2006) や Bai (2009) をはじめ非常に多くの研究で行われているように，個体同士の相関を考慮しようというものである。第 1 章や第 I 部で紹介してきた分析手法は，4.3 節を除き，基本的に，誤差項がクロスセクション方向に独立であると仮定していた。しかし，例えば国などの

---

[77] 例えば，Quah (1994) 等参照。
[78] ランダム係数モデルは本書ではほとんど扱っていないので，Hsiao (2003), Hsiao and Pesaran (2008) 等を参照されたい。
[79] よく知られている研究としては，Zellner (1962, 1969) がある。

マクロな個体を考えると，各国には世界的な景気変動等の共通なショックを通じた相関があると考えた方が実証分析の視点からは自然だろう。加えて，Phillips and Sul (2003) が指摘しているように，クロスセクションの相関があるのにそれを無視して既存の分析法 (例えば第 1 章の固定効果分析や変量効果分析) を行うと検定が適切に機能しなかったりパラメータの一致推定すらできなくなる可能性があるため，クロスセクション相関は計量理論的な視点からも考慮する必要がある。クロスセクションの相関を捉えるには様々な方法があり，最も原始的な方法は 1.2.4 項で紹介したような時間効果を導入することであろう。ただし，この方法では非常に限定的な相関構造しか捉えられない。Holtz-Eakin, Newey and Rosen (1988) の方法でもクロスセクションの相関を考慮できるが，これは N が T よりかなり大きいという典型的なミクロパネルでないと適用が難しい等いくつかの制約がある。これに対し，N と T が共に大きいマクロパネルデータを使うと，かなり広いクラスのクロスセクションの相関構造をモデル化できる。Pesaran and Tosetti (2007) によると，ここ数年でクロスセクション相関の研究は急速に進んでおり，マルチファクターモデル[80]と空間計量経済モデル[81]の 2 つを主流として理論・実証共に多くの研究が行われている。

　4 つ目は，Quah (1994) が主張するように，N と T を共に大きくする漸近論を使った分析を行おうというものである。Quah (1994) は，ミクロパネルデータに対して開発されてきた数々の分析手法は，T が大きいときには適用が困難であると主張した。一方で，T が大きいパネルデータに対して適用できるモデルとして例えば SUR モデルを考えると，こちらは N が大きいと適用できない。Quah (1994) は，こうした制約のため，N と T が共に大きいマクロパネルデータを使った実証研究では，クロスセクション方向に集計するか時系列方向に集計するかして N か T を小さくした上で既存の分析手法が適用されていると述べた。集計という行為は，しかし，有用な情報を廃棄することにつながるので望ましくない。Quah (1994) はこうした文脈で，N と

---

[80] Pesaran and Tosetti (2007) では，近年のマルチファクターモデル研究のサーベイも行われている。

[81] 空間計量経済モデルのサーベイとしては例えば Anselin (2001) 等がある。また，Anselin (1988) は空間計量経済学の標準的な教科書である。

T が共に大きいときの分析手法を確立すべきであると主張した。

このように，T が大きいパネルデータに対しては，T が小さいパネルデータではあまり考慮されなかった問題意識も取り入れて様々な計量手法が開発されてきた。それらの計量手法は，マクロパネルデータが典型的なミクロパネルデータより T が大きい分多くの情報を持つことを利用していると言えるだろう。この第 II 部ではそれらの手法を紹介していくが，上に述べた 4 つの問題意識を個々に取り上げることは紙面の都合上難しい。そこで，それら 4 つの問題意識が全て重なる部分を主に紹介することにする。つまり，「係数が個体ごとに変わるモデルにおいて非定常性の分析を N と T を共に大きくする漸近論を使って行う」，ということである。クロスセクションの相関については，それが存在しない場合と存在する場合を明示的に分けて取り扱う。

この第 II 部では以上のような動機に基づき非定常パネル分析を紹介する。第 5 章と第 6 章で単位根を扱い，第 7 章～第 9 章で共和分の話題を扱う。章の構成は，基本的に，クロスセクション相関の有無に対応している。Hurlin and Mignon (2006) はクロスセクション相関を認めない場合を「第 1 世代」，認める場合を「第 2 世代」と呼んでおり，本書でも彼らの呼称を踏襲している。

第5章
第1世代の単位根検定と定常性検定

───────

　本章では個体間のクロスセクション相関を認めないときのパネル単位根検定とパネル定常性検定，すなわち「第1世代」の検定を扱う。構成は以下の通り。5.1節では，単位根が疑われる動学パラメータを個体間で均一としたパネル単位根検定を紹介する。5.2節でその動学パラメータに一定の不均一性を導入し，5.3節では個体間に更なる不均一性を考慮する。5.4節では，帰無仮説を単位根ではなく定常とした，いわゆる定常性検定を紹介する。5.5節ではそれらの検定のパフォーマンスを比較・検討する。5.6節ではいくつかの実証分析例を取り上げ，最後に，5.7節でまとめを行う。

5.1　Levin, Lin and Chu の単位根検定

　マクロパネルデータの蓄積や実証分析への利用が盛んになるにつれ，第II部の序論で言及したような理由から，パネルデータに対する単位根検定の需要が高まっていった。Levin, Lin and Chu (2002)(以下，LLC) の単位根検定はそうした需要に応える側面をもちろん持っていたが，彼らはもう一つの別な動機も持っていたのでここで紹介しておく。

　それは単位根検定の検出力を上げることである。単位根の研究は時系列分析の一大分野としてここ数十年で大きな進歩を遂げ，Dickey and Fuller (1979)，

Said and Dickey (1984) の Augmented Dickey-Fuller(ADF) 検定に代表される様々な単位根の検定法が開発された．これを受けて，実証分析では，時系列データに対する単位根検定を行うことで様々な経済理論の妥当性が検証された．ただし，時系列の単位根検定 (特に ADF 検定) には検出力が弱いという問題があるとされ，その検出力の低さが実証分析の結果にも歪みを与えているのではないかという指摘もなされた．こうした問題を受けて，LLC は，単位根検定の検出力を上げることも 1 つの動機としてパネルデータに対する単位根検定を提案したのである．ただし，パネル単位根検定が時系列単位根検定の検出力が低いという問題の解決策になるとする見方に対しては批判も根強い．この問題については 5.1.3 項ならびに 5.6.2 項を参照されたい．

5.1.1 モデルと検定問題

LLC は，次のようなモデルを考えた．

$$\Delta y_{it} = \delta y_{i,t-1} + \sum_{l=1}^{L_i} \theta_{il} \Delta y_{i,t-l} + \boldsymbol{\alpha}'_{mi} \mathbf{d}_{mt} + \varepsilon_{it} \tag{5.1}$$

$$(i = 1, 2, ..., N;\ t = 1, 2, ..., T;\ m = 1, 2, 3)$$

ここで，$-2 < \delta \leq 0$ が興味のある動学パラメータ，θ_{il} は誤差項の自己回帰型の系列相関を ADF 検定の形で処理するためのパラメータ，$\mathbf{d}_{mi}$ は定数やトレンドを表す項で $m = 1$ なら $\mathbf{d}_{1t} = 0$(確定項無し)，$m = 2$ なら $\mathbf{d}_{2t} = 1$(定数項)，$m = 3$ なら $\mathbf{d}_{3t} = (1\ t)'$(定数項とトレンド)，$\boldsymbol{\alpha}_{mi}$ はそのパラメータ[82]，ε_{it} は Phillips and Perron (1988) の単位根検定で想定しているようなかなり一般的な移動平均 (moving average, MA) 過程に従う誤差項である．ε_{it} の期待値は全ての i と t について 0 だが，その (短期) 分散 $\sigma_{\varepsilon i}^2$ といわゆる長期分散[83](long-run variance)σ_{yi}^2 は i ごとに異なっても良い．また，ε_{it} はクロスセクション方向には独立と仮定する．なお，時間の番号 t は $1 \sim T$ となって

---

[82] $m = 2$ なら α_{2i} はスカラー，$m = 3$ なら α_{3i} は定数項とトレンドのパラメータからなる 2 次元ベクトルとなる．
[83] 長期分散という用語については，例えば付録 B や Hayashi (2000) 等を参照のこと．

いるが，実際に得られるデータは $y_{i1}, \cdots y_{iT}$ のみであり，$y_{i,-L_i}, \cdots y_{i,-1}, y_{i0}$ は推定においては初期値として使うことができない想定となっている。つまり，ある i についての時系列データでモデル (5.1) を推定するときには実際の時系列の標本サイズは $T - L_i - 1$ となる。

検定問題は

$H_0 : \delta = 0$ (単位根)

$H_1 : \delta < 0$ (定常根)

である。$m = 2$ なら，この検定問題は「全ての i がランダムウォーク vs. 各 i で平均が異なる定常過程」を意味する。モデルの形は，各 i に異なる定数項 α_{2i} が導入されることから，1.2 節で紹介したようないわゆる固定効果モデルとなることがわかる。$m = 3$ なら「各 i ごとに異なるドリフトを持つランダムウォーク vs. 各 i で平均やトレンドが異なるトレンド定常過程」を意味する。こうした検定問題の設定は，標準的な時系列分析での単位根検定問題と同様な形式となっている。こうしたモデルと検定問題の設定は，誤差項や定数・トレンド項の性質が i について異なることを認める一方，興味のある動学パラメータ δ は H_0 の下でも H_1 の下でも i について均一と仮定している点に特徴がある。

5.1.2 検定のアイデアと方法

LLC 検定の基本的なアイデアは，時系列データに対する代表的な単位根検定である ADF 検定をパネルデータに拡張しようというものである。ADF 検定は OLS と t 検定に基づくものであり，LLC も同様の方法で検定を行う。従って，LLC の検定法は，非常に乱暴な言い方をすれば，単なる Pooled OLS 推定量についての t 検定となっている[84]。モデルに定数項やトレンドが無く，ADF 検定のような系列相関の処理が不要 ((5.1) 式の L_i が全ての i について

---

84) Pooled OLS 推定量は 1.1.2 項参照。

0) で，誤差項 ε_{it} がクロスセクション方向にも時系列方向にも i.i.d. なら

$$\Delta y_{it} = \delta y_{i,t-1} + \varepsilon_{it}$$

を Pooled OLS で推定して δ に対する通常の t 検定統計量を作ればそれが LLC のパネル単位根検定統計量となり，N と T を共に大きくする特定経路極限理論を使うと帰無仮説の下で漸近的に標準正規分布に従う[85]。

　もちろん，実際は，モデルに定数・トレンド項が入り，誤差項の性質や一部のパラメータ等が i ごとに異なるのでそれらに見合った修正をしなければならない。修正すべき点は主に 3 つある。1 つ目が誤差項の (短期) 分散 $\sigma_{\varepsilon i}^2$ や一部の係数パラメータ ($\boldsymbol{\alpha}_{mi}$ や θ_{il})，ラグ次数 L_i などが i ごとに異なること，2 つ目が定数・トレンド項が入ることによるバイアスの問題，3 つ目が誤差項 ε_{it} を i.i.d. ではなく一般的な移動平均過程としたことから生じる長期分散の問題である。

　1 つ目の問題に対する修正のアイデアは次のように表せるだろう。(5.1) の第 i 個体についての係数 δ を OLS で推定することは，次の 2-step の計算を意味する。

Step 1: Δy_{it} を $\Delta y_{i,t-1}, \cdots, \Delta y_{i,t-L_i}, \mathbf{d}_{mt}$ に回帰したときの残差を計算する。また，$y_{i,t-1}$ を $\Delta y_{i,t-1}, \cdots, \Delta y_{i,t-L_i}, \mathbf{d}_{mt}$ に回帰したときの残差も計算する。

Step 2: 前者の残差を後者の残差に回帰して係数 δ の推定量を計算する。

これはよく知られた Frisch-Waugh-Lovell(FWL) 定理の適用である[86]。LLC はこの 2-step の枠組みを使って上記の修正を取り入れた。具体的には，以下のような計算手順を提案した。

Step 1: 各 i ごとに Δy_{it} を $\Delta y_{i,t-1}, \cdots, \Delta y_{i,t-L_i}, \mathbf{d}_{mt}$ に回帰したときの残差 e_{it} を OLS で計算する[87]。各 i ごとに $y_{i,t-1}$ を $\Delta y_{i,t-1}, \cdots, \Delta y_{i,t-L_i}, \mathbf{d}_{mt}$

---

85) 第 II 部の序論で述べたように，非定常な動学的パネル分析ではよく N と T を共に大きくする漸近論を使う。特定経路極限理論はそうした漸近理論の一種である。詳しくは，5.1.3 項と付録 E を参照されたい。

86) 例えば Davidson and Mackinnon (2003) 等参照。

87) 実際にこの回帰を行うには，i ごとにラグの次数 L_i を事前に求めておく必要がある。求め方は LLC 参照。

に回帰したときの残差 $v_{i,t-1}$ を OLS で計算する．さらに，各 i ごとに (5.1) を OLS で推定して残差を計算し，$\sigma_{\varepsilon i}^2$ の推定量 $\widehat{\sigma}_{\varepsilon i}^2$ をその残差の平方和を標本サイズ $T - L_i - 1$ で割ったものとする．

Step 2: $e_{it}/\widehat{\sigma}_{\varepsilon i}$ を $v_{i,t-1}/\widehat{\sigma}_{\varepsilon i}$ へ回帰したときの δ の推定量を Pooled OLS で計算する．

LLC は Step 1 で個体ごとに別々の回帰を行うことで $\sigma_{\varepsilon i}^2$, $\boldsymbol{\alpha}_{mi}$, θ_{il}, L_i が個体間で異なることを認める一方，Step 2 では全個体のデータで Pooled OLS を行い δ は個体間で均一という制約を明示的に課したのである．Step 2 では，また，残差を $\widehat{\sigma}_{\varepsilon i}$ で割ることで誤差項の不均一分散を処理している[88]．こうした Pooled OLS で得られる t 検定統計量は以下で与えられる．

$$t_\delta = \frac{\widehat{\delta}}{\sqrt{\widehat{Var(\widehat{\delta})}}} \tag{5.2}$$

ここで，

$$\widehat{\delta} = \frac{\widetilde{\mathbf{v}}'\widetilde{\mathbf{e}}}{\widetilde{\mathbf{v}}'\widetilde{\mathbf{v}}}, \qquad \widehat{Var(\widehat{\delta})} = \frac{\widehat{\sigma}_{\widetilde{\varepsilon}}^2}{\widetilde{\mathbf{v}}'\widetilde{\mathbf{v}}}, \qquad \widehat{\sigma}_{\widetilde{\varepsilon}}^2 = \frac{\left(\widetilde{\mathbf{e}} - \widehat{\delta}\widetilde{\mathbf{v}}\right)'\left(\widetilde{\mathbf{e}} - \widehat{\delta}\widetilde{\mathbf{v}}\right)}{N\widetilde{T}},$$

$$\underset{(N\widetilde{T}\times 1)}{\widetilde{e}} = \begin{bmatrix} \widetilde{e}_{1,2+p_1} \\ \vdots \\ \widetilde{e}_{NT} \end{bmatrix}, \underset{(N\widetilde{T}\times 1)}{\widetilde{\mathbf{v}}} = \begin{bmatrix} \widetilde{v}_{1,1+p_1} \\ \vdots \\ \widetilde{v}_{N,T-1} \end{bmatrix}, \widetilde{e}_{it} = \frac{e_{it}}{\widehat{\sigma}_{\varepsilon i}}, \widetilde{v}_{i,t-1} = \frac{v_{i,t-1}}{\widehat{\sigma}_{\varepsilon i}},$$

$$\widetilde{T} = T - \frac{1}{N}\sum_{i=1}^{N} l_i - 1$$

である．検定統計量 t_δ は，定数・トレンド項が無ければ，先ほど述べた特定経路極限理論より

$$t_\delta \xrightarrow[N,T\to\infty]{d} \mathcal{N}(0,1)$$

となることが示されている．

[88) これにより，誤差項に不均一分散があってもいわゆる White の分散推定量を計算する必要は無くなる．実際，(5.2) のように，通常の分散推定量が用いられる．

モデルに定数・トレンド項が存在すると上記の2つ目の問題が生じる。LLC は，定数・トレンド項があるときの t 検定統計量 (5.2) は大きなバイアスを持ち，帰無仮説の下で漸近的に $-\infty$ に発散することを指摘した。この問題を解決するためには，そのバイアスを別途計算して t 検定統計量 (5.2) から差し引く必要がある。

3つ目の長期分散の問題も，Phillips and Perron (1988) から示唆されるように，大きな問題である。Phillips and Perron (1988) は，パネルデータではなく時系列データを使った単位根検定で，誤差項が一般的な移動平均過程に従う場合には ADF 検定統計量の収束先が誤差項を $i.i.d.$ とした場合と大きく異なってしまうと指摘した。そして，その差異の原因が移動平均過程に従う誤差項の長期分散であるとして，推定した長期分散を使って ADF 検定統計量を修正すれば誤差項が $i.i.d$ のときと同様の分布に収束することを示した。パネル単位根検定でも時系列でのものと同様の修正が必要になるため，LLC は Phillips and Perron (1988) が行ったように長期分散を推定して t 検定統計量 (5.2) に修正を加えた。

修正された t 検定統計量

これらの修正を加えた，LLC のパネル単位根検定統計量は，最終的には次のようになる。

$$t_\delta^* = \frac{t_\delta - N\widetilde{T}\widehat{S}_N\widehat{\sigma}_\varepsilon^{-2}\sqrt{\widehat{Var(\delta)}}\mu_{m\widetilde{T}}^*}{\sigma_{m\widetilde{T}}^*} \tag{5.3}$$

ここで，$\mu_{m\widetilde{T}}^*$ と $\sigma_{m\widetilde{T}}^*$ は定数・トレンド項によるバイアスを修正するための項で，$\widehat{S}_N$ は推定された長期分散に基づく修正項である。

以下では，これらの修正項の具体的な求め方を示す。$\mu_{m\widetilde{T}}^*$ と $\sigma_{m\widetilde{T}}^*$ の値は解析的に求まり，LLC の Table 1 にまとめられている。ただし，その解析的な値は漸近論に基づくものなので，LLC は小標本でのモンテカルロ実験で求めた値 (LLC の Table 2) を用いることが実際的だとしている[89]。$\widehat{S}_N$ の計算

---

[89] LLC はモンテカルロ実験を行う際に誤差項を標準正規分布とし，真の $L_i = 0$ を既知としている。小標本での $\mu_{m\widetilde{T}}^*$ や $\sigma_{m\widetilde{T}}^*$ の値は L_i や θ_{iL}，それに誤差項の分布の形にも依存す

は，以下に示すように，やや煩雑である．

$$\widehat{S}_N = \frac{1}{N}\sum_{i=1}^N \widehat{s}_i, \ \ \widehat{s}_i = \frac{\widehat{\sigma}_{yi}}{\widehat{\sigma}_{\varepsilon i}}$$

ここで，$\widehat{\sigma}_{yi}$ は長期分散 σ_{yi}^2 の推定値の平方根である．長期分散の推定量には様々なものがあるが，LLC は次のようないわゆるカーネル推定量[90](kernel-based estimator) を薦めている[91]．

$$\widehat{\sigma}_{yi}^2 = \frac{1}{T-1}\sum_{t=2}^T \Delta y_{it}^2 + 2\sum_{j=1}^M k\left(\frac{j}{M}\right)\left(\frac{1}{T-1}\sum_{t=2+j}^T \Delta y_{it}\Delta y_{i,t-j}\right)$$

ここで，$k(\cdot)$ はカーネル関数と呼ばれるもので，よく使われる Bartlett のウィンドウなら $k(j/M) = 1 - \frac{|j|}{M+1}$ となり，M は標本サイズに応じて決められる (LLC の Table 2 参照)．数ある長期分散推定量の中で特に $\widehat{\sigma}_{yi}^2$ を使う理由として，LLC は検定の小標本特性が改善されることを挙げている．こうして計算された LLC のパネル単位根検定統計量 t_δ^* は特定経路極限理論により，次のように漸近正規性を持つことが示される．

$$t_\delta^* \xrightarrow[N,T\to\infty]{d} \mathcal{N}(0,1)$$

検定統計量 t_δ^* はやや複雑な形になるものの，LLC の基本的なアイデアは上で述べたように単純な Pooled OLS である．ただし，Pooled OLS は，δ が H_0 の下でも H_1 の下でも各 i について均一である場合にのみ適用可能なものであり，次節以降で論じられるように H_1 の下で不均一性を認めるパネル単位根検定では使えない．

5.1.3 検定の問題点

LLC 検定は ADF 検定を修正してマクロパネルデータに適用した画期的な検定法で多くの実証分析でも使われたが，いくつかの問題点も持つ．本項で

るので，モンテカルロ実験で求めた値を使うときにはその点に注意する必要はある．ただし，漸近的な結果は，もちろん，L_i や θ_{il}，誤差項の分布に依存しない．
90) カーネル推定量という用語については，付録 B や Hayashi (2000) 等参照．
91) 長期分散の推定に関しては付録 B を参照されたい．

はそれらを解説する。

1つ目の問題点は，LLC 検定が誤差項 ε_{it} にクロスセクション方向の独立性の仮定を置くことである．この仮定は LLC がクロスセクションの独立性を利用した中心極限定理を用いるために理論上必要なのだが，実証分析をする上では制約的となることもある．この仮定を緩める方法として LLC で提案されているのは，1.2.4 項で言及したような時間効果 λ_t をモデルに入れて

$$\Delta y_{it} = \delta y_{i,t-1} + \sum_{l=1}^{L_i} \theta_{il} \Delta y_{i,t-l} + \boldsymbol{\alpha}'_{mi} \mathbf{d}_{mt} + \lambda_t + \varepsilon_{it}$$

とすることである．こうすれば，各 i は λ_t という全ての i に共通な要因を持つので独立ではなくなる．λ_t は単なる時間についてのダミー変数であるので，λ_t をモデルに入れることはデータ y_{it} からクロスセクション平均 $\frac{1}{N}\sum_{i=1}^{N} y_{it}$ を引くことに等しい．LLC の前身である Levin and Lin (1992) では，クロスセクション平均を引いたデータに LLC 検定を適用すれば，検定はこれまで通り行えることが示されている．ただ，こうした処置で考慮できるクロスセクションの相関は，LLC も認めているようにかなり限定的である．しかも，クロスセクション方向に (λ_t だけでは完全に捉えられないような) 相関があるときに LLC 検定を行うと検定のサイズがかなり歪むことが O'Connell (1998) で示されておりこの問題は深刻と言える[92]．しかし，本章ではこの問題に深く立ち入ることはしない．次章でのクロスセクション相関を認めた「第 2 世代」の単位根検定を参照されたい．

2つ目の問題点は，LLC がパネル単位根検定のモチベーションとして掲げた検出力の増加についてである．LLC はモンテカルロ実験で LLC 検定と単一の時系列に対する ADF 検定の検出力を比較し，LLC 検定の方がかなり高いと主張した．このような見方は，パネルデータを時系列データに新たなクロスセクション方向のデータを加えたものと捉え，新たなクロスセクションの追加が検出力の増加をもたらすという考えに基づいている．しかし，時系列データの分析手法とクロスセクションからのデータの増加を組み合わせることが非定常パネル分析の一つの狙いであることは確かだが[93]，LLC が主張

---

92) 「サイズの歪み」という用語については付録 D を参照のこと．
93) Baltagi and Kao (2000) を参照のこと．

する検出力の増加に関してはこの考え方は当てはまらない.詳しくは 5.6.2 項で言及する.

3 つ目の問題点は,興味のある動学パラメータ δ を,H_0 の下でも H_1 の下でも i について均一とする点である.こうした検定問題の設定は,実証分析のテーマによっては制約的となる.Maddala and Wu (1999) は,いくつかの国に対するいわゆる経済成長率の収束を実証することを例に取り,H_0 の下で全ての国が収束しない(ランダムウォーク)のは良いとしても H_1 の下で全ての国が同じ率で収束するとするのはおかしい,と批判している.しかし,LLC の手法では,この批判に応えることはできない.こうしたこともあって H_1 の下で δ に不均一性を認める新たな分析手法が研究され,次節以降で紹介する Im, Pesaran and Shin (2003) や Maddala and Wu (1999),Choi (2001) の検定につながった.

4 つ目の問題点は,LLC が使った N と T を両方大きくする漸近論に関することである.第 1 章や第 I 部でよく用いた T を固定して N を大きくするのとは違い,N と T を共に大きくする場合にはいくつかの異なった方法がある.それらの方法は付録 E で紹介されており,逐次極限理論,特定経路極限理論,同時極限理論の 3 つがある.これらの内,LLC は特定経路極限理論を使って検定統計量 (5.3) の漸近正規性を導いた.ここで,N と T を大きくする漸近論を使うと,実証分析を行う際にどちらの標本サイズがどの程度大きければ検定が良く機能するのかが解り難いという点に注意が必要である.これについては,LLC が特定経路極限理論を使う際に課す条件からある程度の指針を得ることができる.その条件は「N が T の任意の単調増加関数 $N(T)$ となりその関数が $N(T)/T \to 0$ を満たすよう N と T が増加する」というもので,N/T が小さいほど漸近分布での近似が良くなり検定のパフォーマンスが上がることを示唆する.よって,OECD 諸国の長期マクロデータのように T が N より大きいデータを使うことが 1 つの指針となるだろう.LLC 検定の小標本特性は 5.5.1 項で詳しく述べる.

5.2 Im, Pesaran and Shin の単位根検定

前節で紹介した LLC 検定は，その前身である Levin and Lin (1992, 1993) の検定の影響力も大きかったことから，多くの実証分析で使われている．しかし，5.1.3 項で言及したように興味のある動学パラメータを常に個体間で均一とする仮定が制約的であるという批判もある．Im, Pesaran and Shin (2003)(以下，IPS) は，そうした批判に応える形で動学パラメータに一定の不均一性を導入したパネル単位根検定を構築した．

5.2.1 モデルと検定問題

IPS は，次のようなモデルを考えた．

$$\Delta y_{it} = \delta_i y_{i,t-1} + \sum_{l=1}^{L_i} \theta_{il} \Delta y_{i,t-l} + \boldsymbol{\alpha}'_{mi}\mathbf{d}_{mt} + \varepsilon_{it} \tag{5.4}$$

$$(i=1,2,...,N;\ t=1,2,...,T;\ m=1,2,3)$$

ここで，$-2 < \delta_i \leq 0$ が興味のある動学パラメータ，θ_{il} は前節の LLC と同様の誤差項の自己回帰型の系列相関を処理するためのパラメータ，$\mathbf{d}_{mi}$ も LLC 同様の定数・トレンド項，$\boldsymbol{\alpha}_{mi}$ はそのパラメータ，ε_{it} は期待値が 0 の正規分布に従う誤差項で時系列方向に i.i.d. とする．クロスセクション方向にも ε_{it} は独立であると仮定するが，その分散 $\sigma^2_{\varepsilon i}$ は i ごとに異なっても良い．なお，時間の番号 t は $1 \sim T$ となっているが，実際には $y_{i,-L_i}, \cdots y_{i,-1}, y_{i0}, y_{i1}, \cdots y_{iT}$ というデータが得られ，初期値 $y_{i,-L_i}, \cdots y_{i,-1}, y_{i0}$ も検定統計量の計算に使える設定になっている．つまり，ある i についての時系列データでモデル (5.4) を推定するときには実際の時系列の標本サイズは T となる．これは LLC 検定とは異なる設定なので，後に述べる誤差項分散の推定に使う自由度の計算では注意されたい．

検定問題は

$$H_0: \delta_i = 0 \quad (i = 1, 2, ..., N)$$
$$H_1: \delta_i < 0 \quad (i = 1, 2, ..., N_1)$$
$$\delta_i = 0 \quad (i = N_1 + 1, N_1 + 2, ..., N)$$

である。こうしたモデルと検定問題の設定からは，誤差項や定数・トレンド項の性質が i について異なることを LLC 同様に認め，さらに興味の対象である動学パラメータ δ_i は H_1 の下では各 i ごとに不均一である (H_0 の下では均一) ことがわかる。IPS の対立仮説は定常根 $\delta_i < 0$ が個体ごとに変わるのを認めるだけでなく，一部の $N - N_1$ 個の個体が単位根を持つことも認める。ただし，単位根を持つ個体の数が多くなりすぎて検定の一致性が無くなってしまうのを防ぐため $\lim_{N \to \infty} N_1/N = s,\ (0 < s \leq 1)$ なる条件を課す必要がある。対立仮説の下でも一部の個体に単位根を認めることは，計量理論的・実証分析的な意義を持つ一方で[94]，検定結果の解釈に問題を生じさせる側面もある。誤差項 ε_{it} については，i.i.d. で正規分布という LLC より厳しい仮定を置く。IPS が誤差項に正規性を仮定するのは，次の項で述べるように，T が小さいときの ADF 検定統計量のモーメントの存在を保証すると共にそのモーメントの値を計算するためだと考えられる[95]。また，誤差項を LLC のように移動平均過程とするのではなく i.i.d. とすることは，誤差項の系列相関には基本的に ADF 検定の形で処理できる自己回帰型の相関のみ認めることを意味する。i.i.d. の仮定は一般性を失うことにはなるが，その分，LLC のような長期分散の問題は生じない。よって，長期分散の推定というやや煩雑な計算は IPS 検定では必要無い。なお，IPS は誤差項を 1 次の移動平均 (MA(1)) 過程としたモンテカルロ実験を行い，AR の次数 L_i を十分長く取れば誤差項が移動平均過程でも IPS 検定は良く機能すると述べている。

---

94) IPS はこの対立仮説を LLC より一般的であると主張している。また，IPS と同様の対立仮説を用いる Maddala and Wu (1999) は，実際のパネルデータでは単位根を持つ個体と定常な個体が混ざっているだろうとし，そうしたパネルデータに対しては帰無仮説 (単位根) が棄却されるということが我々の自然な期待だと述べている。そして，LLC が考えた「全個体が単位根 vs. 全個体が定常」という検定問題はあまり現実的ではないと主張している。

95) IPS の前身である Im, Pesaran and Shin (1995) では尤度を使った検定も提案されていたこともあって正規性が必要だったが，IPS ではその検定は削られている。

5.2.2 検定のアイデアと方法

アイデア

本項では，まず IPS 検定のアイデアを簡単に説明し，続いて検定の具体的な方法を解説する。IPS 検定のアイデアは LLC 検定同様に簡潔である。LLC のアイデアが Pooled OLS に基づく t 検定だったのに対し，IPS は (Pooled ではない個別の)OLS の t 検定統計量の平均に基づいている。モデル (5.4) をある個体 i についての時系列データを使って OLS 推定し，帰無仮説 $\delta_i = 0$ に対する通常の t 検定統計量 $t_{\delta i}$ を作ると，それは T が大きいときに Dickey-Fuller(DF) 分布と呼ばれる分布に収束する。DF 分布を ζ と書くとすると，ζ はいわゆるブラウン運動の複雑な関数となり，モデル ((5.4) における確定項 $\mathbf{d}_{mt}$) に応じて形を変える[96]。ただし，DF 分布には期待値と分散が存在し，その値も求められる。ここで，分布 ζ が個体の番号 i に依存しないことと，クロスセクション方向に独立性を仮定したことに注意すると，T が十分大きいときには $t_{\delta i} \sim i.i.d.\zeta, \ (i = 1, ..., N)$ となることがわかる。IPS は，この状況が，t 検定統計量 $t_{\delta i}$ の平均に関して N を大きくしたときの中心極限定理が利用可能になることに注目し，

$$Z = \frac{\sqrt{N}\left\{N^{-1}\sum_{i=1}^{N}t_{\delta i} - E(\zeta)\right\}}{\sqrt{Var(\zeta)}} \tag{5.5}$$

が $T \to \infty$ の後に $N \to \infty$ とする逐次極限理論によって漸近的に標準正規分布に従うことを示した[97]。この Z が IPS 検定統計量の基本的な形である。Z の形を見るとわかるように，IPS 検定は，Pooled OLS ではなく個別の OLS の t 検定統計量の平均に基づく。これは，H_1 の下では δ_i に均一性を課さないことを意味する。LLC が Pooled OLS を行って δ_i を均一としていたのを思い出してもらうと，LLC と IPS の違いがよくわかるだろう。IPS は，この

---

96) ζ の具体的な表現は Hamilton (1994) 等を参照。
97) 詳しくは，5.2.3 項と付録 E を参照されたい。

第 5 章 第 1 世代の単位根検定と定常性検定

ようにあくまで i ごとに個別のモデルを推定することで δ_i に不均一性を導入している。

具体的な方法

続いて，検定の具体的な方法を説明する。まず，モデル (5.4) を各 i ごとに OLS で推定して δ_i に対する t 検定統計量 $t_{\delta i}$ を以下のように計算する。

$$t_{\delta i} = \frac{\widehat{\delta_i}}{\sqrt{\widehat{Var(\delta_i)}}}$$

ここで，

$$\widehat{\delta_i} = \frac{\mathbf{y}'_{i,-1}\mathbf{M}_{R_i}\Delta\mathbf{y}_i}{\mathbf{y}'_{i,-1}\mathbf{M}_{R_i}\mathbf{y}_{i,-1}}, \quad \widehat{Var(\delta_i)} = \frac{\widehat{\sigma}^2_{\varepsilon i}}{\mathbf{y}'_{i,-1}\mathbf{M}_{R_i}\mathbf{y}_{i,-1}}, \quad \widehat{\sigma}^2_{\varepsilon i} = \frac{\Delta\mathbf{y}'_i\mathbf{M}_{X_i}\Delta\mathbf{y}_i}{T-K},$$

$$\underset{(T\times 1)}{\Delta\mathbf{y}_i} = \begin{bmatrix} y_{i,-L_i+1} - y_{i,-L_i} \\ y_{i,-L_i+2} - y_{i,-L_i+1} \\ \vdots \\ y_{iT} - y_{i,T-1} \end{bmatrix}, \quad \underset{(T\times 1)}{\mathbf{y}_{i,-1}} = \begin{bmatrix} y_{i,-L_i} \\ y_{i,-L_i+1} \\ \vdots \\ y_{i,T-1} \end{bmatrix},$$

$$\underset{(T\times K)}{\mathbf{X}_i} = \begin{bmatrix} \mathbf{R}_i & \mathbf{y}_{i,-1} \end{bmatrix},$$

$$\underset{(T\times((m-1)+L_i))}{\mathbf{R}_i} = \begin{cases} \begin{bmatrix} \Delta\mathbf{y}_{i,-1} & \cdots & \Delta\mathbf{y}_{i,-L_i} \end{bmatrix} & \text{for } m=1 \\ \begin{bmatrix} \boldsymbol{\iota}_T & \Delta\mathbf{y}_{i,-1} & \cdots & \Delta\mathbf{y}_{i,-L_i} \end{bmatrix} & \text{for } m=2 \\ \begin{bmatrix} \boldsymbol{\iota}_T & \boldsymbol{\tau}_T & \Delta\mathbf{y}_{i,-1} & \cdots & \Delta\mathbf{y}_{i,-L_i} \end{bmatrix} & \text{for } m=3 \end{cases},$$

$$\boldsymbol{\iota}_T = \begin{bmatrix} 1 \\ 1 \\ \vdots \\ 1 \end{bmatrix}, \quad \boldsymbol{\tau}_T = \begin{bmatrix} 1 \\ 2 \\ \vdots \\ T \end{bmatrix}, \quad \Delta\mathbf{y}_{i,-1}, \cdots, \Delta\mathbf{y}_{i,-L_i} \text{ は } \Delta\mathbf{y}_i \text{ と同様に定義},$$

$$K = ((m-1)+L_i)+1, \quad \mathbf{M}_{X_i} = \mathbf{I}_T - \mathbf{X}_i(\mathbf{X}'_i\mathbf{X}_i)^{-1}\mathbf{X}'_i,$$

$$\mathbf{M}_{R_i} = \mathbf{I}_T - \mathbf{R}_i(\mathbf{R}'_i\mathbf{R}_i)^{-1}\mathbf{R}'_i$$

である。なお，誤差項分散の推定量 $\hat{\sigma}_{\varepsilon i}$ の計算では残差2乗和を標本サイズ T ではなく $T-K$ で割っていることに注意されたい。この後すぐ示すように，IPS は $t_{\delta i}$ の小標本特性を利用して検定統計量を修正するので，小標本での自由度修正を考慮して T ではなく $T-K$ で割っている。こうして計算された $t_{\delta i}$ に基づいた (5.5) 式の Z が IPS 検定統計量の基本形であると上で述べたが，IPS はその Z では検定の小標本特性が思わしくないとして次のように Z を修正した。

$$W = \frac{\sqrt{N}\{\sum_{i=1}^{N} t_{\delta i}/N - \sum_{i=1}^{N} E(t_{\delta i})/N\}}{\sqrt{\sum_{i=1}^{N} Var(t_{\delta i})/N}} \tag{5.6}$$

これが IPS が提案するパネル単位根検定統計量であり，$T \to \infty$ の後に $N \to \infty$ とする逐次極限理論により標準正規分布に従う。

$$W \xrightarrow[N,T \to \infty]{d} \mathcal{N}(0,1)$$

上記の W は，Z における ζ を，その小標本版 $t_{\delta i}$ で置き換えたものである。しかし，この W を実際に計算する際には，ある問題が生じる。それは $E(t_{\delta i})$ と $Var(t_{\delta i})$ の計算である。$E(\zeta)$ や $Var(\zeta)$ については，個体番号 i や誤差項の分布の形に依存せず具体的な値が求まる[98]。ところが，$E(t_{\delta i})$ や $Var(t_{\delta i})$ は L_i や θ_{il} に依存するので i に応じて変わってしまい，標本サイズ T に応じても変わる。さらに，具体的な値を求めるにも誤差項の分布を特定化する必要がある。分布の特定化に当たっては $E(t_{\delta i})$ や $Var(t_{\delta i})$ の存在を保証する分布を探さねばならず，IPS は誤差項が正規分布であればその存在が保証されることを示した[99]。こうしたことから，IPS は，誤差項を標準正規分布，θ_{il} の値を 0 と特定化した上でモンテカルロ実験を行い，様々な T と L_i に対して $E(t_{\delta i})$ と $Var(t_{\delta i})$ の値を計算した。実際に W を計算するにはその値 (IPS の Table 3) を使うことが必要となる[100]。

---

98) 誤差項に分散が存在するなど一定の条件は必要。具体的な値は，例えば $m=2$ なら，$E(\zeta) = -1.53296244$, $Var(\zeta) = 0.706022$ と求まる (Nabeya (1999) 参照)。
99) IPS は，誤差項の正規性は $E(t_{\delta i})$ と $Var(t_{\delta i})$ の存在のための十分条件であって必要条件ではないと述べている。
100) IPS の Table 3 には $m=1$ の場合 (モデルに定数項もトレンドも無い場合) の結果が載っていないので，自分でモンテカルロ実験を行い $E(t_{\delta i})$ と $Var(t_{\delta i})$ を求める必要がある。

5.2.3 検定の問題点

IPS 検定は，LLC 検定の 1 つの問題点であった動学パラメータの均一性をある程度緩めたという意味でも優れた検定であるが，いくつかの問題点も持つ。以下にそれらをまとめる。

1 つ目の問題点は，LLC 検定同様，クロスセクション方向に独立性を仮定していることである。IPS は i ごとの t 検定統計量が独立なことを利用して中心極限定理を使っているので，独立性の仮定に大きく依存する。IPS はクロスセクション相関を認める方法については言及していない。動学パラメータに一定の不均一性を認め，同時にクロスセクション相関も考慮する検定については次章を参照されたい。

2 つ目の問題点は，IPS 検定の結果の解釈である。IPS 検定では，対立仮説の下でも一部の個体に単位根を認めている。よって，IPS 検定で帰無仮説を棄却しても全ての個体が定常とは解釈できない。このことは特に実証分析において問題となるので，購買力平価説の実証を取り上げる 5.6.2 項で詳述する。この問題点は，動学パラメータの均一性を緩めた副作用と言えるかもしれない。

3 つ目の問題点は，技術的なことではあるが，誤差項に正規性というやや制約的な仮定を置くことである。IPS は小標本特性の改善のため (5.6) なる検定統計量を提案し，(5.6) にある $E(t_{\delta i})$ と $Var(t_{\delta i})$ は正規性があれば小標本でも存在が保証されると述べた。この検定統計量を実際に計算する際にも，誤差項を正規分布としたモンテカルロ実験で算出された $E(t_{\delta i})$ と $Var(t_{\delta i})$ の値を使う。このように小標本特性改善のために正規性を課してモンテカルロ実験を行うのは珍しいことではない。実際，LLC でも行われているし，時系列分析一般でも広く行われている。IPS で焦点になっている $t_{\delta i}$ は時系列分析の世界では ADF 検定統計量と呼ばれるもので，正規性を課したモンテカルロ実験で求めた臨界値がよく使われている[101]。しかし，Hamilton (1994) も注意しているように，そうした実験で求めた値は正規性の下でのみ正しいので

---

101) 例えば Hamilton (1994) の Appendix B 等参照。

あって，正規性の仮定を緩める場合は漸近的な結果を使うべきである．Choi (2001) は，実際の誤差項が正規分布など特定の分布に従う保証は無いとして，分布の特定化の誤差は漸近分布での近似の誤差同様大きな問題だと指摘している．

4つ目の問題点は，IPS が使った漸近論についてである．IPS が使った漸近論は，付録 E にある3つのタイプの内の逐次極限理論である．まず N を固定しておいて $T \to \infty$ とし，各 i について t 検定統計量の極限分布 (つまり DF 分布) を導く．次に，それら N 個の DF 分布の平均を取って $N \to \infty$ とした中心極限定理を使い，N と T が共に大きいときの漸近的結果を得る．ただし，「先に $T \to \infty$ で後に $N \to \infty$」という漸近論では，実証分析の際に N と T がどの程度必要なのかはっきりしない．これについては，Hlouskova and Wagner (2006) が $T > N$ となるデータが望ましいとの見解を示している．より詳しい検定の小標本特性は 5.5.1 項で述べることにする．

5.3 Combination 単位根検定

前節で紹介した IPS は，動学パラメータに一定の不均一性を認めることで，パネル単位根検定の一般化を行ったと言えるだろう．ただ，IPS の枠組みではまだ制約的なことがあるとして，Maddala and Wu (1999) と Choi (2001) は更なる不均一性を認めるパネル単位根検定を提案した．

5.3.1 モデルと検定問題

Maddala and Wu (1999) と Choi (2001) が考えたのは次のようなモデルである．

$$\Delta y_{it} = \delta_i y_{i,t-1} + \sum_{l=1}^{L_i} \theta_{il} \Delta y_{i,t-l} + \boldsymbol{\alpha}'_{mi} \mathbf{d}_{mit} + \varepsilon_{it} \tag{5.7}$$

$$(i = 1, 2, ..., N; \ t = 1, 2, ..., T; \ m = 1, 2, 3)$$

このモデルは一見すると IPS のモデル (5.4) と変わらないようだが，主に 2 つの違いがある。1 つ目は確定項 (定数・トレンド項) の $\mathbf{d}_{mit}$ である。LLC と IPS では，暗黙の前提として全ての個体が同じ確定項 $\mathbf{d}_{mt}$ を持つとしていた。このモデル (5.7) では，確定項が個体ごとに変わることを認め $\mathbf{d}_{mit}$ としている。実は，この確定項の不均一性は，確定項に時系列方向の構造変化があることをも許すほど非常に一般的なものである。2 つ目は時系列方向の標本サイズ T_i である。LLC と IPS では全個体で時系列方向の標本サイズ T は均一であるとしていたのに対し，ここでは T_i のように異なることを認める。これはいわゆるアンバランスパネルを考慮しているということである[102]。この 2 点はかなりの一般化であるが，IPS でもこれらの点はある程度考慮されている。IPS の Remark 3.1 では，アンバランスパネルに対しては検定統計量 (5.6) の $t_{\delta i}$ のモーメントを T_i に応じて個体ごとに計算すれば IPS 検定は適用可能なことが示されている。誤差項 ε_{it} については，LLC や IPS 同様クロスセクション方向の独立性は仮定するが，正規性や時系列方向の独立性は必要は無く分散 $\sigma_{\varepsilon i}^2$ が i ごとに変わっても良い。以下で述べるように ε_{it} は Phillips and Perron (1988) のような一般的な移動平均過程でも良いので，やや技術的な点ではあるが，IPS より一般的である。

検定問題は，N の大きさに応じて設定が異なる。Combination 検定は，実は N が有限でも無限でも行うことができる。Maddala and Wu (1999) と Choi (2001) は，IPS や LLC が N を無限としたことを受けて，N が比較的小さいパネルデータに対しても適用できる検定の必要性を強調している。N が有限のときの検定問題は

$H_0: \delta_i = 0$ 　　(全ての i)
$H_1: \delta_i < 0$ 　　(少なくとも 1 つの i)

---

[102] ここではアンバランスパネルを単に i ごとに時系列の標本サイズ T_i が違うパネルデータといった形で書いているが，アンバランスパネルの扱い方をめぐっては様々な議論がある。アンバランスパネルは本書では詳しく扱わないので Wooldridge (2001) 等を参照されたい。

であり，N が無限のときは IPS と同じ

$$H_0 : \delta_i = 0 \quad (i = 1, 2, ..., N)$$
$$H_1 : \delta_i < 0 \quad (i = 1, 2, ..., N_1)$$
$$\delta_i = 0 \quad (i = N_1 + 1, N_1 + 2, ..., N)$$

である。ここで，IPS 同様，検定の一致性に必要な条件 $\lim_{N \to \infty} N_1/N = s$, $(0 < s \leq 1)$ を課す。

5.3.2 検定のアイデアと方法

アイデア

Maddala and Wu (1999) と Choi (2001) の2つの論文は，各々独立したものではあるが，用いるアイデアは同じである。これらの論文では，パネル単位根検定を各個体に対する N 個の単位根検定の組み合わせ (combination) と見ている。この組み合わせという観点から見ると，IPS が行ったような「個体ごとの N 個の ADF 検定統計量の平均」という組み合わせの形だけにこだわる必要は無いとも考えられる。彼らは，より良い組み合わせ方を探すためにメタ分析 (Meta Analysis) と呼ばれる研究分野に注目した[103]。この分野では複数個の検定をどのように組み合わせるかという研究が古くから行われ，その歴史は Tippett (1931) や Fisher (1932) にまで遡る。Maddala and Wu (1999) と Choi (2001) は，メタ分析の研究成果を利用して個体ごとの単位根検定を組み合わせ，新たなパネル単位根検定としたのである。本書では，こうした経緯から，彼らの検定を Combination 検定と呼ぶ。

メタ分析には，IPS 検定のように検定統計量そのものを組み合わせるのではなく，検定の p 値を組み合わせるという考え方がある。つまり，複数の検定統計量の p 値を計算し，それらの p 値を何らかの方法で1つにまとめて最終

---

103) メタ分析については，Hedges and Olkin (1985) 等参照。

的な検定統計量にするのである。この考え方をパネル単位根検定に適用すると次のようになる。まず，各 i ごとの時系列データを使った何らかの単位根検定統計量 G_{iT_i} (例えば ADF 検定統計量) を i ごとに計算する。次に，$T_i \to \infty$ で得られる G_{iT_i} の極限分布の分布関数 F_i より，p 値を $p_i = F_i(G_{iT_i})$ と計算する (F_i は，G_{iT_i} が ADF 検定統計量なら DF 分布の分布関数)。多くの単位根検定では F_i を解析的に求めるのが難しいので，実際には p_i はシミュレーション等で計算する。最後に，N 個の p_i を組み合わせて1つの数値にし，それをパネル単位根検定統計量とする。ここで問題となるのはその組み合わせ方で，メタ分析の長い歴史の中で様々な組み合わせ方が提案され，多くの文献でそれらの組み合わせ方の性質が比較・検討されてきた。そうした過去の蓄積より，どの組み合わせ方が最適なのかはある種の条件の下では答えが出ることもある。しかし，単位根という特殊な状況下では答えを出すのは難しい。そこで，Maddala and Wu (1999) と Choi (2001) はいくつかの広く使われている組み合わせをモンテカルロ実験で比較することにした。

具体的方法

ここでは，彼らが実験で用いた全てのものは紹介せず，彼らが実験の結果に基づいて薦める2つを取り上げる。1つ目は，Fisher (1932) が提案した組み合わせである。

$$P = -2\sum_{i=1}^{N} \log(p_i) \tag{5.8}$$

ここで，log は自然対数である。これは Maddala and Wu (1999) が薦めるものである。2つ目は，Stouffer, Suchman, DeVinney, Star and Williams Jr. (1949) で提案されたものである。

$$Q = \frac{1}{\sqrt{N}} \sum_{i=1}^{N} \Phi^{-1}(p_i) \tag{5.9}$$

ここで，Φ は標準正規分布関数である。これは Choi (2001) が薦めるものである。この2つがここで紹介する Combination 検定統計量である。p 値を

検定統計量にするという計量経済学ではやや見慣れない形だが[104]，その漸近分布は標準的なものになる．T_i が十分大きいとき，p_i は，G_{iT_i} が何であろうと (F_i が連続である限り)0~1 区間の一様分布 $U[0,1]$ に従う[105]．よって，$-2\log(p_i) \sim \chi_2^2$, $\Phi^{-1}(p_i) \sim \mathcal{N}(0,1)$ を得る．さらに，クロスセクション方向の独立性より $p_i \sim i.i.d.U[0,1]$, $(i=1,...,N)$ となるので，

$$P \sim \chi_{2N}^2$$

$$Q \sim \mathcal{N}(0,1)$$

となる[106]．このように Combination 検定は，個別の検定統計量 G_{iT_i} の p 値が一様分布することを利用している．Fisher (1932) や Stouffer et al. (1949) が想定していた個別の検定統計量はもちろん単位根検定統計量ではないが，単位根検定統計量も p 値が一様分布することには変わりはないので Fisher (1932) 等と同様の Combination 検定が行えるのである．

このような検定法を見ると，Combination 検定に必要なモデルの制約が非常に緩い理由がわかるだろう．ポイントは，p_i を計算するための時系列での単位根検定が個体ごとに行われ，その種類も"何でも良い"ことである．もし誤差項に自己回帰型の系列相関だけを仮定するなら通常の ADF 検定統計量，一般的な移動平均型の相関を置くなら Phillips and Perron (1988) 検定統計量を G_{iT_i} にして p_i を計算すれば良い．確定項の形が i ごとに異なるなら i ごとに確定項を変えて p_i を計算すれば良いし，確定項に構造変化が疑われるなら Zivot and Andrews (1992) 等の構造変化を考慮した単位根検定統計量を G_{iT_i} にすれば良い．標本サイズ T_i が i ごとに異なっても，個体ごとに p_i を計算するので問題は無い．また，ADF 検定では小標本特性に問題があると考えるならば Elliott, Rothenberg and Stock (1996) の ADF-GLS 検定の p_i を計算しても良い．実際，Choi (2001) は，Combination 検定の特性を調べるモンテカルロ実験で G_{iT_i} を Elliott, Rothenberg and Stock (1996) の検定統計量にしている．つまり，Combination 検定は多くの時系列での単位根検定が

---

104) Maddala and Wu (1999) によると，メタ分析の計量経済学への応用はあまり多くないそうである．教育学，社会学，心理学等の分野でよく用いられているようである．
105) p 値が一様分布することは Tippett (1931) で指摘されている．
106) 詳しい導出は Fisher (1932), Stouffer et al. (1949) 参照．

持つ $p_i \sim U[0,1]$ という性質を利用したパネル単位根検定なので，様々な時系列単位根検定を自由にパネル単位根検定に拡張でき，その分モデルの制約が緩いのである．Combination 検定のこうした側面は，時系列での検定のパネルへの拡張という観点からも意義がある．LLC や IPS が ADF 検定をパネルデータに拡張するために膨大な理論を構築したのに対し，Maddala and Wu (1999) と Choi (2001) は特に新たな理論は使わず ADF 検定を含む様々な単位根検定をいとも簡単にパネルに拡張して見せた．このことは，Combination 検定を使えば単位根検定だけでなく定常性検定や共和分検定についても時系列分析での成果をパネル分析に直接輸入できることを示す．この第 II 部で紹介しているように非定常パネルの分析では時系列分析の手法が様々な方法でパネルに拡張されているのだが，そうした拡張に対し Maddala, Wu and Liu (2000, p. 42) は「そのような拡張は全く必要無い．Fisher 検定は，新たな理論など一切不要で全ての (時系列の) 検定 (をパネル分析に拡張する際) に適用できる」と述べている[107]．

5.3.3　検定の問題点

Combination 検定は様々な時系列単位根検定をパネルに拡張できる非常に一般的で強力な検定だが，一方で問題点もある．本項ではそれらを概観する．

1 つ目の問題点は，LLC 検定，IPS 検定同様，クロスセクション方向に独立性を仮定していることである．独立性の仮定は，Combination 検定が依拠する $p_i \sim i.i.d.U[0,1]$, $(i = 1,...,N)$ なる性質を保証するので，極めて重要である．Maddala and Wu (1999) はモンテカルロ実験を行い，クロスセクション相関があると Combination 検定 (5.8) のサイズがかなり歪むことを示した．その上で，ブートストラップ法を使えばそのサイズの歪みをある程度軽減できることを示した．(5.9) 式の検定統計量 Q については，Choi (2001) は Maddala and Wu (1999) のブートストラップ法が適用できるかもしれないと述べるにとどめている．クロスセクション相関を考慮した Combination

---

107)　Fisher 検定とは，本書で言うところの Combination 検定 (5.8) のことである．

検定は 6.2.2 項を参照されたい。

　2つ目は漸近論についてである。Combination 検定統計量 (5.8) の極限分布を得るには，N を有限で固定し T_i のみを大きくする漸近論を使う。しかし，得られる極限分布が χ^2_{2N} であることからもわかるように N が大きくなると発散してしまう。これは N が大きいデータを扱う以上は問題だろう。一方，(5.9) は，T_i のみの漸近論でも先に T_i を大きくして次に N を大きくするという逐次極限理論でも同様に標準正規分布に収束する。実証分析を行う際に求められる標本サイズについては，Choi (2001) が，(5.8)，(5.9) 共に N を固定した漸近論が適用できるので N が小さいことが望ましいのではと述べている。Combination 検定の小標本特性は 5.5.1 項で言及する。

　3つ目の問題点は，検定結果の解釈である。Combination 検定も，IPS 検定と同様に，対立仮説の下でも一部の個体に単位根を認めている。よって，5.2.3 項で述べたことと同様の問題が生じる。

　以上の問題点のうち，1つ目と3つ目は IPS 検定と共通の問題であり，クロスセクション相関と漸近論の問題は LLC 検定にもあったことなので，Combination 検定の取り立てて大きな問題点ということではない。しかし，次の問題は Combination 検定に特有で，本質的ではないかもしれないが深刻な問題である。それは時系列単位根検定の p 値の計算である。p 値は，理論上は $F_i(G_{iT_i})$ で計算されるが，多くの単位根検定では F_i を解析的に求めるのは難しい。加えて，p 値は，臨界値と違ってテーブルにまとめられている訳でもない。そこで，Maddala and Wu (1999) と Choi (2001) は，自分たちでモンテカルロ実験を行って p 値を求めている。p 値をシミュレーションで求める方法は単純な線形補完法から MacKinnon (1996) のような高度な方法まで様々だが，いずれにしても分析者にある程度のコンピュータの技術と計算コストを要求する。こうした問題は，Combination 検定の利便性を大きく損ねると思われる。

5.4　Hadriの定常性検定

　前節までに紹介した単位根検定では，帰無仮説が単位根で対立仮説が定常という検定問題を考えていた．これに対し，帰無仮説が定常で対立仮説が単位根という検定問題を扱う検定も存在する．こうした検定は単位根検定に対して定常性検定と呼ばれる．定常性検定も，単位根検定と同様に，パネルデータ分析ではなく時系列分析の枠組みで発展してきた．その発展を後押しする1つのモチベーションとしては，ADF検定に代表される時系列単位根検定の検出力の低さを補うことがあった．ある系列が定常過程か単位根過程かを検出力の低い単位根検定だけで判断するより，単位根検定と定常性検定を併用していわば2重チェックで判断した方が良いだろう，という発想である．こうした発想に基づく分析は確認分析 (confirmatory analysis) と呼ばれることがある．ただ，そうした確認で単位根検定の検出力の低さをいつも回避できる訳ではない．時系列分析における確認分析については，Maddala and Kim (1998) に詳しい．

　さて，そのような時系列データでの定常性検定をパネルデータに拡張しようという動きが出てくるのは自然だろう．その動きの背景には第II部の始めで述べた4つの動機があるが，それに加えて確認分析も重要な動機となっている．パネル定常性検定の発展の構図は，パネル単位根検定のそれと重なる．パネル単位根検定では，LLCがADF検定をパネルに拡張し，IPSやMaddala and Wu (1999), Choi (2001) が個体間に一定の差異を認める一般化を行った．パネル定常性検定では，Hadri (2000) が時系列での代表的な定常性検定であるKwiatkowski, Phillips, Schmidt and Shin (1992)(以下，KPSS) の検定をパネルに拡張し，Yin and Wu (2000) や Shin and Snell (2006) がいくつかの不均一性を導入していった．本節では，これらの定常性検定のうち，Hadri (2000) の検定を紹介する．他の定常性検定についても簡単に言及する．

5.4.1 モデルと検定問題

Hadri (2000) は次のようなモデルを考えた。

$$y_{it} = \boldsymbol{\alpha}'_{mi}\mathbf{d}_{mt} + \sum_{\tau=1}^{t} u_{i\tau} + \varepsilon_{it} \tag{5.10}$$

$$(i = 1, 2, ..., N;\ t = 1, 2, ..., T;\ m = 1, 2)$$

ここで、$\mathbf{d}_{mt}$ は定数やトレンドを表す項で $m = 1$ なら $\mathbf{d}_{1t} = 1$(定数項)、$m = 2$ なら $\mathbf{d}_{2t} = (1\ t)'$(定数項とトレンド)、$\boldsymbol{\alpha}_{mi}$ はそのパラメータ[108]、u_{it} はクロスセクション方向にも時系列方向にも $i.i.d.$ で期待値 0 の正規分布に従い、その分散 σ_u^2 は i について均一、ε_{it} も同様にクロスセクション方向にも時系列方向にも $i.i.d.$ で正規分布し、その期待値は 0 で分散 σ_ε^2 は i について均一である。さらに、u_{it} と ε_{it} は互いに独立とする。

検定問題は

$$H_0 : \frac{\sigma_u^2}{\sigma_\varepsilon^2} = 0\ (定常)$$

$$H_1 : \frac{\sigma_u^2}{\sigma_\varepsilon^2} > 0\ (単位根)$$

である。この帰無仮説は $\sigma_u^2 = 0$ を意味し、$\sigma_u^2 = 0$ のときには (5.10) の $\sum_{\tau=1}^{t} u_{i\tau}$ なるランダムウォークが消えるため $y_{it} = \boldsymbol{\alpha}'_{mi}\mathbf{d}_{mt} + \varepsilon_{it}$ となり y_{it} は (トレンド) 定常となる。一方、対立仮説の下では $\sum_{\tau=1}^{t} u_{i\tau}$ が残るため y_{it} は単位根過程となる。こうしたモデルと検定問題の設定は、標準的な時系列分析での定常性検定を踏襲したものである。誤差項の正規性も、やはり時系列分析の定常性検定でよく置かれる仮定である。ただし、これらの設定からは、個体間の差異がほとんど認められていないことが読み取れる。興味のあるパラメータである σ_u^2 が i について均一なのはもちろん、σ_ε^2 や時系列方向の ($i.i.d.$ という) 構造も全ての i に共通とされている。

---

[108] $m = 1$ なら $\boldsymbol{\alpha}_{1i}$ はスカラー、$m = 2$ なら $\boldsymbol{\alpha}_{2i}$ は定数項とトレンドのパラメータからなる 2 次元ベクトルである。

5.4.2 検定のアイデアと方法

本項では，まず Hadri (2000) のアイデアを簡単に示し，続いて具体的な検定法を解説する。Hadri (2000) のアイデアは，5.2 節で取り上げた IPS のそれとよく似ている。すなわち

Step 1: 各 i ごとに KPSS 検定統計量 η_i を計算する。$T \to \infty$ で η_i はある分布 V に収束する。V はブラウン運動の関数でモデル ((5.10)) における確定項 $\mathbf{d}_{mt}$) によって形が違う[109]。

Step 2: 検定統計量を $Z_\eta = \dfrac{\sqrt{N}\{N^{-1}\sum_{i=1}^{N}\eta_i - E(V)\}}{\sqrt{Var(V)}}$ とする。$N \to \infty$ で Z_η は標準正規分布に収束する。

つまり，まず各 i ごとに時系列での検定統計量を計算して $T \to \infty$ における極限分布に収束させておき，次に N 個の検定統計量の平均を取ってパネルでの検定統計量とし中心極限定理で標準正規分布を導く，という考え方である。1 変量時系列での KPSS 検定をパネルに拡張したのが Hadri (2000) の検定である。

続いて，具体的な検定法を述べる。Hadri (2000) は，パネルデータを用いた i ごとの KPSS 検定統計量 η_i を次のように置いた。

$$\eta_i = \frac{\frac{1}{T^2}\sum_{t=1}^{T} S_{it}^2}{\widehat{\sigma}_\varepsilon^2} \tag{5.11}$$

ここで，

$$S_{it} = \sum_{\tau=1}^{t} e_{i\tau}, \quad \widehat{\sigma}_\varepsilon^2 = \frac{1}{N(T-m)}\sum_{i=1}^{N}\sum_{t=1}^{T} e_{it}^2$$

であり，e_{it} は i ごとに y_{it} を $\mathbf{d}_{mt}$ へ回帰したときの OLS 残差である。$\widehat{\sigma}_\varepsilon^2$ は σ_ε^2 の推定量であり，全ての i で σ_ε^2 は均一という制約を明示的に課すため，個別に計算した残差 e_{it} の 2 乗を全ての個体について足し合わせている。な

---

[109] V の具体的な表現は Hadri (2000) を参照のこと。

お，NT ではなく $N(T-m)$ で割っているのは自由度修正のためである。この η_i は T が大きいときには個体番号 i に依存しない V なる分布に従い，クロスセクション方向の独立性と合わせて $\eta_i \sim i.i.d.V, \ (i=1,...,N)$ を得る。これより，Hadri (2000) のパネル定常性検定統計量

$$Z_\eta = \frac{\sqrt{N}\left\{N^{-1}\sum_{i=1}^{N}\eta_i - E(V)\right\}}{\sqrt{Var(V)}} \tag{5.12}$$

は $T \to \infty$ の後に $N \to \infty$ とする逐次極限理論により漸近的に標準正規分布に従う。

$$Z_\eta \xrightarrow[N,T\to\infty]{d} \mathcal{N}(0,1)$$

Hadri (2000) は $E(V)$ と $Var(V)$ の値を解析的に計算し，$m=1$ なら $E(V)=\frac{1}{6}$，$Var(V)=\frac{1}{45}$，$m=2$ なら $E(V)=\frac{1}{15}$，$Var(V)=\frac{11}{6300}$ であることを示した。これらの値は漸近的なもので，もし小標本の値を求めるなら IPS のように $E(\eta_i)$ や $Var(\eta_i)$ をシミュレーションで計算することになる。

5.4.3　検定の問題点

Hadri (2000) はパネル定常性検定の先駆的な研究であるが，いくつかの問題点もある。本項では，それらの問題点を，他の定常性検定の論文 (Yin and Wu, 2000; Shin and Snell, 2006) も参照しながら概観する。

1つ目の問題点は，パネル単位根検定でもあったことだが，クロスセクション方向の独立性を仮定することである。Hadri (2000) の検定は，検定統計量の漸近正規性を導くのに個体同士が独立であることを利用するので，その独立性に大きく依存する。マクロパネルデータの性質を考えると独立性の仮定は無い方が望ましいが，Hadri (2000) はそれについて特に言及していない。ただ，Shin and Snell (2006) では簡単に触れられている。Shin and Snell (2006) は，Hadri (2000) 同様，各個体に対する時系列での定常性検定の平均といった形のパネル定常性検定統計量を提案しクロスセクション方向の独立性からその漸近正規性を導いている。クロスセクション相関を認める方法として Shin and Snell (2006) で提案されてるのは，1.2.4 項で言及したような時間効果 λ_t をモデルに入れることである．λ_t を入れることは最も原始的なクロスセクション相関の導入法と言え，LLC 検定でも行われていた．λ_t があると，データ y_{it} をクロスセクションの平均からの偏差 $y_{it} - \frac{1}{N}\sum_{i=1}^{N} y_{it}$ に変換することになる．Shin and Snell (2006) は，こうして変換したデータを使っても彼らの検定は行えるとしている．より複雑なクロスセクション相関の導入については，「第 2 世代」に委ねられる．

2 つ目の問題点は，定常性検定の重要なモチベーションであった確認分析についてである．Hadri (2000) は確認分析の有用性に言及してはいるものの，具体的な効果は示していない．これについては Shin and Snell (2006) が簡単なモンテカルロ実験を行っており，Shin and Snell (2006) のパネル定常性検定と IPS のパネル単位根検定を併用すると正しい検定結果を得られる確率が上昇することが示されている．パネルデータを用いた確認分析を行っている実証研究としては，Romero-Avila (2008) 等がある．

3 つ目の問題点は，Hadri (2000) の検定が個体間の差異をほとんど認めていないことである．パラメータや時系列の相関構造を個体間で均一とするのはかなり制約的と言えるだろう．Hadri (2000) は，モデル (5.10) の誤差項 ε_{it} の分散 σ_ε^2 が i ごとに異なる場合の対処方法には言及している．それには，まず個体ごとの KPSS 検定統計量 (5.11) を以下のようにする．

$$\eta_i = \frac{\frac{1}{T^2}\sum_{t=1}^{T} S_{it}^2}{\widehat{\sigma}_\varepsilon^2}$$

ここで，

$$S_{it} = \sum_{\tau=1}^{t} e_{i\tau}, \ \widehat{\sigma}_{\varepsilon i}^2 = \frac{1}{T-m}\sum_{t=1}^{T} e_{it}^2$$

である．そして，この η_i よりパネル定常性検定統計量 (5.12) を計算すれば良い．その検定統計量も漸近的に標準正規分布に従う．u_{it} の分散 σ_u^2 に一定の不均一性を導入する試みは Yin and Wu (2000) と Shin and Snell (2006) で行われているものの，Hadri (2000) の検定法に本質的な修正を加えるものではない．Hadri (2000) の検定法では σ_u^2 が個体間で均一という制約を明示的に課してはいないため，実は，σ_u^2 にある程度の不均一性を暗黙的に認めてい

ると言える。そのため，Yin and Wu (2000) と Shin and Snell (2006) が示したように，Hadri (2000) とほぼ同じ検定統計量が

$$H_0 : \frac{\sigma_{ui}^2}{\sigma_{\varepsilon i}^2} = 0 \quad (i = 1, 2, ..., N)$$

$$H_1 : \frac{\sigma_{ui}^2}{\sigma_{\varepsilon i}^2} > 0 \quad (i = 1, 2, ..., N_1)$$

$$\frac{\sigma_{ui}^2}{\sigma_{\varepsilon i}^2} = 0 \quad (i = N_1 + 1, N_1 + 2, ..., N)$$

という検定問題の対立仮説に対して $\lim_{N \to \infty} N_1/N = s$, $(0 < s \leq 1)$ ならば一致性を持つのである。この検定問題は，IPS の検定問題のように，H_0 の下では均一とする一方で H_1 の下では不均一性を認めている。もう1つの緩めるべき均一性は，時系列の相関構造である。Hadri (2000) は u_{it} と ε_{it} を全ての i について時系列方向に i.i.d. としていたが，これは厳しすぎるだろう。ε_{it} については，Hadri (2000) で一般的な MA(∞) 構造を持つとした拡張が行われており，(5.11) の $\hat{\sigma}_\varepsilon^2$ を長期分散のカーネル推定量で置き換えれば良いとした。こうした拡張は KPSS で提案されたもので，Hadri (2000) はそれをパネルに適用適用したと言える。ただ，Hadri (2000) ではその MA(∞) 構造を全個体で共通としている。一方，Yin and Wu (2000) と Shin and Snell (2006) では個体間で異なる相関構造が導入されている。相関構造は，Hadri (2000) が考えた MA(∞) 構造だけでなく，次数が有限の自己回帰構造も考えられている。自己回帰構造を想定した定常性検定は時系列分析の枠組みで Leybourne and McCabe (1994, 1998) が提案しており，これをパネルに拡張することになる。具体的な検定の手順は各論文を参照されたいが，基本的なアイデアは前項と同様で，相関構造を考慮した KPSS や Leybourne and McCabe (1994, 1998) の検定統計量を各 i ごとに計算してその平均を取るというものである。なお，Yin and Wu (2000) では，5.3 節で紹介した Combination 検定を使って個体間の差異を認める方法も提案されている。ε_{it} についてはこのようにかなり多様な相関を認めているが，u_{it} に関しては Hadri (2000)，Yin and Wu (2000)，Shin and Snell (2006) のいずれも i.i.d. としている。

4つ目の問題点は正規性である。この仮定はやや制約的だが，Hadri (2000) は自身の検定が局所最良不変 (Locally Best Invariant, LBI) 検定となるために置いたと主張している。LBI 検定については Nabeya and Tanaka (1988)

等を参照されたい。正規性を課さない検定は Yin and Wu (2000) で提案されているが，そこでは LBI 性はほとんど議論されていない。一方，Shin and Snell (2006) は，LBI とは全く別の観点から正規性の必要性を強調している。その観点とは，マクロパネル特有の漸近論である。この後すぐ述べるように，Hadri (2000) と Yin and Wu (2000) の漸近論が逐次極限理論であるのに対し，Shin and Snell (2006) は同時極限理論を使っている。Shin and Snell (2006) は，同時極限理論を使う際の技術的な問題 (ある統計量のモーメントが有界となるための保証) から，正規性の仮定を緩めるのは難しいと述べている[110]。

5 つ目の問題は漸近論に関することである。Hadri (2000) が用いたのは IPS と同じ逐次極限理論なので，5.2.3 項で紹介したものと同じような問題が生じる。Shin and Snell (2006) については，同時極限理論と逐次極限理論の双方で同じ極限分布を得ている。Shin and Snell (2006) は，標本サイズについては，同時極限理論を使う際に課した $N/T \to 0$ なる条件から，$T > N$ が望ましいと述べている。

5.5 検定の小標本特性の比較

ここまでいくつかのパネル単位根検定と定常性検定を紹介したが，本節ではそれらの検定の小標本特性を比較・検討する。漸近特性についても，一部について，簡単に言及する。

検定の小標本特性は，実証分析を行う際にどの検定を選択するかの 1 つの指針になるだろう。ただし，どの検定を使うべきかは小標本実験のパフォーマンスだけでは決められないことに注意されたい。対立仮説の下で個体ごとに動学パラメータを変えた方が経済学的に適切ならば，LLC 検定は，たとえ

---

[110] 同時極限理論を使った研究は Phillips and Moon (1999) でも行われているが，そこでも (正規性よりはやや緩いが) 実質的には正規性が仮定されている。なお，同じく同時極限理論を使った Alvarez and Arellano (2003) では正規性は仮定されていない。Shin and Snell (2006) では，これら同時極限理論を使った研究での正規性の役割についても簡単に言及されている。

パフォーマンスが良いとしても，使えない．定数・トレンド項の有無や時系列の標本サイズが個体間で違うなら，小標本特性の良し悪しよりモデルの柔軟性を優先して Combination 検定を使うべきだろう．このように，自分の持つデータの性質や検証したい経済理論も考慮して検定手法を選ぶことが重要である．

5.5.1 パネル単位根検定の小標本特性

本項では，パネル単位根検定の小標本でのパフォーマンスを概観する．前節までに紹介した各検定は各々の原論文の中でモンテカルロ実験によって小標本特性が調べられているが，それらの特性を比較するに当たっては実験を統一して行うべきだろう．いくつかの論文でそうした実験は行われているが，ここでは Hlouskova and Wagner (2006) を取り上げる．Hlouskova and Wagner (2006) は，LLC, IPS, Combination 検定 ((5.8) の p_i を ADF 検定の p 値としたもの) とその他のいくつかの検定について，標本サイズの大小や定数・トレンド項の有無，誤差項の時系列的な相関の度合いに応じてサイズの歪みと検出力を比較している．

まずはサイズの歪みについて述べる．Hlouskova and Wagner (2006) による主な結果は以下の通り．

1. 誤差項 ε_{it} に系列相関が無ければ，標本サイズのほぼ全てのケース ($T, N = 10 \sim 200$) において IPS 検定が最もサイズの歪みが小さく，次いで Combination 検定が良い．LLC 検定は T が大きい (概ね 20 以上) なら良いが，小さいときにはサイズが歪むので，Harris and Tzavalis (1999) の検定等で対処するべき[111]．

---

111) Harris and Tzavalis (1999) は LLC と同様のモデルと検定問題を考えているが，T を有限で固定して N のみを大きくする漸近論で分析を行う．Hlouskova and Wagner (2006) の実験では，Harris and Tzavalis (1999) の検定は T が小さくてもサイズの歪みがほとんど無かった．ただし，Harris and Tzavalis (1999) の検定は誤差項に系列相関が全く無いときにしか使えない．また，ADF 検定のようにラグを追加して誤差項の自己回帰型の相関を考慮することもできない．T を有限で固定して N のみを大きくする漸近論を使った単位根検定については Breitung and Meyer (1994), Breitung (1997), Bond, Nauges and Windmeijer (2005),

2. 誤差項 ε_{it} に移動平均型の系列相関があるときは，標本サイズのほぼ全てのケースで LLC 検定が比較的良く機能する。IPS 検定, Combination 検定は N や T が大きくてもややサイズが歪むので，ラグの長さ L_i を十分長く取ること等で対処するべき。

3. T をある値で固定すると，N を大きくするに従って LLC, IPS, Combination 検定のいずれもサイズが歪む傾向がある。

検出力については，Maddala and Wu (1999) が指摘しているように，対立仮説が異なるので LLC 検定と IPS 検定および Combination 検定は厳密には比較できない。一方，IPS 検定と Combination 検定は，同じ対立仮説を考えているので，比較可能である。

1. LLC 検定の検出力は全般的に良い。ただ，T が大きいときには Breitung (2000) の検定の方が検出力が高い[112]。LLC の対立仮説 (つまり全個体が同じ値の定常根を持つ) の下で生成したデータに対しては，LLC 検定の方が IPS 検定および Combination 検定より高い検出力を持つ。

2. IPS 検定と Combination 検定のどちらが検出力が高いかは，動学パラメータ δ_i の値や誤差項 ε_{it} の系列相関の程度などによって変わるが，全般的には IPS 検定の方が良く機能するようである。

3. LLC, IPS, Combination 検定のいずれも，N や T が増えるとほぼ単調に検出力が高まる。

サイズの歪みと検出力を総合的に見ると LLC 検定 (と Breitung (2000) の検定) が比較的パフォーマンスが良い，と Hlouskova and Wagner (2006) は

Kruiniger and Tzavalis (2002), Kruiniger (2008, 2009), Wachter, Harris and Tzavalis (2007), De Blander and Dhaene (2007), Madsen (2010) などを参照されたい。

112) Breitung (2000) は LLC と同様のモデルと検定問題を考え，検出力に焦点を当てた検定法を提案した。Breitung (2000) は $H_a: \delta = -c/T\sqrt{N}$, $c \neq 0$ なる局所対立仮説の下での LLC 検定の漸近的な検出力を調べ，モデルにトレンド項が入った場合，その検出力は著しく低下すると指摘した。そして，その原因の1つが LLC が行うバイアス修正にあるとし，バイアス修正を必要としない新しい検定を提案している。漸近的な検出力については，Moon, Perron and Phillips (2006, 2007) や Moon and Perron (2008) で更に進んだ研究が行われている。

結論付けている。ただし，上記のように，どの検定を使うかはパフォーマンスだけでなく検定問題やモデルの柔軟性も考慮して決めるべきである。

5.5.2 パネル定常性検定の小標本特性

Hlouskova and Wagner (2006) の実験では，Hadri (2000) の検定には極めて大きいサイズの歪みが見られた。Hadri (2000) の帰無仮説は"定常"であるので，(一定の条件下の) あらゆる定常データに対してサイズが歪んではならない。しかし，データをホワイトノイズとして生成したときにはサイズの歪みが小さかったものの[113]，データを定常 ARMA 過程で生成すると実質サイズが 1 になる (つまり，帰無仮説が正しいのにもかかわらず 100% の割合で帰無仮説を棄却する) 場合もあった。こうしたサイズの歪みは Yin and Wu (2000) や Shin and Snell (2006) でも報告されており，その原因の 1 つは長期分散のカーネル推定にあると考えられる。なぜなら，Hadri (2000) の基となる KPSS 検定は，カーネル推定量の小標本特性の問題からサイズが歪む場合があることが既に知られているからである。Yin and Wu (2000) や Shin and Snell (2006) では，カーネル推定量の計算法を工夫したり，Leybourne and McCabe (1994, 1998) の方法で系列相関を処理したりすることでサイズの歪みを減らしている。Shin and Snell (2006) は，さらに，サイズの歪みを減らすための簡単な修正法を提案している。パネル定常性検定を行う際にはこうした点に注意しないと極めて危険である。

Hadri (2000) の検定の検出力については，Hlouskova and Wagner (2006) の実験では概ね検出力は高かったものの，その解釈は難しい。サイズの歪みが大きすぎるため，検出力の高さをそのまま評価できないからである。ただ

---

113) データがホワイトノイズでも，T が小さい (概ね 20 以下) とややサイズが歪む。Hlouskova and Wagner (2006) は，Hadri and Larsson (2005) のパネル定常性検定には T が小さくてもサイズの歪みがほぼ無いことを実験で示し，T が小さいときに使うよう薦めている。Hadri and Larsson (2005) の検定は Hadri (2000) と同様のモデル (5.10) に基づくが，T を固定して N だけを大きくする漸近論を使う点が Hadri (2000) と異なる。ただ，この検定は ε_{it} も u_{it} も i.i.d. でないと利用できない。Hlouskova and Wagner (2006) の実験では，定常 ARMA で生成したデータに対しては，予想通りサイズが大幅に歪んだ。

し,Shin and Snell (2006) の実験では,サイズの歪みがそう大きくない状態で彼らの検定の検出力が概ね良好だった。また,Yin and Wu (2000) はサイズ調整済み検出力を計算して検出力を評価している。

5.6 実証分析例

本節では,パネル単位根・定常性検定を使った実証分析を紹介する[114]。『パネル単位根検定は,主に購買力平価説に関する研究で用いられている (Karlsson and Löthgren, 2000, p. 249)』ことから購買力平価説の実証をやや詳しく取り上げ,その他の実証研究についてはごく簡単に触れるにとどめる。

5.6.1 購買力平価説の実証分析

購買力平価説の実証研究は古くから行われ,現在においても非常に盛んであるため,膨大な文献が存在する。本項では,それらの文献を,パネル単位根検定が果たした役割と残した課題という視点から概観する。

購買力平価説とは,大雑把に言うと,実質為替レートは安定的であるとする仮説である。実質為替レートの対数 q は,自国通貨建て対数名目為替レート s と自国の対数物価 p,外国の対数物価 p^* より,

$$q = s + p^* - p$$

---

[114] パネル非定常分析を行うためのソフトウェアを紹介する。STATA11 では第 1 世代の単位根・定常性検定(Hadri 2000, Choi 2001, Levin, Lin and Chu 2002, Im, Pesaran and Shin 2003 等)や第 2 世代の単位根検定 (Breitung and Das, 2005) が行える。 Chiang and Kao (2002) が web で公開している GAUSS コードのパッケージを使うと,第 1 世代のパネル単位根・定常性検定に加えて,パネル共和分分析(McCoskey and Kao 1998, Kao 1999, Kao and Chiang (2000) 等)も行うことができる。なお,このパッケージには Kao, Chiang and Chen (1999) の研究開発の波及効果に関するデータが付属されている。Eviews7 でもいくつかのパネル単位根・定常性検定と共和分検定を行うことができる。

と求められる。1970年代前半までのいわゆるブレトンウッズ体制の時代には，固定相場制の下，購買力平価説は成立しているというのが大多数の見方であった[115]。ところが，1970年代半ば以降，変動相場制に移行した市場において実質為替レートは激しい値動きを見せ，購買力平価説に疑問が投げかけられる。この疑問に応えるために取られた1つのアプローチが，実質為替レートが単位根を持たない(つまり安定的な)ことを以って購買力平価説の成立を示そうというものであった[116]。しかし，時系列データ q_t, $(t = 1, ..., T)$ に基づく単位根検定は実質為替レートが単位根を持つという帰無仮説を棄却できないことが多々あり[117]，購買力平価説は急速に信憑性を失っていった。

こうした事態を受け，なぜ購買力平価説の成立を立証できないのかについて様々な議論が行われた。経済学的な見地からの考察がなされる一方[118]，計量経済学的な視点からの検討も加えられた。Frankel (1986) や Lothian and Taylor (1996, 1997) は時系列データを使った標準的な単位根検定は小標本(つまり1970年代半ば以降のデータ)での検出力が十分でないので単位根が存在するという帰無仮説を棄却できないと述べ，計量手法と標本サイズの問題に焦点を当てた。この観点に立つと時系列の標本サイズを増やせば問題は解決するとも考えられるが，十分な検出力を保証するだけの標本サイズを確保するのは実際には困難で，むやみに標本期間を延ばすと固定相場から変動相場に移行したこと等による構造変化や標本選択による偏り (sample selection bias) 等の問題が出てしまう[119]。

パネル分析の導入

そこで注目されたのがクロスセクション方向に標本を増やす，つまりパネ

---

115) Taylor and Sarno (1998) 等参照。
116) 他にも共和分に基づくアプローチ等がある。Maddala, Wu and Liu (2000) でサーベイされている。
117) Roll (1979), Frenkel (1981), Adler and Lehmann (1983), Enders (1988) 等参照。
118) Asea and Mendoza (1994) や Rogers and Jenkins (1995) 等参照。また，Taylor and Sarno (1998) は，実質為替レートが単位根を持ち得ることを合理化するいくつかの経済理論を簡単に解説している。
119) 構造変化については，Frankel and Rose (1996), Hegwood and Papell (1998) 等参照。標本選択の問題については Froot and Rogoff (1995) 参照。Froot and Rogoff (1995) は，長期時系列データを使った購買力平価説の実証研究に関する包括的なサーベイである。

表 5.1: Levin and Lin (1992, 1993) の検定および ADF 検定の結果

	Levin and Lin (1992, 1993) の検定			
	$L=1$	$L=2$	$L=3$	$L=4$
OECD23 ヵ国	-10.09^{**}	-9.30^{**}	-10.11^{**}	-11.85^{**}
G6 ヵ国	-5.16^{*}	-4.87^{*}	-5.92^{**}	-5.66^{**}

	ADF 検定
G6 ヵ国	6 ヵ国 ×4(ラグの長さが 1 ～ 4)=24 ケースの ADF 検定の内, 有意水準 5%で帰無仮説が棄却されたのは 3 ケースのみ。

注)**, * は，帰無仮説が有意水準 1%, 5% でそれぞれ棄却されたことを意味する。Oh (1996) より抜粋。

ルデータ q_{it}, $(i=1,...,N;\ t=1,...,T)$ を利用することであった。パネルデータを使って購買力平価説の実証を行った最も初期の論文の 1 つは Abuaf and Jorion (1990) だったが, 用いたモデルは

$$\Delta q_{it} = \delta q_{i,t-1} + \alpha + \varepsilon_{it} \qquad (i=1,2,...,N;\ t=1,2,...,T)$$

という非常に単純な形で, いわゆる個別効果も無く, 誤差項 ε_{it} を時系列方向に i.i.d. と仮定し系列相関にも注意を払わなかった。Abuaf and Jorion (1990) は, ε_{it} のクロスセクション相関を考慮した推定法を用いるという先駆的な面もあったが, 変動相場制の下での購買力平価説の成立 (帰無仮説 $\delta=0$ の棄却) は限定的にしか示せなかった。しかし, LLC 論文の前身である Levin and Lin (1992, 1993) がパネル単位根検定を提案すると, MacDonald (1996) や Oh (1996) 等がその手法を適用することで購買力平価説を変動相場制下で強く支持する結果を出した。具体的には, Oh (1996) は

$$\Delta q_{it} = \delta q_{i,t-1} + \sum_{l=1}^{L} \theta_l \Delta q_{i,t-l} + \alpha_i + \varepsilon_{it} \qquad (5.13)$$

$$(i=1,2,...,N;\ t=1,2,...,T)$$

というモデルを考え, ε_{it} はクロスセクション方向に無相関とする一方で, 個別効果と誤差項の系列相関を考慮した。そして Levin and Lin (1992, 1993)

の検定とG6諸国[120]やOECD諸国等の変動相場制下のデータ(1973年～1990年の年次データ)を使い，次の仮説を検定した．

$$H_0 : \delta = 0 \tag{5.14}$$
$$H_1 : \delta < 0$$

その結果，表5.1の上段にあるように，H_0 をほとんどのケースで有意水準1%で棄却したのである．こうした単位根の棄却は，パネルデータがもたらす検出力の増加の賜物であると解釈された．実際，表5.1の下段にあるようにG6の各々の国へのADF検定では多くのケースで帰無仮説(単位根)を棄却できず，Oh (1996)は従来の時系列データに基づく実証分析で単位根を棄却できなかったのはやはり検出力不足によると指摘すると共にパネルデータを用いることによる検出力の上昇を強調している．

このようにパネル単位根検定は時系列単位根検定の標本サイズ・検出力の問題を解決すると評価され，その影響は急激に広がっていった．多くの実証論文が相次いで出版され，時系列データを使った従来の実証分析をパネルデータとLevin and Lin (1992, 1993)の検定でやり直すことは「1つの産業を生み出した」(Breuer, McNown and Wallace, 2001, p. 482)とまで言われた．以下ではその中のいくつかを簡単に紹介するが，それらの実証分析は，検出力の増加という旗印の下で，パネル単位根検定の技術的な改良の潮流と共に溢れ出てきたように見える．

クロスセクションの相関の導入

上述したOh (1996)はLevin and Lin (1992, 1993)の直接的な適用であったが，Wu (1996)は時間ダミーで限定的ながらクロスセクション相関を考慮してLevin and Lin (1992, 1993)の検定を用いた．Papell (1997)は，誤差項のクロスセクション相関にはあまり注意を払わなかったものの，系列相関の構造(具体的には，モデル(5.13)のLとθ_l)に個体間の不均一性を導入してLevin and Lin (1992, 1993)の検定を使っている．これらの論文は，程度の差

[120) データとしてはG7諸国のものを使うが，アメリカを基準通貨とするため実際のパネルモデルの推定では$N=6$となる．

こそあれ，基本的に購買力平価説を支持する結果を出している．こうした技術的な改良の流れをさらに促したのが O'Connell (1998) である．O'Connell (1998) が用いたモデルは (5.13) と同様のものだったが，誤差項 ε_{it} にある程度一般的なクロスセクション相関を導入した．そしてモンテカルロ実験を行ってそうした相関があるにもかかわらずそれを無視した (または時間ダミーでの限定的な考慮しか行わない) 検定は，場合によっては，サイズが上方に約 50%も歪むことを示した．O'Connell (1998) はこの結果から，クロスセクション相関を無視した検定で単位根の有無を決めるなら「コインでも投げて決めた方がましだ」(O'Connell, 1998, p. 7) と厳しく批判した．その上で，データから推定したクロスセクションの共分散を用いた FGLS 法を適用して t 検定統計量を計算し，臨界値はパラメトリックブートストラップで求めるという新しいパネル単位根検定の手法を提案したのである．O'Connell (1998) が使った変動相場制下のデータは実際にかなりのクロスセクション相関を示しており，この新しい検定法とクロスセクション相関を無視した従来の検定法の双方で検定問題 (5.14) を検定したところ，新しい手法では帰無仮説を棄却できない一方で従来の検定法は概ね棄却した．

この結果は 2 つの大きな衝撃をもたらした．1 つ目はクロスセクション相関にあまり注意を払わない「第 1 世代」の検定の特性が抱える欠点が明らかになったこと，2 つ目は購買力平価説に再び疑問符が付いたことである．この内 1 つ目については，クロスセクション相関の考慮の必要性が広く受け入れられ，「第 2 世代」への移行の流れを生み出す一因となった．実際，上記の Oh (1996) 等が「第 1 世代」の検定を使っていたのに対し，O'Connell (1998) 以降の論文は「第 2 世代」の検定を多く用いるようになる．O'Connell (1998) の検定手法は「第 2 世代」の先駆けと言えるだろう．一方，2 つ目については広く受け入れられた訳ではなかった．パネル単位根検定の更なる技術的改良によって購買力平価説はまたもや一定の支持を回復する．その技術的改良とは，パラメータに個体間の不均一性を認めることである．

不均一性の導入

この不均一性という観点を前面に押し出して購買力平価説を検証したのが

Wu and Wu (2001) であり，O'Connell (1998) とは対照的な結果を出した。Wu and Wu (2001) は，O'Connell (1998) が検定問題 (5.14) において対立仮説の下でも δ を均一とした点を，実質為替レートの平均回帰の速度が全ての国々で同じとするのは現実的ではないと評した。さらに，O'Connell (1998) が系列相関のパラメータ (モデル (5.13) の L と θ_l) を個体間で均一としたのも制約的だと指摘し[121]，

$$\Delta q_{it} = \delta_i q_{i,t-1} + \sum_{l=1}^{L_i} \theta_{il}\Delta q_{i,t-l} + \alpha_i + \varepsilon_{it} \tag{5.15}$$

$$(i = 1, 2, ..., N;\ t = 1, 2, ..., T)$$

なるモデルのように対立仮説の下で不均一な δ_i を許す検定問題 (帰無仮説は (5.14) と同じ) を考えた。そして，こうした設定に対応する IPS 検定と Combination 検定を O'Connell (1998) とほぼ同様の方法でクロスセクション相関を考慮しながら適用し[122]，変動相場制下での購買力平価説を支持する結果を出した。なお，Wu and Wu (2001) は，系列相関のパラメータを個体間で均一にした IPS 検定および Combination 検定では帰無仮説を棄却できなかったことを示し，O'Connell (1998) が帰無仮説を棄却できなかったのもこの均一性という制約的な仮定ゆえではないか，と述べている。

Wu and Wu (2001) と同様に不均一性を重視した研究が Papell and Theodoridis (2001) である。ただし，Papell and Theodoridis (2001) は，系列相関のパラメータは不均一にする一方で，動学パラメータについては個別の自己回帰係数の推定値がほぼ同じだったこと等を理由に均一にしている。そして，O'Connell (1998) とほぼ同じ方法でクロスセクション相関を導入して LLC 検定を行い，購買力平価説が概ね成立することを示した[123]。こうした技術的な

---

121) 誤差項の系列相関の構造に不均一性を導入することは既に Papell (1997) でも行われている。

122) 正確には IPS 論文の前身である Im, Pesaran and Shin (1995) の検定を用いた。また，Combination 検定については，(5.8) 式の p_i を ADF 検定の p 値としたものを使った。クロスセクション相関の考慮は，アイデアは O'Connell (1998) とほぼ同様だが，パラメトリックブートストラップではなくノンパラメトリックブートストラップを使う等の違いがある。

123) Papell and Theodoridis (2001) は基準通貨を様々変えて検定を行い，大半の基準通貨の下で購買力平価説が成立することを示した。ただ，このことは，検定結果が基準通貨の選択に依存することも示しており，Papell and Theodoridis (2001) はパネルデータを使った購買

改良の流れはその後も続いている。Wu, Tsai and Chen (2004) は, Zivot and Andrews (1992) の単位根検定に基づく Combination 検定で構造変化を考慮しつつ購買力平価説を検証する, というかなり技術的に凝った分析を行っている。Chiu (2002) はパネル単位根検定だけでなく Hadri (2000) のパネル定常性検定も使って購買力平価説の妥当性を調べた。これらの分析はクロスセクション相関を O'Connell (1998) の方法に基づいて処理しているが,「第2世代」の検定の研究が進み O'Connell (1998) 以外の方法が提案されるとそれらを使った分析が次々と行われてきた。それらは第6章を参照されたいが, 例えば Cerrato and Sarantis (2007b) は「第2世代」の各種単位根検定, 定常性検定, さらにパネル共和分検定と非定常パネルの技術を総動員して購買力平価説を検証している。

5.6.2　本質的な批判について

上述したように, パネルデータを使った購買力平価説の実証研究は, 技術的な問題を乗り越えることでかなり洗練されてきている。それらの研究は, しかし, 技術的な進展の一方で本質的な批判を浴びている。批判は主に2点ある。1点目は, Taylor and Sarno (1998) 等が行ったもので, パネル単位根検定で帰無仮説を棄却したところで購買力平価説が支持されたとは言い切れない, というものである。この批判の論拠はパネル単位根検定の特性に潜むある危険性に求められる。LLC・IPS・Combination の各パネル単位根検定には, 実は, 全ての個体ではなく一部の個体しか定常でないにもかかわらず帰無仮説を棄却するという特性がある[124]。つまり, 帰無仮説が棄却されても

力平価説の検証の危うさも指摘している。O'Connell (1998) が系列相関のパラメータを均一にしたのは, 実は, その均一性の仮定とクロスセクション相関の考慮によって検定が基準通貨の選択に対して不変となるからでもあった。これに対し, Papell and Theodoridis (2001) は, 均一性の仮定は現実的ではないとして外し, そのときにはやはり基準通貨の選択が影響力を持つことを示したのである。基準通貨の変更を考慮した最近の研究には Pesaran, Smith, Yamagata and Hvozdyk (2009) がある。

124)　IPS 検定と Combination 検定は対立仮説の下で一部の個体に単位根を認めているので, 一部の個体のみが定常な場合で帰無仮説を棄却することは理論的・構造的に起こりうる。一方 LLC 検定では, 対立仮説を全個体が定常としているので, 理論的には帰無仮説の棄却は全個体が定常なときだけに起こるように見える。しかし, Karlsson and Löthgren (2000) や Breuer, McNown and Wallace (2001) は, モンテカルロ実験の結果, LLC 検定も一部の個体のみが定

N 個の実質為替レートが全て定常とは言えず，定常なのはたった 1 つだけの可能性もある。よって，帰無仮説の棄却を以って購買力平価説の成立の証拠とするのは問題ではないか，という批判が起こったのである。

2 点目は，Maddala, Wu and Liu (2000) が強調した，購買力平価説の検証において時系列単位根検定の検出力を高めるための代替手段としてパネル単位根検定を位置付けることを誤りだとする批判である。この批判は，時系列単位根検定とパネル単位根検定では検定問題が異なるのでそもそも検出力の比較自体が行えないという点を突いている。例えば，日米間の平価説に興味があり，その実質為替レートの時系列データ q_t で単位根検定を行うとする。検定問題は

H_0 : q_t が単位根過程 (5.16)

H_1 : q_t が定常過程

である。ここで，この時系列単位根検定の検出力を高めるため世界各国のパネルデータ q_{it} で単位根検定を行うとする。しかし，そのパネル単位根検定では，検定問題が

H_0 : 全ての q_{it} が単位根過程 (5.17)

H_1 : 全ての (もしくはいくつかの) q_{it} が定常過程

のように変わってしまう。このパネル単位根検定の検出力は高いかもしれないが，それは元々興味のある検定問題 (5.16) での検出力とは全く別物で比較はできない。つまり，このパネル単位根検定での帰無仮説の棄却は，検定問題 (5.16) における検出力の上昇の賜物とも解釈できないし日米間の平価説を支持する証拠にもできないのである。もしパネル単位根検定での帰無仮説の棄却が常に全ての個体の定常性を示すなら日米間での平価説成立の証拠にはできるが，前述した Taylor and Sarno (1998) 等の批判のように，残念ながらそうではない。

これら 2 つの批判は，パネル単位根検定の技術的な問題ではなく，検定問題の設定の方法という本質にかかわることである。よって，これらの批判に

常なときに帰無仮説を一定の頻度で棄却することを示した。

対応するのはかなり難しい。第6章で紹介される「第2世代」の検定も，非常に一般的で強力な検定ではあるが，検定問題自体は「第1世代」と同じなので，これらの批判への答えにはならない。これらの批判に対して，具体的にどのような対応の可能性があるかについては紙幅の都合上，概略のみを述べる。まず1つ目のTaylor and Sarno (1998) 等の批判については，パネル単位根検定を注意深く行うことや[125]，パネル単位根検定以外の検定を併用することである程度は対応できる[126]。しかし，この問題の根本的な解決は難しい。2つ目のMaddala, Wu and Liu (2000) の批判に対応するのも難しい。パネル単位根検定と時系列単位根検定の検出力を比較するには両者の検定問題を同じにする必要があり，①両者で検定問題 (5.16) を検定する，②両者で検定問題 (5.17) を検定する，ということが考えられる。しかし，①，②共に明確な解決策が示されている訳ではない[127]。ただ，この批判は特定の2ヵ国間に興味があるのに世界各国のパネルデータを使うことを問題視しているので，分析の対象を始めから世界各国に設定しておけば回避することができる。実際，上記の実証論文はいずれも特定の2ヵ国に興味があるとは明記しておらず，OECD諸国やG7などある範囲で購買力平価説を検証するとしているので，この批判はそう致命的ではないかもしれない。しかし，かなり多くの実証論文が (時系列単位根検定と比較した) パネル単位根検定の検出力の高さを旗印に掲げていることは確かに問題がある。Maddala, Wu and Liu (2000) の批判は，検出力の上昇を安易にお題目として謳うことへの警告である。

では，以上の議論を踏まえて，購買力平価説の実証分析にパネル単位根検

---

125) 具体的にどう注意深く検定するのかは，Papell and Theodoridis (2001), Wu and Wu (2001), Alba and Park (2003), Lopez and Papell (2007), Lopez (2008) 等を参照されたい。

126) 例えば，Taylor and Sarno (1998) で提案されている共和分検定，Breuer, McNown and Wallace (2001) で提案されている SUR モデルに基づく検定等がある。

127) ①については，Breuer, McNown and Wallace (2001) の検定が一定の解決策と言えるかもしれない。②のようなことをするには，例えば，ADF検定で検定問題 (5.17) を N 回に分けて検定するといったことが考えられる。しかし，そのときには，いわゆる個別検定と同時検定の比較の問題が生じると思われる。この問題は，基本的には，係数パラメータが β_1 と β_2 の古典的な線形回帰モデルで，$H_0: \beta_1 = 0$ と $H_0: \beta_2 = 0$ への個別の t 検定と $H_0: \beta_1 = \beta_2 = 0$ とした同時の F 検定をどう比較するか，という問題である。この問題に対する代表的な対処法はいわゆる Bonferroni の t 検定だがここでは省略する。詳しくは Savin (1984) 等を参照されたい。なお，Bonferroni の t 検定の考え方を使って個別の ADF 検定とパネル単位根検定の比較を試みた文献として Bowman (1999) がある。

定が果たした役割と残した課題について総括する。時系列単位根検定の替わりに導入されたパネル単位根検定は，検出力の上昇によってではなく分析の範囲をある特定の2カ国から世界の国々へ広げることによって，その中のどこか少なくとも2ヵ国間で購買力平価説が成立していることについての一定の証拠を与えた。これが，パネル単位根検定の果たした役割である。ただし，2ヵ国間だけで成立しているのか，もっと多くの国々で成立しているのか，全ての国々で成立しているのか，また成立している国々は具体的にどの国々なのか，といったことはパネル単位根検定だけでは判断が難しい。これは，パネル単位根検定が残した課題である。

5.6.3 その他の実証分析

ここでは，購買力平価説の検証以外の，パネル単位根検定および定常性検定を使った実証論文をごく簡単に紹介する。Wu and Chen (2001) は，IPS 検定を使って名目利子率が単位根を持つかどうかを調べた。従来は帰無仮説（名目利子率が単位根を持つ）を棄却できないことが多かったが，Wu and Chen (2001) の結果はそれとは異なった。Lee, Pesaran and Smith (1997) は IPS 検定を使い，ソローモデルを用いた成長率の収束を検証している。Barossi-Filho, Silva and Diniz (2005) もソローの成長モデルを検証しているが，こちらはパネル単位根検定だけでなくパネル共和分の手法も使っている。Romero-Avila (2008) は，いわゆる消費−所得比に単位根があるかどうかを，パネル単位根検定とパネル定常性検定を用いた確認分析で検証している。Chang, Yang, Liao and Lee (2007) は，失業の分析を LLC 検定，IPS 検定，Taylor and Sarno (1998) の検定で行っている。

このように，パネル単位根検定および定常性検定の応用はかなり広い範囲で行われている。ただ，それらの実証分析についても，前項の最後で挙げた2つの批判にさらされる可能性があるので注意が必要である。

5.7 まとめ

　本章では,「第1世代」のパネル単位根・定常性検定を紹介した。それらの検定はマクロパネルデータという N も T も大きいデータを念頭に置いて開発されたため, 第1章や第I部で紹介したミクロパネルデータを用いた分析とは異なる特徴を持つ。それは個体間にかなりの程度の不均一性を認めることである。典型的なパネルデータモデルで考慮される不均一性はいわゆる個別効果だけだが, 本章では一部の係数パラメータや誤差項の分散にも不均一性を認めたモデルに基づいて検定を構築した。次章では, 通常のパネルデータモデルには無いもう1つの特徴であるクロスセクション相関が導入される。これらの特徴は, 現実の経済データが持つ特性に適合した計量手法を求める実証家の需要に, 計量理論家が N と T を共に大きくするという新たな漸近論を使って応える形で導入されたと言えるだろう。こうした意味では, パネル単位根・定常性検定は実証分析への応用に耐えうる実用的な分析手法となっている。

　ただし, それらの検定は, 不均一性をかなりの程度認める一方で, 興味のある動学パラメータを全ての個体で均一として同時に検定していることに注意が必要である。例えば, パネル単位根検定なら, 動学パラメータが全個体で均一に1であることが帰無仮説となる。5.6.1項で述べたように, こうした帰無仮説の立て方から2つの問題が生じる。1つ目は, この帰無仮説がたった1つの個体が定常根を持っただけも破られる可能性があるため, パネル単位根検定で帰無仮説が棄却されても全ての個体が定常とは言えないことである。この問題により, 購買力平価説の実証分析では検定結果を慎重に解釈する必要が生じた。2つ目は, その帰無仮説が時系列単位根検定の帰無仮説と異なるため, パネル単位根検定と時系列単位根検定の検出力の比較が難しくなることである。この問題により, パネル単位根検定が時系列単位根検定に比べて検出力が高いとは安易に主張できない。これらの問題は, パネルデータモデルを使う以上は根本的には解決できないと思われる。なぜなら, パネル

データモデルがパネルデータモデルたる所以は，いくら個体間の不均一性を認める方向を目指しても，興味のある係数パラメータは(少なくとも帰無仮説の下では)全ての個体で均一であるという前提そのものにあるからである[128]。

　これらの問題点は，しかし，パネル単位根・定常性検定を否定するものではないと思われる。そうではなく，パネル単位根・定常性検定への正確な認識を持つよう促すものと捉えるべきだろう。例えば，パネル単位根検定とは，複数の個体を分析対象とし，「それらの個体全てに単位根があるかどうかの全体像を提示する」(Maddala, Wu and Liu, 2000, p. 40) ものであると認識しなければならない。そうすれば，(分析対象がただ1つの個体である)時系列単位根検定の検出力を上げるため直接的な代替手段としてパネル単位根検定を使うといった誤りは無くなる。パネル単位根検定の結果はあくまで全体像だという認識は，また，帰無仮説の棄却から各個体を個別に定常だと見なしてしまう過ちも防ぐ。実証分析を行う際には，このようなパネル単位根・定常性検定の特性よく理解した上で用いることが重要である。

---

[128] 最近では，Pesaran (2006) のように，パネルデータモデルにおいて個体ごとに異なる係数パラメータを一致推定したり個体ごとに個別に検定する方法も提案されてはいる。ただし，Pesaran (2006) がランダム係数モデルの設定を使って係数パラメータが期待値においては全ての個体で同じとしているように，パネルデータモデルを使う以上は何らかの個体間の均一性や共通性が前提となるだろう。

第6章
第2世代の単位根検定と定常性検定

　前章で考察したモデルでは基本的にクロスセクションが独立であると想定されていた．しかしながら，例えばマクロのパネルデータを考えた場合，独立性の仮定が成り立つとは現実的に考えにくく，クロスセクション間に相関があると考える方が自然である．そこで，本章では「第2世代の非定常パネル」と呼ばれている，クロスセクション間に相関があるモデルを取り扱う．5.6 節で述べたように，O'Connell (1998) は真のデータにクロスセクション間の相関があるときに，それを無視して前章で紹介した第1世代のパネル単位根検定を行うと，サイズの歪みが著しく大きくなるというシミュレーション結果を示している．したがって，クロスセクション間の相関が存在すると疑われるパネルデータを分析する際は，それを適切に処理する必要がある．

　クロスセクション間に相関を許すパネルデータモデルの研究が始まったのは比較的最近であり[129]，本章ではその中でも代表的な単位根検定，定常性検定を取り上げて紹介する[130]．

---

129) 2007 年には *Journal of Applied Econometrics* にクロスセクション間の相関を許したパネルデータ分析の特集号が組まれている．
130) Hurlin and Mignon (2006), Barbieri (2006) はこのトピックの優れたサーベイ論文である．

6.1 クロスセクション間の相関の導入

クロスセクション間の相関をモデル化するアプローチには大きく分けて以下の3つの方法がある。すなわち，(1) 誤差項の共分散行列の非対角要素に非ゼロの制約をつける方法，(2) 時間効果を含める方法，(3) ファクター構造を仮定する方法，の3つである。これらの方法を次のような不均一な係数を持つ AR(1) モデルを使って説明しよう。

$$y_{it} = \phi_i y_{i,t-1} + u_{it} \qquad (t=1,...,T;\ i=1,...N) \tag{6.1}$$

y_{it} は現在と過去の誤差項 $u_{it}, u_{i,t-1}, \cdots$ で構成されているので，y_{it} のクロスセクション間の相関のモデル化は u_{it} を通じて行うことになる。以下では上であげた3つのアプローチを順に見ていこう。

6.1.1 共分散アプローチ

モデル (6.1) を次のように i に関して積み重ねて，SUR モデルとして表そう。

$$\begin{bmatrix} y_{1t} \\ \vdots \\ y_{Nt} \end{bmatrix} = \begin{bmatrix} \phi_1 & & 0 \\ & \ddots & \\ 0 & & \phi_N \end{bmatrix} \begin{bmatrix} y_{1,t-1} \\ \vdots \\ y_{N,t-1} \end{bmatrix} + \begin{bmatrix} u_{1t} \\ \vdots \\ u_{Nt} \end{bmatrix}$$

そして，上式を次のように行列表示で書き直す。

$$\underset{(N\times 1)}{\mathbf{y}_t} = \underset{(N\times N)}{\mathbf{\Phi}}\ \underset{(N\times 1)}{\mathbf{y}_{t-1}} + \underset{(N\times 1)}{\mathbf{u}_t} \tag{6.2}$$

誤差項 $\mathbf{u}_t$ の共分散行列を $E(\mathbf{u}_t \mathbf{u}_t') = \mathbf{\Omega}$ で表すとすると，$\mathbf{\Omega}$ の非対角要素が非ゼロであるとすることで，クロスセクション間の相関がモデル化できる[131]。このアプローチは N が大きくなるにつれて推定するパラメータの数も増えて

---

131) O'Connell (1998), Harvey and Bates (2003) はこのアプローチを用いている。

いくので，推定量の漸近的性質を考察するときには N 固定，$T \to \infty$ という漸近論を用いる。また，望ましい有限標本特性を持つためには N が T に比べて十分小さくなければならない。

6.1.2　時間効果アプローチ

クロスセクション間の相関を考慮する2つ目の方法は，次のように時間効果を使うアプローチである。

$$\begin{aligned} y_{it} &= \phi_i y_{i,t-1} + u_{it} \quad (t=1,...,T;\ i=1,...N) \\ u_{it} &= f_t + \varepsilon_{it} \end{aligned} \quad (6.3)$$

ただし，$i \neq j$ のとき，$E(\varepsilon_{it}\varepsilon_{jt}) = 0$ とする。このモデルでは $i \neq j$ のとき，$E(u_{it}u_{jt}) = E(f_t^2) \neq 0$ となるので時間効果 f_t を通じてクロスセクション間の相関が生じることになる。しかしながらこのモデルは簡単であるが，非常に強い制約を課している。すなわち，時間効果 f_t が全てのクロスセクションに共通の経済ショックを表しているとすると，上のモデルでは各個体 i が経済ショックに対して全く同じ反応をするということを意味している。例えば，y_{it} が世界各国の GDP，f_t が観測できない世界共通の景気を表しているとすると，景気の変動に対する各国の反応度が全く同じであると仮定することになり，非現実的である。そこで，各個体 i が共通のファクター f_t の変化に対し，それぞれ異なる反応を示すようにモデル化する必要があるが，それに用いられるのが次のファクターモデルである。

6.1.3　ファクターアプローチ

ファクター構造を取り込んだ AR(1) モデルを次のように表す。

$$\begin{aligned} y_{it} &= \phi_i y_{i,t-1} + u_{it} \quad (t=1,...,T;\ i=1,...N) \\ u_{it} &= \boldsymbol{\lambda}_i' \mathbf{f}_t + \varepsilon_{it} \end{aligned} \quad (6.4)$$

ここで，$\boldsymbol{\lambda}_i$ は $R \times 1$ のファクター負荷ベクトル，$\mathbf{f}_t$ は $R \times 1$ の共通ファクターベクトルである。このモデルでは全ての i に共通のファクターは R 個あ

ることになる．もし全ての i について $\boldsymbol{\lambda}_i = \boldsymbol{\lambda}$ であれば，このモデルは上の時間効果を入れたモデルに等しくなる．したがって，時間効果を入れたモデル (6.3) はファクター構造を組み込んだモデル (6.4) の特殊ケースであるといえる．

ファクター構造を仮定した場合，$\boldsymbol{\lambda}_i$, $\mathbf{f}_t$ の一致推定が必要になるケースが多いが，大雑把に言えば $\boldsymbol{\lambda}_i, (i = 1, ..., N)$ の一致推定には $T \to \infty$ が，$\mathbf{f}_t, (t = 1, ..., T)$ の一致推定には $N \to \infty$ がそれぞれ必要になるため，ファクター構造を用いてクロスセクション間の相関をモデル化した場合，N, T がともに大きい漸近論を用いることが多い．

6.2 単位根検定

O'Connell (1998)，Strauss and Yigit (2003) はクロスセクション間に相関がある場合にそれを無視して LLC 検定や IPS 検定を行うと，大きなサイズの歪みが生じることをシミュレーションで確認している．この研究以降，クロスセクション間に相関を許すモデルの研究が非常に活発に行われてきている．以下では主要な方法に焦点を当てて説明する．多くの検定ではクロスセクション間の相関をどのように取り除くのかを把握することが理解する際のポイントになる．例えば，共分散アプローチでは GLS 変換でクロスセクション間の相関を取り除いた後の系列に単位根検定を行ったり，ファクターアプローチの場合はファクターを取り除いた後の系列に単位根検定を行うといったように，基本的にはクロスセクション間の相関を取り除いた後の系列に単位根検定を行う，という手順になっている．

6.2.1 GLS に基づいた検定

O'Connell (1998)，Harvey and Bates (2003)，Breitung and Das (2005) は共分散行列の定式化を通じてクロスセクション間の相関を許すモデルを考えている．モデル (6.2) において $\mathbf{u}_t$ の共分散行列が対角行列ではないという

第6章 第2世代の単位根検定と定常性検定

ことは，通常の回帰モデル $\mathbf{y} = \mathbf{X}\beta + \mathbf{u}$ において誤差項に系列相関があるという状況と全く同じである．O'Connell (1998) らはこの点に注目して，GLS 変換でクロスセクション間の相関を取り除く方法を提案している．この方法を Breitung and Das (2005) に従って，次のような均一な係数を持つ AR(1) モデルを用いて考えよう．

$$\Delta y_{it} = \phi y_{i,t-1} + u_{it} \tag{6.5}$$

ただし，$\mathbf{u}_t = (u_{1t}, ..., u_{Nt})'$ は t に関して i.i.d. で $E(\mathbf{u}_t) = 0$, $E(\mathbf{u}_t \mathbf{u}_t') = \mathbf{\Omega}$ であると仮定する．したがって，このモデルでは共分散行列を通じてクロスセクション間の相関を許しているモデルといえる．

モデル (6.5) をベクトル表示で

$$\underset{(N \times 1)}{\Delta \mathbf{y}_t} = \underset{(1 \times 1)}{\phi} \underset{(N \times 1)}{\mathbf{y}_{t-1}} + \underset{(N \times 1)}{\mathbf{u}_t}$$

と書き直す．ただし，$\Delta \mathbf{y}_t = (\Delta y_{1t}, ..., \Delta y_{Nt})'$, $\mathbf{y}_{t-1} = (y_{1,t-1}, ..., y_{N,t-1})'$ である．彼らが考えている仮説は

$$H_0 : \phi = 0$$

$$H_1 : \phi < 0$$

である．最も基本的な検定統計量は OLS-t 統計量で，次のように定義される．

$$t_{ols} = \frac{\sum_{t=1}^{T} \mathbf{y}_{t-1}' \Delta \mathbf{y}_t}{\widehat{\sigma} \sqrt{\sum_{t=1}^{T} \mathbf{y}_{t-1}' \mathbf{y}_{t-1}}}$$

ただし，$\widehat{\sigma}^2 = \frac{1}{NT} \sum_{t=1}^{T} \sum_{i=1}^{N} (\Delta y_{it} - \widehat{\phi} y_{i,t-1})^2$, $\widehat{\phi}$ は (6.5) の OLS 推定量である．この統計量は誤差項の共分散の構造を一切考慮していない．共分散構造を考慮した GLS-t 統計量は次のようになる．

$$t_{gls} = \frac{\sum_{t=1}^{T} \mathbf{y}_{t-1}' \widehat{\mathbf{\Omega}}^{-1} \Delta \mathbf{y}_t}{\sqrt{\sum_{t=1}^{T} \mathbf{y}_{t-1}' \widehat{\mathbf{\Omega}}^{-1} \mathbf{y}_{t-1}}}$$

ただし，$\widehat{\mathbf{\Omega}} = \frac{1}{T} \sum_{t=1}^{T} \widehat{\mathbf{u}}_t \widehat{\mathbf{u}}_t' = \frac{1}{T} \sum_{t=1}^{T} (\Delta \mathbf{y}_t - \widehat{\phi} \mathbf{y}_{t-1})(\Delta \mathbf{y}_t - \widehat{\phi} \mathbf{y}_{t-1})'$ である．

Beck and Katz (1995), Jönsson (2005) は，OLS 推定量の検定において標準誤差の修正を行った，次のような統計量を提案している．

$$t_{rob} = \frac{\widehat{\phi}}{\widehat{\omega}} = \frac{\sum_{t=1}^{T} \mathbf{y}_{t-1}' \Delta \mathbf{y}_t}{\sqrt{\sum_{t=1}^{T} \mathbf{y}_{t-1}' \widehat{\mathbf{\Omega}} \mathbf{y}_{t-1}}}$$

ただし,

$$\widehat{\omega}^2 = \frac{\sum_{t=1}^{T} \mathbf{y}'_{t-1}\widehat{\mathbf{\Omega}}\mathbf{y}_{t-1}}{\left(\sum_{t=1}^{T} \mathbf{y}'_{t-1}\mathbf{y}_{t-1}\right)^2}$$

である。Breitung and Das (2005) は $T \to \infty$ とした後に $N \to \infty$ とする逐次極限理論のもとで

$$t_{rob} \xrightarrow[N,T \to \infty]{d} \mathcal{N}(0, 1)$$

を示している。

t_{gls} と t_{rob} はともにクロスセクション間の相関を考慮しているが,シミュレーション結果から有限標本においては t_{rob} の方が t_{gls} よりもパフォーマンスが良いことがわかっている。

6.2.2 Choi の Combination 検定

次に,時間効果を導入することによってクロスセクション間の相関を許した Choi (2006) の方法について説明する。Choi (2006) は確定項を Elliott, Rothenberg and Stock (1996) による GLS 法で除去し,時間効果をクロスセクション平均からの偏差を取ることで除去した系列に ADF 検定を行い,その p 値を用いて Maddala and Wu (1999),Choi (2001) の Combination 検定を行う方法を提案している。

Choi (2006) は次のような定数項モデル

定数項モデル
$$\begin{array}{rcl}
y_{it} &=& \beta_0 + x_{it} \\
x_{it} &=& \mu_i + \lambda_t + v_{it} \\
v_{it} &=& \alpha_{i1}v_{i,t-1} + \cdots + \alpha_{i,k_i}v_{i,t-k_i} + e_{it}
\end{array}$$

とトレンドモデル

トレンドモデル
$$\begin{array}{rcl}
y_{it} &=& \beta_0 + \beta_1 t + x_{it} \\
x_{it} &=& \mu_i + \lambda_t + \gamma_i t + v_{it} \\
v_{it} &=& \alpha_{i1}v_{i,t-1} + \cdots + \alpha_{i,k_i}v_{i,t-k_i} + e_{it}
\end{array}$$

を考察している。β_0 は全ての個体に共通の平均，β_1 はトレンドの傾き，μ_i は個別効果，λ_t は時間効果，γ_i は各個体で異なるトレンドの傾きで，v_{it} は残りの確率的要素であり，AR(k_i) 過程に従っているとする。ここで，$E(\mu_i) = E(\lambda_t) = E(\gamma_i) = 0$, $E(\mu_i^2) = \sigma_\mu^2$, $E(\mu_i \mu_j) = 0$, $(i \neq j)$, $E(\gamma_i^2) = \sigma_\gamma^2$, $E(\gamma_i \gamma_j) = 0$, $(i \neq j)$, $E(\lambda_t \lambda_s) = \sigma_\lambda(|t-s|)$, $e_{it} \sim i.i.d.(0, \sigma_i^2)$ で，μ_i, λ_t, v_{it}, γ_i は互いに独立であるとする。この仮定の下で，$Cov(y_{it}, y_{js}) = \sigma_\lambda(|t-s|)$ となるので，時間効果を導入することでクロスセクション間の相関を許していることがわかる。

検定すべき仮説は次のようになる。

$$H_0 : \sum_{k=1}^{k_i} a_{ik} = 1 \quad (\text{全ての } i)$$

$$H_1 : \sum_{k=1}^{k_i} a_{ik} < 1 \quad (\text{いくつかの } i)$$

検定をするためには y_{it} の v_{it} 以外の要素を取り除く必要があるが，ここでは Elliott, Rothenberg and Stock (1996) の方法を用いる。

定数項モデル

v_{it} の特性方程式の最大根が全ての i に共通で $\left(1 + \frac{c}{T}\right)$ であるとする。そして，i ごとに $[y_{i1}, y_{i2} - (1 + \frac{c}{T})y_{i1}, \cdots, y_{iT} - (1 + \frac{c}{T})y_{i,T-1}]'$ を $[1, 1 - (1 + \frac{c}{T}), \cdots, 1 - (1 + \frac{c}{T})]'$ に回帰して β_0 の GLS 推定値 $\widehat{\beta}_{0i}$ を得る。ただし，Elliott, Rothenberg and Stock (1996) に従い，$c = -7$ とする。このとき，T が十分大きいとき次を得る。

$$y_{it} - \widehat{\beta}_{0i} \approx \lambda_t - \lambda_1 + v_{it} - v_{i1}$$

そして，時間効果 $\lambda_t - \lambda_1$ をクロスセクション平均からの偏差を取ることで次のように取り除く。

$$z_{it} = \left(y_{it} - \widehat{\beta}_{0i}\right) - \frac{1}{N} \sum_{i=1}^{N} \left(y_{it} - \widehat{\beta}_{0i}\right) \approx (v_{it} - v_{i1}) - (\overline{v}_t - \overline{v}_1) \quad (6.6)$$

ただし，$\overline{v}_t = \frac{1}{N} \sum_{i=1}^{N} v_{it}$, $\overline{v}_1 = \frac{1}{N} \sum_{i=1}^{N} v_{i1}$ である。以上の一連の計算手順をみると，Choi (2006) の方法は時系列分析の手法である Elliott, Rothenberg and Stock (1996) の GLS 法で定数項を取り除き，その後にパネルデータ分析の基本的手法の一つであるクロスセクション平均からの偏差を取ることでクロスセクション間の相関をもたらしている時間効果を取り除いていることがわかる。

トレンドモデル

トレンドが入った場合も定数項モデルと考え方は同じである。i ごとに $[y_{i1}, y_{i2} - (1+\frac{c}{T})y_{i1}, \cdots, y_{iT} - (1+\frac{c}{T})y_{i,T-1}]'$ を $[1, 1-(1+\frac{c}{T}), \cdots, 1-(1+\frac{c}{T})]'$ と $[1, 1-\frac{c}{T}, \cdots, 1-\left(1+\frac{c(T-1)}{T}\right)]'$ に回帰して β_0, β_1 の GLS 推定値 $\widehat{\beta}_{0i}, \widehat{\beta}_{1i}$ を得る。ただし，Elliott, Rothenberg and Stock (1996) に従い，$c = -13.5$ とする。このとき，T が十分大きいとき次を得る。

$$\begin{aligned} y_{it} - \widehat{\beta}_{0i} - \widehat{\beta}_{1i} \approx{} & \lambda_t - \lambda_1 - \left(\eta\lambda_T + \frac{\mu_i(1-c+c^2/2)}{1-c+c^2/3}\right)\frac{t}{T} \\ & -\gamma_i\left(1-c+\frac{c^2}{2}\right) + v_{it} - v_{i1} \\ & -\left[\left(1-\frac{(T-1)c}{T}\right)v_{iT} + \frac{c^2}{T^2}\sum_{t=2}^{T}(t-1)v_{i,t-1}\right]\frac{t}{T(1-c+c^2/3)} \end{aligned} \quad (6.7)$$

ただし，$\eta = (1-c)/(1-c+c^2/3)$ である。ここで (6.7) に現れる時間効果 $\lambda_t - \lambda_1$ をクロスセクション平均からの偏差を取ることで次のように取り除く。

$$\begin{aligned} w_{it} ={} & \left(y_{it} - \widehat{\beta}_{0i} - \widehat{\beta}_{1i}t\right) - \frac{1}{N}\sum_{i=1}^{N}\left(y_{it} - \widehat{\beta}_{0i} - \widehat{\beta}_{1i}t\right) \\ \approx{} & -\mu_i\left(\frac{1-c+c^2/2}{1-c+c^2/3}\right)\frac{t}{T} - \gamma_i\left(1-c+\frac{c^2}{2}\right) + v_{it} - v_{i1} \\ & -\left[\left(1-\frac{(T-1)c}{T}\right)v_{iT} + \frac{c^2}{T^2}\sum_{t=2}^{T}(t-1)v_{i,t-1}\right]\frac{t}{T(1-c+c^2/3)} \\ & +\left(\frac{1}{N}\sum_{i=1}^{N}\mu_i\right)\frac{1-c+c^2/2}{1-c+c^2/3}\frac{t}{T} \\ & +\left(\frac{1}{N}\sum_{i=1}^{N}\gamma_i\right)\left(1-c+\frac{c^2}{2}\right) - \overline{v}_t + \overline{v}_1 \\ & +\left[\left(1-\frac{(T-1)c}{T}\right)\overline{v}_T + \frac{c^2}{T^2}\sum_{t=2}^{T}(t-1)\overline{v}_{t-1}\right]\frac{t}{T(1-c+c^2/3)} \end{aligned}$$

ただし, $\bar{v}_{t-1} = \frac{1}{N}\sum_{i=1}^{N} v_{i,t-1}$ である。この結果は (6.6) とは異なり, w_{it} には個別効果 μ_i と γ_i が残っているが, これらの項は漸近的には単位根の帰無分布には影響しない。

Choi (2006) は定数, トレンド, 時間効果が取り除かれた各系列 z_{it}, w_{it} に ADF 検定を適用し, 5.3 節で紹介された Maddala and Wu (1999), Choi (2001) の Combination 検定を用いることを提案している。ADF 検定は次のモデルにおける $\hat{\rho}_0$ の t 検定によって行われる。

定数項モデル $\quad \Delta z_{it} = \hat{\rho}_0 z_{i,t-1} + \sum_{k=1}^{k_i-1} \hat{\rho}_k \Delta z_{i,t-k} + \hat{u}_{it}$

トレンドモデル $\quad \Delta w_{it} = \hat{\rho}_0 w_{i,t-1} + \sum_{k=1}^{k_i-1} \hat{\rho}_k \Delta w_{i,t-k} + \hat{u}_{it}$

定数項モデルの ADF 検定は ADF-GLS$^\mu$ 検定, トレンドモデルの ADF 検定は ADF-GLS$^\tau$ 検定と呼ばれており, $N, T \to \infty$ のとき, ADF-GLS$^\mu$ 検定は DF 分布に基づいて, ADF-GLS$^\tau$ 検定は Elliott, Rothenberg and Stock (1996) で導かれている分布に基づいて検定が行われる。

p_i が第 i 個体の ADF-GLS 検定の漸近的 p 値を表すとすると, パネル単位根検定の検定統計量は以下で与えられる。

$$P_m = -\frac{1}{\sqrt{N}} \sum_{i=1}^{N} (\log(p_i) + 1)$$

$$Q = \frac{1}{\sqrt{N}} \sum_{i=1}^{N} \Phi^{-1}(p_i)$$

$$L^* = \frac{1}{\sqrt{\pi^2 N/3}} \sum_{i=1}^{N} \log\left(\frac{p_i}{1-p_i}\right)$$

ここで, P_m は 5.3 節で説明した P を修正した統計量, Q, Φ は 5.3 節で定義されたものである。L^* は George (1977) の logit 検定を標準正規分布に従うように修正したものである。

これらの 3 つの検定統計量は $T \to \infty$ の後に $N \to \infty$ とする逐次極限理論のもとで

$$P_m, Q, L^* \xrightarrow[N,T \to \infty]{d} \mathcal{N}(0,1)$$

となることが示されている。P_m の棄却域は上側，Q, L^* の棄却域は下側である。Choi (2006) はシミュレーション結果から3つの統計量のうち，P_m と Q のパフォーマンスがよいことを確認している。

最後にファクター構造によってクロスセクション間の相関をモデル化した場合について考えよう。このアプローチを用いて単位根検定を議論した代表的な研究は Moon and Perron (2004)，Bai and Ng (2004)，Pesaran (2007) である。以下，順に見ていこう。

6.2.3　Moon and Perron 検定：ファクターアプローチ1

Moon and Perron (2004) はファクター構造を仮定した，次のようなモデルを考えている。

$$y_{it} = \alpha_{i0} + x_{it} \tag{6.8}$$
$$x_{it} = \rho_i x_{i,t-1} + u_{it} \tag{6.9}$$
$$u_{it} = \boldsymbol{\lambda}_i' \mathbf{f}_t + e_{it} \tag{6.10}$$

ここで，α_{i0} は固定効果で，$\mathbf{f}_t$ と $\boldsymbol{\lambda}_i$ は $R \times 1$ のファクターベクトル，ファクター負荷ベクトル，e_{it} は固有要因項 (idiosyncratic term) である。このモデルは次のように表すこともできる。

$$y_{it} = (1-\rho_i)\alpha_{i0} + \rho_i y_{i,t-1} + u_{it}$$
$$u_{it} = \boldsymbol{\lambda}_i' \mathbf{f}_t + e_{it}$$

ここで，ある $m > 1$ に対して

$$\mathbf{f}_t = \sum_{j=0}^{\infty} \mathbf{C}_j \boldsymbol{\eta}_{t-j}, \quad \boldsymbol{\eta}_t \sim i.i.d.(\mathbf{0}, \mathbf{I}_K), \quad \sum_{j=0}^{\infty} j^m \|\mathbf{C}_j\| < \infty,$$
$$e_{it} = \sum_{j=0}^{\infty} d_{ij} \varepsilon_{i,t-j}, \quad \varepsilon_{it} \sim i.i.d.(0,1), \quad \boldsymbol{\eta}_t \text{ と } \varepsilon_{it} \text{ は独立}$$

であり，

$$\frac{1}{T} \sum_{t=1}^{T} \mathbf{f}_t \mathbf{f}_t' \xrightarrow[T \to \infty]{p} \boldsymbol{\Sigma}_f > 0, \tag{6.11}$$

第 6 章　第 2 世代の単位根検定と定常性検定　　185

$$\frac{1}{N}\sum_{i=1}^{N}\boldsymbol{\lambda}_i\boldsymbol{\lambda}_i' \xrightarrow[N\to\infty]{} \boldsymbol{\Sigma}_\lambda > 0$$

を満たすと仮定する[132]。仮定 (6.11) は共通ファクター $\mathbf{f}_t$ は和分の次数が 0 の $I(0)$ 変数であることを意味している[133]。また，e_{it} の (短期) 分散，長期分散，片側長期分散を次のように定義する。

$$\text{(短期) 分散} \quad \sigma_{e,i}^2 = \sum_{j=0}^{\infty} d_{ij}^2, \qquad \sigma_e^2 = \lim_{N\to\infty}\frac{1}{N}\sum_{i=1}^{N}\sigma_{e,i}^2$$

$$\text{長期分散} \quad \omega_{e,i}^2 = \left(\sum_{j=0}^{\infty} d_{ij}\right)^2, \qquad \omega_e^2 = \lim_{N\to\infty}\frac{1}{N}\sum_{i=1}^{N}\omega_{e,i}^2$$

$$\phi_e^4 = \lim_{N\to\infty}\frac{1}{N}\sum_{i=1}^{N}\omega_{e,i}^4$$

$$\text{片側長期分散} \quad \delta_{e,i} = \sum_{l=1}^{\infty}\sum_{j=1}^{\infty} d_{ij}d_{i,j+l}, \qquad \delta_e = \lim_{N\to\infty}\frac{1}{N}\sum_{i=1}^{N}\delta_{e,i}$$

Moon and Perron (2004) は次の仮説を考えている。

$$H_0 : \rho_i = 1 \qquad (\text{全ての } i)$$
$$H_1 : |\rho_i| < 1 \qquad (\text{いくつかの } i)$$

したがって，Moon and Perron (2004) は観測可能な変数の単位根検定を行っていると解釈できる。これは次に紹介する Bai and Ng (2004) との大きな違いである。

ここで，

$$\underset{(T\times N)}{\mathbf{Y}} = (\mathbf{y}_1,\cdots\mathbf{y}_N), \qquad \underset{(T\times 1)}{\mathbf{y}_i} = (y_{i1},\cdots,y_{iT})'$$

$$\underset{(T\times N)}{\mathbf{Y}_{-1}} = (\mathbf{y}_{1,-1},\cdots\mathbf{y}_{N,-1}), \qquad \underset{(T\times 1)}{\mathbf{y}_{i,-1}} = (y_{i0},\cdots,y_{i,T-1})'$$

$$\underset{(T\times N)}{\mathbf{X}} = (\mathbf{x}_1,\cdots,\mathbf{x}_N), \qquad \underset{(T\times 1)}{\mathbf{x}_i} = (x_{i1},\cdots,x_{iT})'$$

---

[132] より詳細な仮定については Moon and Perron (2004) を参照されたい。
[133] ある系列 $\{y_t\}$ が定常のとき，$\{y_t\}$ の和分の次数は 0 であり，y_t は $I(0)$ 変数であるという。ある非定常系列 $\{x_t\}$ が一階階差を取ったときに $I(0)$ になるとき，すなわち $\Delta x_t = x_t - x_{t-1} \sim I(0)$ になるとき，$\{x_t\}$ の和分の次数 1 であり，x_t は $I(1)$ 変数であるという。

$$\begin{array}{rl}
\underset{(T\times N)}{\mathbf{X}_{-1}} = & (\mathbf{x}_{1,-1},\cdots\mathbf{x}_{N,-1}), \quad \underset{(T\times 1)}{\mathbf{x}_{i,-1}}=(x_{i0},\cdots,x_{i,T-1})' \\
\underset{(T\times N)}{\mathbf{E}} = & (\mathbf{e}_1,\cdots\mathbf{e}_N), \quad \underset{(T\times 1)}{\mathbf{e}_i}=(e_{i1},\cdots,e_{iT})' \\
\underset{(T\times R)}{\mathbf{F}} = & (\mathbf{f}_1,\cdots,\mathbf{f}_T)', \quad \underset{(N\times R)}{\mathbf{\Lambda}}=(\boldsymbol{\lambda}_1,\cdots,\boldsymbol{\lambda}_N)' \\
\underset{(N\times 1)}{\boldsymbol{\alpha}} = & (\alpha_{10},\cdots,\alpha_{N0})' \quad \underset{(T\times 1)}{\boldsymbol{\iota}_T}=(1,\cdots,1)' \\
\underset{(N\times N)}{\rho(L)} = & diag(\rho_1 L,\cdots\rho_N L), \quad L \text{ はラグオペレーター}
\end{array}$$

を使って，$T\times N$ 行列でモデル (6.8)-(6.10) を表すと，

$$\mathbf{Y} = \boldsymbol{\iota}_T\boldsymbol{\alpha}' + \mathbf{X}$$
$$\mathbf{X}(\mathbf{I}_N - \rho(L)) = \mathbf{F}\mathbf{\Lambda}' + \mathbf{E}$$

となる。このモデルは帰無仮説 $H_0: \rho_i = 1\ (i=1,...,N)$ のもとでは

$$\mathbf{Y} = \mathbf{Y}_{-1} + \mathbf{U} \qquad (6.12)$$
$$\mathbf{U} = \mathbf{F}\mathbf{\Lambda}' + \mathbf{E}$$

と表すことができる。

ここで，Moon and Perron 検定の考え方を見るために，ファクター負荷行列 $\mathbf{\Lambda}$ と固有要因項 $\mathbf{E}$ が既知である場合を考えよう。$\mathbf{Q}_{\Lambda_R} = \mathbf{I}_N - \mathbf{\Lambda}\left(\mathbf{\Lambda}'\mathbf{\Lambda}\right)^{-1}\mathbf{\Lambda}'$ を (6.12) に右からかけると，$\mathbf{\Lambda}'\mathbf{Q}_{\Lambda_R} = \mathbf{0}$ より

$$\begin{aligned}
\mathbf{Y}\mathbf{Q}_{\Lambda_R} &= \mathbf{Y}_{-1}\mathbf{Q}_{\Lambda_R} + \mathbf{F}\mathbf{\Lambda}'\mathbf{Q}_{\Lambda_R} + \mathbf{E}\mathbf{Q}_{\Lambda_R} \\
&= \mathbf{Y}_{-1}\mathbf{Q}_{\Lambda_R} + \mathbf{E}\mathbf{Q}_{\Lambda_R}
\end{aligned}$$

となってファクター行列 $\mathbf{F}$ が取り除かれることがわかる。

ここで次のような Pooled OLS 推定量を考えよう。

$$\widetilde{\rho}^+_{pool} = \frac{tr(\mathbf{Y}_{-1}\mathbf{Q}_{\Lambda_R}\mathbf{Y}') - NT\widetilde{\delta}_e}{tr(\mathbf{Y}_{-1}\mathbf{Q}_{\Lambda_R}\mathbf{Y}'_{-1})}$$

ただし，$\widetilde{\delta}_e$ は $\mathbf{E}\mathbf{Q}_{\Lambda_R}$ の系列相関を修正している。この $\widetilde{\rho}^+_{pool}$ はファクター $\mathbf{F}$ を取り除いたパネルデータの Pooled OLS 推定量である。Moon and Perron (2004) は $\widetilde{\rho}^+_{pool}$ は H_0 のもとで，$N,T \to \infty$, $N/T \to 0$ のとき，

$$\sqrt{N}T\left(\widetilde{\rho}^+_{pool} - 1\right) \xrightarrow[N,T\to\infty]{d} \mathcal{N}\left(0, \frac{2\phi_e^4}{\omega_e^4}\right)$$

という漸近分布を持つことを示しており，これより，次のような2つの(実行できない)検定統計量を提案している。

$$\tilde{t}_a = \frac{\sqrt{NT}(\widetilde{\rho}_{pool}^+ - 1)}{\sqrt{2\phi_e^4/\omega_e^4}}$$

$$\tilde{t}_b = \sqrt{NT}(\widetilde{\rho}_{pool}^+ - 1)\sqrt{\frac{1}{NT^2}tr(\mathbf{Y}_{-1}\mathbf{Q}_{\Lambda_R}\mathbf{Y}'_{-1})\frac{\omega_e^2}{\phi_e^4}}$$

ここで，$tr(\mathbf{Y}_{-1}\mathbf{Q}_{\Lambda_R}\mathbf{Y}'_{-1})/NT^2 \xrightarrow{p} \omega_e^2/2$ という結果を使うことで，両統計量は漸近的に同一であることがわかる。そして，$N, T \to \infty$，$N/T \to 0$ のとき，

$$\tilde{t}_a, \tilde{t}_b \xrightarrow[N,T\to\infty]{d} \mathcal{N}(0,1)$$

になることを示している。以上の議論より，Moon and Perron 検定はクロスセクションの相関を引き起こす共通ファクター $\mathbf{f}_t$ を取り除き，その後の系列にパネル単位根検定を行っていると解釈できる。

以上では簡単化のためにいくつかのパラメータを既知として扱ってきたが，実際にこの検定を使うためにはファクターの数 R，ファクター負荷 $\boldsymbol{\lambda}_i$，$\mathbf{e}_{it}$ の長期分散を推定しなければならない。

ファクター負荷行列 $\boldsymbol{\Lambda}$ の推定

u_{it} はファクターモデルの構造になっているので，$\boldsymbol{\lambda}_i$ の推定には付録 C で説明している主成分分析を使うことができる。ただし，ここではモデル (6.12) において誤差項 u_{it} が未知なので，次のように残差を使う。

$$\widehat{\mathbf{U}} = \mathbf{Y} - \widehat{\rho}_{pool}\mathbf{Y}_{-1}$$

ただし，$\widehat{\rho}_{pool} = tr(\mathbf{Y}'_{-1}\mathbf{Y})/tr(\mathbf{Y}'_{-1}\mathbf{Y}_{-1})$ である。$\widehat{\mathbf{U}}$ に付録 C で説明されている主成分を適用することで $\boldsymbol{\Lambda}$ の推定値が得られる。Moon and Perron (2004) は主成分分析で得られた $\boldsymbol{\Lambda}$ の推定値を使った $\mathbf{Q}_{\widehat{\Lambda}_R}$ は $\mathbf{Q}_{\Lambda_R}$ の一致推定量であることを示している。

長期分散の推定

次に e_{it} の長期分散の推定について考える。$\widehat{e}_{it}$ を $\widehat{\mathbf{E}} = \widehat{\mathbf{U}}\mathbf{Q}_{\widehat{\Lambda}_R}$ の (t, i) 番目の要素として，第 j 次自己共分散を $\widehat{\gamma}_i(j) = \frac{1}{T}\sum_{1 \leq t, t+j \leq T}\widehat{e}_{it}\widehat{e}_{i,t+j}$ とする。

そして，次を定義する。
$$\widehat{\delta}_{e,i} = \sum_{j=1}^{T-1} k\left(\frac{j}{M}\right)\widehat{\gamma}_i(j), \qquad \widehat{\omega}_{e,i}^2 = \sum_{j=-T+1}^{T-1} k\left(\frac{j}{M}\right)\widehat{\gamma}_i(j)$$

ここで，$k(\cdot)$ はカーネル関数，M はバンド幅である[134]。そして，次を定義する。

$$\widehat{\delta}_e = \frac{1}{N}\sum_{i=1}^{N}\widehat{\delta}_{e,i}, \qquad \widehat{\omega}_e^2 = \frac{1}{N}\sum_{i=1}^{N}\widehat{\omega}_{e,i}^2, \qquad \widehat{\phi}_e^4 = \frac{1}{N}\sum_{i=1}^{N}\widehat{\omega}_{e,i}^4$$

これらの推定量は適当な条件の下で長期分散の一致推定量になることが Moon and Perron (2004) で示されている。

以上の手順により，Moon and Perron (2004) は次の 2 つの実行可能な検定統計量を提案している。

$$\begin{aligned} t_a &= \frac{\sqrt{N}T(\widehat{\rho}_{pool}^+ - 1)}{\sqrt{2\widehat{\phi}_e^4/\widehat{\omega}_e^4}} \\ t_b &= \sqrt{N}T(\widehat{\rho}_{pool}^+ - 1)\sqrt{\frac{1}{NT^2}tr(\mathbf{Y}_{-1}\mathbf{Q}_{\widehat{\Lambda}_R}\mathbf{Y}_{-1}')\frac{\widehat{\omega}_e^2}{\widehat{\phi}_e^4}} \end{aligned}$$

ただし，
$$\widehat{\rho}_{pool}^+ = \frac{tr(\mathbf{Y}_{-1}\mathbf{Q}_{\widehat{\Lambda}_R}\mathbf{Y}') - NT\widehat{\delta}_e}{tr(\mathbf{Y}_{-1}\mathbf{Q}_{\widehat{\Lambda}_R}\mathbf{Y}_{-1}')}$$

である。そして，$N, T \to \infty$, $N/T \to 0$ のときに

$$t_a, t_b \xrightarrow[N,T\to\infty]{d} \mathcal{N}(0,1)$$

になることを示している。

ファクター数 R の選択

以上の議論はファクター数が与えられたときに計算できるが，一般的にはファクター数 R は未知であるので，R を決めなければならない。Moon and Perron (2004) は Bai and Ng (2002) に倣って，情報量基準

$$PC(r) = W(\widehat{\mathbf{\Lambda}}_r, r) + rG_{NT}$$

---

[134] 代表的なカーネル関数については付録の (B.12) を参照されたい。

$$IC(r) = \log\left(W(\widehat{\mathbf{\Lambda}}_r, r)\right) + rG_{NT}$$

を使ってファクター数を決める方法を提案している。ただし，$W(\widehat{\mathbf{\Lambda}}_r, r) = tr\left(\widehat{\mathbf{U}}' \mathbf{Q}_{\widehat{\Lambda}_r} \widehat{\mathbf{U}}\right)/NT$ である。罰則関数 G_{NT} の具体的な形については付録 C を参照されたい[135]。

Moon and Perron 検定の計算手順は次のようにまとめられる。ここでは $(T \times N)$ のデータ行列 $\mathbf{Y}$, $\mathbf{Y}_{-1}$ が利用可能であると想定して説明する。

Moon and Perron 検定の手順

Step 1: $\mathbf{Y}$ を $\mathbf{Y}_{-1}$ に回帰して $\widehat{\mathbf{U}}$ を求める。

Step 2: $\widehat{\mathbf{U}}$ に主成分分析を用いてファクター行列 $\mathbf{F}$ とファクター負荷行列 $\mathbf{\Lambda}$ を推定し，情報量基準を最小にする R^* を決める。

Step 3: Step 2 で得られた R^* と $\widehat{\mathbf{\Lambda}}$ より，$\widehat{\mathbf{E}} = \widehat{\mathbf{U}} \mathbf{Q}_{\widehat{\Lambda}_{R^*}}$, $\mathbf{Q}_{\Lambda_{R^*}} = \mathbf{I}_N - \widehat{\mathbf{\Lambda}}\left(\widehat{\mathbf{\Lambda}}'\widehat{\mathbf{\Lambda}}\right)^{-1}\widehat{\mathbf{\Lambda}}'$ と，長期分散の推定値，$\widehat{\delta}_e$, $\widehat{\omega}_e^2$, $\widehat{\phi}_e^4$ を計算する。

Step 4: Step 2, 3 で得られた $\mathbf{Q}_{\widehat{\Lambda}_R^*}$ と長期分散より，t_a, t_b を計算する。

ところで，今までの議論はモデル (6.8)-(6.10) に基づいた，固定効果のみが含まれたケースを扱っているが，GDP や生産量など確定的トレンドが存在すると疑われる経済変数を扱う場合，モデルにトレンド項を含める必要がある。この拡張は理論的には容易であるが，Moon and Perron (2004) はトレンド項が入った場合，t_a, t_b 検定の検出力が著しく落ちるため，提案された検定を確定的トレンドがあると疑われる経済データに使うことを推奨していない。しかしながら，これは Moon and Perron (2004) 検定が有用ではないということを意味していない。為替レートや利子率，インフレ率などトレンドがないと考えられる経済データの分析には有効な方法である。

---

[135] Moon and Perron (2004) の罰則関数には誤植 (分子分母が逆) があるので注意されたい。

6.2.4 Bai and Ng 検定：ファクターアプローチ 2

Bai and Ng (2004) は次のようなファクターモデルを考えている。

$$X_{it} = c_i + \beta_i t + \boldsymbol{\lambda}_i' \mathbf{F}_t + e_{it} \quad (i=1,...,N;\ t=1,...,T)$$
$$(1-L)\mathbf{F}_t = \mathbf{C}(L)\mathbf{u}_t$$
$$(1-\rho_i L)e_{it} = D_i(L)\varepsilon_{it}$$

ただし，$\mathbf{C}(L) = \sum_{j=0}^{\infty} \mathbf{C}_j L^j$，$D_i(L) = \sum_{j=0}^{\infty} D_{ij} L^j$ である。このモデルでは，唯一観測可能な変数 X_{it} は確定項 $c_i + \beta_i t$，R 個の共通ファクターで構成されている共通要因項 $\boldsymbol{\lambda}_i' \mathbf{F}_t$，固有要因項 e_{it} の 3 つの要素で構成されていると仮定している。Moon and Perron (2004) では共通ファクターと固有要因項は同じ和分の次数を持つ，すなわち両変数とも $I(0)$ 変数であることを想定していたが，Bai and Ng (2004) のモデルでは共通ファクター $\mathbf{F}_t$ と固有要因項 e_{it} の和分の次数は異なっていてもよい。Bai and Ng (2004) は次のような仮定を置いている[136]。

仮定 1 $\quad \dfrac{1}{N}\sum_{i=1}^{N} \boldsymbol{\lambda}_i \boldsymbol{\lambda}_i' \xrightarrow[N\to\infty]{p} \boldsymbol{\Sigma}_\lambda, \quad \mathbf{u}_t \sim i.i.d.(\mathbf{0}, \boldsymbol{\Sigma}_u),$

仮定 2 $\quad \varepsilon_{it}$ は t に関して独立であり，$E(\varepsilon_{it}) = 0,\ Var(\varepsilon_{it}) = \sigma_{\varepsilon,i}^2$

仮定 3 $\quad rank\,[\mathbf{C}(1)] = R_1,\ (0 \leq R_1 \leq R)$

仮定 3 の $\mathbf{C}(1)$ のランクが R_1 ということは，共通ファクター $\mathbf{F}_t$ ($R \times 1$) のうち $R_0 = R - R_1$ 個が $I(0)$ 変数，R_1 個が $I(1)$ 変数であるということを意味している。

Bai and Ng (2004) の方法の最大の特徴は Moon and Perron (2004) のように観測値そのものに対して単位根検定を行うのではなく，X_{it} を構成している要素の共通要因項 $\boldsymbol{\lambda}_i' \mathbf{F}_t$ と固有要因項 e_{it} を別々に単位根検定するという

---

[136] より詳細な仮定については Bai and Ng (2004) を参照されたい。

点であり，提案された方法を **PANIC**(Panel Analysis of Nonstationarity in Idiosyncratic and Common components) と呼んでいる．

以下では定数項のみを含んだモデル (定数項モデル)，定数項とトレンドを含んだモデル (トレンドモデル) に分けて説明していこう．

定数項モデル

定数項のみを含んだモデルは以下のようになる．

$$X_{it} = c_i + \boldsymbol{\lambda}_i' \mathbf{F}_t + e_{it}$$

ここで，$x_{it} = \Delta X_{it}$, $\mathbf{f}_t = \Delta \mathbf{F}_t$, $z_{it} = \Delta e_{it}$ とすると，一階階差を取ったモデルは以下のように表せる．

$$x_{it} = \boldsymbol{\lambda}_i' \mathbf{f}_t + z_{it}$$

この x_{it} に付録 C で説明した主成分分析を用いると R 個の推定されたファクター $\widehat{\mathbf{f}}_t$ とそのファクター負荷 $\widehat{\boldsymbol{\lambda}}_i$，推定残差 $\widehat{z}_{it}$ が計算できる．そして，$t = 2, \cdots, T$ に対して

$$\begin{aligned} \widehat{e}_{it} &= \sum_{s=2}^{t} \widehat{z}_{is} \quad (i = 1, ..., N) \\ \underset{(R \times 1)}{\widehat{\mathbf{F}}_t} &= \sum_{s=2}^{t} \widehat{\mathbf{f}}_s \end{aligned}$$

を計算する．Bai and Ng (2004) の方法は $\widehat{e}_{it}$ の単位根検定と $\widehat{\mathbf{F}}_t$ に含まれる $I(1)$ 変数の個数 R_1 個の検定を別々に行う．

固有要因項 $\widehat{e}_{it}$ の検定

最初に i ごとに単位根検定を行ったときの結果を示し，その後でパネルへの拡張を説明しよう．

$ADF_{\widehat{e}}^c(i)$ が定数項とトレンドを含まない自己回帰モデル

$$\Delta \widehat{e}_{it} = d_{i0} \widehat{e}_{i,t-1} + d_{i1} \Delta \widehat{e}_{i,t-1} + \cdots + d_{ip} \Delta \widehat{e}_{i,t-p} + \text{error}$$

において，$d_{i0} = 0$ を検定する t 統計量を表しているとすると，Bai and Ng (2004) は $ADF_{\widehat{e}}^c(i)$ は定数項無しの DF 分布に従うことを示している．

次にクロスセクションの情報を取り込んだパネル単位根検定について考察する。クロスセクションの情報を取り込む方法としてはデータを pool する，統計量を pool するという方法等があるが，Bai and Ng (2004) は Maddala and Wu (1999), Choi (2001) のように，p 値を用いた Combination 検定を提案している。彼らは $p_{\hat{e}}^c(i)$ が $ADF_{\hat{e}}^c(i)$ の p 値を表しているとすると，e_{it} が i に関して独立であるという仮定のもとで

$$P_{\hat{e}}^c = \frac{-2\sum_{i=1}^{N}\log p_{\hat{e}}^c(i) - 2N}{\sqrt{4N}} \xrightarrow[N\to\infty]{d} \mathcal{N}(0,1) \tag{6.13}$$

が成り立つことを示している[137]。

また，Bai and Ng (2010) は p 値を pool する代わりにデータを pool して $\hat{e}_{it}$ の単位根検定を行う方法や，Sargan and Bhargava (1983), Stock (1990) によって提案された (修正)Bhargava and Sargan (MSB) 検定をパネルデータに応用したパネル修正 Bhargava and Sargan(PMSB) 検定を提案している。

共通ファクター $\widehat{\mathbf{F}}_t$ の検定

次に，共通ファクター $\widehat{\mathbf{F}}_t$ の検定について説明しよう。共通ファクターの検定はファクターの数によって方法が異なってくる。

<u>$R = 1$ の場合：</u>

$ADF_{\hat{F}}^c$ を定数項を含んだ自己回帰モデル

$$\Delta\widehat{F}_t = c + \delta_0 \widehat{F}_{t-1} + \delta_1 \Delta\widehat{F}_{t-1} + \cdots + \delta_p \Delta\widehat{F}_{t-p} + \text{error}$$

の $\delta_0 = 0$ を検定する t 統計量とすると，Bai and Ng (2004) は $ADF_{\hat{F}}^c$ は定数項のみを含んだ場合の DF 分布に従うことを示している。

<u>$R > 1$ の場合：</u>

$\widehat{\mathbf{F}}_t^c = \widehat{\mathbf{F}}_t - \frac{1}{T-1}\sum_{t=2}^{T}\widehat{\mathbf{F}}_t$ を計算して，次の手順を $m = R$ からスタートする。

---

137) Westerlund and Larsson (2009) は Bai and Ng (2004) の証明の誤りを指摘するとともに，小標本でのパフォーマンスを改善する方法を提案している。

Step 1: $\widehat{\boldsymbol{\beta}}_\perp$ を $\frac{1}{T^2}\sum_{t=2}^T \widehat{\mathbf{F}}_t^c \widehat{\mathbf{F}}_t^{c'}$ の大きい方から m 個の固有値に対応する固有ベクトルとして, $\widehat{\mathbf{Y}}_t^c = \widehat{\boldsymbol{\beta}}_\perp' \widehat{\mathbf{F}}_t^c$ を計算する。

Step 2: 2つの統計量を考える。

(統計量 1) $\widehat{\boldsymbol{\xi}}_t^c$ が $\widehat{\mathbf{Y}}_t^c$ の VAR(1) モデルの推定残差を表すとする。そして

$$\widehat{\boldsymbol{\Sigma}}_1^c = \sum_{j=1}^M k\left(\frac{j}{M}\right) \left(\frac{1}{T}\sum_{t=2}^T \widehat{\boldsymbol{\xi}}_{t-j}^c \widehat{\boldsymbol{\xi}}_t^{c'}\right)$$

$$k\left(\frac{j}{M}\right) = 1 - \frac{j}{M+1}, \quad j = 0, 1, ..., M$$

を計算する。ただし, M はバンド幅である。$\widehat{\nu}_c^c(m)$ が

$$\widehat{\boldsymbol{\Phi}}_c^c(m) = 0.5 \left[\sum_{t=2}^T \left(\widehat{\mathbf{Y}}_t^c \widehat{\mathbf{Y}}_{t-1}^{c'} + \widehat{\mathbf{Y}}_{t-1}^c \widehat{\mathbf{Y}}_t^{c'}\right) - T\left(\widehat{\boldsymbol{\Sigma}}_1^c + \widehat{\boldsymbol{\Sigma}}_1^{c'}\right)\right]$$
$$\times \left(\sum_{t=2}^T \widehat{\mathbf{Y}}_{t-1}^c \widehat{\mathbf{Y}}_{t-1}^{c'}\right)^{-1}$$

の最小固有値を表すとすると, 1つ目の統計量は $MQ_c^c(m) = T\left[\widehat{\nu}_c^c(m) - 1\right]$ となる。

(統計量 2) $\Delta \widehat{\mathbf{Y}}_t^c$ を VAR(p) で推定し, $\widehat{\boldsymbol{\Pi}}(L) = \mathbf{I}_m - \widehat{\boldsymbol{\Pi}}_1 L - \cdots - \widehat{\boldsymbol{\Pi}}_p L^p$ を求め, $\widehat{\mathbf{y}}_t^c = \widehat{\boldsymbol{\Pi}}(L)\widehat{\mathbf{Y}}_t^c$ を計算する。$\widehat{\nu}_f^c(m)$ が

$$\boldsymbol{\Phi}_f^c(m) = 0.5\left[\sum_{t=2}^T \left(\widehat{\mathbf{y}}_t^c \widehat{\mathbf{y}}_{t-1}^{c'} + \widehat{\mathbf{y}}_{t-1}^c \widehat{\mathbf{y}}_t^{c'}\right)\right] \left(\widehat{\mathbf{y}}_{t-1}^c \widehat{\mathbf{y}}_{t-1}^{c'}\right)^{-1}$$

の最小固有値を表すとすると, 2つ目の統計量は $MQ_f^c(m) = T\left[\widehat{\nu}_f^c(m) - 1\right]$ となる。

Step 3: 表 6.1 の臨界値を用いて, $H_0: R_1 = m$ が棄却された場合は Step 1 に戻り $m = m - 1$ とする。棄却されなかった場合は $R = m$ とする。

以上の計算手順を見ると, Bai and Ng 検定は $\mathbf{F}_t, e_{it}$ が $I(0)$ 変数か $I(1)$ 変数であるかの情報を事前に使わずに両変数を別々に単位根検定しているということがわかる。この特徴は観測データそのものの単位根検定を行う Moon and Perron 検定とは異なる点である。

表 6.1: 有意水準 α で $H_0 : R_1 = m$ を検定するときの臨界値

| | 定数項モデル ($MQ^c_{c,f}$) ||| トレンドモデル ($MQ^\tau_{c,f}$) |||
m/α	0.01	0.05	0.1	0.01	0.05	0.1
1	-20.151	-13.730	-11.022	-29.246	-21.313	-17.829
2	-31.621	-23.535	-19.923	-38.619	-31.356	-27.435
3	-41.064	-32.296	-28.399	-50.019	-40.180	-35.685
4	-48.501	-40.442	-36.592	-58.140	-48.821	-44.079
5	-58.383	-48.617	-44.111	-64.729	-55.818	-55.286
6	-66.978	-57.040	-52.312	-74.251	-64.393	-59.555

$MQ^c_{c,f}$ は $MQ^c_f(m)$, $MQ^c_c(m)$ の, $MQ^\tau_{c,f}$ は $MQ^\tau_f(m)$, $MQ^\tau_c(m)$ の臨界値を表している。Bai and Ng (2004) より抜粋。

トレンドモデル

次にトレンドモデルについて考えよう。トレンドモデルの場合も定数項モデルの場合と考え方は同じであるが，トレンドの処理の方法が異なる。

$$X_{it} = c_i + \beta_i t + \boldsymbol{\lambda}'_i \mathbf{F}_t + e_{it} \tag{6.14}$$

ここで，(6.14) の一階階差を取ったモデルからその時系列平均を差し引くと次のようになる。

$$\Delta X_{it} - \overline{\Delta X_i} = \boldsymbol{\lambda}'_i(\Delta \mathbf{F}_t - \overline{\Delta \mathbf{F}}) + (\Delta e_{it} - \overline{\Delta e_i}) \tag{6.15}$$

さらに (6.15) を次のように書き直す。

$$x_{it} = \boldsymbol{\lambda}'_i \mathbf{f}_t + z_{it}$$

ただし，$x_{it} = \Delta X_{it} - \overline{\Delta X}_{it}$, $\mathbf{f}_t = \Delta \mathbf{F}_t - \overline{\Delta \mathbf{F}}$, $z_{it} = \Delta e_{it} - \overline{\Delta e_i}$ である。$\widehat{\mathbf{f}}_t$, $\widehat{\boldsymbol{\lambda}}_i$ を x_{it} に主成分分析を適用したときの $\mathbf{f}_t$ と $\boldsymbol{\lambda}_i$ の推定値とする。そして，$\widehat{z}_{it} = x_{it} - \widehat{\boldsymbol{\lambda}}'_i \widehat{\mathbf{f}}_t$, $\widehat{e}_{it} = \sum_{s=2}^{t} \widehat{z}_{is}$, $\widehat{\mathbf{F}}_t = \sum_{s=2}^{t} \widehat{\mathbf{f}}_s$ とする。

固有要因項 e_{it} の検定

定数項モデルのときと同様に最初に i ごとの単位根検定を考察し，その後でパネル単位根検定に拡張しよう。

$ADF_{\widehat{e}}^{\tau}(i)$ は定数項とトレンドを含まない自己回帰モデル

$$\Delta \widehat{e}_{it} = d_{i0}\widehat{e}_{i,t-1} + d_{i1}\Delta \widehat{e}_{i,t-1} + \cdots + d_{ip}\Delta \widehat{e}_{i,t-p} + \text{error}$$

において $d_{i0} = 0$ を検定する t 統計量を表しているとすると，Bai and Ng (2004) は $ADF_{\widehat{e}}^{\tau}(i)$ が DF タイプの分布とは異なる形の非標準的な分布に従うことを示している．したがって，i ごとに単位根検定を行う場合はシミュレーションで新たに臨界値を計算しなければならない．

次に，パネル単位根検定への拡張を考えよう．$p_{\widehat{e}}^{\tau}(i)$ が $ADF_{\widehat{e}}^{\tau}(i)$ の p 値を表しているとすると，Bai and Ng (2004) は

$$P_{\widehat{e}}^{\tau} = \frac{-2\sum_{i=1}^{N}\log p_{\widehat{e}}^{\tau}(i) - 2N}{\sqrt{4N}} \xrightarrow[N\to\infty]{d} \mathcal{N}(0,1)$$

が成り立つことを示している．

共通ファクター $\widehat{\mathbf{F}}_t$ の検定

定数項モデルと同様，共通ファクターの検定はファクターの数によって方法が異なる．

$R = 1$ の場合

$ADF_{\widehat{F}}^{\tau}$ が定数項とトレンドを含んだ自己回帰モデル

$$\Delta \widehat{F}_t = c_0 + c_1 t + \delta_0 \widehat{F}_{t-1} + \delta_1 \Delta \widehat{F}_{t-1} + \cdots + \delta_p \Delta \widehat{F}_{t-p} + \text{error}$$

において $\delta_0 = 0$ を検定する t 統計量を表しているとすると，$ADF_{\widehat{F}}^{\tau}$ は定数項とトレンドを含んだ場合の DF 分布に等しくなる．

$R > 1$ の場合

$\widehat{\mathbf{F}}_t^{\tau}$ が $\widehat{\mathbf{F}}_t$ を定数項とトレンドに回帰したときの残差を表しているとする．次の手順を $m = R$ からスタートする．

Step 1: $\widehat{\boldsymbol{\beta}}_{\perp}$ を $\frac{1}{T^2}\sum_{t=2}^{T}\widehat{\mathbf{F}}_t^{\tau}\widehat{\mathbf{F}}_t^{\tau'}$ の大きい方から m 個の固有値に対応する固有ベクトルとして，$\widehat{\mathbf{Y}}_t^{\tau} = \widehat{\boldsymbol{\beta}}_{\perp}'\widehat{\mathbf{F}}_t^{\tau}$ を計算する．

Step 2: 2つの統計量を考える．

(統計量 1) $\widehat{\boldsymbol{\xi}}_t^\tau$ が $\widehat{\mathbf{Y}}_t^\tau$ の VAR(1) モデルの推定残差を表すとする．そして

$$\widehat{\boldsymbol{\Sigma}}_1^\tau = \sum_{j=1}^{M} k\left(\frac{j}{M}\right)\left(\frac{1}{T}\sum_{t=2}^{T}\widehat{\boldsymbol{\xi}}_{t-j}^\tau \widehat{\boldsymbol{\xi}}_t^{\tau'}\right)$$

$$k\left(\frac{j}{M}\right) = 1 - \frac{j}{M+1}, \quad j = 0, 1, ..., M$$

を計算する．M はバンド幅である．$\widehat{\nu}_c^\tau(m)$ が

$$\widehat{\boldsymbol{\Phi}}_c^c(m) = 0.5\left[\sum_{t=2}^{T}\left(\widehat{\mathbf{Y}}_t^\tau \widehat{\mathbf{Y}}_{t-1}^{\tau'} + \widehat{\mathbf{Y}}_{t-1}^\tau \widehat{\mathbf{Y}}_t^{\tau'}\right) - T\left(\widehat{\boldsymbol{\Sigma}}_1^\tau + \widehat{\boldsymbol{\Sigma}}_1^{\tau'}\right)\right]$$

$$\times \left(\sum_{t=2}^{T}\widehat{\mathbf{Y}}_{t-1}^\tau \widehat{\mathbf{Y}}_{t-1}^{\tau'}\right)^{-1}$$

の最小固有値を表しているとすると，1つ目の統計量は $MQ_c^\tau(m) = T\left[\widehat{\nu}_c^\tau(m) - 1\right]$ となる．

(統計量 2) $\Delta\widehat{\mathbf{Y}}_t^\tau$ を VAR(p) で推定し，$\widehat{\boldsymbol{\Pi}}(L) = \mathbf{I}_m - \widehat{\boldsymbol{\Pi}}_1 L - \cdots - \widehat{\boldsymbol{\Pi}}_p L^p$ を求め，$\widehat{\mathbf{y}}_t^\tau = \widehat{\boldsymbol{\Pi}}(L)\widehat{\mathbf{Y}}_t^c$ を計算する．$\widehat{\nu}_f^\tau(m)$ が

$$\boldsymbol{\Phi}_f^\tau(m) = 0.5\left[\sum_{t=2}^{T}\left(\widehat{\mathbf{y}}_t^\tau \widehat{\mathbf{y}}_{t-1}^{\tau'} + \widehat{\mathbf{y}}_{t-1}^\tau \widehat{\mathbf{y}}_t^{\tau'}\right)\right]\left(\widehat{\mathbf{y}}_{t-1}^\tau \widehat{\mathbf{y}}_{t-1}^{\tau'}\right)^{-1}$$

の最小固有値を表しているとすると，2つ目の統計量は $MQ_f^\tau(m) = T\left[\widehat{\nu}_f^\tau(m) - 1\right]$ となる．

Step 3: 表 6.1 の臨界値を用いて，$H_0 : R_1 = m$ が棄却された場合は Step 1 に戻り $m = m - 1$ とする．棄却されなかった場合は $R = m$ とする．

6.2.5 Pesaran の CIPS 検定

Pesaran (2007) は観測できない共通ショックが観測可能なデータのクロスセクションの平均で近似的に表せるということを用いた検定を提案している．Pesaran (2007) は次のようなモデルを考えている．

$$\Delta y_{it} = \alpha_i + \beta_i y_{i,t-1} + \lambda_i f_t + \varepsilon_{it} \tag{6.16}$$

ここで, ε_{it} は i,t に関して独立で, $E(\varepsilon_{it})=0$, $Var(\varepsilon_{it})=\sigma_i^2$, 共通ファクター f_t は $f_t \sim i.i.d.(0,\sigma_f^2)$ のスカラー変数, つまり共通ファクターの数は 1 個 ($R=1$) とする. このモデルは $R=1$ という制約を除けば Moon and Perron (2004) と同じモデルである. 検定問題は次のように表される.

$$H_0: \quad \beta_i = 0 \qquad (\text{全ての } i)$$
$$H_1: \quad \beta_i < 0, \qquad (i=1,...,N_1),$$
$$\qquad \beta_i = 0, \qquad (i=N_1+1,...,N)$$

ただし, 検定の一致性を保証するために $N \to \infty$ のとき $N_1/N \to \delta$, $(0 < \delta \le 1)$ とする.

Pesaran 検定のアイデアを見ていこう. モデル (6.16) においてクロスセクションの平均を取ったモデルを次のように表す.

$$\overline{\Delta y}_t = \overline{\alpha} + \overline{\beta y}_{t-1} + \overline{\lambda} f_t + \overline{\varepsilon}_t$$

ここで, $\overline{\Delta y}_t = \frac{1}{N}\sum_{i=1}^{N}\Delta y_{it}$, $\overline{\alpha} = \frac{1}{N}\sum_{i=1}^{N}\alpha_i$, $\overline{\beta y}_{t-1} = \frac{1}{N}\sum_{i=1}^{N}\beta_i y_{i,t-1}$, $\overline{\lambda} = \frac{1}{N}\sum_{i=1}^{N}\lambda_i$, $\overline{\varepsilon}_t = \frac{1}{N}\sum_{i=1}^{N}\varepsilon_{it}$ である. $\overline{\lambda} \ne 0$ という仮定のもとで, 上式の両辺に $\dot{\lambda}_i = \lambda_i/\overline{\lambda}$ をかけると以下が得られる.

$$\dot{\lambda}_i\overline{\Delta y}_t = \dot{\lambda}_i\alpha_i + \dot{\lambda}_i\overline{\beta y}_{t-1} + \lambda_i f_t + \dot{\lambda}_i\overline{\varepsilon}_t \tag{6.17}$$

(6.16) から (6.17) を引くと次のように共通ファクター f_t が取り除かれることがわかる.

$$\Delta y_{it} - \dot{\lambda}_i\overline{\Delta y}_t = \alpha_i - \dot{\lambda}_i\alpha_i + \beta_i y_{i,t-1} - \overline{\beta y}_{t-1} + \varepsilon_{it} - \overline{\varepsilon}_t$$

これを以下のように書き直す.

$$\Delta y_{it} = a_i + b_i y_{i,t-1} + c_i \overline{y}_{t-1} + d_i \overline{\Delta y}_t + e_{it} \tag{6.18}$$

このモデルが Pesaran 検定の基本モデルである. 最初に, 時系列データを用いて i ごとに単位根検定を行う場合を考え, その後でパネル単位根検定へと拡張しよう.

b_i の t 統計量を $t_i(N,T)$ と表すことにしよう. 通常の ADF 検定で t 統計量の漸近分布を導出するときには時系列の標本サイズ T にのみ依存するが,

ここではクロスセクション平均を取った変数が説明変数に含まれているので，T だけではなく，クロスセクションの標本サイズ N にも依存することに注意されたい．

Pesaran (2007) は $N,T \to \infty$ のとき，$t_i(N,T)$ は $i=1,...,N$ について次のような漸近分布を持つことを示している[138]．

$$t_i(N,T) \xrightarrow[N,T\to\infty]{d} CADF_{if} = \frac{\int_0^1 W_i(r)dW_i(r) - \boldsymbol{\psi}'_{if}\boldsymbol{\Lambda}_f^{-1}\boldsymbol{\kappa}_{if}}{\left(\int_0^1 W_i^2(r)dr - \boldsymbol{\kappa}'_{if}\boldsymbol{\Lambda}_f^{-1}\boldsymbol{\kappa}_{if}\right)^{1/2}}, \quad (6.19)$$

ただし，

$$\boldsymbol{\Lambda}_f = \begin{pmatrix} 1 & \int_0^1 W_f(r)dr \\ \int_0^1 W_f(r)dr & \int_0^1 W_f^2(r)dr \end{pmatrix},$$

$$\boldsymbol{\psi}_{if} = \begin{pmatrix} W_i(1) \\ \int_0^1 W_f(r)dW_i(r) \end{pmatrix}, \quad \boldsymbol{\kappa}_{if} = \begin{pmatrix} \int_0^1 W_i(r)dr \\ \int_0^1 W_f(r)W_i(r)dr \end{pmatrix}$$

で，$W_i(r), W_f(r)$ は独立な標準ブラウン運動である．この漸近分布は元々のモデルにクロスセクション平均を取った変数 $\overline{y}_{t-1}, \overline{\Delta y}_t$ を加えたモデルから得られているので **Cross-sectionally Augmented DF(CADF)** 分布と呼ばれている．

クロスセクション間に相関があるモデルの i ごとの単位根検定はこの CADF 分布によって検定できるが，CADF 分布は非標準的な分布であるためシミュレーションによって臨界値を求める必要がある．(Case I) 定数項・トレンドともに含まない場合，(Case II) 定数項のみを含む場合，(Case III) 定数項・トレンドを含む場合の結果が Pesaran (2007) の Table I(a)-(c) に示されている．

系列相関がある場合

これまでの議論は $u_{it} = \lambda_i f_t + v_{it}$ に系列相関がないと仮定していたが，ここでは u_{it} に系列相関を許した場合について考察しよう．

---

[138] 同時極限と逐次極限の結果が一致するためには $N/T \to k, (0 < k < \infty)$ という仮定が必要である．

(a) f_t にのみ系列相関がある場合：

f_t が次のような定常な線形過程に従っているとする。

$$f_t = \sum_{j=0}^{\infty} \psi_j \xi_{t-j} = \psi(L)\xi_t, \qquad \xi_t \sim i.i.d.(0, \sigma_\xi^2)$$

ただし，$\sum_{j=0}^{\infty} j|\psi_j| < \infty$, $\psi(1) \neq 0$ とする。このとき，(6.19) における $W_f(r)$ を $\psi(1)W_\xi(r)$ に変える必要があるが，最終的には $\psi(1)$ が (6.19) に現れないため f_t に系列相関がある場合でも，系列相関がない場合と同じようにモデル (6.18) を漸近分布 (6.19) で検定できる。

(b) f_t, v_{it} の両方に系列相関がある場合：

次のような定式化を考えよう。

$$\begin{aligned} u_{it} &= \lambda_i f_t + v_{it} \\ v_{it} &= \rho_i v_{i,t-1} + \varepsilon_{it}, \quad |\rho_i| < 1, \quad \varepsilon_{it} \sim i.i.d.(0, \sigma_i^2) \end{aligned}$$

この場合，モデル (6.18) は次のような ADF 回帰モデルとして表すことができる。

$$\Delta y_{it} = -\mu_i \beta_i (1-\rho_i) + \beta_i y_{i,t-1} + \rho_i(1+\beta_i)\Delta y_{i,t-1} + \lambda_i(f_t - \rho_i f_{t-1}) + \varepsilon_{it}$$

この式を (6.18) と比べると一階の自己相関を考慮するために説明変数に $\Delta y_{i,t-1}$ を追加していることがわかる。このモデルの単位根検定は次のような cross-section/time-series augumented 回帰モデル

$$\Delta y_{it} = a_i + b_i y_{i,t-1} + c_i \overline{y}_{t-1} + d_{i0}\overline{\Delta y}_t + d_{i1}\overline{\Delta y}_{t-1} + \delta_{i1}\Delta y_{i,t-1} + e_{it} \tag{6.20}$$

の b_i の t 検定を行えばよい。ただし，t 統計量の漸近分布は系列相関がない場合の (6.19) と同じである。

(c) u_{it} に系列相関がある場合：

u_{it} に次のような定式化を仮定する。

$$u_{it} = \rho_i u_{i,t-1} + \eta_{it}, \quad |\rho_i| < 1$$

$$\eta_{it} = \lambda_i f_t + \varepsilon_{it}$$

この場合，モデル (6.18) は次のような ADF 回帰モデルとして表すことができる。

$$\Delta y_{it} = -\mu_i \beta_i (1-\rho_i) + \beta_i(1-\rho_i) y_{i,t-1} + \rho_i(1+\beta_i) \Delta y_{i,t-1} + \lambda_i f_t + \varepsilon_{it}$$

このモデルはパラメータの違いを除けば (b) のケースと同じ構造になっているのでモデル (6.20) において，b_i の t 検定を漸近分布 (6.19) に基づいて行えばよい。

以上は説明のために系列相関に AR(1) モデルを仮定したが，(b),(c) において一般的に AR(p) モデルを仮定した場合，

$$\Delta y_{it} = a_i + b_i y_{i,t-1} + c_i \overline{y}_{t-1} + \sum_{j=0}^{p} d_{ij} \overline{\Delta y}_{t-j} + \sum_{j=1}^{p} \delta_{ij} \Delta y_{i,t-j} + e_{it}$$

において b_i の t 検定を漸近分布 (6.19) に基づいて検定すればよい。

時系列モデルにおける ADF 検定では誤差項の系列相関を考慮するために一階階差を取った変数のラグを説明変数に加えていった場合でも単位根検定をするときの漸近分布の形は変わらないという結果が知られているが，上の結果はクロスセクション間に相関があるパネル単位根検定においても似たような結果が成り立つことを意味している。ただし，ここでは一階階差を取った変数のラグ ($\Delta y_{i,t-j}$) だけではなく，一階階差を取った変数のクロスセクション平均のラグ ($\overline{\Delta y}_{t-j}$) も追加する必要があるという点は異なる。

以上の議論は i ごとに単位根検定を行った場合であるが，以下ではパネル単位根検定へと拡張する。クロスセクションの情報を取り込む方法としてはデータを pool するなどの方法があるが，Pesaran (2007) は IPS 検定の考え方を用いている。第 1 世代の IPS 検定をクロスセクション間に相関がある場合へと拡張した **Cross-sectionally augumented IPS (CIPS)** 検定は次の統計量によって行われる。

$$CIPS(N,T) = \frac{1}{N} \sum_{i=1}^{N} t_i(N,T)$$

ただし，Pesaran (2007) はモーメントの存在条件に関する技術的な問題を解決するために，実際に検定を行うときには次のような切断された CADF 統計量を用いることを提案している。

$$CIPS^*(N,T) = \frac{1}{N}\sum_{i=1}^{N} t_i^*(N,T)$$

ただし，

$$\begin{cases} t_i^*(N,T) = t_i(N,T) & \text{if } -K_1 < t_i(N,T) < K_2 \\ t_i^*(N,T) = -K_1 & \text{if } t_i(N,T) \leq -K_1 \\ t_i^*(N,T) = K_2 & \text{if } t_i(N,T) \geq K_2 \end{cases}$$

(Case I) 定数項・トレンドともに含まないモデル: $K_1 = 6.12$, $K_2 = 4.16$
(Case II) 定数項を含んだモデル: $K_1 = 6.19$, $K_2 = 2.61$
(Case III) 定数項・トレンドともに含んだモデル: $K_1 = 6.42$, $K_2 = 1.70$

検定統計量 $CIPS(N,T)$, $CIPS^*(N,T)$ の臨界値は Pesaran (2007) の Table II(a)-(c) に掲載されている。

Pesaran 検定の長所と短所

Moon and Perron 検定では $N/T \to 0$ という仮定が置かれているので，彼らの検定は T が N に比べて十分大きいパネルデータに対してのみ利用可能であるが，Pesaran 検定ではそのような仮定が置かれていないので，幅広いパネルデータに対して利用可能である。また，Pesaran 検定は Moon and Perron 検定，Bai and Ng 検定のようにファクターモデルを推定する必要がないため，実際に使う上では非常に簡単である一方，欠点としては，Pesaran 検定では共通ファクターが1つであるという強い仮定を置いており，この仮定は現実には成り立たない可能性がある。Pesaran, Smith and Yamagata (2008) はこの問題を Hansen (1995) のアイデアを援用し，新たな変数の情報を取り入れることこの問題点の克服を試みている。

6.2.6 その他の方法

これまで説明してきた第 2 世代の単位根検定は比較的よく知られた方法であるが，これら以外にも例えば，Moon and Perron (2004) とは異なる方法で共通ファクターを取り除く方法を提案した Phillips and Sul (2003)，So and Shin (1999) や Shin and So (2001) によって提案された逐次平均調整法 (Recursive Mean Adjustment Method) を応用した Sul (2009)，操作変数を用いた単位根検定を提案した Chang (2002)，Shin and Kang (2006)，ブートストラップによる単位根検定を提案した Chang (2004)，Cerrato and Sarantis (2007a)，Herwartz and Siedenburg (2008)，サブサンプリングを用いた単位根検定を提案した Choi and Chue (2007) などの方法がある。

6.2.7 検定の特性

第 2 世代の単位根検定の有限標本でのパフォーマンスをモンテカルロ実験で比較した研究として Jang and Shin (2005)，Gutierrez (2006)，Gengenbach, Palm and Urbain (2010) などがある。ここでは特にファクターモデルを用いた単位根検定の結果を簡単にまとめておこう。より詳細な結果はこれらの文献を参照されたい。

1. Moon and Perron 検定は Pesaran 検定よりも検出力が高く，Moon and Perron 検定のうち t_a の方が t_b よりも若干サイズの歪みが小さい。

2. 共通ファクターが $I(1)$ で固有要因項が $I(0)$ の場合，Bai and Ng の方法のみが正しく検定ができ，Moon and Perron 検定や Pesaran 検定は実際は単位根を持っているにも関わらず，それを棄却してしまう。

3. クロスセクション間の相関のモデル化にファクター構造を使った場合，Choi の方法はサイズの歪みが非常に大きくなる。

4. ファクター数 R の推定が必要な Bai and Ng 検定，Moon and Perron 検定で R が情報量基準ではっきり決められない場合は大きい R を使っ

第6章　第2世代の単位根検定と定常性検定

た方がよい。

5. トレンドがある場合，多くの方法は検出力が低くなる。
6. Bai and Ng の方法の共通ファクターに関する検定は $R=1$ の場合も $R>1$ の場合も検出力がそれほど高くない。

6.3 定常性検定

単位根検定と同様，定常性検定もクロスセクション間の相関がある時にはそれを考慮する必要がある。クロスセクション間の相関を許した定常性検定もいくつか提案されているが，ここでは Harris, Leybourne and McCabe (2005)，Bai and Ng (2005) を中心に説明しよう。Harris, Leybourne and McCabe (2005) は Harris, McCabe and Leybourne (2003) の方法を，Bai and Ng (2005) は Bai and Ng (2004) で提案された PANIC を定常性検定に応用している。

6.3.1　Harris, Leybourne and McCabe 検定

Harris, Leybourne and McCabe (2005)(以下，HLM) 検定を説明する前に，まず，時系列モデルの枠組みで HLM 検定のベースになっている結果を説明しよう。そのために次のような簡単なモデル

$$z_t = \phi z_{t-1} + \zeta_t$$

を考える。ただし，ζ_t は $I(0)$ 変数である。k 次の自己共分散関数を

$$C(k) = \frac{1}{\sqrt{T-k}} \sum_{t=k+1}^{T} z_t z_{t-k}$$

とすると，Harris, McCabe and Leybourne (2003) は $C(k)$ を $z_t z_{t-k}$ の長期分散の推定値の平方根 $\hat{\omega}(k)$ で割った

$$S(k) = \frac{C(k)}{\hat{\omega}(k)}$$

は，$T, k \to \infty$, $k/T \to 0$ のときに $H_0: |\phi| < 1$ という帰無仮説のもとで

$$S(k) \xrightarrow[T \to \infty]{d} \mathcal{N}(0, 1)$$

になることを示している。

HLM はこの結果を次のようなパネルモデルの定常性検定に応用している。

$$z_{it} = \phi_i z_{i,t-1} + \zeta_{it} \qquad (i = 1, ..., N;\ t = 1, ..., T) \tag{6.21}$$

ただし，ζ_{it} は $I(0)$ 変数で，ζ_{it} と $\zeta_{jt}(i \neq j)$ は相関していても良いとする。検定問題は次のようになる。

$$H_0: |\phi_i| < 1 \qquad (全ての\ i)$$
$$H_1: \phi_i = 1 \qquad (少なくとも\ 1\ つの\ i)$$

ここで，次のようなパネルデータの k 次自己共分散関数を定義しよう。

$$\bar{C}(k) = \sum_{i=1}^{N} \left(\frac{1}{\sqrt{T-k}} \sum_{t=k+1}^{T} z_{it} z_{i,t-k} \right)$$

HLM は $\sum_{i=1}^{N} z_{it} z_{i,t-k}$ の長期分散の推定値の平方根 $\widehat{\omega}(k)$ で $\bar{C}(k)$ を割った次のような検定統計量を提案している。

$$\bar{S}(k) = \frac{\bar{C}(k)}{\widehat{\omega}(k)} \tag{6.22}$$

そして，HLM は $k = O(T^{1/2})$ で N 固定，$T \to \infty$ のとき

$$\bar{S}(k) \xrightarrow[T \to \infty]{d} \mathcal{N}(0, 1)$$

となることを示している。

ところで，今まで説明してきたモデル (6.21) は確定項のないモデルであったが，HLM はさらに次のような，一般的なモデルを考えている。

$$\begin{aligned} y_{it} &= \boldsymbol{\beta}_i' \mathbf{x}_{it} + z_{it} \\ z_{it} &= \phi_i z_{i,t-1} + \zeta_{it} \end{aligned} \tag{6.23}$$

ここで $\mathbf{x}_{it}$ は定数項やトレンド，ダミー変数，構造変化などを許した確定項である。

モデル (6.23) における OLS 残差を $\widehat{z}_{it}$ として，$\widetilde{z}_{it} = \widehat{z}_{it}/s_i$ を定義しよう。ただし，s_i は $\widehat{z}_{it}$ の標本標準偏差である。このとき，HLM は上の (6.22) を修正した，次のような統計量を提案している。

$$\widetilde{S}(k) = \frac{\widetilde{C}(k) + \widetilde{c}}{\widetilde{\omega}(k)} \tag{6.24}$$

ただし，

$$\widetilde{C}(k) = \frac{1}{\sqrt{(T-k)}} \sum_{t=k+1}^{T} \widetilde{a}_t(k), \quad \widetilde{a}_t(k) = \sum_{i=1}^{N} \widetilde{z}_{it}\widetilde{z}_{i,t-k}$$

$$\widetilde{c} = \frac{1}{\sqrt{(T-k)}} \sum_{i=1}^{N} \widetilde{c}_i, \quad \widetilde{c}_i = tr\left[\left(\frac{1}{T}\sum_{t=1}^{T}\mathbf{x}_{it}\mathbf{x}'_{it}\right)^{-1}\widehat{\mathbf{\Omega}}_i\right]$$

$$\widehat{\mathbf{\Omega}}_i = \widehat{\mathbf{\Gamma}}_i(0) + \sum_{j=1}^{M}\left(1 - \frac{j}{M+1}\right)\left(\widehat{\mathbf{\Gamma}}_i(j) + \widehat{\mathbf{\Gamma}}_i(j)'\right),$$

$$\widetilde{\omega}^2(k) = \widehat{\gamma}(k,0) + 2\sum_{j=1}^{M}\left(1 - \frac{j}{M+1}\right)\widehat{\gamma}(k,j)$$

$$\widehat{\mathbf{\Gamma}}_i(j) = \frac{1}{T}\sum_{t=j+1}^{T}\widetilde{z}_{it}\widetilde{z}_{i,t-j}\mathbf{x}_{it}\mathbf{x}'_{i,t-j},$$

$$\widehat{\gamma}(k,j) = \frac{1}{T}\sum_{t=j+k+1}^{T}\widetilde{a}_t(k)\widetilde{a}_{t-j}(k)$$

である。上の (6.22) と比べると (6.24) には $\widetilde{c}$ という新たな項が現れているが，これは $\mathbf{x}_{it}$ の係数 $\boldsymbol{\beta}_i$ の推定によって生じるバイアスを修正するためである。HLM は $k = int\{\delta T\}^{1/2}$，$(\delta > 0$ は定数，$int\{\ \}$ は整数部分を表す) として，N 固定，$T \to \infty$ のときに，H_0 のもとで

$$\widetilde{S}(k) \xrightarrow[T\to\infty]{d} \mathcal{N}(0,1)$$

となることを示している。

これまではクロスセクション間の相関には特に仮定を置いていなかったが，次のようにファクターモデルでクロスセクション間の相関を記述したモデルを考えることもできる。

$$y_{it} = \boldsymbol{\beta}'_i\mathbf{x}_{it} + z_{it}$$

$$z_{it} = \boldsymbol{\lambda}_i' \mathbf{f}_t + e_{it}$$

ここで，f_{rt}, e_{it} は次のような AR(1) 過程に従っていると仮定する。

$$f_{rt} = \alpha_r f_{r,t-1} + u_{rt} \quad (r = 1, ..., R)$$

$$e_{it} = \rho_i e_{i,t-1} + \nu_{it} \quad (i = 1, ..., N)$$

このとき，y_{it} の定常性の検定問題は次のように表せる。

$$H_0 : |\alpha_r| < 1, \quad |\rho_i| < 1, \quad (\text{全ての } r \text{ と } i)$$

$$H_1 : \alpha_r = 1, \rho_i = 1, \quad (\text{少なくとも 1 つの } r \text{ か } i)$$

HLM は y_{it} を用いて定常性検定する代わりに，Bai and Ng (2004) の PANIC のように f_{rt}, e_{it} の推定値を用いて検定する方法も考察している。Bai and Ng (2004) の方法によって得られた R, f_{rt}, e_{it} の推定値を $\widehat{R}$, $\widehat{f}_{rt}$, $\widehat{e}_{it}$ とし，分散が 1 になるように基準化した推定値を $\widetilde{f}_{rt}$, $\widetilde{e}_{it}$ と表す。このとき，$\widetilde{z}_{it}$ が $(N + \widehat{R})$ 次元ベクトル $(\widetilde{f}_{1t}, \cdots, \widetilde{f}_{\widehat{R},t}, \widetilde{e}_{1t}, \cdots, \widetilde{e}_{Nt})'$ の i 番目を表していると見なせば，上で説明した検定 (6.24) が同じように使え，新たな統計量 $\widetilde{S}^F(k)$ は $\widetilde{S}(k)$ と同じように H_0 のもとでは $\widetilde{S}^F(k) \xrightarrow{d} \mathcal{N}(0, 1)$ となる。

6.3.2 Bai and Ng 検定

Bai and Ng (2005) は 6.2.4 項で紹介した Bai and Ng (2004) の PANIC をベースにした定常性の検定を提案している。Bai and Ng (2005) は次のようなモデルを考えている。

$$X_{it} = D_{it} + \boldsymbol{\lambda}_i' \mathbf{F}_t + e_{it}$$

ここで，X_{it} は唯一観測可能な変数で，D_{it} は定数項，トレンド項などの確定項，$\mathbf{F}_t$ は共通ファクターを表す $R \times 1$ ベクトル，$\boldsymbol{\lambda}_i$ はファクター負荷ベクトルで e_{it} は固有要因項である。ここで，F_{rt} $(r = 1, ..., R)$, e_{it} に次のようなモデルを仮定する。

$$F_{rt} = \alpha_r F_{r,t-1} + u_{rt} \quad (r = 1, ..., R)$$

第6章 第2世代の単位根検定と定常性検定

$$e_{it} = \rho_i e_{i,t-1} + \varepsilon_{it} \quad (i = 1, ..., N)$$

ただし，簡単化のため u_{rt}, ε_{it} は i.i.d. で互いに独立であると仮定する。Bai and Ng (2005) は F_{rt}, e_{it} の定常性検定を別々に行う方法を提案している。時系列分析の枠組みでは種々の定常性検定が提案されているが，ここではもっとも有名な Kwiatkowski et al. (1992) の KPSS 検定を用いた方法を考える。$\{x_t\}_{t=1}^T$ が与えられたとき「$H_0 : x_t$ は定常」という仮説の KPSS 検定の検定統計量は

$$KPSS_x = \frac{\frac{1}{T}\sum_{t=1}^{T}\left(\frac{1}{\sqrt{T}}\sum_{j=1}^{t}x_j\right)^2}{\widehat{\omega}_x^2}$$

となる。ただし，$\widehat{\omega}_x^2$ は x_t の長期分散 ω_x^2 の一致推定量である。Bai and Ng (2005) は KPSS 検定を用いているが，もちろん他の定常性検定も使用できる。

以下，定数項モデル，トレンドモデルに分けて見ていく。

定数項モデル

定数項モデルは次のように書ける。

$$X_{it} = c_i + \boldsymbol{\lambda}_i' \mathbf{F}_t + e_{it}$$

ここで，$\boldsymbol{\lambda}_i, \mathbf{F}_t$ は R 次元ベクトルで，$\mathbf{F}_t, e_{it}$ は上のような AR(1) モデルに従っていると仮定する。このモデルの一階階差は次のように書ける。

$$\Delta X_{it} = \boldsymbol{\lambda}_i' \Delta \mathbf{F}_t + \Delta e_{it}$$

定常性検定の場合も単位根検定のときと同様，$\Delta \mathbf{F}_t$ と Δe_{it} を別々に検定を行う。ただし，後で述べるように，e_{it} の定常性検定の方法は $\mathbf{F}_t$ が $I(0)$ か $I(1)$ かで方法が変わってくる。

次のような行列を定義しよう。

$$\underset{((T-1)\times N)}{\Delta \mathbf{X}} = (\Delta \mathbf{x}_1, \Delta \mathbf{x}_2, ..., \Delta \mathbf{x}_N),$$

$$\underset{((T-1)\times 1)}{\Delta \mathbf{x}_i} = (\Delta X_{i2}, \Delta X_{i3}, ..., \Delta X_{iT})'$$

$$\underset{(T \times R)}{\Delta \mathbf{F}} = (\Delta \mathbf{F}_2, \Delta \mathbf{F}_3, ..., \Delta \mathbf{F}_T)', \quad \underset{(N \times R)}{\boldsymbol{\Lambda}} = (\boldsymbol{\Lambda}_1, ..., \boldsymbol{\Lambda}_N)'$$

主成分分析によって推定されるファクター $\widehat{\Delta F}_{1t},...,\widehat{\Delta F}_{Rt}$ は $(T-1)\times(T-1)$ 行列 $\Delta \mathbf{X}\Delta \mathbf{X}'$ の大きい R 個の固有値に対応する固有ベクトルであり，ファクター負荷行列 $\widehat{\mathbf{\Lambda}}$ は $\widehat{\mathbf{\Lambda}} = \Delta\mathbf{X}'\widehat{\Delta\mathbf{F}}$ になる．固有要因項の推定値は $\widehat{\Delta e}_{it} = \Delta X_{it} - \widehat{\boldsymbol{\lambda}}_i' \widehat{\Delta\mathbf{F}}_t$ となる．

定常性検定の手順は以下のようになる．

Step 1: $\Delta \mathbf{X}$ に主成分分析を適用し，$\Delta \mathbf{F}_t, \boldsymbol{\lambda}_i$ の推定値 $\widehat{\Delta\mathbf{F}}_t, \widehat{\boldsymbol{\lambda}}_i$ を計算する．

Step 2: $\widehat{\Delta\mathbf{F}}_t$ を用いて次のように各 r の部分和過程を計算する．

$$\widehat{F}_{rt} = \sum_{s=2}^{t} \widehat{\Delta F}_{rs} \qquad (r=1,...,R) \tag{6.25}$$

各 r に対し $\widehat{F}_{rt}$ の平均からの偏差を取った系列の KPSS 検定を行う．この検定を $S_F^c(r)$ と表す．

Step 3: 各 i の部分和過程 $\widetilde{e}_{it} = \sum_{s=2}^{t} \widehat{\Delta e}_{is}, (t=2,...,T)$ を計算する．

(a) もし F_{rt} が全ての $r=1,...,R$ で $I(0)$ であれば $\widetilde{e}_{it}$ の時間平均からの偏差を取った系列 $\widehat{e}_{it}^0$ に KPSS 検定を行う．この検定を $S_{e0}^c(i)$ と表す．

(b) もし R 個の $\mathbf{F}_t$ のうち最初の $\overline{R}$ 個が $I(1)$ の場合，$\widehat{e}_{it}^1$ を $\widetilde{e}_{it}$ を 1 と $\widehat{F}_{1t},...,\widehat{F}_{\overline{R}t}$ に回帰させたときの残差を表すとして，$\{\widehat{e}_{it}^1\}_{t=1}^T$ を KPSS 検定する．このテストを $S_{e1}^c(i)$ で表す．

以上が，検定の手順であるが，各検定統計量の漸近分布を導出しよう．まず共通ファクター $F_{rt}, (r=1,...,R)$ の検定であるが，各 r に対し，帰無仮説 $H_0 : |\alpha_r| < 1$ のもとで，

$$S_F^c(r) \xrightarrow[T\to\infty]{d} \int_0^1 V_{u,r}(s)^2 ds \qquad (r=1,...,R) \tag{6.26}$$

に従う．ただし，$V_{u,r}(s) \equiv W_{u,r}(s) - rW_{u,r}(1)$ であり，$W_{u,r}(s)$ は標準ブラウン運動である．この漸近分布は通常の KPSS 検定と同じものである．

次に，固有要因項 e_{it} の定常性検定について考えよう．e_{it} の定常性検定は $F_{rt}, (r=1,...,R)$ のうちいくつが $I(1)$ 変数かによって異なってくる．もし

第 6 章　第 2 世代の単位根検定と定常性検定

F_{rt} が全ての $r = 1, ..., R$ で $I(0)$ のときは帰無仮説 $H_0 : |\rho_i| < 1$ のもとで，次のような漸近分布を持つ。

$$S_{e0}^c(i) \xrightarrow[T\to\infty]{d} \int_0^1 V_{\varepsilon,i}(s)^2 ds \tag{6.27}$$

ただし，$V_{\varepsilon,i}(s) = W_{\varepsilon,i}(s) - sW_{\varepsilon,i}(1)$ であり，$W_{\varepsilon,i}(s)$ は標準ブラウン運動である。これは共通ファクターの KPSS 検定と同じ形である。もし R 個の共通ファクターのうち，$\overline{R}$ 個が $I(1)$ の場合，帰無仮説 $H_0 : |\rho_i| < 1$ のもとで $S_{e1}^c(i)$ は，Shin (1994) で得られている $\overline{R}$ 個の変数と定数項を持つモデルの共和分検定の検定統計量と同じ分布に従う。直感的には，$\overline{R}$ 個のファクターが $I(1)$ で e_{it} が $I(0)$ ということは $\overline{R}$ 個の $I(1)$ ファクターは共和分していることを意味し，Shin (1994) が考えている枠組みと同じになるからである。

e_{it} の単位根検定においては $\mathbf{F}_t$ が $I(0)$ か $I(1)$ であるかに依存しないが，定常性検定の場合はファクター $\mathbf{F}_t$ の中の $I(0)$ 変数の個数よって検定方法が異なる点に注意されたい。

トレンドモデル

トレンドモデルは次のように書ける。

$$X_{it} = c_i + \beta_i t + \boldsymbol{\lambda}_i' \mathbf{F}_t + e_{it}$$

このモデルの一階階差は次のように書ける。

$$\Delta X_{it} = \beta_i + \boldsymbol{\lambda}_i' \Delta \mathbf{F}_t + \Delta e_{it}$$

以下を定義する。

$$\widetilde{\Delta \mathbf{X}}_{((T-1)\times N)} = (\widetilde{\Delta \mathbf{x}}_1, \widetilde{\Delta \mathbf{x}}_2, ..., \widetilde{\Delta \mathbf{x}}_N)$$

$$\widetilde{\Delta \mathbf{x}}_i{}_{((T-1)\times 1)} = \left(\Delta X_{i2} - \overline{\Delta X_i}, \cdots, \Delta X_{iT} - \overline{\Delta X_i}\right)'$$

$$\overline{\Delta X_i} = \frac{1}{T-1}\sum_{t=2}^T \Delta X_{it}$$

$$\Delta \mathbf{F}_{(T\times R)} = (\Delta \mathbf{F}_2, \Delta \mathbf{F}_3, ..., \Delta \mathbf{F}_T)', \quad \boldsymbol{\Lambda}_{(N\times R)} = (\boldsymbol{\lambda}_1, ..., \boldsymbol{\lambda}_N)'$$

主成分分析によって推定されるファクター $\widehat{\Delta F}_{1t}, ..., \widehat{\Delta F}_{Rt}$ は $(T-1)\times(T-1)$ 行列 $\widetilde{\Delta \mathbf{X}}\widetilde{\Delta \mathbf{X}}'$ の大きい R 個の固有値に対応する固有ベクトルであり，ファ

クター負荷行列の推定量 $\widehat{\boldsymbol{\Lambda}}$ は $\widehat{\boldsymbol{\Lambda}} = \widetilde{\Delta \mathbf{X}}' \widehat{\Delta \mathbf{F}}$ になる。固有要因項の推定値は $\widehat{\Delta e}_{it} = \Delta X_{it} - \overline{\Delta X}_i - \widehat{\boldsymbol{\lambda}}'_i \widehat{\Delta \mathbf{F}}_t$ となる。

定常性検定の手順は以下のようになる。

Step 1: $\widetilde{\Delta \mathbf{X}}$ に主成分分析を適用し，$\Delta \mathbf{F}_t$ と $\boldsymbol{\lambda}_i$ の推定値 $\widehat{\Delta \mathbf{F}}_t$, $\widehat{\boldsymbol{\lambda}}_i$ を計算する。

Step 2: $\widehat{\Delta \mathbf{F}}_t$ を用いて次のように各 r の部分和過程を計算する。

$$\widehat{F}_{rt} = \sum_{s=2}^{t} \widehat{\Delta F}_{rs} \qquad (r = 1, ..., R)$$

各 r に対し $\widehat{F}_{rt}$ の平均とトレンドを除去した系列の KPSS 検定を行う。この検定を $S_F^\tau(r)$ と表す。

Step 3: 各 i の部分和過程 $\widetilde{e}_{it} = \sum_{s=2}^{t} \widehat{\Delta e}_{is}$, $(t = 2, ..., T)$ を計算する。

(a) もし F_{rt} が全ての $r = 1, ..., R$ で $I(0)$ であれば $\widetilde{e}_{it}$ を定数とトレンドに回帰した後の残差系列 $\widehat{e}_{it}^0$ に KPSS 検定を行う。この検定を $S_{e0}^\tau(i)$ と表す。

(b) もし R 個の F_{rt} のうち最初の $\overline{R}$ 個が $I(1)$ の場合，$\widehat{e}_{it}^1$ を $\widetilde{e}_{it}$ を定数項とトレンドと $\widehat{F}_{1t}, ..., \widehat{F}_{\overline{R}t}$ に回帰させたときの残差とする。そして，$\{\widehat{e}_{it}^1\}_{t=1}^T$ を KPSS 検定する。このテストを $S_{e1}^\tau(i)$ で表す。

トレンドモデルも定数項モデルと同じように $\mathbf{F}_t$ の中の $I(1)$ 変数の個数によって検定手順が異なる。まずファクターに関する定常性検定であるが，各 r に対し，$S_F^\tau(r)$ は $H_0 : |\alpha_r| < 1$ のもとで，

$$S_F^\tau(r) \xrightarrow[T \to \infty]{d} \int_0^1 U_{u,r}(s)^2 ds \qquad (r = 1, ..., R)$$

に従う。ただし，$U_{u,r}(s) \equiv W_{u,r}(s) + (2s - 3s^2)W_{u,r}(1) + (-6s + 6s^2)\int_0^1 W_{u,r}(v)dv$ であり，$W_{u,r}(s)$ は標準ブラウン運動である。この漸近分布はトレンドを持つモデルの KPSS 検定と同じ分布である。

次に e_{it} の定常性検定について考えよう。$H_0 : |\rho_1| < 1$ の検定は F_{rt}, $(r = 1, ..., R)$ のうちいくつが $I(1)$ 変数かによって異なる。もし F_{rt} が全ての $r =$

$1, ..., R$ で $I(0)$ のときは帰無仮説 $H_0 : |\rho_i| < 1$ のもとで,次のような漸近分布を持つ。

$$S_{e0}^{\tau}(i) \xrightarrow[T\to\infty]{d} \int_0^1 U_{\varepsilon,i}(s)^2 ds$$

ただし,$U_{\varepsilon,i}(s) \equiv W_{\varepsilon,i}(s) + (2s - 3s^2)W_{\varepsilon,i}(1) + (-6s + 6s^2)\int_0^1 W_{\varepsilon,i}(v)dv$ であり,$W_{\varepsilon,i}(s)$ は標準ブラウン運動である。これはファクターに関する KPSS 検定と同じ形である。

もし R 個の共通ファクターのうち,$\overline{R}$ 個が $I(1)$ の場合,帰無仮説 $H_0 : |\rho_i| < 1$ のもとで $S_{e1}^c(i)$ は,Shin (1994) で得られている $\overline{R}$ 個の変数,定数項とトレンドを持つモデルの共和分検定の検定統計量と同じ分布に従う。この結果の直感的な理由は定数項モデルの場合と同じである。

以上はファクター構造でクロスセクション間の相関をモデル化した場合に i ごとに定常性検定を行ったときの結果であるが,クロスセクションの情報を取り込んだパネル定常性検定へと拡張できる。ここでは Bai and Ng (2004) と同じように,Maddala and Wu (1999),Choi (2001) の Combination 検定を使った場合を考える。$p(i)$ が $S_{e0}^c(i)$,あるいは $S_{e0}^{\tau}(i)$ の p 値を表すとすると,全ての $F_{rt}, (r = 1, ..., R)$ が $I(0)$ で e_{it} が i について独立のとき,次の結果を得る。

$$\frac{-2\sum_{i=1}^N \log p(i) - 2N}{\sqrt{4N}} \xrightarrow[N\to\infty]{d} \mathcal{N}(0, 1)$$

この検定は全てのファクターが $I(0)$ のときにのみ利用可能であることに注意されたい。

6.4 実証分析例

本節ではデータの種類ごとに今まで説明してきた各検定の実証例を紹介していく。具体的には為替レート,賃金,GDP,利子率である。

6.4.1 為替レート

5.6.1 節で明らかにされたように，クロスセクション間の相関を考慮しないパネル単位根検定は O'Connell (1998) が示したように購買力平価説が成り立つという見せかけの結果を示しやすい。ここでは第 2 世代の単位根検定を用いて購買力平価説を検証したいくつかの結果を紹介する。

Pesaran (2007)

Pesaran (2007) は OECD17 カ国の四半期データを用いて，2 期間に分けて考察している。最初のパネルは 1974 年第 1 四半期〜1998 年第 4 四半期 ($T = 100$)，2 つ目のパネルは 1988 年第 1 四半期〜1998 年第 4 四半期 ($T = 44$) である。対数実質為替レート y_{it} は次のように計算される。

$$y_{it} = s_{it} + p_{it} - p_{us,t}$$

ただし，s_{it} は t 期における第 i 国のドル建ての名目為替レートの対数，$p_{us,t}$, p_{it} は t 期におけるアメリカと第 i 国の消費者物価指数の対数である。

Pesaran (2007) はまず予備分析として，y_{it} にはクロスセクション間の相関が存在することを確認している。具体的には，(クロスセクション間の相関を考慮しない) 通常の時系列モデルの ADF(p) 回帰 ($p = 1, 2, 3, 4$) を各国の時系列データに適用して回帰残差を求め，それを用いて全ての組み合わせ $((17 \times 18)/2 = 153$ ペア) の相関係数の単純平均を計算したところ，約 0.6 になりクロスセクション間に強い相関があることを示している。また Pesaran (2004) が提案した Cross-section Dependence(CD) 検定も強いクロスセクション間の相関を支持している。したがって，クロスセクション間の相関を考慮した単位根検定を用いる必要がある。

検定の結果は表 6.2 にまとめられている。表より，クロスセクション間の相関を考慮していない IPS 検定は $p \geq 2$ で単位根という仮説は棄却されている。一方，クロスセクション間の相関を考慮した CIPS 検定の結果を見ると，$N = 17$, $T = 30 \sim 100$, 有意水準 5% のときの臨界値は約 -2.22 なので，実

質為替レートは単位根を持つという帰無仮説は，p に関係なく有意水準 5% では棄却できないことを示している。

Pesaran (2007) は Moon and Perron 検定も行っており，その結果は表 6.3 にまとめられている。Moon and Perron 検定はファクターの数を決める必要があるが，Bai and Ng (2002) の方法では標本サイズが小さいという問題もあって信頼できるファクターの数が得られなかったという理由でファクターの数 R を 1 から 4 まで考えている。Moon and Perron 検定は R の値に関係なく単位根という仮説を棄却しないという結果を示しており，CIPS 検定の結果とも整合的である。

表 6.2: IPS,CIPS 検定の結果

	1974Q1-1998Q4 ($T=100$)				1988Q1-1998Q4 ($T=44$)			
	$p=1$	$p=2$	$p=3$	$p=4$	$p=1$	$p=2$	$p=3$	$p=4$
IPS	0.353	-2.006	-1.903	-3.548	0.361	-2.4	-1.997	-4.183
CIPS	-1.694	-2.072	-1.961	-2.154	0.979	1.563	1.522	-1.788

Pesaran (2007) より抜粋。

表 6.3: Moon and Perron 検定の結果

ファクターの数	$R=1$	$R=2$	$R=3$	$R=4$
1974Q1-1998Q4 ($T=103$)					
t_a test	-0.047	-0.044	-0.017	0.015
t_b test	-0.407	-0.447	-0.213	0.210
1988Q1-1998Q4 ($T=47$)					
t_a test	0.004	0.011	0.013	0.022
t_b test	0.052	0.152	0.237	0.512

Pesaran (2007) より抜粋。

Harris, Leybourne and McCabe (2005)

Harris, Leybourne and McCabe (2005) が用いたデータは 17 カ国 ($N=17$: オーストリア，ベルギー，カナダ，デンマーク，フィンランド，フランス，ド

イツ，ギリシャ，イタリア，日本，オランダ，ノルウェー，ポルトガル，スペイン，スウェーデン，スイス，イギリス）の1973年1月から1998年12月までの月次データ ($T = 312$) である。Harris, Leybourne and McCabe (2005) はまず定数項のみを含んだモデル

$$y_{it} = \mu_i + z_{it}$$

を用いて Harris, Leybourne and McCabe (2005) で提案された $\widetilde{S}(k)$ を計算した。推計結果は表6.4の「定数項」という部分にまとめられている。なお，k は $k = int\{(3T)^{1/2}\}$ とし，長期分散の推定には Bartlett カーネルを用い，ラグの長さは $int\{12(T/100)^{1/4}\}$ とした。国別の検定結果を見ると，有意水準5%では4カ国が，10%では10カ国で定常性を棄却していることがわかる[139]。また，パネルデータにしたときの結果を見ると $\widetilde{S}(k)$, $\widetilde{S}^F(k)$ の2つの検定ともに定常性を棄却していることがわかる。

ここで，Papell (2002) に倣って構造変化を考慮した次のようなモデルを考える。

$$\begin{aligned} y_{it} &= \mu_{it} + z_{it} \\ \mu_{it} &= \begin{cases} \beta_{1i} & t \leq \tau_{1i} \\ \beta_{2i} + \beta_{3i}t & \tau_{1i} \leq t \leq \tau_{2i} \\ \beta_{4i} + \beta_{5i}t & \tau_{2i} \leq t \leq \tau_{3i} \\ \beta_{6i} & t \geq \tau_{3i} \end{cases} \end{aligned} \tag{6.28}$$

構造変化を許したモデル (6.28) の検定の結果，τ_{1i}, τ_{2i}, τ_{3i} の推定値はそれぞれ表6.4の「構造変化」，「構造変化点」というところにまとめられている。検定結果を見ると，全ての国で定常性を棄却しないという結果が得られており，パネルデータにした場合も $\widetilde{S}(k)$ は定常性を棄却しないという結果を得ている。しかしながら，$\widetilde{S}(k)$ は $\widetilde{S}^F(k)$ に比べて検出力が低いというシミュレーション結果を考慮すると定常性を棄却するという結論が妥当である。

---

[139] 国別の統計量は Harris, McCabe and Leybourne (2003) に基づいている。

表 6.4: 購買力平価説の検定

	定数項		構造変化			構造変化点	
	$\tilde{S}(k)$	p 値	$\tilde{S}(k)$	p 値	$\widehat{\tau}_{1i}$	$\widehat{\tau}_{2i}$	$\widehat{\tau}_{3i}$
オーストリア	1.47	0.071	0.67	0.251	1980 年 9 月	1985 年 3 月	1987 年 2 月
ベルギー	1.36	0.087	0.88	0.190	1980 年 8 月	1985 年 3 月	1987 年 2 月
カナダ	1.99	0.023	1.28	0.100	1968 年 12 月	1976 年 11 月	1980 年 4 月
デンマーク	1.26	0.104	-0.47	0.680	1979 年 10 月	1985 年 3 月	1988 年 1 月
フィンランド	0.34	0.368	0.16	0.437	1980 年 10 月	1985 年 3 月	1987 年 5 月
フランス	1.00	0.158	-0.40	0.657	1980 年 9 月	1985 年 3 月	1987 年 2 月
ドイツ	1.31	0.095	0.25	0.400	1979 年 12 月	1985 年 3 月	1987 年 2 月
ギリシャ	2.36	0.009	-0.54	0.706	1980 年 2 月	1985 年 3 月	1990 年 11 月
イタリア	1.07	0.142	1.50	0.067	1980 年 8 月	1985 年 3 月	1987 年 2 月
日本	2.72	0.003	-0.41	0.660	1985 年 3 月	1995 年 6 月	2003 年 3 月
オランダ	0.11	0.458	0.13	0.448	1983 年 1 月	1985 年 3 月	1987 年 2 月
ノルウェー	1.09	0.138	0.62	0.266	1980 年 9 月	1985 年 3 月	1988 年 1 月
ポルトガル	2.57	0.005	1.31	0.095	1980 年 3 月	1985 年 3 月	1991 年 3 月
スペイン	1.59	0.056	0.93	0.175	1980 年 2 月	1985 年 3 月	1987 年 1 月
スウェーデン	1.35	0.089	0.49	0.312	1980 年 10 月	1985 年 3 月	1988 年 1 月
スイス	1.46	0.072	0.88	0.188	1979 年 10 月	1985 年 3 月	1988 年 1 月
イギリス	0.57	0.284	0.91	0.182	1980 年 11 月	1985 年 3 月	1988 年 1 月
Panel $\widetilde{S}(k)$	1.93	0.027	1.12	0.132			
Panel $\widetilde{S}^F(k)$ ($\widehat{R}=2$)	3.75	0.000	3.20	0.001			

Harris, Leybourne and McCabe (2005) より抜粋。

6.4.2 賃金

Pesaran (2007) は,Meghir and Pistaferri (2004) が実質所得の分散変動分析において,家計の対数実質所得に単位根過程を想定しているが,それを支持する実証的証拠を何も示していない,という点を批判し,CIPS 検定でそれを検証している。

Meghir and Pistaferri (2004) は少なくとも 9 年間利用可能な所得データがある 25-55 歳の男性世帯主の家計を分析対象としているが,Pesaran (2007) はモンテカルロ実験の CIPS 検定のパフォーマンスを考慮して,少なくとも 22 年間利用可能な所得データのある 25-55 歳の男性世帯主の家計を分析対象としている。この場合 ADF 回帰でラグ次数を $p = 1$ とすると $T = 20$ となる。Pesaran (2007) は Meghir and Pistaferri (2004) に倣って,得られたデータをさらに,「高校中退」,「高卒」,「大卒」の 3 つのサブグループに分類して分析を行っている。クロスセクションの標本サイズは全サンプルは $N = 181$,「高校中退」は $N = 36$,「高卒」は $N = 87$,「大卒」は $N = 58$ である。

Pesaran (2004) の CD 検定は,全サンプル,「高卒」,「大卒」にはクロスセクション間に相関があるという結果を示している。(C)IPS 検定の結果は表 6.5 にまとめられている。同表より,全サンプルの場合は単位根という帰無仮説を棄却するが,全てのサブグループでは帰無仮説は棄却されないという結果を得ており,その違いは CIPS 検定の小標本でのパフォーマンスによるものである可能性があると述べている。

また,Pesaran (2007) は Moon and Perron 検定も行っており,表 6.6 の結果を得ている。表は定数項モデルの結果を示している。検定結果はどの統計量を用いるかによって変わり,Moon and Perron (2004) が推奨している t_b は「高校中退」を除いては単位根を棄却している。

6.4.3 GDP

Choi (2006) は彼の Combination 検定を 1960〜1992 年の OECD23 カ国の一人当たり実質 GDP の対数値に対して行っている。検定結果は表 6.7 に

表 6.5: IPS,CIPS 検定の結果

	全サンプル $N=181$	高校中退 $N=36$	高卒 $N=87$	大卒 $N=58$
	\multicolumn{4}{c}{定数項モデル}
IPS ($p=0$)	-15.11	-8.68	-10.82	-6.61
IPS ($p=1$)	-7.34	-4.83	-5.64	-2.25
CIPS ($p=0$)	-3.03	-2.67	-3.03	-3.44
CIPS ($p=1$)	-2.30	-2.00	-2.22	-2.68
	\multicolumn{4}{c}{定数項+トレンドモデル}
IPS ($p=0$)	-17.73	-7.30	-11.99	-10.89
IPS ($p=1$)	-7.43	-3.00	-5.05	-4.57
CIPS ($p=0$)	-3.34	-3.02	-3.32	-3.66
CIPS ($p=1$)	-2.58	-2.30	-2.51	-2.85

Pesaran (2007) より抜粋。

表 6.6: Moon and Perron 検定の結果

ファクターの数	$R=1$	$R=2$	$R=3$	$R=4$
	\multicolumn{4}{c}{全サンプル ($N=181$)}
t_a test	0.109	0.113	0.119	0.133
t_b test	1.925	2.093	2.219	2.599
	\multicolumn{4}{c}{高校中退 ($N=36$)}
t_a test	-0.006	-0.001	0.008	0.017
t_b test	-0.082	-0.019	0.130	0.319
	\multicolumn{4}{c}{高卒 ($N=87$)}
t_a test	0.089	0.109	0.110	0.108
t_b test	2.011	2.614	2.647	2.582
	\multicolumn{4}{c}{大卒 ($N=58$)}
t_a test	0.098	0.094	0.094	0.096
t_b test	2.078	1.949	2.068	2.303

Pesaran (2007) より抜粋。

まとめられている。2行目はクロスセクションが独立であるという仮定のもとで提案された Choi (2001) の検定結果を表しており、3行目はクロスセクション間の相関を許した Choi (2006) の検定結果を表している。検定結果より、GDP が単位根を持つという仮説は棄却されないことがわかる。

表 6.7: Combination 検定の結果

	P_m	Z	L^*
クロスセクション間の相関なし	-2.285^*	3.146	3.049
クロスセクション間の相関あり	-0.9394	0.7105	0.7227

* は有意水準 5% で有意を示す。
Choi (2006) より抜粋。

6.4.4 利子率

Moon and Perron (2007) はパネル単位根検定をカナダとアメリカの利子率に適用し、利子率の非定常性を検証している。

第 i 番目の t 期における利子率を z_{it} で表し、次のような定式化を仮定する。

$$z_{it} = d_{it} + c_{it} + u_{it}$$

ただし、d_{it} は確定項で、ここでは定数項 $d_{it} = \alpha_i$ のみの場合を考える。$c_{it} = \boldsymbol{\lambda}_i' \mathbf{f}_t$ は共通項で u_{it} は固有要因項とする。この定式化は Bai and Ng (2004) と同じである。この定式化の利点はファクターの (非) 定常性と固有要因項の (非) 定常性を別々に検定できる点にある。

彼らが用いた利子率のデータは満期とリスクの異なる 14 個のカナダの月次データと 11 個のアメリカの月次データであり ($N = 25$)、推定期間は 1985 年 1 月から 2004 年 4 月までである ($T = 232$)。

Moon and Perron (2007) は共通項と固有要因項を別々に議論している。まず共通項であるが、共通項の分析では、(a) 共通ファクターの数の推定、(b) 非定常な共通ファクターがいくつあるか、(c) 共通ファクターの推測、を行う。まず (a) 共通ファクター数の推定であるが、彼らは Bai and Ng (2002) の方

法を用いている．推定結果はどの情報量基準を使うかによって異なるが，IC_1 基準は7個のファクター，BIC は8個のファクターの存在を示している．次に，(a) で推定された共通ファクターのうち，いくつが非定常であるかを (b) で決定するが，非定常な共通ファクターを決定する方法は2つある．一つは Bai (2004) によって提案された非定常なファクターの数を選択する情報量基準 (IPC 基準) であり，もう一つは Bai and Ng (2004) によって提案されたファクターの長期共分散のランクを検定する方法 (MQ_c 検定) である．Bai and Ng (2004) の MQ_c 検定では非定常ファクターの数は (a) で推定されたファクターの数に関係なく全てのケースで1つという結果を提示しているが，IPC 基準は (a) で推定されたファクター数に応じて1〜4個の非定常ファクターが存在するという結果を示している．Moon and Perron (2007) は各ファクターに KPSS 検定を行ったところ，1つファクターのみが定常性を棄却したので，非定常ファクターは1つであると結論付けている．最後に，Moon and Perron (2007) は Bai (2004) が提案した方法を用いて，観察可能な変数と推定されたファクターの関係を調べている．彼らは各利子率を定数項と推定されたファクターそのもの，あるいはその一階階差変数に回帰し，決定係数 R^2 を計算し，1つ目のファクターは全ての利子率と強く相関していることを示している．また，推定されたファクターが観察可能な変数を表しているかどうかの検定を行ったところ，推定された第1，第2ファクターはどの利子率の代理にもなっていないという結果も示している．

次に，固有要因項であるが，Moon and Perron 検定，Bai and Ng 検定，CIPS 検定などを用いてパネル単位根検定を行ったところ，表6.8のように固有要因項が単位根を持つという帰無仮説を棄却するという結果を得ている．

以上のような，ファクターは非定常であるが，固有要因項は定常であるという結果は名目イールドは共和分していることを意味しており，Campbell and Shiller (1987)，Evans and Lewis (1994) などの先行研究の結果とも整合的である．

表 6.8: パネル単位根検定の結果

$R=$	1	2	3	4	5	6	7	8
Moon-Perron	−6.496*	−5.923*	−3.807*	−4.622*	−4.261*	−4.678*	−4.703*	−4.589*
Bai-Ng	−2.217*	0.912	−2.79*	−1.214	−1.124	−0.965	−5.19*	−7.196*
Phillips-Sul				−5.611*				
Choi				−7.914*				
Pesaran (CIPS)				−3.059*				
Sargan-Bhargava	−1.263	−1.489	−2.685*	−2.352*	−1.942*	−2.604*	−2.406*	−3.671
Number of stationary components	25	25	25	24	24	23	23	25

*は5%有意を表す。
Moon and Perron (2007) より抜粋。

第7章

第1世代の見せかけの回帰と共和分モデルの推定

　第5章,第6章では1変数の単位根検定,定常性検定の問題を考察したが,本章と第8章,第9章ではそれを回帰モデルへと拡張したパネル見せかけの回帰モデル,パネル共和分モデルについて説明する。

　時系列データを用いた共和分モデルの実証分析は非常に多く存在するが,それらの実証分析はパネルデータが利用可能であれば基本的には同じ分析が可能である。例えば,非定常パネル回帰モデルを用いた実証分析例としては貨幣需要関数の推定 (Mark and Sul, 2003), 購買力平価説 (Jacobson, Lyhagen, Larsson and Nessén, 2008; Larsson and Lyhagen, 2007; Moon and Perron, 2004), Forward rate unbiasedness hypothesis (Westerlund, 2007), フェルドシュタイン・ホリオカ問題 (Mark, Ogaki and Sul, 2005) の検証などがある。

　本章は,第7.1節で準備として非定常時系列モデルについてのいくつかの主要な結果を簡単に紹介し,第7.2節ではクロスセクション間の相関がない場合のパネル見せかけの回帰,共和分モデルについて説明する。なお,クロスセクション間に相関があるパネル見せかけの回帰,パネル共和分モデルについては次章で,パネル共和分検定,パネル多変量共和分モデルについては第9章で説明する。

7.1 非定常時系列回帰モデルの推定

パネル分析における見せかけの回帰ならびに共和分の問題を紹介するにあたって,本節では時系列分析におけるこれらの問題に対するアプローチを復習する.

7.1.1 見せかけの回帰モデル

時系列モデルで見せかけの相関の問題を最初に提起したのは Yule (1926) であり,その後 Granger and Newbold (1974) がシミュレーションで $I(1)$ 変数同士を回帰させた場合に見せかけの回帰 (spurious regression) の問題が生じることを報告し,それを Phillips (1986) が理論的に説明した.Phillips (1986) で示された結果を次のような定数項のない見せかけの回帰モデルを用いて説明する.

$$y_t = \beta' \mathbf{x}_t + e_t \tag{7.1}$$

ここで,スカラー変数 y_t,K 次元ベクトル変数 $\mathbf{x}_t$ はともに $I(1)$ 変数であり,$y_t = y_{t-1} + u_t$, $\mathbf{x}_t = \mathbf{x}_{t-1} + \varepsilon_t$ に従って生成されており,$\{u_t\}$ と $\{\varepsilon_t\}$ は独立であると仮定する.ここで $\mathbf{z}_t = (y_t, \mathbf{x}_t')'$ として,$\mathbf{w}_t = \Delta \mathbf{z}_t = (u_t, \varepsilon_t')'$ とする.そして $\mathbf{w}_t$ は次のように汎関数中心極限定理 (Functional Central Limit Theorem, FCLT) を満たしているとする[140].

$$\frac{1}{\sqrt{T}} \sum_{t=1}^{[Tr]} \mathbf{w}_t \xrightarrow[T \to \infty]{d} \mathbf{B}(r) = \begin{bmatrix} B_u(r) \\ \mathbf{B}_\varepsilon(r) \end{bmatrix}, \qquad (0 \leq r \leq 1)$$

---

[140] 以下では FCLT を仮定するとき,$(0 \leq r \leq 1)$ の表記を省略する.

第7章　第1世代の見せかけの回帰と共和分モデルの推定

ただし $\mathbf{B}(r)$ は共分散行列 $\mathbf{\Omega}$ を持つベクトルブラウン運動である[141]。ここで $\mathbf{s}_t = \sum_{j=1}^t \mathbf{w}_j$ とすると，$\mathbf{s}_t = (y_t, \mathbf{x}_t')'$ となるので，付録 B の補題 B.1 より

$$\frac{1}{T^2}\sum_{t=1}^T \mathbf{s}_t\mathbf{s}_t' = \begin{bmatrix} \frac{1}{T^2}\sum_{t=1}^T y_t^2 & \frac{1}{T^2}\sum_{t=1}^T \mathbf{x}_t' y_t \\ \frac{1}{T^2}\sum_{t=1}^T \mathbf{x}_t y_t & \frac{1}{T^2}\sum_{t=1}^T \mathbf{x}_t\mathbf{x}_t' \end{bmatrix}$$

$$\xrightarrow[T\to\infty]{d} \begin{bmatrix} \int_0^1 [B_u(r)]^2 dr & \int_0^1 B_u(r)\mathbf{B}_\varepsilon'(r) dr \\ \int_0^1 \mathbf{B}_\varepsilon(r) B_u(r) dr & \int_0^1 \mathbf{B}_\varepsilon(r)\mathbf{B}_\varepsilon'(r) dr \end{bmatrix}$$

が得られる。したがって (7.1) の OLS 推定量の漸近分布は次のようになる (Phillips, 1986)。

$$\widehat{\boldsymbol{\beta}} = \left[\frac{1}{T^2}\sum_{t=1}^T \mathbf{x}_t\mathbf{x}_t'\right]^{-1}\left[\frac{1}{T^2}\sum_{t=1}^T \mathbf{x}_t y_t\right]$$

$$\xrightarrow[T\to\infty]{d} \left[\int_0^1 \mathbf{B}_\varepsilon(r)\mathbf{B}_\varepsilon'(r) dr\right]^{-1}\left[\int_0^1 \mathbf{B}_\varepsilon(r) B_u(r) dr\right]$$

この結果より，$\widehat{\boldsymbol{\beta}} = O_p(1)$ となり，$T \to \infty$ となっても真の $\boldsymbol{\beta} = \mathbf{0}$ に確率収束しないので，OLS 推定量は一致性を持たないことがわかる。

7.1.2　共和分モデルの推定

次のような共和分モデルを考えよう。

$$\begin{aligned} y_t &= \alpha + \boldsymbol{\beta}'\mathbf{x}_t + u_t \\ \mathbf{x}_t &= \mathbf{x}_{t-1} + \boldsymbol{\varepsilon}_t \end{aligned} \tag{7.2}$$

$\mathbf{x}_t$ は K 次元ベクトルである。ここで，$\mathbf{w}_t = (u_t, \boldsymbol{\varepsilon}_t')'$ は次のように FCLT を満たすとする。

$$\frac{1}{\sqrt{T}}\sum_{t=1}^{[Tr]}\mathbf{w}_t \xrightarrow[T\to\infty]{d} \mathbf{B}(r) = \begin{bmatrix} B_u(r) \\ \mathbf{B}_\varepsilon(r) \end{bmatrix} \tag{7.3}$$

---

141)　ブラウン運動に馴染みのない読者は付録 B を参照されたい。

ただし，$\mathbf{B}(r)$ は共分散行列

$$\boldsymbol{\Omega} = \sum_{j=-\infty}^{\infty} E(\mathbf{w}_t \mathbf{w}'_{t-j}) = \boldsymbol{\Sigma} + \boldsymbol{\Gamma} + \boldsymbol{\Gamma}' = \begin{bmatrix} \omega_{uu} & \boldsymbol{\omega}_{u\varepsilon} \\ \boldsymbol{\omega}_{\varepsilon u} & \boldsymbol{\Omega}_{\varepsilon\varepsilon} \end{bmatrix}$$

を持つブラウン運動であり，

$$\boldsymbol{\Sigma} = E(\mathbf{w}_t \mathbf{w}'_t) = \begin{bmatrix} \sigma_{uu} & \boldsymbol{\sigma}_{u\varepsilon} \\ \boldsymbol{\sigma}_{\varepsilon u} & \boldsymbol{\Sigma}_{\varepsilon\varepsilon} \end{bmatrix},$$

$$\boldsymbol{\Gamma} = \sum_{j=1}^{\infty} E(\mathbf{w}_t \mathbf{w}'_{t-j}) = \begin{bmatrix} \gamma_{uu} & \boldsymbol{\gamma}_{u\varepsilon} \\ \boldsymbol{\gamma}_{\varepsilon u} & \boldsymbol{\Gamma}_{\varepsilon\varepsilon} \end{bmatrix},$$

$$\boldsymbol{\Delta} = \boldsymbol{\Sigma} + \boldsymbol{\Gamma} = \begin{bmatrix} \delta_{uu} & \boldsymbol{\delta}_{u\varepsilon} \\ \boldsymbol{\delta}_{\varepsilon u} & \boldsymbol{\Delta}_{\varepsilon\varepsilon} \end{bmatrix}$$

であるとする。

ここで $\mathbf{s}_t = \sum_{j=1}^{t} \mathbf{w}_j$ とすると，

$$\mathbf{s}_t = \begin{bmatrix} \sum_{j=1}^{t} u_j \\ \sum_{j=1}^{t} \boldsymbol{\varepsilon}_j \end{bmatrix} = \begin{bmatrix} \dot{u}_t \\ \mathbf{x}_t \end{bmatrix}$$

と書けるので，付録 B の補題 B.1 より次の結果を得る。

$$\frac{1}{\sqrt{T}} \mathbf{s}_T = \frac{1}{\sqrt{T}} \sum_{t=1}^{T} \mathbf{w}_t = \begin{bmatrix} \frac{1}{\sqrt{T}} \sum_{t=1}^{T} u_t \\ \frac{1}{\sqrt{T}} \sum_{t=1}^{T} \boldsymbol{\varepsilon}_t \end{bmatrix} \xrightarrow[T \to \infty]{d} \mathbf{B}(1) = \begin{bmatrix} B_u(1) \\ \mathbf{B}_\varepsilon(1) \end{bmatrix}$$

$$\frac{1}{T^{3/2}} \sum_{t=1}^{T} \mathbf{s}_t = \begin{bmatrix} \frac{1}{T^{3/2}} \sum_{t=1}^{T} \dot{u}_t \\ \frac{1}{T^{3/2}} \sum_{t=1}^{T} \mathbf{x}_t \end{bmatrix} \xrightarrow[T \to \infty]{d} \begin{bmatrix} \int_0^1 B_u(r) dr \\ \int_0^1 \mathbf{B}_\varepsilon(r) dr \end{bmatrix}$$

$$\frac{1}{T^2} \sum_{t=1}^{T} \mathbf{s}_t \mathbf{s}'_t = \begin{bmatrix} \frac{1}{T^2} \sum_{t=1}^{T} \dot{u}_t^2 & \frac{1}{T^2} \sum_{t=1}^{T} \mathbf{x}'_t \dot{u}_t \\ \frac{1}{T^2} \sum_{t=1}^{T} \mathbf{x}_t \dot{u}_t & \frac{1}{T^2} \sum_{t=1}^{T} \mathbf{x}_t \mathbf{x}'_t \end{bmatrix}$$

$$\xrightarrow[T \to \infty]{d} \begin{bmatrix} \int_0^1 [B_u(r)]^2 dr & \int_0^1 B_u(r) \mathbf{B}'_\varepsilon(r) dr \\ \int_0^1 \mathbf{B}_\varepsilon(r) B_u(r) dr & \int_0^1 \mathbf{B}_\varepsilon(r) \mathbf{B}'_\varepsilon(r) dr \end{bmatrix}$$

$$\frac{1}{T} \sum_{t=1}^{T} \mathbf{s}_{t-1} \mathbf{w}'_t = \begin{bmatrix} \frac{1}{T} \sum_{t=1}^{T} \dot{u}_{t-1} u_t & \frac{1}{T} \sum_{t=1}^{T} \dot{u}_{t-1} \boldsymbol{\varepsilon}'_t \\ \frac{1}{T} \sum_{t=1}^{T} \mathbf{x}_{t-1} u_t & \frac{1}{T} \sum_{t=1}^{T} \mathbf{x}_{t-1} \boldsymbol{\varepsilon}'_t \end{bmatrix}$$

第 7 章 第 1 世代の見せかけの回帰と共和分モデルの推定 225

$$\xrightarrow[T\to\infty]{d} \begin{bmatrix} \int_0^1 B_u(r)dB_u(r) + \gamma_{uu} & \int_0^1 B_u(r)d\mathbf{B}'_\varepsilon(r) + \boldsymbol{\gamma}_{u\varepsilon} \\ \int_0^1 \mathbf{B}_\varepsilon(r)dB_u(r) + \boldsymbol{\gamma}_{\varepsilon u} & \int_0^1 \mathbf{B}_\varepsilon(r)d\mathbf{B}'_\varepsilon(r) + \boldsymbol{\Gamma}_{\varepsilon\varepsilon} \end{bmatrix}$$
(7.4)

OLS 推定量

モデル (7.2) の OLS 推定量は

$$\begin{bmatrix} \sqrt{T}(\widehat{\alpha}-\alpha) \\ T(\widehat{\boldsymbol{\beta}}-\boldsymbol{\beta}) \end{bmatrix} = \begin{bmatrix} 1 & \frac{1}{T^{3/2}}\sum_{t=1}^T \mathbf{x}'_t \\ \frac{1}{T^{3/2}}\sum_{t=1}^T \mathbf{x}_t & \frac{1}{T^2}\sum_{t=1}^T \mathbf{x}_t\mathbf{x}'_t \end{bmatrix}^{-1} \begin{bmatrix} \frac{1}{\sqrt{T}}\sum_{t=1}^T u_t \\ \frac{1}{T}\sum_{t=1}^T \mathbf{x}_t u_t \end{bmatrix}$$

と表すことができる。この表現を用いて OLS 推定量の漸近分布を導出するが，この中で $\frac{1}{T}\sum_{t=1}^T \mathbf{x}_t u_t$ のみ収束先が分かっていない。この項の収束先は (7.4) を用いると次のようになる。

$$\frac{1}{T}\sum_{t=1}^T \mathbf{x}_t u_t \;=\; \underbrace{\frac{1}{T}\sum_{t=1}^T \mathbf{x}_{t-1} u_t}_{\text{系列相関}} + \underbrace{\frac{1}{T}\sum_{t=1}^T \boldsymbol{\varepsilon}_t u_t}_{\text{内生性}}$$

$$\xrightarrow[T\to\infty]{d} \underbrace{\int_0^1 \mathbf{B}_\varepsilon(r)dB_u(r) + \boldsymbol{\gamma}_{\varepsilon u}}_{\text{系列相関}} + \underbrace{\boldsymbol{\sigma}_{\varepsilon u}}_{\text{内生性}}$$

$$= \int_0^1 \mathbf{B}_\varepsilon(r)dB_u(r) + \boldsymbol{\delta}_{\varepsilon u}$$

したがって連続写像定理により

$$\begin{bmatrix} \sqrt{T}(\widehat{\alpha}-\alpha) \\ T(\widehat{\boldsymbol{\beta}}-\boldsymbol{\beta}) \end{bmatrix} \xrightarrow[T\to\infty]{d} \begin{bmatrix} 1 & \int_0^1 \mathbf{B}'_\varepsilon(r)dr \\ \int_0^1 \mathbf{B}_\varepsilon(r)dr & \int_0^1 \mathbf{B}_\varepsilon(r)\mathbf{B}'_\varepsilon(r)dr \end{bmatrix}^{-1}$$

$$\times \begin{bmatrix} B_u(1) \\ \int_0^1 \mathbf{B}_\varepsilon(r)dB_u(r) + \boldsymbol{\delta}_{\varepsilon u} \end{bmatrix}$$

という漸近分布が得られる。

多くの場合，共和分ベクトルにのみ関心がある。上の結果に分割行列の逆行列の公式を適用すると次の結果を得る。

$$T(\widehat{\boldsymbol{\beta}}-\boldsymbol{\beta}) \;=\; \left[\frac{1}{T^2}\sum_{t=1}^T (\mathbf{x}_t-\bar{\mathbf{x}})(\mathbf{x}_t-\bar{\mathbf{x}})'\right]^{-1} \left[\frac{1}{T}\sum_{t=1}^T (\mathbf{x}_t-\bar{\mathbf{x}})(u_t-\bar{u})\right]$$

$$= \left[\frac{1}{T^2}\sum_{t=1}^{T}\widetilde{\mathbf{x}}_t\widetilde{\mathbf{x}}_t'\right]^{-1}\left[\frac{1}{T}\sum_{t=1}^{T}\widetilde{\mathbf{x}}_t u_t\right]$$

$$\xrightarrow[T\to\infty]{d}\left[\int_0^1\widetilde{\mathbf{B}}_\varepsilon(r)\widetilde{\mathbf{B}}_\varepsilon'(r)dr\right]^{-1}\left[\int_0^1\widetilde{\mathbf{B}}_\varepsilon dB_u(r)+\boldsymbol{\delta}_{\varepsilon u}\right] \quad (7.5)$$

ここで $\widetilde{\mathbf{x}}_t = \mathbf{x}_t - \bar{\mathbf{x}} = \mathbf{x}_t - \frac{1}{T}\sum_{s=1}^{T}\mathbf{x}_s$, $\sum_{t=1}^{T}(\mathbf{x}_t-\bar{\mathbf{x}})(u_t-\bar{u}) = \sum_{t=1}^{T}(\mathbf{x}_t-\bar{\mathbf{x}})u_t$ であり,$\widetilde{\mathbf{B}}_\varepsilon(r) = \mathbf{B}_\varepsilon(r) - \int_0^1\mathbf{B}_\varepsilon(s)ds$ は平均調整済みブラウン運動である.

共和分ベクトル β の OLS 推定量は (7.5) より $\hat{\beta} - \beta = O_p(1/T)$ であるため $T\to\infty$ のとき一致性を持つことがわかるが,問題点が 2 つある.1 つ目はブラウン運動 $\widetilde{\mathbf{B}}_\varepsilon(r)$ と $B_u(r)$ の相関であり,この相関は $\hat{\beta} - \beta$ の分布に歪みをもたらす.もう 1 つは系列相関と内生性から生じる 2 次バイアス $\boldsymbol{\delta}_{\varepsilon u}$ の存在であり,このバイアスによって $\hat{\beta} - \beta$ の分布の中心が $\mathbf{0}$ から離れてしまう.

非定常時系列モデルの枠組みでは,これらの問題を修正する 3 つの方法が提案されている.1 つ目は Phillips and Hansen (1990) の Fully Modified OLS (FMOLS) 推定量,2 つ目は Saikkonen (1991), Phillips and Loretan (1991), Stock and Watson (1993) のダイナミック OLS 推定量,3 つ目は Park (1992) の Canonical Cointegrating Regression 推定量である.これらのうち,FMOLS 推定量とダイナミック OLS 推定量がパネルモデルの枠組みでよく用いられるので,以下ではこの 2 つの推定量について説明する.

FMOLS 推定量

FMOLS 推定量は変数変換することで 1 つ目の問題点であるブラウン運動の相関の問題を修正し,その後にバイアスの推定値を差し引くことで 2 つ目の問題点である 2 次バイアスを修正する推定量である.最初は議論を簡単にするために長期分散 $\boldsymbol{\Omega}$, $\boldsymbol{\Delta}$ は既知であると仮定して FMOLS 推定量の考え方を説明し,その後で実行可能な FMOLS 推定量について説明する.

まず 1 つ目の問題,ブラウン運動の相関の修正を考えよう.そのために次のように変換した u_t^+ を定義する.

$$u_t^+ = u_t - \boldsymbol{\omega}_{u\varepsilon}\boldsymbol{\Omega}_{\varepsilon\varepsilon}^{-1}\boldsymbol{\varepsilon}_t$$

第 7 章　第 1 世代の見せかけの回帰と共和分モデルの推定

このとき，

$$\mathbf{w}_t^+ = \begin{bmatrix} u_t^+ \\ \varepsilon_t \end{bmatrix} = \begin{bmatrix} 1 & -\boldsymbol{\omega}_{u\varepsilon}\boldsymbol{\Omega}_{\varepsilon\varepsilon}^{-1} \\ 0 & \mathbf{I}_K \end{bmatrix} \begin{bmatrix} u_t \\ \varepsilon_t \end{bmatrix} = \boldsymbol{\Lambda}\mathbf{w}_t$$

とすると，$\mathbf{w}_t^+$ によって生成されるブラウン運動

$$\frac{1}{\sqrt{T}}\sum_{t=1}^{[Tr]}\mathbf{w}_t^+ \xrightarrow[T\to\infty]{d} \boldsymbol{\Lambda}\mathbf{B}(r) \equiv \mathbf{B}^+(r) = \begin{bmatrix} B_{u\cdot\varepsilon}(r) \\ \mathbf{B}_\varepsilon(r) \end{bmatrix} \tag{7.6}$$

は共分散行列

$$\boldsymbol{\Omega}^+ = \boldsymbol{\Lambda}\boldsymbol{\Omega}\boldsymbol{\Lambda}' = \begin{bmatrix} \omega_{u\cdot\varepsilon} & \mathbf{0} \\ \mathbf{0} & \boldsymbol{\Omega}_{\varepsilon\varepsilon} \end{bmatrix}$$

を持つ。ただし，

$$\omega_{u\cdot\varepsilon} = \omega_{uu} - \boldsymbol{\omega}_{u\varepsilon}\boldsymbol{\Omega}_{\varepsilon\varepsilon}^{-1}\boldsymbol{\omega}_{\varepsilon u}$$

はブラウン運動

$$B_{u\cdot\varepsilon}(r) = B_u(r) - \boldsymbol{\omega}_{u\varepsilon}\boldsymbol{\Omega}_{\varepsilon\varepsilon}^{-1}\mathbf{B}_\varepsilon(r)$$

の分散である。

ここで，(7.3) で定義されたブラウン運動 $\mathbf{B}(r)$ と (7.6) で定義されたブラウン運動 $\mathbf{B}^+(r)$ の重要な違いは分散の構造にある。$\mathbf{w}_t$ から生成されたブラウン運動 $\mathbf{B}(r)$ の共分散行列 $\boldsymbol{\Omega}$ は非対角要素が一般的に $\mathbf{0}$ ではないので，ブラウン運動 $\mathbf{B}_\varepsilon(r)$ と $B_u(r)$ の相関が生じているが，変換された $\mathbf{w}_t^+$ から生成されたブラウン運動 $\mathbf{B}^+(r)$ の共分散行列の非対角要素は常に $\mathbf{0}$ になり，ε_t から生成されるブラウン運動 $\mathbf{B}_\varepsilon(r)$ と u_t^+ から生成されるブラウン運動 $B_{u\cdot\varepsilon}(r)$ は独立になっている。したがって，誤差項 u_t を u_t^+ に変換すれば 1 つ目のブラウン運動の相関の問題が克服できることがわかる。そのためにはモデル (7.2) において u_t が u_t^+ になるように変換すればよい。ここで，$\Delta\mathbf{x}_t = \varepsilon_t$ であるので，$\boldsymbol{\omega}_{u\varepsilon}\boldsymbol{\Omega}_{\varepsilon\varepsilon}^{-1}\Delta\mathbf{x}_t$ をモデル (7.2) の両辺から引けばよい。これは次のように y_t を $y_t^+ = y_t - \boldsymbol{\omega}_{u\varepsilon}\boldsymbol{\Omega}_{\varepsilon\varepsilon}^{-1}\Delta\mathbf{x}_t$ に変換することと同じである。

$$y_t^+ = \alpha + \boldsymbol{\beta}'\mathbf{x}_t + u_t - \boldsymbol{\omega}_{u\varepsilon}\boldsymbol{\Omega}_{\varepsilon\varepsilon}^{-1}\boldsymbol{\varepsilon}_t$$

$$= \alpha + \beta' \mathbf{x}_t + u_t^+$$

実際,

$$\begin{aligned}
\frac{1}{T}\sum_{t=1}^{T}\mathbf{x}_t u_t^+ &= \frac{1}{T}\sum_{t=1}^{T}\mathbf{x}_{t-1} u_t^+ + \frac{1}{T}\sum_{t=1}^{T}\varepsilon_t u_t^+ \\
&= \frac{1}{T}\sum_{t=1}^{T}\mathbf{x}_{t-1} u_t - \left(\frac{1}{T}\sum_{t=1}^{T}\mathbf{x}_{t-1}\varepsilon_t'\right)\Omega_{\varepsilon\varepsilon}^{-1}\boldsymbol{\omega}_{\varepsilon u} \\
&\quad + \frac{1}{T}\sum_{t=1}^{T}\varepsilon_t u_t - \left(\frac{1}{T}\sum_{t=1}^{T}\varepsilon_t \varepsilon_t'\right)\Omega_{\varepsilon\varepsilon}^{-1}\boldsymbol{\omega}_{\varepsilon u} \\
&\xrightarrow[T\to\infty]{d} \int_0^1 \mathbf{B}_\varepsilon(r)dB_u(r) + \boldsymbol{\gamma}_{\varepsilon u} \\
&\quad - \left(\int_0^1 \mathbf{B}_\varepsilon(r)d\mathbf{B}_\varepsilon'(r) + \boldsymbol{\Gamma}_{\varepsilon\varepsilon}\right)\Omega_{\varepsilon\varepsilon}^{-1}\boldsymbol{\omega}_{\varepsilon u} \\
&\quad + \boldsymbol{\sigma}_{\varepsilon u} - \boldsymbol{\Sigma}_{\varepsilon\varepsilon}\Omega_{\varepsilon\varepsilon}^{-1}\boldsymbol{\omega}_{u\varepsilon} \\
&= \int_0^1 \mathbf{B}_\varepsilon(r)dB_{u\cdot\varepsilon}(r) + \boldsymbol{\delta}_{\varepsilon u} - \boldsymbol{\Delta}_{\varepsilon\varepsilon}\Omega_{\varepsilon\varepsilon}^{-1}\boldsymbol{\omega}_{\varepsilon u} \\
&\equiv \int_0^1 \mathbf{B}_\varepsilon(r)dB_{u\cdot\varepsilon}(r) + \boldsymbol{\delta}_{\varepsilon u}^+ \quad (7.7)
\end{aligned}$$

であり,ブラウン運動 $\mathbf{B}_\varepsilon(r)$ と $B_{u\cdot\varepsilon}(r)$ は独立なので,1つ目のブラウン運動の相関の問題は解消されていることがわかる.しかし,依然として (7.7) には2次バイアス $\boldsymbol{\delta}_{\varepsilon u}^+$ が残っているため,これを修正しなければならない.このバイアスを修正した次の推定量が,(7.2) の (実行できない)FMOLS 推定量

$$\begin{bmatrix} \widehat{\alpha}_{FM}^* \\ \widehat{\boldsymbol{\beta}}_{FM}^* \end{bmatrix} = \begin{bmatrix} 1 & \sum_{t=1}^T \mathbf{x}_t' \\ \sum_{t=1}^T \mathbf{x}_t & \sum_{t=1}^T \mathbf{x}_t \mathbf{x}_t' \end{bmatrix}^{-1} \begin{bmatrix} \sum_{t=1}^T y_t^+ \\ \sum_{t=1}^T \mathbf{x}_t y_t^+ - T\boldsymbol{\delta}_{\varepsilon u}^+ \end{bmatrix}$$

である.共和分ベクトルのみ取り出すと次のようになる.

$$\widehat{\boldsymbol{\beta}}_{FM}^* = \left[\sum_{t=1}^T \widetilde{\mathbf{x}}_t \widetilde{\mathbf{x}}_t'\right]^{-1}\left[\sum_{t=1}^T \widetilde{\mathbf{x}}_t y_t^+ - T\boldsymbol{\delta}_{\varepsilon u}^+\right]$$

そして,FMOLS 推定量は次のような漸近分布を持つ.

$$\begin{bmatrix} \sqrt{T}(\widehat{\alpha}_{FM}^* - \alpha) \\ T(\widehat{\boldsymbol{\beta}}_{FM}^* - \boldsymbol{\beta}) \end{bmatrix} \xrightarrow[T\to\infty]{d} \begin{bmatrix} 1 & \int_0^1 \mathbf{B}_\varepsilon'(r)dr \\ \int_0^1 \mathbf{B}_\varepsilon(r)dr & \int_0^1 \mathbf{B}_\varepsilon(r)\mathbf{B}_\varepsilon'(r)dr \end{bmatrix}^{-1}$$

第 7 章 第 1 世代の見せかけの回帰と共和分モデルの推定

$$\times \begin{bmatrix} B_{u \cdot \varepsilon}(1) \\ \int_0^1 \mathbf{B}_\varepsilon(r) dB_{u \cdot \varepsilon}(r) \end{bmatrix}$$

$$= \left[\int_0^1 \dot{\mathbf{B}}_\varepsilon(r) \dot{\mathbf{B}}'_\varepsilon(r) dr \right]^{-1} \int_0^1 \dot{\mathbf{B}}_\varepsilon(r) B_{u \cdot \varepsilon}(r) dr \tag{7.8}$$

ただし，$\dot{\mathbf{B}}_\varepsilon(r) = (1, \mathbf{B}'_\varepsilon(r))'$，$\int_0^1 dB_{u \cdot \varepsilon}(r) = B_{u \cdot \varepsilon}(1)$ である．漸近分布 (7.8) は $\dot{\mathbf{B}}_\varepsilon(r)$ で条件付けたときに正規分布

$$\mathcal{N}\left(\mathbf{0}, \omega_{u \cdot \varepsilon} \left(\int_0^1 \dot{\mathbf{B}}_\varepsilon(r) \dot{\mathbf{B}}'_\varepsilon(r) dr \right)^{-1}\right)$$

に従うことが Park and Phillips (1988) によって示されている．

なお，ここまでの説明では長期分散 $\mathbf{\Omega}$，$\mathbf{\Delta}$ は既知であると仮定していたが，実際には推定する必要があり，Newey and West (1987) の方法や Andrews (1991) の方法が利用できる．長期分散の推定については付録 B を参照されたい．

ダイナミック OLS 推定量

次に共和分モデル (7.2) のダイナミック OLS 推定量を説明する．そのためにまず次のような仮定を置く．

$$\mathbf{f}_{ww}(\delta) \geq \alpha \mathbf{I}_T, \quad \delta \in [0, \pi], \quad \alpha > 0$$

ただし，$\mathbf{f}_{ww}$ は $\mathbf{w}_t = (u_t, \boldsymbol{\varepsilon}'_t)'$ のスペクトル密度行列である．また，$\mathbf{w}_t$ の自己共分散は絶対総和可能である，すなわち，

$$\sum_{j=-\infty}^{\infty} \| E(\mathbf{w}_t \mathbf{w}'_{t+j}) \| < \infty$$

であると仮定する．ただし $\| \cdot \|$ は任意の $(m \times n)$ 行列 $\mathbf{A} = \{a_{ij}\}$ に対して $\|\mathbf{A}\| = \sqrt{tr(\mathbf{A}'\mathbf{A})} = \sqrt{\sum_{i=1}^m \sum_{j=1}^n a_{ij}^2}$ で定義されるユークリッドノルムを表す．この 2 つの仮定の下で，$\{u_t\}$ は次のように表せることが知られている (Brillinger, 1981)．

$$u_t = \sum_{j=-\infty}^{\infty} \boldsymbol{\pi}'_j \boldsymbol{\varepsilon}_{t+j} + e_t$$

ただし，$\sum_{j=-\infty}^{\infty} \|\pi_j\| < \infty$ とする。このとき，$\{e_t\}$ は平均 0 の定常過程で，$\{e_t\}$ と $\{\varepsilon_s\}$ は全て t, s で無相関になる。ここで，$\Delta \mathbf{x}_t = \varepsilon_t$ に注意すると，共和分モデル (7.2) は次のように表せる。

$$\begin{aligned} y_t &= \alpha + \beta' \mathbf{x}_t + u_t \\ &= \alpha + \beta' \mathbf{x}_t + \sum_{j=-\infty}^{\infty} \pi_j' \Delta \mathbf{x}_{t+j} + e_t \end{aligned}$$

したがって，このモデルでは説明変数 $\mathbf{x}_t$ と誤差項 e_t の内生性の問題が解消されていることがわかる。しかしながら，このモデルでは説明変数が無限個あるため，推定可能ではない。そこで，$j > 0$ のリードの部分と $j < 0$ のラグの部分を途中で切断した，次のようなモデルを考える[142]。

$$y_t = \alpha + \beta' \mathbf{x}_t + \sum_{j=-q}^{q} \pi_j' \Delta \mathbf{x}_{t+j} + \dot{e}_t \tag{7.9}$$

ただし，$\dot{e}_t = \sum_{|j|>q} \pi_j' \varepsilon_{t+j} + e_t$ である。ダイナミック OLS 推定量はこのように $I(1)$ 変数 $\mathbf{x}_t$ の一階階差のリードとラグを説明変数に追加したモデルを推定することで得られる。$\widehat{\alpha}_{DOLS}$, $\widehat{\beta}_{DOLS}$ をこのリードとラグを含んだモデル (7.9) の OLS 推定量を表すとすると，Saikkonen (1991) は $q^3/T \to 0$, $\sqrt{T} \sum_{|j|>q} \|\pi_j\| \to 0$ という仮定の下で，$\widehat{\alpha}_{DOLS}$ と $\widehat{\beta}_{DOLS}$ は FMOLS 推定量と同一の漸近分布 (7.8) を持つことを示しており，さらにある推定量のクラスの中で最も効率的であることを示している[143]。

以上が非定常時系列モデルの枠組みでの諸結果であるが，次節ではこれらの方法をパネルモデルへと拡張する。

---

142) ここでは簡単化のためにリードの長さとラグの長さが等しいと仮定しているが，実際には異なっていてもよい。
143) Kejriwal and Perron (2008) は $q^3/T \to 0$, $\sqrt{T} \sum_{|j|>q} \|\pi_j\| \to 0$ という仮定を $q^2/T \to 0$, $q \sum_{|j|>q} \|\pi_j\| \to 0$ と，緩くした場合にでも Saikkonen (1991) と同じ結果が得られることを示している。

7.2 第1世代の見せかけの回帰と共和分モデルの推定

7.2.1 見せかけの回帰モデル

前節で時系列分析の見せかけの回帰モデルは真の長期的関係が一致推定できないことを説明したが，ここではその分析をパネルモデルへと拡張する。パネルモデルにおける見せかけの回帰を最初に議論したのは Kao (1999) であり，彼はパネルデータを使えば，見せかけの回帰の場合でも OLS で長期関係を一致推定できる場合があることを示している。

次のような見せかけの回帰モデルを考えよう。

$$y_{it} = \alpha_i + \beta' \mathbf{x}_{it} + e_{it} \tag{7.10}$$

ただし，スカラー変数 y_{it}, K 次元ベクトル変数 $\mathbf{x}_{it}$ は $I(1)$ 変数であり，$\Delta y_{it} = u_{it}$, $\Delta \mathbf{x}_{it} = \varepsilon_{it}$, $\mathbf{w}_{it} = (u_{it}, \varepsilon'_{it})'$ とする。ここで，$\mathbf{w}_{it}$ は i に関して独立で，$i = 1, ..., N$ に対して次のように FCLT を満たすとする。

$$\frac{1}{\sqrt{T}} \sum_{t=1}^{[Tr]} \mathbf{w}_{it} \xrightarrow[T \to \infty]{d} \mathbf{B}_i(r) \qquad (i = 1, ..., N)$$

ただし，$\mathbf{B}_i(r)$ は次のような共分散行列を持つブラウン運動である。

$$\mathbf{\Omega} = \sum_{j=-\infty}^{\infty} E(\mathbf{w}_{it} \mathbf{w}_{i,t-j}) = \begin{bmatrix} \omega_{uu} & \omega_{u\varepsilon} \\ \omega_{\varepsilon u} & \Omega_{\varepsilon\varepsilon} \end{bmatrix}$$

である。ここでは全ての個体 i が同じ共分散行列 $\mathbf{\Omega}$ を持つ，すなわち，均一なパネルデータであると仮定する。

各 $i = 1, ..., N$ について，時間平均周りの変量を

$$\widetilde{y}_{it} = y_{it} - \bar{y}_i = y_{it} - \frac{1}{T}\sum_{s=1}^{T} y_{is}, \qquad \widetilde{\mathbf{x}}_{it} = \mathbf{x}_{it} - \bar{\mathbf{x}}_i = \mathbf{x}_{it} - \frac{1}{T}\sum_{s=1}^{T} \mathbf{x}_{is}$$

とすると，

$$\frac{1}{T^2}\sum_{t=1}^{T}\widetilde{\mathbf{x}}_{it}\widetilde{y}_{it} \xrightarrow[T\to\infty]{d} \int_0^1 \widetilde{\mathbf{B}}_{\varepsilon,i}(r)\widetilde{B}_{u,i}(r)dr \qquad (i=1,...,N)$$

$$\frac{1}{T^2}\sum_{t=1}^{T}\widetilde{\mathbf{x}}_{it}\widetilde{\mathbf{x}}'_{it} \xrightarrow[T\to\infty]{d} \int_0^1 \widetilde{\mathbf{B}}_{\varepsilon,i}(r)\widetilde{\mathbf{B}}'_{\varepsilon,i}(r)dr \qquad (i=1,...,N)$$

が成り立つので，N を固定して $T\to\infty$ とすると，(7.10) の LSDV 推定量は

$$\widehat{\boldsymbol{\beta}}_{LSDV} = \left[\frac{1}{N}\sum_{i=1}^{N}\frac{1}{T^2}\sum_{t=1}^{T}\widetilde{\mathbf{x}}_{it}\widetilde{\mathbf{x}}'_{it}\right]^{-1}\left[\frac{1}{N}\sum_{i=1}^{N}\frac{1}{T^2}\sum_{t=1}^{T}\widetilde{\mathbf{x}}_{it}\widetilde{y}_{it}\right]$$

$$\xrightarrow[T\to\infty]{d} \left[\frac{1}{N}\sum_{i=1}^{N}\int_0^1 \widetilde{\mathbf{B}}_{\varepsilon,i}(r)\widetilde{\mathbf{B}}'_{\varepsilon,i}(r)dr\right]^{-1}\left[\frac{1}{N}\sum_{i=1}^{N}\int_0^1 \widetilde{\mathbf{B}}_{\varepsilon,i}(r)\widetilde{B}_{u,i}(r)dr\right]$$

という漸近分布を持つ．ただし，$\widetilde{\mathbf{B}}_{\varepsilon,i}(r) = \mathbf{B}_{\varepsilon,i}(r) - \int_0^1 \mathbf{B}_{\varepsilon,i}(s)ds$，$\widetilde{B}_{u,i}(r) = B_{u,i}(r) - \int_0^1 B_{u,i}(s)ds$ である．

ここで，$\int_0^1 \widetilde{\mathbf{B}}_{\varepsilon,i}(r)\widetilde{\mathbf{B}}'_{\varepsilon,i}(r)dr$，$\int_0^1 \widetilde{\mathbf{B}}_{\varepsilon,i}(r)\widetilde{B}_{u,i}(r)dr$ は，$i=1,...,N$ について独立であり，付録 B の補題 B.2 より，それぞれ期待値 $\frac{1}{6}\boldsymbol{\Omega}_{\varepsilon\varepsilon}$，$\frac{1}{6}\boldsymbol{\omega}_{\varepsilon u}$ を持つことがわかっているので，大数の法則により，

$$\frac{1}{N}\sum_{i=1}^{N}\left(\int_0^1 \widetilde{\mathbf{B}}_{\varepsilon,i}(r)\widetilde{\mathbf{B}}'_{\varepsilon,i}(r)dr\right) \xrightarrow[N\to\infty]{p} \frac{1}{6}\boldsymbol{\Omega}_{\varepsilon\varepsilon}$$

$$\frac{1}{N}\sum_{i=1}^{N}\left(\int_0^1 \widetilde{\mathbf{B}}_{\varepsilon,i}(r)\widetilde{B}_{u,i}(r)dr\right) \xrightarrow[N\to\infty]{p} \frac{1}{6}\boldsymbol{\omega}_{\varepsilon u}$$

が成り立つ．したがって，$T\to\infty$ とした後に $N\to\infty$ とする逐次極限理論により

$$\widehat{\boldsymbol{\beta}}_{LSDV} \xrightarrow[T,N\to\infty]{p} \boldsymbol{\Omega}_{\varepsilon\varepsilon}^{-1}\boldsymbol{\omega}_{\varepsilon u}$$

を得る．

この結果は非常に興味深い．時系列の枠組みでの見せかけの回帰モデルでは OLS 推定量は非標準的な分布に分布収束し，真の長期的関係の一致推定量にはならないが，パネルモデルの枠組みでは長期的な真の関係の一致推定量になっていることがわかる．さらに，Kao (1999) は逐次極限理論を用いることによって $\widehat{\boldsymbol{\beta}}$ は次のように正規分布に従うことを示している．

$$\sqrt{N}(\widehat{\boldsymbol{\beta}} - \boldsymbol{\Omega}_{\varepsilon\varepsilon}^{-1}\boldsymbol{\omega}_{\varepsilon u}) \xrightarrow[T,N\to\infty]{d} \mathcal{N}\left(\mathbf{0}, \frac{2}{5}\omega_{u\cdot\varepsilon}\boldsymbol{\Omega}_{\varepsilon\varepsilon}^{-1}\right)$$

第 7 章　第 1 世代の見せかけの回帰と共和分モデルの推定　　　233

ただし，$\omega_{u\cdot\varepsilon} = \omega_{uu} - \boldsymbol{\omega}_{u\varepsilon}\boldsymbol{\Omega}_{\varepsilon\varepsilon}^{-1}\boldsymbol{\omega}_{\varepsilon u}$ である．証明は Kao (1999) を参照されたい．

7.2.2　パネル共和分モデルの推定

次のようなパネル共和分モデルを考えよう．

$$\begin{aligned} y_{it} &= \alpha_i + \boldsymbol{\beta}'\mathbf{x}_{it} + u_{it} \\ \mathbf{x}_{it} &= \mathbf{x}_{i,t-1} + \boldsymbol{\varepsilon}_{it} \end{aligned} \quad (7.11)$$

このモデルでは共和分ベクトル $\boldsymbol{\beta}$ は全ての i で共通であり，クロスセクション間の不均一性は全て個別効果 α_i にあると想定する．また，簡単化のために $\mathbf{x}_{it}$ の中に共和分関係は存在しないと仮定する（これは下で定義する $\boldsymbol{\Omega}_{\varepsilon\varepsilon}$ が非特異行列であると仮定することと同じである）．さらに，$\mathbf{w}_{it} = (u_{it}, \boldsymbol{\varepsilon}'_{it})'$ は i に関して独立であり，$\mathbf{s}_{it} = \sum_{j=1}^{t} \mathbf{w}_{ij}$ としたとき，$i = 1, ..., N$ について次の FCLT が成り立つと仮定する．

$$\frac{1}{\sqrt{T}}\mathbf{s}_{i[Tr]} = \frac{1}{\sqrt{T}}\sum_{t=1}^{[Tr]}\mathbf{w}_{it} \xrightarrow[T\to\infty]{d} \mathbf{B}_i(r) = \begin{bmatrix} B_{u,i}(r) \\ \mathbf{B}_{\varepsilon,i}(r) \end{bmatrix} \quad (i = 1, ..., N) \quad (7.12)$$

ただし，$\mathbf{B}_i(r)$ は全ての i に共通の共分散行列（長期分散）

$$\boldsymbol{\Omega} = \sum_{j=-\infty}^{\infty} E(\mathbf{w}_{it}\mathbf{w}'_{i,t-j}) = \boldsymbol{\Sigma} + \boldsymbol{\Gamma} + \boldsymbol{\Gamma}' = \begin{bmatrix} \omega_{uu} & \boldsymbol{\omega}_{u\varepsilon} \\ \boldsymbol{\omega}_{\varepsilon u} & \boldsymbol{\Omega}_{\varepsilon\varepsilon} \end{bmatrix}$$

を持つベクトルブラウン運動であり，

$$\boldsymbol{\Gamma} = \sum_{j=1}^{\infty} E(\mathbf{w}_{it}\mathbf{w}'_{i,t-j}) = \begin{bmatrix} \gamma_{uu} & \boldsymbol{\gamma}_{u\varepsilon} \\ \boldsymbol{\gamma}_{\varepsilon u} & \boldsymbol{\Gamma}_{\varepsilon\varepsilon} \end{bmatrix}$$

$$\boldsymbol{\Sigma} = E(\mathbf{w}_{it}\mathbf{w}'_{it}) = \begin{bmatrix} \sigma_{uu} & \boldsymbol{\sigma}_{u\varepsilon} \\ \boldsymbol{\sigma}_{\varepsilon u} & \boldsymbol{\Sigma}_{\varepsilon\varepsilon} \end{bmatrix}, \quad \boldsymbol{\Delta} = \boldsymbol{\Sigma} + \boldsymbol{\Gamma} = \begin{bmatrix} \delta_{uu} & \boldsymbol{\delta}_{u\varepsilon} \\ \boldsymbol{\delta}_{\varepsilon u} & \boldsymbol{\Delta}_{\varepsilon\varepsilon} \end{bmatrix}$$

であるとする．$\boldsymbol{\Sigma}$ は短期分散，$\boldsymbol{\Delta}$ は片側長期分散である．

LSDV 推定量

モデル (7.11) の LSDV 推定量は

$$\widehat{\boldsymbol{\beta}}_{LSDV} = \left[\sum_{i=1}^{N}\sum_{t=1}^{T}\widetilde{\mathbf{x}}_{it}\widetilde{\mathbf{x}}'_{it}\right]^{-1}\left[\sum_{i=1}^{N}\sum_{t=1}^{T}\widetilde{\mathbf{x}}_{it}\widetilde{y}_{it}\right]$$

である。まず N を固定して $T \to \infty$ としたときの漸近分布を導出しよう。ここで前節で示した収束の結果が次のように $i = 1, ..., N$ について成り立つとしよう。

$$\frac{1}{T^2}\sum_{t=1}^{T}\widetilde{\mathbf{x}}_{it}\widetilde{\mathbf{x}}'_{it} \xrightarrow[T\to\infty]{d} \int_0^1 \widetilde{\mathbf{B}}_{\varepsilon,i}(r)\widetilde{\mathbf{B}}'_{\varepsilon,i}(r)dr \qquad (i = 1, ..., N)$$

$$\frac{1}{T}\sum_{t=1}^{T}\widetilde{\mathbf{x}}_{it}u_{it} \xrightarrow[T\to\infty]{d} \int_0^1 \widetilde{\mathbf{B}}_{\varepsilon,i}(r)dB_{u,i}(r) + \boldsymbol{\delta}_{\varepsilon u} \qquad (i = 1, ..., N)$$

これより，N を固定して，$T \to \infty$ とすると，連続写像定理により

$$\begin{aligned}T\left(\widehat{\boldsymbol{\beta}}_{LSDV} - \boldsymbol{\beta}\right) &= \left[\frac{1}{N}\sum_{i=1}^{N}\frac{1}{T^2}\sum_{t=1}^{T}\widetilde{\mathbf{x}}_{it}\widetilde{\mathbf{x}}'_{it}\right]^{-1}\left[\frac{1}{N}\sum_{i=1}^{N}\frac{1}{T}\sum_{t=1}^{T}\widetilde{\mathbf{x}}_{it}u_{it}\right] \\ &\xrightarrow[T\to\infty]{d} \left[\frac{1}{N}\sum_{i=1}^{N}\left(\int_0^1 \widetilde{\mathbf{B}}_{\varepsilon,i}(r)\widetilde{\mathbf{B}}'_{\varepsilon,i}(r)dr\right)\right]^{-1} \\ &\qquad\times \left[\frac{1}{N}\sum_{i=1}^{N}\left(\int_0^1 \widetilde{\mathbf{B}}_{\varepsilon,i}(r)dB_{u,i}(r) + \boldsymbol{\delta}_{\varepsilon u}\right)\right] \\ &\equiv \boldsymbol{\Xi}_N^{-1}\boldsymbol{\xi}_N\end{aligned}$$

が得られる。この漸近分布はブラウン運動を含んでいるので非標準的な分布である。ここで，$\boldsymbol{\Xi}_N$ の $\int_0^1 \widetilde{\mathbf{B}}_{\varepsilon,i}(r)\widetilde{\mathbf{B}}'_{\varepsilon,i}(r)dr$ は付録 B の補題 B.2 より期待値 $\frac{1}{6}\boldsymbol{\Omega}_{\varepsilon\varepsilon}$ を持つ確率変数なので，各 i が独立という仮定の下で，大数の法則により $N \to \infty$ のとき

$$\boldsymbol{\Xi}_N = \frac{1}{N}\sum_{i=1}^{N}\left(\int_0^1 \widetilde{\mathbf{B}}_{\varepsilon,i}(r)\widetilde{\mathbf{B}}'_{\varepsilon,i}(r)dr\right) \xrightarrow[N\to\infty]{p} \frac{1}{6}\boldsymbol{\Omega}_{\varepsilon\varepsilon} \qquad (7.13)$$

を得る。同様に，付録 B の補題 B.2 と大数の法則を用いると

$$\boldsymbol{\xi}_N = \frac{1}{N}\sum_{i=1}^{N}\left(\int_0^1 \widetilde{\mathbf{B}}_{\varepsilon,i}(r)dB_{u,i}(r) + \boldsymbol{\delta}_{\varepsilon u}\right)$$

$$\xrightarrow[N\to\infty]{p} -\frac{1}{2}\boldsymbol{\omega}_{\varepsilon u} + \boldsymbol{\delta}_{\varepsilon u}$$

を得る．したがって，逐次極限理論を用いると次が得られる．

$$T\left(\widehat{\boldsymbol{\beta}}_{LSDV} - \boldsymbol{\beta}\right) \xrightarrow[T\to\infty]{d} \boldsymbol{\Xi}_N^{-1}\boldsymbol{\xi}_N$$
$$\xrightarrow[N\to\infty]{p} -3\boldsymbol{\Omega}_{\varepsilon\varepsilon}^{-1}(\boldsymbol{\omega}_{\varepsilon u} - 2\boldsymbol{\delta}_{\varepsilon u}) \equiv \boldsymbol{\phi} \tag{7.14}$$

この結果より時系列分析のときと同様，LSDV 推定量は $\widehat{\boldsymbol{\beta}}_{LSDV} - \boldsymbol{\beta} = O_p(1/T)$ となるので一致推定量であるが，$\mathbf{x}_{it}$ と u_{it} の内生性と系列相関によって2次バイアス $\boldsymbol{\phi}/T$ を持つことがわかる．

次に漸近分布を導出しよう．$\mathbf{B}_{\varepsilon,i}(r)$ と独立なブラウン運動 $B_{u\cdot\varepsilon,i}(r) = B_{u,i}(r) - \boldsymbol{\omega}_{u\varepsilon}\boldsymbol{\Omega}_{\varepsilon\varepsilon}^{-1}\mathbf{B}_{\varepsilon,i}(r)$ と付録 B の補題 B.2 を用いると

$$\sqrt{N}\left[\boldsymbol{\xi}_N - \frac{1}{N}\sum_{i=1}^{N}\left(\int_0^1 \widetilde{\mathbf{B}}_{\varepsilon,i}(r)d\mathbf{B}'_{\varepsilon,i}(r)\boldsymbol{\Omega}_{\varepsilon\varepsilon}^{-1}\boldsymbol{\omega}_{\varepsilon u} + \boldsymbol{\delta}_{\varepsilon u}\right)\right]$$
$$= \frac{1}{\sqrt{N}}\sum_{i=1}^{N}\left(\int_0^1 \widetilde{\mathbf{B}}_{\varepsilon,i}(r)dB_{u\cdot\varepsilon,i}(r)\right) \xrightarrow[N\to\infty]{d} \mathcal{N}\left(\mathbf{0}, \frac{1}{6}\omega_{u\cdot\varepsilon}\boldsymbol{\Omega}_{\varepsilon\varepsilon}\right)$$
$$\tag{7.15}$$

を得る．これより LSDV 推定量の漸近分布は次のようになる．

$$T\sqrt{N}(\widehat{\boldsymbol{\beta}}_{LSDV} - \boldsymbol{\beta}) - \sqrt{N}\boldsymbol{\phi}_{NT} \xrightarrow[T,N\to\infty]{d} \mathcal{N}\left(\mathbf{0}, 6\omega_{u\cdot\varepsilon}\boldsymbol{\Omega}_{\varepsilon\varepsilon}^{-1}\right)$$

ただし，

$$\begin{aligned}\boldsymbol{\phi}_{NT} &= \left[\frac{1}{N}\sum_{i=1}^{N}\frac{1}{T^2}\sum_{t=1}^{T}\widetilde{\mathbf{x}}_{it}\widetilde{\mathbf{x}}'_{it}\right]^{-1}\\ &\quad \times \frac{1}{N}\sum_{i=1}^{N}\left[\int_0^1 \widetilde{\mathbf{B}}_{\varepsilon,i}(r)d\mathbf{B}'_{\varepsilon,i}(r)\boldsymbol{\Omega}_{\varepsilon\varepsilon}^{-1}\boldsymbol{\omega}_{\varepsilon u} + \boldsymbol{\delta}_{\varepsilon u}\right]\end{aligned}$$

である．

以上のように，LSDV 推定量は $T \to \infty$ のとき一致性を持つが，内生性と系列相関のために2次バイアスが存在する．したがって，7.1.2項で説明した FMOLS 推定量，ダイナミック OLS 推定量のようにこのバイアスを修正する必要がある[144]．

---

[144] この2つ以外の方法としては $\boldsymbol{\phi}$ の一致推定量 $\widehat{\boldsymbol{\phi}}$ を $\widehat{\boldsymbol{\beta}}_{LSDV}$ から引いてバイアス修正することもできる．

FMOLS 推定量

パネルモデル (7.11) における FMOLS 推定量の構築方法は上で説明した非定常時系列モデルの場合と同じである.まず,ブラウン運動の相関を修正したモデルは次のようになる.

$$y_{it}^+ = \alpha_i + \boldsymbol{\beta}' \mathbf{x}_{it} + u_{it}^+$$

ただし,

$$\begin{aligned} y_{it}^+ &= y_{it} - \boldsymbol{\omega}_{u\varepsilon} \boldsymbol{\Omega}_{\varepsilon\varepsilon}^{-1} \Delta \mathbf{x}_{it} \\ u_{it}^+ &= u_{it} - \boldsymbol{\omega}_{u\varepsilon} \boldsymbol{\Omega}_{\varepsilon\varepsilon}^{-1} \boldsymbol{\varepsilon}_{it} \end{aligned}$$

である.ここで,$T \to \infty$ のとき,$i = 1, ..., N$ に対して,次の結果を得る.

$$\frac{1}{T} \sum_{t=1}^{T} \widetilde{\mathbf{x}}_{it} u_{it}^+ \xrightarrow[T \to \infty]{d} \int_0^1 \widetilde{\mathbf{B}}_{\varepsilon, i}(r) dB_{u \cdot \varepsilon, i}(r) + \boldsymbol{\delta}_{\varepsilon u}^+ \quad (i = 1, ..., N) \quad (7.16)$$

ただし,$\boldsymbol{\delta}_{\varepsilon u}^+ = \boldsymbol{\delta}_{\varepsilon u} - \boldsymbol{\Delta}_{\varepsilon\varepsilon} \boldsymbol{\Omega}_{\varepsilon\varepsilon}^{-1} \boldsymbol{\omega}_{\varepsilon u}$ である.(7.16) よりブラウン運動 $\widetilde{\mathbf{B}}_{\varepsilon, i}(r)$ と $B_{u \cdot \varepsilon, i}(r)$ は独立なのでブラウン運動の相関の問題は解消されたが,2 次バイアス $\boldsymbol{\delta}_{\varepsilon u}^+$ が残っているためそれを修正しなければならない.このバイアスを修正した次の推定量がパネル共和分モデル (7.11) の FMOLS 推定量になる.

$$\widehat{\boldsymbol{\beta}}_{FM} = \left[\sum_{i=1}^{N} \sum_{t=1}^{T} \widetilde{\mathbf{x}}_{it} \widetilde{\mathbf{x}}_{it}' \right]^{-1} \left[\sum_{i=1}^{N} \left(\sum_{t=1}^{T} \widetilde{\mathbf{x}}_{it} \widehat{y}_{it}^+ - T \widehat{\boldsymbol{\delta}}_{\varepsilon u}^+ \right) \right]$$

ここで,$\widehat{y}_{it}^+ = y_{it} - \widehat{\boldsymbol{\omega}}_{u\varepsilon} \widehat{\boldsymbol{\Omega}}_{\varepsilon\varepsilon}^{-1} \Delta \mathbf{x}_{it}$,$\widehat{\boldsymbol{\delta}}_{\varepsilon u}^+ = \widehat{\boldsymbol{\delta}}_{\varepsilon u} - \widehat{\boldsymbol{\Delta}}_{\varepsilon\varepsilon} \widehat{\boldsymbol{\Omega}}_{\varepsilon\varepsilon}^{-1} \widehat{\boldsymbol{\omega}}_{\varepsilon u}$ であり,長期分散の推定値は次のように計算できる.

$$\begin{aligned} \widehat{\boldsymbol{\Omega}} &= \frac{1}{N} \sum_{i=1}^{N} \widehat{\boldsymbol{\Omega}}_i, \quad \widehat{\boldsymbol{\Delta}} = \frac{1}{N} \sum_{i=1}^{N} \widehat{\boldsymbol{\Delta}}_i \\ \widehat{\boldsymbol{\Omega}}_i &= \sum_{j=-T+1}^{T-1} k\left(\frac{j}{M}\right) \widehat{\boldsymbol{\Gamma}}_i(j) = \widehat{\boldsymbol{\Gamma}}_i(0) + \sum_{j=1}^{T-1} k\left(\frac{j}{M}\right) \left(\widehat{\boldsymbol{\Gamma}}_i(j) + \widehat{\boldsymbol{\Gamma}}_i'(j) \right) \\ & \hspace{9cm} (7.17) \\ \widehat{\boldsymbol{\Delta}}_i &= \sum_{j=0}^{T-1} k\left(\frac{j}{M}\right) \widehat{\boldsymbol{\Gamma}}_i(j) = \widehat{\boldsymbol{\Gamma}}_i(0) + \sum_{j=1}^{T-1} k\left(\frac{j}{M}\right) \widehat{\boldsymbol{\Gamma}}_i(j) \end{aligned}$$

$$\widehat{\mathbf{\Gamma}}_i(j) = \frac{1}{T} \sum_{t=j+1}^{T} \widehat{\mathbf{w}}_{it} \widehat{\mathbf{w}}'_{i,t-j} \qquad \widehat{\mathbf{w}}_{it} = (\widehat{u}_{it}, \Delta \mathbf{x}'_{it})'$$

$k(\cdot)$ は付録 B の (B.12) で示したようなカーネル関数, M はバンド幅である. 実行可能な FMOLS 推定量 $\widehat{\boldsymbol{\beta}}_{FM}$ の極限分布は, (7.13) と (7.15) を用いると次のようになる (Phillips and Moon 1999, Pedroni 2000, Kao and Chiang 2000).

$$T\sqrt{N}(\widehat{\boldsymbol{\beta}}_{FM} - \boldsymbol{\beta}) \xrightarrow[T \to \infty]{d} \left[\frac{1}{N} \sum_{i=1}^{N} \left(\int_0^1 \widetilde{\mathbf{B}}_{\varepsilon,i}(r) \widetilde{\mathbf{B}}'_{\varepsilon,i}(r) dr \right) \right]^{-1}$$
$$\times \left[\frac{1}{\sqrt{N}} \sum_{i=1}^{N} \left(\int_0^1 \widetilde{\mathbf{B}}_{\varepsilon,i}(r) dB_{u \cdot \varepsilon, i}(r) \right) \right]$$
$$\xrightarrow[N \to \infty]{d} \mathcal{N}\left(0, 6\omega_{u \cdot \varepsilon} \boldsymbol{\Omega}_{\varepsilon\varepsilon}^{-1}\right) \qquad (7.18)$$

ダイナミック OLS 推定量

次にダイナミック OLS 推定量を考えよう. 非定常時系列モデルのときと同様に次のような仮定を置く.

$$\mathbf{f}_{ww}(\delta) \geq \alpha \mathbf{I}_T, \quad \delta \in [0, \pi], \quad \alpha > 0$$

ただし, $\mathbf{f}_{ww}$ は $\mathbf{w}_{it}$ のスペクトル密度行列である. また,

$$\sum_{j=-\infty}^{\infty} \|E(\mathbf{w}_{it} \mathbf{w}_{i,t-j})\| < \infty \qquad (i = 1, ..., N)$$

を仮定する. この 2 つの仮定の下で, $\{u_{it}\}$ は次のように表せる.

$$u_{it} = \sum_{j=-\infty}^{\infty} \boldsymbol{\pi}'_{ij} \boldsymbol{\varepsilon}_{i,t+j} + e_{it}$$

ただし, $\sum_{j=-\infty}^{\infty} \|\boldsymbol{\pi}_{ij}\| < \infty$ とする. このとき, $\{e_{it}\}$ は平均 0 の定常過程で, $\{e_{it}\}$ と $\{\boldsymbol{\varepsilon}_{is}\}$ は全ての t, s で無相関になる. ここで, $\Delta \mathbf{x}_{it} = \boldsymbol{\varepsilon}_{it}$ に注意すると元の共和分モデル (7.11) は次のように表せる.

$$y_{it} = \alpha_i + \boldsymbol{\beta}' \mathbf{x}_{it} + u_{it}$$

$$= \alpha_i + \boldsymbol{\beta}'\mathbf{x}_{it} + \sum_{j=-\infty}^{\infty} \boldsymbol{\pi}'_{ij}\Delta\mathbf{x}_{i,t+j} + e_{it}$$

しかしながら，このモデルでは説明変数が無限個あるため，推定可能ではない。そこで，つぎのようにリードとラグを切断したモデルを考える[145]。

$$y_{it} = \alpha_i + \boldsymbol{\beta}'\mathbf{x}_{it} + \sum_{j=-q}^{q} \boldsymbol{\pi}'_{ij}\Delta\mathbf{x}_{i,t+j} + \dot{e}_{it} \tag{7.19}$$

ただし，$\dot{e}_{it} = \sum_{|j|>q}\boldsymbol{\pi}'_{ij}\boldsymbol{\varepsilon}_{i,t+j} + e_{it}$ である。ダイナミック OLS 推定量はこのように $I(1)$ 変数 $\mathbf{x}_{it}$ の一階階差のリードとラグを説明変数に追加したモデル (7.19) を推定することで得られる。Kao and Chiang (2000) は，T とともに大きくなるリード・ラグ切断パラメータ q が $q^3/T \to 0$，$T^{1/2}\sum_{|j|>q}\|\boldsymbol{\pi}_{ij}\| \to 0$ のとき，ダイナミック OLS 推定量の漸近分布が次のようになることを示している。

$$T\sqrt{N}(\widehat{\boldsymbol{\beta}}_{DOLS} - \boldsymbol{\beta}) \xrightarrow[T\to\infty]{d} \left[\frac{1}{N}\sum_{i=1}^{N}\left(\int_0^1 \widetilde{\mathbf{B}}_{\varepsilon,i}(r)\widetilde{\mathbf{B}}'_{\varepsilon,i}(r)dr\right)\right]^{-1}$$
$$\times \left[\frac{1}{\sqrt{N}}\sum_{i=1}^{N}\left(\int_0^1 \mathbf{B}_{\varepsilon,i}(r)dB_{u\cdot\varepsilon,i}\right)\right]$$
$$\xrightarrow[N\to\infty]{d} \mathcal{N}(0, 6\omega_{u\cdot\varepsilon}\boldsymbol{\Omega}_{\varepsilon\varepsilon}^{-1}) \tag{7.20}$$

これはダイナミック OLS 推定量と FMOLS 推定量の漸近分布は同一であることを示しており，時系列モデルの場合と同様である。

不均一なパネルのケース

ところで，今までは長期分散 $\boldsymbol{\Omega}$ が全ての個体 i で共通であると仮定してきたが，長期分散が i ごとに異なる場合，FMOLS 推定量，ダイナミック OLS 推定量の漸近的特性とその導出方法はどのようになるのであろうか？ 結論を先取りすると異なるのは 2 点である。1 点目は $N \to \infty$ とするときに使う大数の法則と中心極限定理の種類である。前節では均一な分散等を仮定して

---

[145] Westerlund (2005a) はダイナミック OLS 推定量のリードとラグの選択の問題について議論している。

いたので，$\int_0^1 \widetilde{\mathbf{B}}_{\varepsilon,i}(r)\widetilde{\mathbf{B}}'_{\varepsilon,i}(r)dr$ などのブラウン運動は i に関して $i.i.d.$ の系列であると見なすことができ，$i.i.d.$ 系列に対する大数の法則，中心極限定理を用いれば良かったが，不均一な場合は "identical" という仮定が崩れてしまうので，$i.ni.d.$(independently, non-identically distributed) 系列に対する大数の法則と中心極限定理を用いることになる[146]。2点目の違いは推定量の漸近分散の形である。

ここで，(7.12) で定義された $\mathbf{B}_i(r)$ は i ごとに異なる共分散行列

$$\mathbf{\Omega}_i = \mathbf{\Sigma}_i + \mathbf{\Gamma}_i + \mathbf{\Gamma}'_i = \begin{bmatrix} \omega_{uu,i} & \boldsymbol{\omega}_{u\varepsilon,i} \\ \boldsymbol{\omega}_{\varepsilon u,i} & \mathbf{\Omega}_{\varepsilon\varepsilon,i} \end{bmatrix}$$

を持つベクトルブラウン運動であると仮定する。そして以下を定義する。

$$\mathbf{\Gamma}_i = \begin{bmatrix} \gamma_{uu,i} & \boldsymbol{\gamma}_{u\varepsilon,i} \\ \boldsymbol{\gamma}_{\varepsilon u,i} & \mathbf{\Gamma}_{\varepsilon\varepsilon,i} \end{bmatrix}, \quad \mathbf{\Sigma}_i = \begin{bmatrix} \sigma_{uu,i} & \boldsymbol{\sigma}_{u\varepsilon,i} \\ \boldsymbol{\sigma}_{\varepsilon u,i} & \mathbf{\Sigma}_{\varepsilon\varepsilon,i} \end{bmatrix},$$

$$\mathbf{\Delta}_i = \mathbf{\Sigma}_i + \mathbf{\Gamma}_i = \begin{bmatrix} \delta_{uu,i} & \boldsymbol{\delta}_{u\varepsilon,i} \\ \boldsymbol{\delta}_{\varepsilon u,i} & \mathbf{\Delta}_{\varepsilon\varepsilon,i} \end{bmatrix}$$

ここで，さらに次を仮定する。

$$\mathbf{\Omega} = \lim_{N\to\infty} \frac{1}{N}\sum_{i=1}^N \mathbf{\Omega}_i, \quad \mathbf{\Sigma} = \lim_{N\to\infty} \frac{1}{N}\sum_{i=1}^N \mathbf{\Sigma}_i, \quad \mathbf{\Delta} = \lim_{N\to\infty} \frac{1}{N}\sum_{i=1}^N \mathbf{\Delta}_i \tag{7.21}$$

この仮定は不均一なパネルを扱うために必要になる。

以上の設定の下で，N を固定して $T \to \infty$ としたときの LSDV 推定量の漸近分布は次のようになる。

$$\begin{aligned} T(\widehat{\boldsymbol{\beta}}_{LSDV} - \boldsymbol{\beta}) &\xrightarrow[T\to\infty]{d} \left[\frac{1}{N}\sum_{i=1}^N \left(\int_0^1 \widetilde{\mathbf{B}}_{\varepsilon,i}(r)\widetilde{\mathbf{B}}'_{\varepsilon,i}(r)dr\right)\right]^{-1} \\ &\qquad \times \left[\frac{1}{N}\sum_{i=1}^N \left(\int_0^1 \widetilde{\mathbf{B}}_{\varepsilon,i}(r)dB_{u,i}(r) + \boldsymbol{\delta}_{\varepsilon u,i}\right)\right] \\ &= (\Xi_N^*)^{-1}\boldsymbol{\xi}_N^* \end{aligned}$$

---

[146] このような場合の漸近論については White (2001) を参照。

ここで $\int_0^1 \widetilde{\mathbf{B}}_{\varepsilon,i}(r)\widetilde{\mathbf{B}}_{\varepsilon,i}(r)'dr$, $\int_0^1 \widetilde{\mathbf{B}}_{\varepsilon,i}(r)dB_{u,i}(r)$ は付録 B の補題 B.2 より，それぞれ期待値 $\frac{1}{6}\boldsymbol{\Omega}_{\varepsilon\varepsilon,i}$, $-\frac{1}{2}\boldsymbol{\omega}_{\varepsilon u,i}$ を持つので $i.ni.d.$ 系列に対する大数の法則により，

$$\boldsymbol{\Xi}_N^* = \frac{1}{N}\sum_{i=1}^N \left(\int_0^1 \widetilde{\mathbf{B}}_{\varepsilon,i}(r)\widetilde{\mathbf{B}}_{\varepsilon,i}'(r)dr\right)$$

$$\xrightarrow[N\to\infty]{p} \lim_{N\to\infty}\frac{1}{6N}\sum_{i=1}^N \boldsymbol{\Omega}_{\varepsilon\varepsilon,i} = \frac{1}{6}\boldsymbol{\Omega}_{\varepsilon\varepsilon}$$

$$\boldsymbol{\xi}_N^* = \frac{1}{N}\sum_{i=1}^N \left(\int_0^1 \widetilde{\mathbf{B}}_{\varepsilon,i}(r)dB_{u,i}(r) + \boldsymbol{\delta}_{\varepsilon u,i}\right)$$

$$\xrightarrow[N\to\infty]{p} \lim_{N\to\infty}\frac{1}{N}\sum_{i=1}^N\left(-\frac{1}{2}\boldsymbol{\omega}_{\varepsilon u,i} + \boldsymbol{\delta}_{\varepsilon u,i}\right) = -\frac{1}{2}\boldsymbol{\omega}_{\varepsilon u} + \boldsymbol{\delta}_{\varepsilon u}$$

となる．したがって，逐次極限理論によって

$$T(\widehat{\boldsymbol{\beta}}_{LSDV} - \boldsymbol{\beta}) \xrightarrow[T\to\infty]{d} (\boldsymbol{\Xi}_N^*)^{-1}\boldsymbol{\xi}_N^*$$

$$\xrightarrow[N\to\infty]{p} \left[\lim_{N\to\infty}\frac{1}{6N}\sum_{i=1}^N \boldsymbol{\Omega}_{\varepsilon\varepsilon,i}\right]^{-1}$$

$$\times \left[\lim_{N\to\infty}\frac{1}{N}\sum_{i=1}^N\left(-\frac{1}{2}\boldsymbol{\omega}_{\varepsilon u,i} + \boldsymbol{\delta}_{\varepsilon u,i}\right)\right]$$

$$= -3\boldsymbol{\Omega}_{\varepsilon\varepsilon}^{-1}(\boldsymbol{\omega}_{\varepsilon u} - 2\boldsymbol{\delta}_{\varepsilon u}) \equiv \boldsymbol{\phi}^*$$

を得る．この結果より，パネルが不均一の場合でも (7.21) の仮定を置けば (7.14) と同じ形になっていることがわかる．また，$\mathbf{B}_{\varepsilon,i}(r)$ と独立なブラウン運動 $B_{u\cdot\varepsilon,i}(r) = B_{u,i}(r) - \boldsymbol{\omega}_{u\varepsilon,i}\boldsymbol{\Omega}_{\varepsilon\varepsilon,i}^{-1}\mathbf{B}_{\varepsilon,i}(r)$ と付録 B の補題 B.2 を用いると

$$\sqrt{N}\left[\boldsymbol{\xi}_N^* - \frac{1}{N}\sum_{i=1}^N\left(\int_0^1 \widetilde{\mathbf{B}}_{\varepsilon,i}(r)dB_{\varepsilon,i}'(r)\boldsymbol{\Omega}_{\varepsilon\varepsilon,i}^{-1}\boldsymbol{\omega}_{\varepsilon u,i} + \boldsymbol{\delta}_{\varepsilon u,i}\right)\right]$$

$$= \frac{1}{\sqrt{N}}\sum_{i=1}^N\left(\int_0^1 \widetilde{\mathbf{B}}_{\varepsilon,i}(r)dB_{u\cdot\varepsilon,i}(r)\right)$$

$$\xrightarrow[T\to\infty]{d} \mathcal{N}\left(\mathbf{0}, \lim_{N\to\infty}\frac{1}{6N}\sum_{i=1}^N \omega_{u\cdot\varepsilon,i}\boldsymbol{\Omega}_{\varepsilon\varepsilon,i}\right)$$

が得られる．なお，$\lim_{N\to\infty}N^{-1}\sum_{i=1}^N \omega_{u\cdot\varepsilon,i}\boldsymbol{\Omega}_{\varepsilon\varepsilon,i} \neq \omega_{u\cdot\varepsilon}\boldsymbol{\Omega}_{\varepsilon\varepsilon}$ であることに注意されたい．

第7章 第1世代の見せかけの回帰と共和分モデルの推定

これより不均一なパネルの LSDV 推定量の漸近分布は次のように与えられる。

$$T\sqrt{N}(\widehat{\boldsymbol{\beta}}_{LSDV} - \boldsymbol{\beta}) - \sqrt{N}\phi_{NT}^*$$
$$\xrightarrow[T,N\to\infty]{d} \mathcal{N}\left(\mathbf{0}, 6\boldsymbol{\Omega}_{\varepsilon\varepsilon}^{-1}\left\{\lim_{N\to\infty}\frac{1}{N}\sum_{i=1}^{N}\omega_{u\cdot\varepsilon,i}\boldsymbol{\Omega}_{\varepsilon\varepsilon,i}\right\}\boldsymbol{\Omega}_{\varepsilon\varepsilon}^{-1}\right)$$

ただし,

$$\begin{aligned}\phi_{NT}^* &= \left[\frac{1}{N}\sum_{i=1}^{N}\frac{1}{T^2}\sum_{t=1}^{T}\widetilde{\mathbf{x}}_{it}\widetilde{\mathbf{x}}_{it}'\right]^{-1} \\ &\quad \times \frac{1}{N}\sum_{i=1}^{N}\left[\int_0^1 \widetilde{\mathbf{B}}_{\varepsilon,i}(r)d\mathbf{B}_{\varepsilon,i}'(r)\boldsymbol{\Omega}_{\varepsilon\varepsilon,i}^{-1}\boldsymbol{\omega}_{\varepsilon u,i} + \boldsymbol{\delta}_{\varepsilon u,i}\right]\end{aligned}$$

である。

次に FMOLS 推定量,ダイナミック OLS 推定量について考えよう。$\widehat{\boldsymbol{\beta}}_E$ が FMOLS 推定量,あるいはダイナミック OLS 推定量を表しているとすると,$T\to\infty$ としたとき,次の結果が成り立つ。

$$T\sqrt{N}(\widehat{\boldsymbol{\beta}}_E - \boldsymbol{\beta}) \xrightarrow[T\to\infty]{d} \left[\frac{1}{N}\sum_{i=1}^{N}\left(\int_0^1 \widetilde{\mathbf{B}}_{\varepsilon,i}(r)\widetilde{\mathbf{B}}_{\varepsilon,i}'(r)dr\right)\right]^{-1}$$
$$\times \left[\frac{1}{\sqrt{N}}\sum_{i=1}^{N}\left(\int_0^1 \widetilde{\mathbf{B}}_{\varepsilon,i}(r)dB_{u\cdot\varepsilon,i}(r)\right)\right]$$

また, $\int_0^1 \mathbf{B}_{\varepsilon,i}(r)dB_{u\cdot\varepsilon,i}(r)$ は期待値 $\mathbf{0}$,分散 $\frac{1}{6}\omega_{u\cdot\varepsilon,i}\boldsymbol{\Omega}_{\varepsilon\varepsilon,i}$ を持つので,中心極限定理により

$$\frac{1}{\sqrt{N}}\sum_{i=1}^{N}\left(\int_0^1 \widetilde{\mathbf{B}}_{\varepsilon,i}(r)dB_{u\cdot\varepsilon,i}(r)\right) \xrightarrow[N\to\infty]{d} \mathcal{N}\left(\mathbf{0}, \lim_{N\to\infty}\frac{1}{6N}\sum_{i=1}^{N}\omega_{u\cdot\varepsilon,i}\boldsymbol{\Omega}_{\varepsilon\varepsilon,i}\right)$$

が成り立つ。この結果はパネルデータが不均一な場合でも FMOLS,ダイナミック OLS 推定量の $N,T\to\infty$ としたときの一致性,漸近正規性は成り立つが,漸近分散の形が異なってくることを意味している。

以上より,不均一なパネルデータの場合の FMOLS 推定量,ダイナミック OLS 推定量の漸近分布は次のようになる。

$$T\sqrt{N}(\widehat{\boldsymbol{\beta}}_E - \boldsymbol{\beta}) \xrightarrow[T,N\to\infty]{d} \mathcal{N}\left(\mathbf{0}, 6\boldsymbol{\Omega}_{\varepsilon\varepsilon}^{-1}\left\{\lim_{N\to\infty}\frac{1}{N}\sum_{i=1}^{N}\omega_{u\cdot\varepsilon,i}\boldsymbol{\Omega}_{\varepsilon\varepsilon,i}\right\}\boldsymbol{\Omega}_{\varepsilon\varepsilon}^{-1}\right)$$

もし全ての i で $\omega_{u\cdot\varepsilon} = \omega_{u\cdot\varepsilon,i}$, $\mathbf{\Omega}_{\varepsilon\varepsilon} = \mathbf{\Omega}_{\varepsilon\varepsilon,i}$ であれば，当然，均一なパネルデータの場合と同じ分布 (7.18), (7.20) が得られる。

仮説検定を行うときには T が大きければ (7.17) によって i ごとに $\mathbf{\Omega}_i$, $\mathbf{\Delta}_i$ の一致推定量が得られるので，漸近分散の { } 内を $\frac{1}{N}\sum_{i=1}^{N}\widehat{\omega}_{u\cdot\varepsilon,i}\widehat{\mathbf{\Omega}}_{\varepsilon\varepsilon,i}$ で置き換えればよい。

以上の方法は仮定 (7.21) を置くことで，パネルが不均一の場合でも均一パネルと同じような結果が成り立つことを示しているが，この方法以外にも，加重 OLS 推定量と同じ考え方を使う方法もある。すなわち，クロスセクション間の不均一性は分散の違いにあるので，パネルが均一になるように，各変数を分散で基準化してから推定するという方法である。このような方法は Kao and Chiang (2000), Pedroni (2000) によって議論されている。関心のある読者はこれらの文献を参照されたい。

第8章
第2世代の見せかけの回帰と共和分モデルの推定

本章では「第2世代の見せかけの回帰・共和分モデル」と呼ばれる，クロスセクションの相関を許した見せかけの回帰・共和分モデルについて説明する。クロスセクション間の相関をモデル化する方法は第6章の第2世代の単位根検定で説明したように (i) 誤差項の共分散行列に制約を置く，(ii) 時間効果を含める，(iii) ファクター構造を仮定する，の3つの方法がある。共和分モデルにおいてもこれらの3つのアプローチが用いられる。

本章では，まずファクター構造を用いてクロスセクション間の相関をモデル化したとき，見せかけの回帰の問題がクロスセクション間の相関がない場合と比べてどのように異なってくるのかを簡単に説明し，その後で3つのアプローチに基づいた第2世代の共和分モデルの推定方法を紹介していく。

8.1 見せかけの回帰モデル

次のようなファクター構造でクロスセクション間の相関をモデル化した見せかけの回帰モデルを考えよう。簡単化のため，定数項を持たない単純回帰モデル

$$y_{it} = \beta x_{it} + e_{it} \tag{8.1}$$

を考えよう。ここで，y_{it}，x_{it} はスカラー変数で，次のように生成されていると仮定する。

$$y_{it} = \lambda_i f_t + u_{it},$$
$$x_{it} = \phi_i g_t + \varepsilon_{it}$$

ただし，f_t，u_{it}，g_t，ε_{it} はスカラー変数で全て $I(1)$ であり，共和分関係は存在しないとする。また，λ_i，ϕ_i は非確率変数であるとする。ここで $\mathbf{s}_{it} = (f_t, u_{it}, g_t, \varepsilon_{it})'$ として，$\mathbf{w}_{it} = \Delta \mathbf{s}_{it}$ は次のように FCLT を満たすとする。

$$\frac{1}{\sqrt{T}} \sum_{t=1}^{[Tr]} \mathbf{w}_{it} \xrightarrow[T \to \infty]{d} \mathbf{B}_i(r) = \begin{bmatrix} B_f(r), B_{u,i}(r), B_g(r), B_{\varepsilon,i}(r) \end{bmatrix}'$$

ここで，ブラウン運動 $\mathbf{B}_i(r)$ は全ての i で共通の共分散

$$\mathbf{\Omega} = \begin{bmatrix} \omega_{ff} & \omega_{fu} & \omega_{fg} & \omega_{f\varepsilon} \\ \omega_{uf} & \omega_{uu} & \omega_{ug} & \omega_{u\varepsilon} \\ \omega_{gf} & \omega_{gu} & \omega_{gg} & \omega_{g\varepsilon} \\ \omega_{\varepsilon f} & \omega_{\varepsilon u} & \omega_{\varepsilon g} & \omega_{\varepsilon\varepsilon} \end{bmatrix}$$

を持つとする。付録 B の補題 B.1 より，

$$\frac{1}{T^2} \sum_{t=1}^{T} \mathbf{s}_{it} \mathbf{s}'_{it}$$

$$= \begin{bmatrix} \frac{1}{T^2}\sum_{t=1}^{T} f_t^2 & \frac{1}{T^2}\sum_{t=1}^{T} f_t u_{it} & \frac{1}{T^2}\sum_{t=1}^{T} f_t g_t & \frac{1}{T^2}\sum_{t=1}^{T} f_t \varepsilon'_{it} \\ \frac{1}{T^2}\sum_{t=1}^{T} u_{it} f_t & \frac{1}{T^2}\sum_{t=1}^{T} u_{it}^2 & \frac{1}{T^2}\sum_{t=1}^{T} u_{it} g & \frac{1}{T^2}\sum_{t=1}^{T} u_{it} \varepsilon_{it} \\ \frac{1}{T^2}\sum_{t=1}^{T} g_t f_t & \frac{1}{T^2}\sum_{t=1}^{T} g_t u_{it} & \frac{1}{T^2}\sum_{t=1}^{T} g_t^2 & \frac{1}{T^2}\sum_{t=1}^{T} g_t \varepsilon_{it} \\ \frac{1}{T^2}\sum_{t=1}^{T} \varepsilon_{it} f_t & \frac{1}{T^2}\sum_{t=1}^{T} \varepsilon_{it} u_{it} & \frac{1}{T^2}\sum_{t=1}^{T} \varepsilon_{it} g_t & \frac{1}{T^2}\sum_{t=1}^{T} \varepsilon_{it}^2 \end{bmatrix}$$

$$\xrightarrow[T \to \infty]{d} \begin{bmatrix} \int_0^1 B_f^2 dr & \int_0^1 B_f B_{u,i} dr & \int_0^1 B_f B_g dr & \int_0^1 B_f B_{\varepsilon,i} dr \\ \int_0^1 B_{u,i} B_f dr & \int_0^1 B_{u,i}^2 dr & \int_0^1 B_{u,i} B_g dr & \int_0^1 B_{u,i} B_{\varepsilon,i} dr \\ \int_0^1 B_g B_f dr & \int_0^1 B_g B_{u,i} dr & \int_0^1 B_g^2 dr & \int_0^1 B_g B_{\varepsilon,i} dr \\ \int_0^1 B_{\varepsilon,i} B_f dr & \int_0^1 B_{\varepsilon,i} B_{u,i} dr & \int_0^1 B_{\varepsilon,i} B_g dr & \int_0^1 B_{\varepsilon,i}^2 dr \end{bmatrix}$$

第8章 第2世代の見せかけの回帰と共和分モデルの推定

が成り立つ.ただし,表現の簡単化のためブラウン運動 $B(r)$ を B としている.この結果より,N を固定して,$T \to \infty$ とすると,

$$\frac{1}{N}\sum_{i=1}^{N}\frac{1}{T^2}\sum_{t=1}^{T}x_{it}y_{it}$$

$$\xrightarrow[T\to\infty]{d} \frac{1}{N}\sum_{i=1}^{N}\left(\phi_i\lambda_i\int_0^1 B_g(r)B_f(r)dr + \int_0^1 B_{u,i}(r)B_{\varepsilon,i}(r)dr\right.$$
$$\left. +\phi_i\int_0^1 B_g(r)B_{u,i}(r)dr + \lambda_i\int_0^1 B_f(r)B_{\varepsilon,i}(r)dr\right)$$

が得られる.ここで右辺第2項は i ごとに異なるブラウン運動の和になっているので,$N \to \infty$ のとき,大数の法則により長期分散 $\omega_{u\varepsilon}$ に確率収束することがわかる.しかしながら,第1項はブラウン運動が全ての i で共通なので,$N \to \infty$ としたところで,同じ形のブラウン運動が残ってしまう.実際,

$$\left(\frac{1}{N}\sum_{i=1}^{N}\phi_i\lambda_i\right)\int_0^1 B_g(r)B_f(r)dr$$
$$\xrightarrow[N\to\infty]{} \left(\lim_{N\to\infty}\frac{1}{N}\sum_{i=1}^{N}\phi_i\lambda_i\right)\int_0^1 B_g(r)B_f(r)dr$$

となって,確率収束しないことがわかる.同様に,$\frac{1}{N}\sum_{i=1}^{N}\frac{1}{T^2}\sum_{t=1}^{T}x_{it}^2$ も $N,T \to \infty$ としたときも確率収束しないことが示せる.したがって,これらの結果より,(8.1) の OLS 推定量 $\hat{\beta}$ は $I(1)$ の共通ファクターが含まれているときには一致推定量ではないことがわかる.

次にクロスセクション間の相関がある共和分モデルについてみていこう.以下では共分散アプローチ,時間効果アプローチ,ファクターアプローチの順に見ていく.

8.2 共和分モデルの推定:共分散アプローチ

誤差項の共分散行列の非対角要素の制約を通じてクロスセクション間の相関を許した共和分モデルは Moon (1999),Moon and Perron (2005),Mark, Ogaki and Sul (2005) によって議論されている.

次のようなモデルを考えよう。

$$\begin{aligned} y_{it} &= \alpha_i + \boldsymbol{\beta}_i' \mathbf{x}_{it} + u_{it} \\ &= \boldsymbol{\theta}_i' \mathbf{z}_{it} + u_{it} \quad (i=1,...,N;\ t=1,...,T) \\ \mathbf{x}_{it} &= \mathbf{x}_{i,t-1} + \boldsymbol{\varepsilon}_{it} \end{aligned} \tag{8.2}$$

ただし，$\mathbf{z}_{it} = (1, \mathbf{x}_{it}')'$，$\boldsymbol{\theta}_i = (\alpha_i, \boldsymbol{\beta}_i')'$ である．7.2.2 項で考察したモデルと異なるのは，モデル (8.2) では共和分ベクトル $\boldsymbol{\beta}_i$ が i ごとに異なる点であり，7.2.2 項のモデルよりもさらにクロスセクションの不均一性を許している．ここでは簡単化のため全ての i に共通の説明変数，すなわち，x_{it}^k が $\mathbf{x}_{it}$ の k 番目の変数を表すとすると，全ての i で $x_{it}^k = x_t^k$ となる変数は含まれていないと仮定する[147]．

誤差項ベクトル $\mathbf{u}_t = (u_{1t},...,u_{Nt})'$ の共分散行列に制約をおくことでクロスセクション間の相関をモデル化する．そのために，次のような SUR システムを考えよう．

$$\underset{(N\times 1)}{\begin{bmatrix} y_{1t} \\ \vdots \\ y_{Nt} \end{bmatrix}} = \underset{(N\times N(K+1))}{\begin{bmatrix} \mathbf{z}_{1t}' & & \mathbf{0} \\ & \ddots & \\ \mathbf{0} & & \mathbf{z}_{Nt}' \end{bmatrix}} \underset{(N(K+1)\times 1)}{\begin{bmatrix} \boldsymbol{\theta}_1 \\ \vdots \\ \boldsymbol{\theta}_N \end{bmatrix}} + \underset{(N\times 1)}{\begin{bmatrix} u_{1t} \\ \vdots \\ u_{Nt} \end{bmatrix}}$$

$L = N(K+1)$ とすると，このシステムは以下のように表せる．

$$\underset{(N\times 1)}{\mathbf{y}_t} = \underset{(N\times L)}{\mathbf{Z}_t'} \underset{(L\times 1)}{\boldsymbol{\theta}} + \underset{(N\times 1)}{\mathbf{u}_t} \quad (t=1,...,T) \tag{8.3}$$

ここで，$L \times 1$ ベクトル $\mathbf{w}_t = (\mathbf{u}_t', \boldsymbol{\varepsilon}_t')'$ を定義する．ただし，$\boldsymbol{\varepsilon}_t = (\Delta\mathbf{x}_{1t}',...,\Delta\mathbf{x}_{Nt}')' = \Delta\mathbf{x}_t = (\boldsymbol{\varepsilon}_{1t}',...,\boldsymbol{\varepsilon}_{Nt}')'$ は $NK \times 1$ ベクトルである．このとき，

$$\frac{1}{\sqrt{T}} \sum_{t=1}^{[Tr]} \mathbf{w}_t \xrightarrow[T\to\infty]{d} \underset{(L\times 1)}{\mathbf{B}(r)} = \begin{bmatrix} \mathbf{B}_u(r) \\ {\scriptstyle (N\times 1)} \\ \mathbf{B}_\varepsilon(r) \\ {\scriptstyle (NK\times 1)} \end{bmatrix}$$

---

[147] Moon and Perron (2005) は全ての i に共通の説明変数が入っているとき，最小距離推定量によって推定することを提案している．詳細は Moon and Perron (2005) を参照されたい．

第 8 章 第 2 世代の見せかけの回帰と共和分モデルの推定　　　247

が成り立つと仮定する。ただし，$\mathbf{B}_u(r) = (B_{u,1}(r), ..., B_{u,N}(r))'$，$\mathbf{B}_\varepsilon(r) = (\mathbf{B}'_{\varepsilon,1}(r), ..., \mathbf{B}'_{\varepsilon,N}(r))'$ であり，$\mathbf{B}(r)$ は次のような共分散行列を持つ。

$$\underset{(L\times L)}{\mathbf{\Omega}} = \sum_{j=-\infty}^{\infty} E(\mathbf{w}_t \mathbf{w}'_{t-j}) = \begin{bmatrix} \underset{(N\times N)}{\mathbf{\Omega}_{uu}} & \underset{(N\times NK)}{\mathbf{\Omega}_{u\varepsilon}} \\ \underset{(NK\times N)}{\mathbf{\Omega}_{\varepsilon u}} & \underset{(NK\times NK)}{\mathbf{\Omega}_{\varepsilon\varepsilon}} \end{bmatrix}$$

$$= \mathbf{\Sigma} + \mathbf{\Gamma} + \mathbf{\Gamma}' = \mathbf{\Delta} + \mathbf{\Gamma}'$$

ここで

$$\underset{(N\times N)}{\mathbf{\Omega}_{uu}} = \begin{bmatrix} \omega_{uu}^{11} & \cdots & \omega_{uu}^{1N} \\ \vdots & \ddots & \vdots \\ \omega_{uu}^{N1} & \cdots & \omega_{uu}^{NN} \end{bmatrix}, \quad \underset{(N\times NK)}{\mathbf{\Omega}_{u\varepsilon}} = \begin{bmatrix} \underset{(1\times K)}{\boldsymbol{\omega}_{u\varepsilon}^{11}} & \cdots & \underset{(1\times K)}{\boldsymbol{\omega}_{u\varepsilon}^{1N}} \\ \vdots & \ddots & \vdots \\ \underset{(1\times K)}{\boldsymbol{\omega}_{u\varepsilon}^{N1}} & \cdots & \underset{(1\times K)}{\boldsymbol{\omega}_{u\varepsilon}^{NN}} \end{bmatrix},$$

$$\underset{(L\times L)}{\mathbf{\Delta}} = \mathbf{\Sigma} + \mathbf{\Gamma} = \begin{bmatrix} \underset{(N\times N)}{\mathbf{\Delta}_{uu}} & \underset{(N\times NK)}{\mathbf{\Delta}_{u\varepsilon}} \\ \underset{(NK\times N)}{\mathbf{\Delta}_{\varepsilon u}} & \underset{(NK\times NK)}{\mathbf{\Delta}_{\varepsilon\varepsilon}} \end{bmatrix},$$

$$\underset{(NK\times N)}{\mathbf{\Delta}_{\varepsilon u}} = \begin{bmatrix} \underset{(K\times 1)}{\boldsymbol{\delta}_{\varepsilon u}^{11}} & \cdots & \underset{(K\times 1)}{\boldsymbol{\delta}_{\varepsilon u}^{1N}} \\ \vdots & \ddots & \vdots \\ \underset{(K\times 1)}{\boldsymbol{\delta}_{\varepsilon u}^{N1}} & \cdots & \underset{(K\times 1)}{\boldsymbol{\delta}_{\varepsilon u}^{NN}} \end{bmatrix} = \begin{bmatrix} \underset{(K\times N)}{\mathbf{\Delta}_{\varepsilon u,1}} \\ \vdots \\ \underset{(K\times N)}{\mathbf{\Delta}_{\varepsilon u,N}} \end{bmatrix},$$

$$\underset{(NK\times NK)}{\mathbf{\Delta}_{\varepsilon\varepsilon}} = \begin{bmatrix} \underset{(K\times NK)}{\mathbf{\Delta}_{\varepsilon\varepsilon,1}} \\ \vdots \\ \underset{(K\times NK)}{\mathbf{\Delta}_{\varepsilon\varepsilon,N}} \end{bmatrix}$$

である[148]。

---

[148] クロスセクション間に相関がないと想定していた前章では，$\omega_{uu}^{ii} = \omega_{uu,i}$，$\boldsymbol{\delta}_{\varepsilon u}^{ii} = \boldsymbol{\delta}_{\varepsilon u,i}$ とすると次のような (ブロック) 対角行列

$$\mathbf{\Omega}_{uu} = diag(\omega_{uu,1}, \cdots, \omega_{uu,N}), \quad \mathbf{\Delta}_{\varepsilon u} = diag(\boldsymbol{\delta}_{\varepsilon u,1}, \cdots, \boldsymbol{\delta}_{\varepsilon u,N}),$$

になることに注意されたい。

ここで，付録 B の補題 B.1 を少し修正すると，次の結果を得る。

$$\frac{1}{\sqrt{T}}\sum_{t=1}^{T}\mathbf{u}_t \xrightarrow[T\to\infty]{d} \mathbf{B}_u(1)$$

$$\frac{1}{T^2}\sum_{t=1}^{T}\mathbf{x}_t\mathbf{x}_t' \xrightarrow[T\to\infty]{d} \int_0^1 \mathbf{B}_\varepsilon(r)\mathbf{B}_\varepsilon'(r)dr$$

$$\frac{1}{T}\sum_{t=1}^{T}\mathbf{x}_t\mathbf{u}_t' \xrightarrow[T\to\infty]{d} \int_0^1 \mathbf{B}_\varepsilon(r)d\mathbf{B}_u'(r) + \mathbf{\Delta}_{\varepsilon u}$$

$$\frac{1}{T}\sum_{t=1}^{T}\mathbf{x}_t\boldsymbol{\varepsilon}_t' \xrightarrow[T\to\infty]{d} \int_0^1 \mathbf{B}_\varepsilon(r)d\mathbf{B}_\varepsilon'(r) + \mathbf{\Delta}_{\varepsilon\varepsilon}$$

これらの結果を用いて，後で説明する推定量の漸近分布の導出に必要な結果を列挙しておこう。$i = 1, ..., N$ について次が成り立つ。

$$\mathbf{D}_T^{-1}\left(\sum_{t=1}^T \mathbf{z}_{it}\mathbf{z}_{it}'\right)\mathbf{D}_T^{-1} = \begin{bmatrix} 1 & \frac{1}{T^{3/2}}\sum_{t=1}^T \mathbf{x}_{it}' \\ \frac{1}{T^{3/2}}\sum_{t=1}^T \mathbf{x}_{it} & \frac{1}{T^2}\sum_{t=1}^T \mathbf{x}_{it}\mathbf{x}_{it}' \end{bmatrix}$$

$$\xrightarrow[T\to\infty]{d} \begin{bmatrix} 1 & \int_0^1 \mathbf{B}_{\varepsilon,i}'(r)dr \\ \int_0^1 \mathbf{B}_{\varepsilon,i}(r)dr & \int_0^1 \mathbf{B}_{\varepsilon,i}(r)\mathbf{B}_{\varepsilon,i}'(r)dr \end{bmatrix}$$

$$= \int_0^1 \dot{\mathbf{B}}_{\varepsilon,i}(r)\dot{\mathbf{B}}_{\varepsilon,i}'(r)dr$$

$$\mathbf{D}_T^{-1}\sum_{t=1}^T \mathbf{z}_{it}u_{it} = \begin{bmatrix} \frac{1}{T}\sum_{t=1}^T u_{it} \\ \frac{1}{T^{3/2}}\sum_{t=1}^T \mathbf{x}_{it}u_{it} \end{bmatrix}$$

$$\xrightarrow[T\to\infty]{d} \begin{bmatrix} B_{u,i}(1) \\ \int_0^1 \mathbf{B}_{\varepsilon,i}(r)dB_{u,i}(r) + \boldsymbol{\delta}_{\varepsilon u}^{ii} \end{bmatrix}$$

$$= \int_0^1 \dot{\mathbf{B}}_{\varepsilon,i}(r)dB_{u,i}(r) + \dot{\boldsymbol{\delta}}_{\varepsilon u}^{ii}$$

$$\mathbf{D}_T^{-1}\sum_{t=1}^T \mathbf{z}_{it}\mathbf{u}_t' \xrightarrow[T\to\infty]{d} \int_0^1 \dot{\mathbf{B}}_{\varepsilon,i}(r)d\mathbf{B}_u'(r) + \dot{\mathbf{\Delta}}_{\varepsilon u,i}, \quad \dot{\mathbf{\Delta}}_{\varepsilon u,i} = \begin{bmatrix} \mathbf{0} \\ \mathbf{\Delta}_{\varepsilon u,i} \end{bmatrix}$$

$$\mathbf{D}_T^{-1}\sum_{t=1}^T \mathbf{z}_{it}\boldsymbol{\varepsilon}_t' \xrightarrow[T\to\infty]{d} \int_0^1 \dot{\mathbf{B}}_{\varepsilon,i}(r)d\mathbf{B}_\varepsilon'(r) + \dot{\mathbf{\Delta}}_{\varepsilon\varepsilon,i}, \quad \dot{\mathbf{\Delta}}_{\varepsilon\varepsilon,i} = \begin{bmatrix} \mathbf{0} \\ \mathbf{\Delta}_{\varepsilon\varepsilon,i} \end{bmatrix}$$

ただし, $\mathbf{D}_T = diag(\sqrt{T}, T \cdot \mathbf{I}_K)$, $\dot{\mathbf{B}}_{\varepsilon,i}(r) = (1, \mathbf{B}'_{\varepsilon,i}(r))'$, $d\mathbf{B}_u(r) = (dB_{u,1}(r),$ $..., dB_{u,N}(r))'$, $\ddot{\boldsymbol{\delta}}^{ii}_{\varepsilon u} = \left(0, \boldsymbol{\delta}^{ii'}_{\varepsilon u}\right)'$ である.

第 1 世代の共和分モデルと同様に OLS 推定量の漸近分布の導出から始め, OLS 推定量の問題点を修正した FMOLS 推定量, ダイナミック OLS 推定量と説明を進めていこう.

8.2.1 システム OLS 推定量

システムモデル (8.3) の OLS 推定量は次のようになる.

$$\widehat{\boldsymbol{\theta}}_{SOLS} = \left(\sum_{t=1}^{T} \mathbf{Z}_t \mathbf{Z}'_t\right)^{-1} \sum_{t=1}^{T} \mathbf{Z}_t \mathbf{y}_t = \boldsymbol{\theta} + \left(\sum_{t=1}^{T} \mathbf{Z}_t \mathbf{Z}'_t\right)^{-1} \sum_{t=1}^{T} \mathbf{Z}_t \mathbf{u}_t$$

この推定量の漸近分布を求めてみよう. まず, $\mathbf{D}_{NT} = \mathbf{I}_N \otimes \mathbf{D}_T = \mathbf{I}_N \otimes diag(\sqrt{T}, T \cdot \mathbf{I}_K)$ として, N を固定して $T \to \infty$ とすると

$$\mathbf{D}_{NT}^{-1} \left(\sum_{t=1}^{T} \mathbf{Z}_t \mathbf{Z}'_t\right) \mathbf{D}_{NT}^{-1}$$

$$= \begin{bmatrix} \mathbf{D}_T^{-1} \left(\sum_{t=1}^{T} \mathbf{z}_{1t} \mathbf{z}'_{1t}\right) \mathbf{D}_T^{-1} & & 0 \\ & \ddots & \\ 0 & & \mathbf{D}_T^{-1} \left(\sum_{t=1}^{T} \mathbf{z}_{Nt} \mathbf{z}'_{Nt}\right) \mathbf{D}_T^{-1} \end{bmatrix}$$

$$\xrightarrow[T \to \infty]{d} \begin{bmatrix} \int_0^1 \dot{\mathbf{B}}_{\varepsilon,1}(r) \dot{\mathbf{B}}'_{\varepsilon,1}(r) dr & & 0 \\ & \ddots & \\ 0 & & \int_0^1 \dot{\mathbf{B}}_{\varepsilon,N}(r) \dot{\mathbf{B}}'_{\varepsilon,N}(r) dr \end{bmatrix}$$

$$= \int_0^1 \mathbf{B}_\varepsilon^\dagger(r) \mathbf{B}_\varepsilon^{\dagger'}(r) dr$$

が得られる. ただし,

$$\mathbf{B}_\varepsilon^\dagger(r) = \begin{bmatrix} \dot{\mathbf{B}}_{\varepsilon,1}(r) & & 0 \\ & \ddots & \\ 0 & & \dot{\mathbf{B}}_{\varepsilon,N}(r) \end{bmatrix}$$

である。同様に N を固定して，$T \to \infty$ とすると

$$\mathbf{D}_{NT}^{-1} \sum_{t=1}^{T} \mathbf{Z}_t \mathbf{u}_t = \begin{bmatrix} \mathbf{D}_T^{-1} \sum_{t=1}^{T} \mathbf{z}_{1t} u_{1t} \\ \vdots \\ \mathbf{D}_T^{-1} \sum_{t=1}^{T} \mathbf{z}_{Nt} u_{Nt} \end{bmatrix}$$

$$\xrightarrow[T \to \infty]{d} \begin{bmatrix} \int_0^1 \dot{\mathbf{B}}_{\varepsilon,1}(r) dB_{u,1}(r) + \dot{\boldsymbol{\delta}}_{\varepsilon u}^{11} \\ \vdots \\ \int_0^1 \dot{\mathbf{B}}_{\varepsilon,N}(r) dB_{u,N}(r) + \dot{\boldsymbol{\delta}}_{\varepsilon u}^{NN} \end{bmatrix}$$

$$= \int_0^1 \mathbf{B}_{\varepsilon}^{\dagger}(r) d\mathbf{B}_u(r) + \dot{\boldsymbol{\delta}}_{\varepsilon u}$$

を得る。ただし，$\dot{\boldsymbol{\delta}}_{\varepsilon u} = \left(\dot{\boldsymbol{\delta}}_{\varepsilon u}^{11'}, \cdots, \dot{\boldsymbol{\delta}}_{\varepsilon u}^{NN'} \right)'$ である。

したがって，システム OLS 推定量の N を固定して $T \to \infty$ としたときの漸近分布は次のようになる。

$$\mathbf{D}_{NT}(\widehat{\boldsymbol{\theta}}_{SOLS} - \boldsymbol{\theta}) \xrightarrow[T \to \infty]{d} \left[\int_0^1 \mathbf{B}_{\varepsilon}^{\dagger}(r) \mathbf{B}_{\varepsilon}^{\dagger'}(r) dr \right]^{-1} \left[\int_0^1 \mathbf{B}_{\varepsilon}^{\dagger}(r) d\mathbf{B}_u(r) + \dot{\boldsymbol{\delta}}_{\varepsilon u} \right]$$

第 2 世代のパネル単位根検定と同様，共分散アプローチで用いられる漸近論は N を固定し，$T \to \infty$ とするが，この推定量が良いパフォーマンスを示すためには T に比べて N が十分小さくなければならない。

8.2.2 システム GLS 推定量

誤差項 $\mathbf{u}_t$ の共分散構造を考慮したシステム GLS 推定量は次のようになる。

$$\widehat{\boldsymbol{\theta}}_{SGLS} = \left(\sum_{t=1}^{T} \mathbf{Z}_t \widehat{\boldsymbol{\Omega}}_{uu}^{-1} \mathbf{Z}_t' \right)^{-1} \sum_{t=1}^{T} \mathbf{Z}_t \widehat{\boldsymbol{\Omega}}_{uu}^{-1} \mathbf{y}_t$$

$$= \boldsymbol{\theta} + \left(\sum_{t=1}^{T} \mathbf{Z}_t \widehat{\boldsymbol{\Omega}}_{uu}^{-1} \mathbf{Z}_t' \right)^{-1} \sum_{t=1}^{T} \mathbf{Z}_t \widehat{\boldsymbol{\Omega}}_{uu}^{-1} \mathbf{u}_t$$

ここで，共分散行列には短期分散 $\boldsymbol{\Sigma}_{uu}$ ではなく，長期共分散 $\boldsymbol{\Omega}_{uu}$ の推定値が用いられていることに注意されたい。$\widehat{\boldsymbol{\Omega}}_{uu}$ は，$\widehat{\mathbf{u}}_t$ が (8.3) の OLS 残差を表すとすると，$\widehat{\mathbf{w}}_t = (\widehat{\mathbf{u}}_t', \Delta \mathbf{x}_t')'$ に (7.17) で示された長期分散の推定方法を使うことで得られる。

第8章 第2世代の見せかけの回帰と共和分モデルの推定

まず N を固定して $T \to \infty$ とすると,次が得られる。

$$\mathbf{D}_{NT}^{-1}\left(\sum_{t=1}^T \mathbf{Z}_t \widehat{\mathbf{\Omega}}_{uu}^{-1} \mathbf{Z}_t'\right)\mathbf{D}_{NT}^{-1} \xrightarrow[T\to\infty]{d} \int_0^1 \mathbf{B}_\varepsilon^\dagger(r)\mathbf{\Omega}_{uu}^{-1}\mathbf{B}_\varepsilon^{\dagger'}(r)dr$$

そして,

$$\underset{(N\times N)}{\widehat{\mathbf{\Omega}}_{uu}^{-1}} = \begin{bmatrix} \underset{(1\times N)}{\widehat{\boldsymbol{\mu}}_1'} \\ \vdots \\ \underset{(1\times N)}{\widehat{\boldsymbol{\mu}}_N'} \end{bmatrix}$$

とすると,N 固定,$T\to\infty$ のとき,

$$\mathbf{D}_{NT}^{-1}\sum_{t=1}^T \mathbf{Z}_t \widehat{\mathbf{\Omega}}_{uu}^{-1}\mathbf{u}_t = \begin{bmatrix} \mathbf{D}_T^{-1}\left(\sum_{t=1}^T \mathbf{z}_{1t}\mathbf{u}_t'\right)\widehat{\boldsymbol{\mu}}_1 \\ \vdots \\ \mathbf{D}_T^{-1}\left(\sum_{t=1}^T \mathbf{z}_{Nt}\mathbf{u}_t'\right)\widehat{\boldsymbol{\mu}}_N \end{bmatrix}$$

$$\xrightarrow[T\to\infty]{d} \begin{bmatrix} \left(\int_0^1 \dot{\mathbf{B}}_{\varepsilon,1}(r)d\mathbf{B}_u(r)' + \dot{\mathbf{\Delta}}_{\varepsilon u,1}\right)\boldsymbol{\mu}_1 \\ \vdots \\ \left(\int_0^1 \dot{\mathbf{B}}_{\varepsilon,N}(r)d\mathbf{B}_u(r)' + \dot{\mathbf{\Delta}}_{\varepsilon u,N}\right)\boldsymbol{\mu}_N \end{bmatrix}$$

$$\equiv \int_0^1 \mathbf{B}_\varepsilon^\dagger(r)\mathbf{\Omega}_{uu}^{-1}d\mathbf{B}_u(r) + \boldsymbol{\phi}$$

が得られる。ただし,

$$\boldsymbol{\phi} = \left[\boldsymbol{\mu}_1'\dot{\mathbf{\Delta}}_{\varepsilon u,1}', \cdots, \boldsymbol{\mu}_N'\dot{\mathbf{\Delta}}_{\varepsilon u,N}'\right]'$$

である。

したがって,システム GLS 推定量の漸近分布は N を固定して $T\to\infty$ としたとき,以下のようになる。

$$\mathbf{D}_{NT}(\widehat{\boldsymbol{\theta}}_{SGLS} - \boldsymbol{\theta}) \xrightarrow[T\to\infty]{d} \left[\int_0^1 \mathbf{B}_\varepsilon^\dagger(r)\mathbf{\Omega}_{uu}^{-1}\mathbf{B}_\varepsilon^{\dagger'}(r)dr\right]^{-1}$$
$$\times \left[\int_0^1 \mathbf{B}_\varepsilon^\dagger(r)\mathbf{\Omega}_{uu}^{-1}d\mathbf{B}_u(r) + \boldsymbol{\phi}\right]$$

これらの結果より,SUR システムの OLS 推定量,GLS 推定量ともに一致推定量ではあるが,非定常時系列モデルの場合と同じようにブラウン運動の

相関の問題と 2 次バイアス の問題が生じている．そこで，次にこれらの問題を修正するために SUR システムの FMOLS 推定量とダイナミック OLS 推定量について見ていこう．

8.2.3 システム FMOLS 推定量

単一方程式モデルと異なり，(a) 各 i ごとに修正を行う，(b) システム OLS 推定量の修正，(c) システム GLS 推定量の修正，の 3 つのケースがある．以下，順に見ていこう．

(a) クロスセクション間の相関を無視して各 i ごとに OLS 推定量のバイアスを修正した IFMOLS 推定量は次のようになる．

$$\widehat{\boldsymbol{\theta}}_{IFMOLS} = \left[\sum_{t=1}^{T}\mathbf{Z}_t\mathbf{Z}_t'\right]^{-1}\left[\sum_{t=1}^{T}\mathbf{Z}_t\widetilde{\mathbf{y}}_t^+ - T\widehat{\boldsymbol{\delta}}\right]$$

$$\widetilde{\mathbf{y}}_t^+ = \begin{bmatrix} \widetilde{y}_{1t}^+ \\ \vdots \\ \widetilde{y}_{Nt}^+ \end{bmatrix} = \begin{bmatrix} y_{1t} - \widehat{\omega}_{u\varepsilon}^{11}\left(\widehat{\boldsymbol{\Omega}}_{\varepsilon\varepsilon}^{11}\right)^{-1}\Delta\mathbf{x}_{1t} \\ \vdots \\ y_{Nt} - \widehat{\omega}_{u\varepsilon}^{NN}\left(\widehat{\boldsymbol{\Omega}}_{\varepsilon\varepsilon}^{NN}\right)^{-1}\Delta\mathbf{x}_{Nt} \end{bmatrix},$$

$$\widehat{\boldsymbol{\delta}} = \begin{bmatrix} \widehat{\boldsymbol{\delta}}_1' & \cdots & \widehat{\boldsymbol{\delta}}_N' \end{bmatrix}', \quad \widehat{\boldsymbol{\delta}}_i = \begin{pmatrix} 0 \\ \widehat{\boldsymbol{\delta}}_{\varepsilon u}^{ii} - \widehat{\boldsymbol{\Delta}}_{\varepsilon\varepsilon}^{ii}\left(\widehat{\boldsymbol{\Omega}}_{\varepsilon\varepsilon}^{ii}\right)^{-1}\widehat{\omega}_{\varepsilon u}^{ii} \end{pmatrix}$$

N を固定して $T \to \infty$ としたとき，$\widehat{\boldsymbol{\theta}}_{IFMOLS}$ は次のような漸近分布を持つ．

$$\mathbf{D}_{NT}\left(\widehat{\boldsymbol{\theta}}_{IFMOLS} - \boldsymbol{\theta}\right) \xrightarrow[T\to\infty]{d} \left[\int_0^1 \mathbf{B}_\varepsilon^\dagger(r)\mathbf{B}_\varepsilon^{\dagger'}(r)dr\right]^{-1}\int_0^1 \mathbf{B}_\varepsilon^\dagger(r)d\dot{\mathbf{B}}_{u\cdot\varepsilon}(r)$$

ただし，

$$\dot{\mathbf{B}}_{u\cdot\varepsilon}(r) = \begin{bmatrix} B_{u,1}(r) - \boldsymbol{\omega}_{u\varepsilon}^{11}\left(\boldsymbol{\Omega}_{\varepsilon\varepsilon}^{11}\right)^{-1}\mathbf{B}_{\varepsilon,1}(r) \\ \vdots \\ B_{u,N}(r) - \boldsymbol{\omega}_{u\varepsilon}^{NN}\left(\boldsymbol{\Omega}_{\varepsilon\varepsilon}^{NN}\right)^{-1}\mathbf{B}_{\varepsilon,N}(r) \end{bmatrix}$$

である．

第 8 章　第 2 世代の見せかけの回帰と共和分モデルの推定　　253

(b) システム OLS(SOLS) 推定量を修正したシステム FMOLS 推定量を考えよう。まずブラウン運動の相関は次のようにして修正できる。

$$\widehat{\mathbf{y}}_t^+ = \mathbf{Z}_t'\boldsymbol{\theta} + \widehat{\mathbf{u}}_t^+ \tag{8.4}$$

ただし,

$$\widehat{\mathbf{y}}_t^+ = \mathbf{y}_t - \widehat{\boldsymbol{\Omega}}_{u\varepsilon}\widehat{\boldsymbol{\Omega}}_{\varepsilon\varepsilon}^{-1}\Delta\mathbf{x}_t, \qquad \widehat{\mathbf{u}}_t^+ = \mathbf{u}_t - \widehat{\boldsymbol{\Omega}}_{u\varepsilon}\widehat{\boldsymbol{\Omega}}_{\varepsilon\varepsilon}^{-1}\boldsymbol{\varepsilon}_t$$

である。ここで,

$$\underset{(N\times NK)}{\widehat{\boldsymbol{\Omega}}_{u\varepsilon}\widehat{\boldsymbol{\Omega}}_{\varepsilon\varepsilon}^{-1}} = \begin{bmatrix} \underset{(1\times NK)}{\widehat{\boldsymbol{\pi}}_1'} \\ \vdots \\ \underset{(1\times NK)}{\widehat{\boldsymbol{\pi}}_N'} \end{bmatrix}$$

とすると

$$\mathbf{D}_{NT}^{-1}\sum_{t=1}^T \mathbf{Z}_t\widehat{\boldsymbol{\Omega}}_{u\varepsilon}\widehat{\boldsymbol{\Omega}}_{\varepsilon\varepsilon}^{-1}\boldsymbol{\varepsilon}_t = \begin{bmatrix} \mathbf{D}_T^{-1}\sum_{t=1}^T \mathbf{z}_{1t}\boldsymbol{\varepsilon}_t'\widehat{\boldsymbol{\pi}}_1 \\ \vdots \\ \mathbf{D}_T^{-1}\sum_{t=1}^T \mathbf{z}_{Nt}\boldsymbol{\varepsilon}_t'\widehat{\boldsymbol{\pi}}_N \end{bmatrix}$$

$$\xrightarrow[T\to\infty]{d} \begin{bmatrix} \int_0^1 \dot{\mathbf{B}}_{\varepsilon,1}d\mathbf{B}_\varepsilon'(r)\boldsymbol{\pi}_1 + \dot{\boldsymbol{\Delta}}_{\varepsilon\varepsilon,1}\boldsymbol{\pi}_1 \\ \vdots \\ \int_0^1 \dot{\mathbf{B}}_{\varepsilon,N}d\mathbf{B}_\varepsilon'(r)\boldsymbol{\pi}_N + \dot{\boldsymbol{\Delta}}_{\varepsilon\varepsilon,N}\boldsymbol{\pi}_N \end{bmatrix}$$

$$= \int_0^1 \mathbf{B}_\varepsilon^\dagger(r)\boldsymbol{\Omega}_{u\varepsilon}\boldsymbol{\Omega}_{\varepsilon\varepsilon}^{-1}d\mathbf{B}_\varepsilon(r) + \dot{\boldsymbol{\zeta}}_{\varepsilon u}$$

となる。ただし, $\boldsymbol{\Omega}_{u\varepsilon}\boldsymbol{\Omega}_{\varepsilon\varepsilon}^{-1} = (\boldsymbol{\pi}_1,\cdots,\boldsymbol{\pi}_N)'$, $\dot{\boldsymbol{\zeta}}_{\varepsilon u} = \left(\boldsymbol{\pi}_1'\dot{\boldsymbol{\Delta}}_{\varepsilon\varepsilon,1}',\cdots,\boldsymbol{\pi}_N'\dot{\boldsymbol{\Delta}}_{\varepsilon\varepsilon,N}'\right)'$ である。したがって,

$$\mathbf{D}_{NT}^{-1}\sum_{t=1}^T \mathbf{Z}_t\widehat{\mathbf{u}}_t^+ = \mathbf{D}_{NT}^{-1}\sum_{t=1}^T \mathbf{Z}_t\mathbf{u}_t - \mathbf{D}_{NT}^{-1}\sum_{t=1}^T \mathbf{Z}_t\widehat{\boldsymbol{\Omega}}_{u\varepsilon}\widehat{\boldsymbol{\Omega}}_{\varepsilon\varepsilon}^{-1}\boldsymbol{\varepsilon}_t$$

$$\xrightarrow[T\to\infty]{d} \int_0^1 \mathbf{B}_\varepsilon^\dagger(r)d\mathbf{B}_u(r) + \dot{\boldsymbol{\delta}}_{\varepsilon u}$$

$$- \int_0^1 \mathbf{B}_\varepsilon^\dagger(r)\boldsymbol{\Omega}_{u\varepsilon}\boldsymbol{\Omega}_{\varepsilon\varepsilon}^{-1}d\mathbf{B}_\varepsilon(r) - \dot{\boldsymbol{\zeta}}_{\varepsilon u}$$

$$= \int_0^1 \mathbf{B}_\varepsilon^\dagger(r) d\mathbf{B}_{u\cdot\varepsilon}(r) + \boldsymbol{\delta}^+$$

が得られる。ただし，$\mathbf{B}_{u\cdot\varepsilon}(r) = \mathbf{B}_u(r) - \boldsymbol{\Omega}_{u\varepsilon}\boldsymbol{\Omega}_{\varepsilon\varepsilon}^{-1}\mathbf{B}_\varepsilon(r)$，$\boldsymbol{\delta}^+ = \dot{\boldsymbol{\delta}}_{\varepsilon u} - \dot{\boldsymbol{\zeta}}_{\varepsilon u}$ である。ここでブラウン運動 $\mathbf{B}_\varepsilon^\dagger(r)$ と $\mathbf{B}_{u\cdot\varepsilon}$ は独立なのでブラウン運動の相関の問題は解消されたが，2次バイアス $\boldsymbol{\delta}^+$ が残っている。このバイアスを修正した次の推定量が (8.3) のシステム FMOLS 推定量である。

$$\widehat{\boldsymbol{\theta}}_{SFMOLS} = \left[\sum_{t=1}^T \mathbf{Z}_t\mathbf{Z}_t'\right]^{-1}\left[\sum_{t=1}^T \mathbf{Z}_t\widehat{\mathbf{y}}_t^+ - T\widehat{\boldsymbol{\delta}}^+\right]$$

$$\widehat{\boldsymbol{\delta}}^+ = \begin{bmatrix} \widehat{\boldsymbol{\delta}}_1^{+\prime} & \cdots \widehat{\boldsymbol{\delta}}_N^{+\prime} \end{bmatrix}', \quad \widehat{\boldsymbol{\delta}}^+ = \begin{pmatrix} 0 \\ \widehat{\boldsymbol{\delta}}_{\varepsilon u}^{ii} - \widehat{\boldsymbol{\Delta}}_{\varepsilon\varepsilon,i}\widehat{\boldsymbol{\pi}}_i \end{pmatrix}$$

そして，N を固定して $T \to \infty$ としたとき，$\widehat{\boldsymbol{\theta}}_{SFMOLS}$ は次のような漸近分布を持つ。

$$\mathbf{D}_{NT}\left(\widehat{\boldsymbol{\theta}}_{SFMOLS} - \boldsymbol{\theta}\right) \xrightarrow[T\to\infty]{d} \left[\int_0^1 \mathbf{B}_\varepsilon^\dagger(r)\mathbf{B}_\varepsilon^{\dagger\prime}(r)dr\right]^{-1}\int_0^1 \mathbf{B}_\varepsilon^\dagger(r)d\mathbf{B}_{u\cdot\varepsilon}(r)$$

(c) システム GLS(SGLS) 推定量を修正したシステム FMGLS 推定量を導出しよう。システム FMGLS 推定量はブラウン運動の相関を修正したモデル (8.4) のシステム GLS 推定量から導かれる。ここで，

$$\underset{(N\times N)}{\widehat{\boldsymbol{\Omega}}_{u\cdot\varepsilon}^{-1}} = \begin{bmatrix} \underset{(1\times N)}{\widehat{\boldsymbol{\xi}}_1'} \\ \vdots \\ \underset{(1\times N)}{\widehat{\boldsymbol{\xi}}_N'} \end{bmatrix}, \quad \underset{(N\times NK)}{\widehat{\boldsymbol{\Omega}}_{u\cdot\varepsilon}^{-1}\widehat{\boldsymbol{\Omega}}_{u\varepsilon}\widehat{\boldsymbol{\Omega}}_{\varepsilon\varepsilon}^{-1}} = \begin{bmatrix} \underset{(1\times NK)}{\widehat{\boldsymbol{\psi}}_1'} \\ \vdots \\ \underset{(1\times NK)}{\widehat{\boldsymbol{\psi}}_N'} \end{bmatrix}$$

とすると

$$\mathbf{D}_{NT}^{-1}\sum_{t=1}^T \mathbf{Z}_t\widehat{\boldsymbol{\Omega}}_{u\cdot\varepsilon}^{-1}\mathbf{u}_t = \begin{bmatrix} \mathbf{D}_T^{-1}\left(\sum_{t=1}^T \mathbf{z}_{1t}\boldsymbol{u}_t'\right)\widehat{\boldsymbol{\xi}}_1 \\ \vdots \\ \mathbf{D}_T^{-1}\left(\sum_{t=1}^T \mathbf{z}_{Nt}\boldsymbol{u}_t'\right)\widehat{\boldsymbol{\xi}}_N \end{bmatrix}$$

$$\xrightarrow[T\to\infty]{d} \begin{bmatrix} \int_0^1 \dot{\mathbf{B}}_{\varepsilon,1}d\mathbf{B}_u'(r)\boldsymbol{\xi}_1 + \dot{\boldsymbol{\Delta}}_{\varepsilon u,1}\boldsymbol{\xi}_1 \\ \vdots \\ \int_0^1 \dot{\mathbf{B}}_{\varepsilon,N}d\mathbf{B}_u'(r)\boldsymbol{\xi}_N + \dot{\boldsymbol{\Delta}}_{\varepsilon u,N}\boldsymbol{\xi}_N \end{bmatrix}$$

第 8 章　第 2 世代の見せかけの回帰と共和分モデルの推定

$$= \int_0^1 \mathbf{B}_\varepsilon^\dagger(r)\mathbf{\Omega}_{u\cdot\varepsilon}^{-1}d\mathbf{B}_u(r) + \dot{\boldsymbol{\kappa}}_{\varepsilon u}$$

$$\mathbf{D}_{NT}^{-1}\sum_{t=1}^T \mathbf{Z}_t\widehat{\mathbf{\Omega}}_{u\cdot\varepsilon}^{-1}\widehat{\mathbf{\Omega}}_{u\varepsilon}\widehat{\mathbf{\Omega}}_{\varepsilon\varepsilon}^{-1}\boldsymbol{\varepsilon}_t = \begin{bmatrix} \mathbf{D}_T^{-1}\left(\sum_{t=1}^T \mathbf{z}_{1t}\boldsymbol{\varepsilon}_t'\right)\widehat{\boldsymbol{\psi}}_1 \\ \vdots \\ \mathbf{D}_T^{-1}\left(\sum_{t=1}^T \mathbf{z}_{Nt}\boldsymbol{\varepsilon}_t'\right)\widehat{\boldsymbol{\psi}}_N \end{bmatrix}$$

$$\xrightarrow[T\to\infty]{d} \begin{bmatrix} \int_0^1 \dot{\mathbf{B}}_{\varepsilon,1}d\mathbf{B}_\varepsilon'(r)\boldsymbol{\psi}_1 + \dot{\mathbf{\Delta}}_{\varepsilon\varepsilon,1}\boldsymbol{\psi}_1 \\ \vdots \\ \int_0^1 \dot{\mathbf{B}}_{\varepsilon,N}d\mathbf{B}_\varepsilon'(r)\boldsymbol{\psi}_N + \dot{\mathbf{\Delta}}_{\varepsilon\varepsilon,N}\boldsymbol{\psi}_N \end{bmatrix}$$

$$= \int_0^1 \mathbf{B}_\varepsilon^\dagger(r)\mathbf{\Omega}_{u\cdot\varepsilon}^{-1}\mathbf{\Omega}_{u\varepsilon}\mathbf{\Omega}_{\varepsilon\varepsilon}^{-1}d\mathbf{B}_\varepsilon(r) + \dot{\boldsymbol{\nu}}_{\varepsilon u}$$

が得られる。ただし，$\dot{\boldsymbol{\kappa}}_{\varepsilon u} = \left(\boldsymbol{\xi}_1'\dot{\mathbf{\Delta}}_{\varepsilon u,1}',...,\boldsymbol{\xi}_N'\dot{\mathbf{\Delta}}_{\varepsilon u,N}'\right)'$, $\dot{\boldsymbol{\nu}}_{\varepsilon u} = \left(\boldsymbol{\psi}_1'\dot{\mathbf{\Delta}}_{\varepsilon u,1}',...,\boldsymbol{\psi}_N'\dot{\mathbf{\Delta}}_{\varepsilon u,N}'\right)'$ である。したがって，

$$\mathbf{D}_{NT}^{-1}\sum_{t=1}^T \mathbf{Z}_t\widehat{\mathbf{\Omega}}_{u\cdot\varepsilon}^{-1}\mathbf{u}_t^+ = \mathbf{D}_T^{-1}\sum_{t=1}^T \mathbf{Z}_t\widehat{\mathbf{\Omega}}_{u\cdot\varepsilon}^{-1}\mathbf{u}_t - \mathbf{D}_T^{-1}\sum_{t=1}^T \mathbf{Z}_t\widehat{\mathbf{\Omega}}_{u\cdot\varepsilon}^{-1}\widehat{\mathbf{\Omega}}_{u\varepsilon}\widehat{\mathbf{\Omega}}_{\varepsilon\varepsilon}^{-1}\boldsymbol{\varepsilon}_t$$

$$\xrightarrow[T\to\infty]{d} \int_0^1 \mathbf{B}_\varepsilon^\dagger(r)\mathbf{\Omega}_{u\cdot\varepsilon}^{-1}d\mathbf{B}_u(r) + \dot{\boldsymbol{\kappa}}_{\varepsilon u}$$

$$- \int_0^1 \mathbf{B}_\varepsilon^\dagger(r)\mathbf{\Omega}_{u\cdot\varepsilon}^{-1}\mathbf{\Omega}_{u\varepsilon}\mathbf{\Omega}_{\varepsilon\varepsilon}^{-1}d\mathbf{B}_\varepsilon(r) - \dot{\boldsymbol{\nu}}_{\varepsilon u}$$

$$= \int_0^1 \mathbf{B}_\varepsilon^\dagger(r)\mathbf{\Omega}_{u\cdot\varepsilon}^{-1}d\mathbf{B}_{u\cdot\varepsilon}(r) + \boldsymbol{\delta}^{++}$$

を得る。ただし，$\boldsymbol{\delta}^{++} = \dot{\boldsymbol{\kappa}}_{\varepsilon u} - \dot{\boldsymbol{\nu}}_{\varepsilon u}$ である。システム FMGLS 推定量は 2 次バイアス $\boldsymbol{\delta}^{++}$ を修正した次の推定量である。

$$\widehat{\boldsymbol{\theta}}_{SFMGLS} = \left[\sum_{t=1}^T \mathbf{Z}_t\widehat{\mathbf{\Omega}}_{u\cdot\varepsilon}^{-1}\mathbf{Z}_t'\right]^{-1}\left[\sum_{t=1}^T \mathbf{Z}_t\widehat{\mathbf{\Omega}}_{u\cdot\varepsilon}^{-1}\widehat{\mathbf{y}}_t^+ - T\widehat{\boldsymbol{\delta}}^{++}\right]$$

$$\widehat{\boldsymbol{\delta}}^{++} = \begin{bmatrix} \widehat{\boldsymbol{\delta}}_1^{++'} & \cdots & \widehat{\boldsymbol{\delta}}_N^{++'} \end{bmatrix}', \quad \widehat{\boldsymbol{\delta}}_i^{++} = \begin{pmatrix} 0 \\ \widehat{\mathbf{\Delta}}_{\varepsilon u,i}\widehat{\boldsymbol{\xi}}_i - \widehat{\mathbf{\Delta}}_{\varepsilon\varepsilon,i}\widehat{\boldsymbol{\phi}}_i \end{pmatrix}$$

N を固定して $T \to \infty$ としたとき，$\widehat{\boldsymbol{\theta}}_{SFMGLS}$ は次のような漸近分布を持つ。

$$\mathbf{D}_{NT}\left(\widehat{\boldsymbol{\theta}}_{SFMGLS} - \boldsymbol{\theta}\right) \xrightarrow[T\to\infty]{d} \left[\int_0^1 \mathbf{B}_\varepsilon^\dagger(r)\mathbf{\Omega}_{u\cdot\varepsilon}^{-1}\mathbf{B}_\varepsilon^{\dagger'}(r)dr\right]^{-1}\int_0^1 \mathbf{B}_\varepsilon^\dagger(r)\mathbf{\Omega}_{u\cdot\varepsilon}^{-1}d\mathbf{B}_{u\cdot\varepsilon}(r)$$

Moon (1999) は以上の 3 つのシステム FMOLS 推定量は $\mathbf{B}_\varepsilon^\dagger(r)$ で条件付けたときにいずれも正規分布に従うが，効率性については，$Var\left(\widehat{\boldsymbol{\theta}}_{SFMGLS}\right) \leq Var\left(\widehat{\boldsymbol{\theta}}_{SFMOLS}\right) \leq Var\left(\widehat{\boldsymbol{\theta}}_{IFMOLS}\right)$，すなわち，$\widehat{\boldsymbol{\theta}}_{SFMGLS}$ が最も効率的で $\widehat{\boldsymbol{\theta}}_{IFMOLS}$ が最も効率的ではないという結果を示している。

8.2.4 システムダイナミック OLS 推定量

モデル (8.3) の誤差項 $\mathbf{u}_t$ が

$$\mathbf{u}_t = \sum_{j=-\infty}^{\infty} \Pi_j \varepsilon_{t-j} + \mathbf{e}_t$$

で表され，ε_t と $\mathbf{e}_s$ は全ての t,s で無相関であると仮定する。これを用いるとリードとラグの長さが q の推定モデルは次のようになる。

$$\mathbf{y}_t = \mathbf{Z}_t'\boldsymbol{\theta} + \sum_{j=-q}^{q} \Pi_j' \Delta \mathbf{x}_{t-j} + \dot{\mathbf{e}}_t = \mathbf{W}_t'\boldsymbol{\gamma} + \dot{\mathbf{e}}_t$$

ここでも FMOLS 推定量と同様，3 つのタイプを考える。

1 つ目はシステム構造を無視して，i ごとのダイナミック OLS 推定量を N 個並べた $\widehat{\boldsymbol{\theta}}_{IDOLS} = \left(\widehat{\boldsymbol{\theta}}_1',...,\widehat{\boldsymbol{\theta}}_N'\right)'$ である。ただし，$\widehat{\boldsymbol{\theta}}_i$ は

$$y_{it} = \boldsymbol{\theta}_i' \mathbf{z}_{it} + \sum_{j=-q}^{q} \boldsymbol{\pi}_{ij}' \Delta \mathbf{x}_{i,t-j} + \dot{e}_t$$

の OLS 推定量である。2 つ目はクロスセクション間の相関を無視したシステムダイナミック OLS 推定量で次のように定義される。

$$\widehat{\boldsymbol{\gamma}}_{SDOLS} = \left(\sum_{t=q+1}^{T-q} \mathbf{W}_t \mathbf{W}_t'\right)^{-1} \left(\sum_{t=q+1}^{T-q} \mathbf{W}_t \mathbf{y}_t\right)$$

3 つ目は誤差項の共分散構造を考慮したシステムダイナミック GLS 推定量で次のように定義される。

$$\widehat{\boldsymbol{\gamma}}_{SDGLS} = \left(\sum_{t=q+1}^{T-q} \mathbf{W}_t \widehat{\boldsymbol{\Omega}}_{u \cdot v}^{-1} \mathbf{W}_t'\right)^{-1} \left(\sum_{t=1}^{T} \mathbf{W}_t \widehat{\boldsymbol{\Omega}}_{u \cdot v}^{-1} \mathbf{y}_t\right)$$

ただし，$\widehat{\Omega}_{u\cdot\varepsilon}^{-1} = \left(\widehat{\Omega}_{uu} - \widehat{\Omega}_{u\varepsilon}\widehat{\Omega}_{\varepsilon\varepsilon}^{-1}\widehat{\Omega}_{\varepsilon u}\right)^{-1}$ である。

Moon and Perron (2005) は N を固定して $T \to \infty$ としたとき，$\widehat{\boldsymbol{\theta}}_{IDOLS}$，$\widehat{\boldsymbol{\theta}}_{SDOLS}$，$\widehat{\boldsymbol{\theta}}_{SDGLS}$ はそれぞれ $\widehat{\boldsymbol{\theta}}_{IFMOLS}$，$\widehat{\boldsymbol{\theta}}_{SFMOLS}$，$\widehat{\boldsymbol{\theta}}_{SFMGLS}$ と同じ漸近分布を持つことを示している。したがって，いずれの推定量の漸近分布も条件付きで正規分布に従い，$Var\left(\widehat{\boldsymbol{\theta}}_{SDGLS}\right) \leq Var\left(\widehat{\boldsymbol{\theta}}_{SDOLS}\right) \leq Var\left(\widehat{\boldsymbol{\theta}}_{IDOLS}\right)$ が成り立つ[149]。

8.3 共和分モデルの推定：時間効果アプローチ

時間効果を含めることによってクロスセクション間の相関を許した共和分モデルは次のように表せる。

$$y_{it} = \alpha_i + \delta_i t + \theta_t + \boldsymbol{\beta}'\mathbf{x}_{it} + u_{it}$$

このモデルには固定効果 α_i，i ごとに異なる傾きを持つトレンド項 $\delta_i t$，そして時間効果 θ_t が含まれているが，この中で時間効果がクロスセクション間の相関をもたらす。Mark and Sul (2003) はこのモデルをダイナミック OLS 推定量で推定する方法を提案している。リードとラグを加えた上のモデルは次のように表せる。

$$y_{it} = \alpha_i + \delta_i t + \theta_t + \boldsymbol{\beta}'\mathbf{x}_{it} + \sum_{j=-q_i}^{q_i} \boldsymbol{\pi}_{ij}\Delta\mathbf{x}_{i,t-j} + \dot{e}_{it}$$

ここでは i ごとにリードとラグの長さが異なる場合を許している。

各 i ごとに y_{it}，$\mathbf{x}_{it}$ を $(1, t, \Delta\mathbf{x}_{i,t-q_i}, \cdots, \Delta\mathbf{x}_{i,t+q_i})$ に回帰したときの残差を $y_{it}^{\ddagger}$，$\mathbf{x}_{it}^{\ddagger}$ とすると，上のモデルは次のようになる。

$$y_{it}^{\ddagger} = \boldsymbol{\beta}'\mathbf{x}_{it}^{\ddagger} + \lambda_t + \dot{e}_{it}$$

---

[149] 非定常時系列モデルの枠組みでは GLS は OLS に比べて効率性を改善しないという結果が Phillips and Park (1988), Stock and Watson (1993) によって示されているが，ここで得られた結果はこれらとは非整合的である。この違いに関する詳しい議論は Moon and Perron (2005) の pp. 299-300 を参照されたい。

このモデルにおいて,時間効果 λ_t を取り除くためにクロスセクション平均からの偏差をとると

$$\left(y_{it}^{\ddagger} - \frac{1}{N}\sum_{i=1}^{N} y_{it}^{\ddagger}\right) = \boldsymbol{\beta}'\left(\mathbf{x}_{it}^{\ddagger} - \frac{1}{N}\sum_{i=1}^{N} \mathbf{x}_{it}^{\ddagger}\right) + \left(\dot{e}_{it} - \frac{1}{N}\sum_{i=1}^{N} \dot{e}_{it}\right)$$

となる。ダイナミック OLS 推定量はこのモデルの OLS 推定量である。Mark and Sul (2003) はダイナミック OLS 推定量の漸近分布は逐次極限理論を使うと次のようになることを示している[150]。

$$T\sqrt{N}(\widehat{\boldsymbol{\beta}}_{DOLS} - \boldsymbol{\beta}) \xrightarrow[T,N\to\infty]{d} \mathcal{N}\left(\mathbf{0}, 6\boldsymbol{\Omega}_{\varepsilon\varepsilon}^{-1}\left\{\lim_{N\to\infty}\frac{1}{N}\sum_{i=1}^{N}\omega_{u\cdot\varepsilon,i}\boldsymbol{\Omega}_{\varepsilon\varepsilon,i}\right\}\boldsymbol{\Omega}_{\varepsilon\varepsilon}^{-1}\right)$$

時間効果を含めることによってクロスセクション間の相関を許した場合の FMOLS 推定量も構築可能であるが,それを議論している研究は見当たらない。これは時間効果アプローチでは全ての個体が共通ショックに対して全く同じ反応を示すという,非常に強い制約をおいており,次節で見ていくファクターアプローチの特殊ケースと見なすことができるためであると考えられる。したがって,時間効果を含んだモデルの FMOLS 推定量の説明は割愛し,ファクターアプローチのケースを見ていこう。

8.4 共和分モデルの推定:ファクターアプローチ

Bai and Kao (2006), Westerlund (2007), Bai, Kao and Ng (2009) はクロスセクション間の相関をファクターモデルで考慮した,次のような共和分モデルを考察している。

$$y_{it} = \alpha_i + \boldsymbol{\beta}'\mathbf{x}_{it} + e_{it} \tag{8.5}$$
$$\mathbf{x}_{it} = \mathbf{x}_{i,t-1} + \boldsymbol{\varepsilon}_{it}$$
$$e_{it} = \boldsymbol{\lambda}_i'\mathbf{F}_t + u_{it}$$

---

150) 詳しい仮定は Mark and Sul (2003) を参照。

ただし，$\mathbf{F}_t$ は R 次元の確率的な共通ファクター，$\boldsymbol{\lambda}_i$ は R 次元の非確率的ファクター負荷ベクトルであるとする。また，$\mathbf{F}_t$ と u_{it} は独立であると仮定する。

Bai and Kao (2006)，Westerlund (2007) は共通ショック $\mathbf{F}_t$ が $I(0)$ の場合を考えているのに対し，Bai, Kao and Ng (2009) は $\mathbf{F}_t$ が $I(1)$ の場合を考えている点に違いがある。ここでは Bai and Kao (2006)，Bai, Kao and Ng (2009) を中心に説明していこう。

8.4.1 共通ファクターが $I(0)$ のケース

$\mathbf{F}_t = \mathbf{f}_t \sim I(0)$ のケースを考えよう。$\mathbf{w}_{it} = (\mathbf{f}'_t, u_{it}, \boldsymbol{\varepsilon}'_{it})'$ として，次のように $i = 1, ..., N$ について FCLT が成り立つと仮定しよう。

$$\frac{1}{\sqrt{T}} \sum_{t=1}^{[Tr]} \mathbf{w}_{it} \xrightarrow[T \to \infty]{d} \mathbf{B}_i(r) = \begin{bmatrix} \mathbf{B}_f(r) \\ {\scriptstyle (R \times 1)} \\ B_{u,i}(r) \\ {\scriptstyle (1 \times 1)} \\ \mathbf{B}_{\varepsilon,i}(r) \\ {\scriptstyle (K \times 1)} \end{bmatrix} \quad (i = 1, ..., N)$$

ここで $\mathbf{B}_i(r)$ は i ごとに異なる長期分散

$$\boldsymbol{\Omega}_i = \sum_{j=-\infty}^{\infty} E(\mathbf{w}_{it} \mathbf{w}'_{i,t-j}) = \boldsymbol{\Sigma}_i + \boldsymbol{\Gamma}_i + \boldsymbol{\Gamma}'_i = \begin{bmatrix} \boldsymbol{\Omega}_{ff} & \mathbf{0} & \boldsymbol{\Omega}_{f\varepsilon,i} \\ {\scriptstyle (R \times R)} & {\scriptstyle (R \times 1)} & {\scriptstyle (R \times K)} \\ \mathbf{0} & \omega_{uu,i} & \boldsymbol{\omega}_{u\varepsilon,i} \\ {\scriptstyle (1 \times R)} & {\scriptstyle (1 \times 1)} & {\scriptstyle (1 \times K)} \\ \boldsymbol{\Omega}_{\varepsilon f,i} & \boldsymbol{\omega}_{\varepsilon u,i} & \boldsymbol{\Omega}_{\varepsilon\varepsilon,i} \\ {\scriptstyle (K \times R)} & {\scriptstyle (K \times 1)} & {\scriptstyle (K \times K)} \end{bmatrix}$$

を持つとする。ただし，

$$\boldsymbol{\Gamma}_i = \sum_{j=1}^{\infty} E(\mathbf{w}_{it} \mathbf{w}'_{i,t-j}) = \begin{bmatrix} \boldsymbol{\Gamma}_{ff} & \mathbf{0} & \boldsymbol{\Gamma}_{f\varepsilon,i} \\ {\scriptstyle (R \times R)} & {\scriptstyle (R \times 1)} & {\scriptstyle (R \times K)} \\ \mathbf{0} & \gamma_{uu,i} & \boldsymbol{\gamma}_{u\varepsilon,i} \\ {\scriptstyle (1 \times R)} & {\scriptstyle (1 \times 1)} & {\scriptstyle (1 \times K)} \\ \boldsymbol{\Gamma}_{\varepsilon f,i} & \boldsymbol{\gamma}_{\varepsilon u,i} & \boldsymbol{\Gamma}_{\varepsilon\varepsilon,i} \\ {\scriptstyle (K \times R)} & {\scriptstyle (K \times 1)} & {\scriptstyle (K \times K)} \end{bmatrix},$$

第 II 部　非定常な動学的パネル分析

$$\boldsymbol{\Sigma}_i = E(\mathbf{w}_{it}\mathbf{w}'_{it}) = \begin{bmatrix} \underset{(R \times R)}{\boldsymbol{\Sigma}_{ff}} & \underset{(R \times 1)}{\mathbf{0}} & \underset{(R \times K)}{\boldsymbol{\Sigma}_{f\varepsilon,i}} \\ \underset{(1 \times R)}{\mathbf{0}} & \underset{(1 \times 1)}{\sigma_{uu,i}} & \underset{(1 \times K)}{\boldsymbol{\sigma}_{u\varepsilon,i}} \\ \underset{(K \times R)}{\boldsymbol{\Sigma}_{\varepsilon f,i}} & \underset{(K \times 1)}{\boldsymbol{\sigma}_{\varepsilon u,i}} & \underset{(K \times K)}{\boldsymbol{\Sigma}_{\varepsilon\varepsilon,i}} \end{bmatrix}$$

とする．また，次を定義する．

$$\boldsymbol{\Delta}_i = \boldsymbol{\Sigma}_i + \boldsymbol{\Gamma}_i = \begin{bmatrix} \underset{(R \times R)}{\boldsymbol{\Delta}_{ff}} & \underset{(R \times 1)}{\mathbf{0}} & \underset{(R \times K)}{\boldsymbol{\Delta}_{f\varepsilon,i}} \\ \underset{(1 \times R)}{\mathbf{0}} & \underset{(1 \times 1)}{\delta_{uu,i}} & \underset{(1 \times K)}{\boldsymbol{\delta}_{u\varepsilon,i}} \\ \underset{(K \times R)}{\boldsymbol{\Delta}_{\varepsilon f,i}} & \underset{(K \times 1)}{\boldsymbol{\delta}_{\varepsilon u,i}} & \underset{(K \times K)}{\boldsymbol{\Delta}_{\varepsilon\varepsilon,i}} \end{bmatrix},$$

$$\boldsymbol{\Omega} = \lim_{N \to \infty} \frac{1}{N} \sum_{i=1}^{N} \boldsymbol{\Omega}_i, \quad \boldsymbol{\Sigma} = \lim_{N \to \infty} \frac{1}{N} \sum_{i=1}^{N} \boldsymbol{\Sigma}_i, \quad \boldsymbol{\Delta} = \lim_{N \to \infty} \frac{1}{N} \sum_{i=1}^{N} \boldsymbol{\Delta}_i$$

LSDV 推定量

モデル (8.5) の LSDV 推定量は次のように表せる．

$$\widehat{\boldsymbol{\beta}}_{LSDV} = \left[\sum_{i=1}^{N}\sum_{t=1}^{T}(\mathbf{x}_{it}-\bar{\mathbf{x}}_i)(\mathbf{x}_{it}-\bar{\mathbf{x}}_i)'\right]^{-1} \left[\sum_{i=1}^{N}\sum_{t=1}^{T}(\mathbf{x}_{it}-\bar{\mathbf{x}}_i)(y_{it}-\bar{y}_i)\right]$$

$$= \boldsymbol{\beta} + \left[\sum_{i=1}^{N}\sum_{t=1}^{T}(\mathbf{x}_{it}-\bar{\mathbf{x}}_i)(\mathbf{x}_{it}-\bar{\mathbf{x}}_i)'\right]^{-1} \left[\sum_{i=1}^{N}\sum_{t=1}^{T}(\mathbf{x}_{it}-\bar{\mathbf{x}}_i)(e_{it}-\bar{e}_i)\right]$$

ここで，付録 B の補題 B.1 より，

$$\frac{1}{T}\sum_{t=1}^{T}\widetilde{\mathbf{x}}_{it}e_{it} = \frac{1}{T}\sum_{t=1}^{T}\widetilde{\mathbf{x}}_{it}u_{it} + \frac{1}{T}\sum_{t=1}^{T}\widetilde{\mathbf{x}}_{it}\mathbf{f}'_t\boldsymbol{\lambda}_i$$

$$\xrightarrow[T \to \infty]{d} \int_0^1 \widetilde{\mathbf{B}}_{\varepsilon,i}(r)dB_{u,i}(r) + \boldsymbol{\delta}_{\varepsilon u,i}$$

$$+ \int_0^1 \widetilde{\mathbf{B}}_{\varepsilon,i}(r)d\mathbf{B}'_f(r)\boldsymbol{\lambda}_i + \boldsymbol{\Delta}_{\varepsilon f,i}\boldsymbol{\lambda}_i$$

$$= \int_0^1 \widetilde{\mathbf{B}}_{\varepsilon,i}dB_{e,i}(r) + \boldsymbol{\delta}_{\varepsilon e,i}$$

第 8 章　第 2 世代の見せかけの回帰と共和分モデルの推定

となる。ただし，$B_{e,i}(r) = B_{u,i}(r) + \lambda_i' \mathbf{B}_f(r)$，$\delta_{\varepsilon e,i} = \delta_{\varepsilon u,i} + \Delta_{\varepsilon f,i}\lambda_i$ である。したがって，N 固定，$T \to \infty$ のときの漸近分布は

$$T(\widehat{\boldsymbol{\beta}}_{LSDV} - \boldsymbol{\beta}) \xrightarrow[T \to \infty]{d} \left[\frac{1}{N} \sum_{i=1}^{N} \left(\int_0^1 \widetilde{\mathbf{B}}_{\varepsilon,i}(r) \widetilde{\mathbf{B}}_{\varepsilon,i}'(r) dr \right) \right]^{-1}$$

$$\times \left[\frac{1}{N} \sum_{i=1}^{N} \left(\int_0^1 \widetilde{\mathbf{B}}_{\varepsilon,i}(r) dB_{e,i}(r) + \boldsymbol{\delta}_{\varepsilon e,i} \right) \right]$$

となるので，LSDV 推定量は $O_p(1/T)$ のバイアスを持っていることがわかる。そこで，Bai and Kao (2006) による FMOLS 推定量によるバイアス修正を考えよう[151]。

FMOLS 推定量

Bai and Kao (2006) によって提案されたモデル (8.5) の FMOLS 推定量を考えよう。ここでは $\mathbf{F}_t = \mathbf{f}_t$ が $I(0)$ であると想定しているのでファクター構造がない場合の FMOLS 推定量の作り方と本質的には同じである。まず，

$$\mathbf{f}_t^+ = \mathbf{f}_t - \boldsymbol{\Omega}_{f\varepsilon,i} \boldsymbol{\Omega}_{\varepsilon\varepsilon,i}^{-1} \Delta \mathbf{x}_{it},$$
$$u_{it}^+ = u_{it} - \boldsymbol{\omega}_{u\varepsilon,i} \boldsymbol{\Omega}_{\varepsilon\varepsilon,i}^{-1} \Delta \mathbf{x}_{it}$$

とすると，$\mathbf{f}_t^+$ と u_{it}^+ によって生成されるブラウン運動は $\Delta \mathbf{x}_{it} = \boldsymbol{\varepsilon}_{it}$ によって生成されるブラウン運動と独立になるので，

$$e_{it}^+ = \boldsymbol{\lambda}_i' \mathbf{f}_t^+ + u_{it}^+ = \underbrace{\boldsymbol{\lambda}_i' \mathbf{f}_t + u_{it}}_{e_{it}} - (\boldsymbol{\lambda}_i' \boldsymbol{\Omega}_{f\varepsilon,i} + \boldsymbol{\omega}_{u\varepsilon,i}) \boldsymbol{\Omega}_{\varepsilon\varepsilon,i}^{-1} \Delta \mathbf{x}_{it}$$

で定義される e_{it}^+ から生成されるブラウン運動も $\boldsymbol{\varepsilon}_{it}$ によって生成されるブラウン運動と独立になる。したがって，ブラウン運動の相関を修正するためには y_{it}，e_{it} からそれぞれ $(\boldsymbol{\lambda}_i' \boldsymbol{\Omega}_{f\varepsilon,i} + \boldsymbol{\omega}_{u\varepsilon,i}) \boldsymbol{\Omega}_{\varepsilon\varepsilon,i}^{-1} \Delta \mathbf{x}_{it}$ を引いた次のようなモデルを考えればよい。

$$y_{it}^+ = \alpha_i + \boldsymbol{\beta}' \mathbf{x}_{it} + e_{it}^+$$

---

[151]　Westerlund (2007) は LSDV 推定量の N と T が両方大きいときの漸近分布に現れるバイアスを修正する方法を提案している。

ただし，

$$y_{it}^+ = y_{it} - (\boldsymbol{\lambda}_i'\boldsymbol{\Omega}_{f\varepsilon,i} + \boldsymbol{\omega}_{u\varepsilon,i})\boldsymbol{\Omega}_{\varepsilon\varepsilon,i}^{-1}\Delta\mathbf{x}_{it}$$
$$e_{it}^+ = e_{it} - (\boldsymbol{\lambda}_i'\boldsymbol{\Omega}_{f\varepsilon,i} + \boldsymbol{\omega}_{u\varepsilon,i})\boldsymbol{\Omega}_{\varepsilon\varepsilon,i}^{-1}\boldsymbol{\varepsilon}_{it}$$

である。ここで，

$$\begin{aligned}\frac{1}{T}\sum_{t=1}^T \widetilde{\mathbf{x}}_{it}e_{it}^+ &= \frac{1}{T}\sum_{t=1}^T \widetilde{\mathbf{x}}_{it}e_{it} - \left(\frac{1}{T}\sum_{t=1}^T \widetilde{\mathbf{x}}_{it}\boldsymbol{\varepsilon}_{it}'\right)\boldsymbol{\Omega}_{\varepsilon\varepsilon,i}^{-1}(\boldsymbol{\Omega}_{\varepsilon f,i}\boldsymbol{\lambda}_i + \boldsymbol{\omega}_{\varepsilon u,i})\\
&\xrightarrow[T\to\infty]{d} \int_0^1 \widetilde{\mathbf{B}}_{\varepsilon,i}(r)d\{\mathbf{B}_f'(r)\boldsymbol{\lambda}_i + B_{u,i}(r)\} + \boldsymbol{\delta}_{\varepsilon u,i} + \boldsymbol{\Delta}_{\varepsilon f,i}\boldsymbol{\lambda}_i\\
&\quad - \left(\int_0^1 \widetilde{\mathbf{B}}_{\varepsilon,i}(r)d\mathbf{B}_{\varepsilon,i}'(r) + \boldsymbol{\Delta}_{\varepsilon\varepsilon,i}\right)\boldsymbol{\Omega}_{\varepsilon\varepsilon,i}^{-1}(\boldsymbol{\Omega}_{\varepsilon f,i}\boldsymbol{\lambda}_i + \boldsymbol{\omega}_{\varepsilon u,i})\\
&= \int_0^1 \widetilde{\mathbf{B}}_{\varepsilon,i}(r)dB_{e\cdot\varepsilon,i}(r) + \boldsymbol{\delta}_{\varepsilon e,i}^+\end{aligned}$$

となる。ただし，$B_{e\cdot\varepsilon,i}(r) = \boldsymbol{\lambda}_i'\mathbf{B}_{f\cdot\varepsilon,i}(r) + B_{u\cdot\varepsilon,i}(r)$，$\boldsymbol{\delta}_{\varepsilon e,i}^+ = \boldsymbol{\delta}_{\varepsilon u,i} - \boldsymbol{\Delta}_{\varepsilon\varepsilon,i}\boldsymbol{\Omega}_{\varepsilon\varepsilon,i}^{-1}\boldsymbol{\omega}_{\varepsilon u,i} + (\boldsymbol{\Delta}_{\varepsilon f,i} - \boldsymbol{\Delta}_{\varepsilon\varepsilon,i}\boldsymbol{\Omega}_{\varepsilon\varepsilon,i}^{-1}\boldsymbol{\Omega}_{\varepsilon f,i})\boldsymbol{\lambda}_i$ である。これより，ブラウン運動の相関の問題は修正できたが，2次バイアス $\boldsymbol{\delta}_{\varepsilon e,i}^+$ が残っている。このバイアスを修正した (実行できない)FMOLS 推定量は次のようになる。

$$\widehat{\boldsymbol{\beta}}_{FM} = \left[\sum_{i=1}^N\sum_{t=1}^T \widetilde{\mathbf{x}}_{it}\widetilde{\mathbf{x}}_{it}'\right]^{-1}\left[\sum_{i=1}^N\left(\sum_{t=1}^T \widetilde{\mathbf{x}}_{it}y_{it}^+ - T\boldsymbol{\delta}_{\varepsilon e,i}^+\right)\right] \tag{8.6}$$

Bai and Kao (2006) は，$N, T \to \infty$，$N/T \to 0$ のとき，

$$\begin{aligned}T\sqrt{N}\left(\widehat{\boldsymbol{\beta}}_{FM} - \boldsymbol{\beta}\right) &= \left[\frac{1}{N}\sum_{i=1}^N \frac{1}{T^2}\sum_{t=1}^T \widetilde{\mathbf{x}}_{it}\widetilde{\mathbf{x}}_{it}'\right]^{-1}\\
&\quad \times \left[\frac{1}{\sqrt{N}}\sum_{i=1}^N\left(\frac{1}{T}\sum_{t=1}^T \widetilde{\mathbf{x}}_{it}u_{it}^+ - \boldsymbol{\delta}_{\varepsilon e,i}^+\right)\right]\\
&\xrightarrow[T\to\infty]{d} \left[\frac{1}{N}\sum_{i=1}^N \int_0^1 \widetilde{\mathbf{B}}_{\varepsilon,i}(r)\widetilde{\mathbf{B}}_{\varepsilon,i}'(r)dr\right]^{-1}\\
&\quad \times \left[\frac{1}{\sqrt{N}}\sum_{i=1}^N \left(\int_0^1 \widetilde{\mathbf{B}}_{\varepsilon,i}(r)dB_{e\cdot\varepsilon,i}(r)\right)\right]\\
&\xrightarrow[N\to\infty]{d} \mathcal{N}\left(\mathbf{0}, 6\boldsymbol{\Omega}_{\varepsilon\varepsilon}^{-1}\left\{\lim_{N\to\infty}\frac{1}{N}\sum_{i=1}^N \omega_{e\cdot\varepsilon,i}\boldsymbol{\Omega}_{\varepsilon\varepsilon,i}\right\}\boldsymbol{\Omega}_{\varepsilon\varepsilon}^{-1}\right)\end{aligned}$$

になることを示している。ただし、$\omega_{e\cdot\varepsilon,i} = \boldsymbol{\lambda}'_i\boldsymbol{\Omega}_{f\cdot\varepsilon}\boldsymbol{\lambda}_i + \omega_{u\cdot\varepsilon,i}$, $\boldsymbol{\Omega}_{f\cdot\varepsilon} = \boldsymbol{\Omega}_{ff} - \boldsymbol{\Omega}_{f\varepsilon,i}\boldsymbol{\Omega}_{\varepsilon\varepsilon,i}^{-1}\boldsymbol{\Omega}_{\varepsilon f,i}$, $\omega_{u\cdot\varepsilon,i} = \omega_{uu,i} - \boldsymbol{\omega}_{u\varepsilon,i}\boldsymbol{\Omega}_{\varepsilon\varepsilon,i}^{-1}\boldsymbol{\omega}_{\varepsilon u,i}$ である。$\boldsymbol{\lambda}_i = \mathbf{0}$ のときはクロスセクションの相関がない場合の FMOLS 推定量と同じになることに注意されたい。

次に実行可能な FMOLS 推定量について考察しよう。クロスセクションの相関がない場合とは異なり、ここでは $\mathbf{f}_t$ と $\boldsymbol{\lambda}_i$ の推定が必要になる。具体的な FMOLS 推定量の計算手順は次のようになる。

Step 1: i ごとにモデルを OLS で推定し、残差 $\widehat{e}_{it}$ を求める。

Step 2: $\widehat{e}_{it}$ に付録 C で説明した主成分分析を適用し $\boldsymbol{\lambda}_i$, $\mathbf{f}_t$ の推定値 $\widehat{\boldsymbol{\lambda}}_i$, $\widehat{\mathbf{f}}_t$ を求める。また、$\widehat{u}_{it} = \widehat{e}_{it} - \widehat{\boldsymbol{\lambda}}'_i\widehat{\mathbf{f}}_t$ も計算する。

Step 3: 長期分散 $\boldsymbol{\Omega}_i$ を次のように推定する。ただし $k(\cdot)$ は付録 B の (B.12) のようなカーネル関数、M はバンド幅である。

$$\widehat{\boldsymbol{\Omega}}_i = \sum_{j=-T+1}^{T-1} k\left(\frac{j}{M}\right)\widehat{\boldsymbol{\Gamma}}_i(j) = \widehat{\boldsymbol{\Gamma}}_i(0) + \sum_{j=1}^{T-1} k\left(\frac{j}{M}\right)\left(\widehat{\boldsymbol{\Gamma}}_i(j) + \widehat{\boldsymbol{\Gamma}}'_i(j)\right)$$

$$\widehat{\boldsymbol{\Delta}}_i = \sum_{j=0}^{T-1} k\left(\frac{j}{M}\right)\widehat{\boldsymbol{\Gamma}}_i(j) = \widehat{\boldsymbol{\Gamma}}_i(0) + \sum_{j=1}^{T-1} k\left(\frac{j}{M}\right)\widehat{\boldsymbol{\Gamma}}_i(j)$$

$$\widehat{\boldsymbol{\Gamma}}_i(j) = \frac{1}{T}\sum_{t=j+1}^{T}\widehat{\mathbf{w}}_{it}\widehat{\mathbf{w}}'_{i,t-j} \qquad \widehat{\mathbf{w}}_{it} = \left(\widehat{\mathbf{f}}'_t, \widehat{u}_{it}, \Delta\mathbf{x}'_{it}\right)'$$

Step 4: 得られた $\widehat{\boldsymbol{\Omega}}_i$, $\widehat{\boldsymbol{\Delta}}_i$ を用いて (8.6) で $\widehat{\boldsymbol{\beta}}_{FM}$ を計算する。

Step 5: Step 1 に戻って、Step 4 で得られた $\widehat{\boldsymbol{\beta}}_{FM}$ で e_{it} を計算し、$\widehat{\boldsymbol{\beta}}_{FM}$ が収束するまで Step 1 から Step 4 の計算を繰り返す。

繰り返し計算は小標本特性を改善するために必要になる。また、ファクターの数も推定しなければならないが、Bai and Ng (2002) の方法で推定できる (付録 C を参照)。

以上のように、モデルにクロスセクション間の相関をもたらす共通ファクター $\mathbf{F}_t$ がある場合でも、$\mathbf{F}_t \sim I(0)$ であれば、誤差項が u_{it} から e_{it} に変わり、それに応じて長期分散の形が変わるだけで、推定量の構造は本質的に同じ

である。異なるのは実際に計算するときにファクターモデルの推定が必要になるという点のみである。しかしながら，次に見ていくように $F_t \sim I(1)$ のときは問題が複雑になり，別のアプローチが必要となる。そこで，$F_t \sim I(1)$ のときにどのように修正が行われるのか，見ていこう。

8.4.2 共通ファクターが $I(1)$ のケース

モデル (8.5) において F_t が $I(1)$ の場合を考えよう。F_t は全てのクロスセクションに共通の確率的トレンドであるので Bai, Kao and Ng (2009) は F_t のことをグローバル確率的トレンドと呼んでいる。

F_t が $I(0)$ のケースでは F_t を誤差の一部とみなしていたが，ここでは説明変数の一部としてみなす。このアプローチにはいくつかの利点があり，例えば x_{it} の一部の変数が $I(0)$ の場合や F_t が $I(1)$ の場合[152]，F_t を誤差として扱うと，OLS では一致推定ができなくなるが，説明変数として扱うとこれらの問題を回避できる。

モデル (8.5) を次のようにベクトル表示しよう。

$$\mathbf{y}_i = \mathbf{X}_i \boldsymbol{\beta} + \mathbf{F} \boldsymbol{\lambda}_i + \mathbf{u}_i$$

ただし，

$$\underset{(T\times 1)}{\mathbf{y}_i} = \begin{bmatrix} y_{i1} \\ y_{i2} \\ \vdots \\ y_{iT} \end{bmatrix}, \underset{(T\times K)}{\mathbf{X}_i} = \begin{bmatrix} \mathbf{x}'_{i1} \\ \mathbf{x}'_{i2} \\ \vdots \\ \mathbf{x}'_{iT} \end{bmatrix}, \underset{(T\times R)}{\mathbf{F}} = \begin{bmatrix} \mathbf{F}'_1 \\ \mathbf{F}'_2 \\ \vdots \\ \mathbf{F}'_T \end{bmatrix}, \underset{(T\times 1)}{\mathbf{u}_i} = \begin{bmatrix} u_{i1} \\ u_{i2} \\ \vdots \\ u_{iT} \end{bmatrix}$$

である。ここで，まず $\mathbf{F}$ が観測可能であるとしよう。このとき，OLS 推定量は

$$\widetilde{\boldsymbol{\beta}} = \left(\sum_{i=1}^{N} \mathbf{X}'_i \mathbf{M}_F \mathbf{X}_i \right)^{-1} \sum_{i=1}^{N} \mathbf{X}'_i \mathbf{M}_F \mathbf{y}_i$$

---

[152] F_t が $I(1)$ の場合，見せかけの回帰が生じる。

となる。ただし，$\mathbf{M}_F = \mathbf{I}_T - \mathbf{F}(\mathbf{F}'\mathbf{F})^{-1}\mathbf{F}'$ である。次に，β が観察可能であるとすると，

$$e_i = \mathbf{y}_i - \mathbf{X}_i\beta = \mathbf{F}\lambda_i + \mathbf{u}_i$$

と表すことができるが，これはファクターモデルの構造であり，主成分分析を用いて $\mathbf{F}$ を推定することができる。したがって，

$$S_{NT}(\beta, \mathbf{F}) = \frac{1}{NT^2} \sum_{i=1}^{N} (\mathbf{y}_i - \mathbf{X}_i\beta)' \mathbf{M}_F (\mathbf{y}_i - \mathbf{X}_i\beta)$$

とすると，推定量は

$$\left(\widehat{\beta}_{CUP}, \widehat{\mathbf{F}}_{CUP}\right) = \underset{\beta, \mathbf{F}}{\operatorname{argmin}}\, S_{NT}(\beta, \mathbf{F})$$

と書くことができる。より具体的には $\left(\widehat{\beta}_{CUP}, \widehat{\mathbf{F}}_{CUP}\right)$ は次の2つの非線型方程式の解である。

$$\widetilde{\beta} = \left(\sum_{i=1}^{N} \mathbf{X}_i' \mathbf{M}_{\widetilde{F}} \mathbf{X}_i\right)^{-1} \sum_{i=1}^{N} \mathbf{X}_i' \mathbf{M}_{\widetilde{F}} \mathbf{y}_i \tag{8.7}$$

$$\widetilde{\mathbf{F}} \mathbf{V}_{NT} = \left[\frac{1}{NT^2} \sum_{i=1}^{N} \left(\mathbf{y}_i - \mathbf{X}_i\widetilde{\beta}\right)\left(\mathbf{y}_i - \mathbf{X}_i\widetilde{\beta}\right)'\right] \widetilde{\mathbf{F}} \tag{8.8}$$

ここで $\mathbf{V}_{NT}$ は右辺の $[\,\cdot\,]$ 内の行列の固有値のうち，大きい方から R 個が順番に対角要素に入っている行列である。Bai, Kao and Ng (2009) は，この推定量は (8.7), (8.8) で連続的に更新されながら (continuously updated) 推定されるので CUP 推定量と呼んでいる。この CUP 推定量は逐次極限理論により，次のように一致性と漸近正規性を持つ。

$$\widehat{\beta}_{CUP} \underset{N,T \to \infty}{\overset{p}{\longrightarrow}} \beta$$

$$T\sqrt{N}\left(\widehat{\beta}_{CUP} - \beta\right) - \sqrt{N}\phi_{NT} \underset{N,T \to \infty}{\overset{d}{\longrightarrow}} \mathcal{N}(\mathbf{0}, \boldsymbol{\Sigma})$$

ただし，ϕ_{NT}, $\boldsymbol{\Sigma}$ の具体的な形や漸近分布の導出は非常に複雑であるのでここでは省略する。関心のある読者は Bai, Kao and Ng (2009) を参照されたい。ここでのポイントは $\mathbf{F}_t$ が $I(1)$ 変数の場合でも，今までのケースと同様，$\widehat{\beta}_{CUP}$ は一致推定量になるが，$O_p(1/T)$ のオーダーを持つ2次バイアス ϕ_{NT}

を持つということである。Bai, Kao and Ng (2009) は FMOLS 推定量でこの 2 次バイアスを修正できることを示している。具体的には

$$\mathbf{M}_F \mathbf{y}_i = \mathbf{M}_F \mathbf{X}_i \boldsymbol{\beta} + \mathbf{M}_F \mathbf{u}_i$$

の FMOLS 推定量を (8.7) と置き換えることで得られる FMCUP 推定量は逐次極限理論により,

$$T\sqrt{N}\left(\widehat{\boldsymbol{\beta}}_{FMCUP} - \boldsymbol{\beta}\right) \xrightarrow[N,T\to\infty]{d} \mathcal{N}(\mathbf{0}, \boldsymbol{\Sigma})$$

という漸近分布を持つことを示している。これより,バイアスを修正された $\widehat{\boldsymbol{\beta}}_{FMCUP}$ には 2 次バイアスがないことがわかる。

第9章

パネル共和分検定とパネル多変量共和分モデル

───────

　第7章，第8章では変数間に共和分関係があるという前提で説明してきたが，実証分析を行うときには共和分関係が存在するかどうかを検定しなければならない。そこで，本章の前半 (9.1節，9.2節) ではパネル共和分検定について説明する。共和分検定には帰無仮説を「共和分なし」とする場合と「共和分あり」とする場合の2つのケースがあるので，それぞれのケースについて代表的な検定を紹介する[153]。本章の後半 (9.3節) ではパネル多変量共和分モデルについて考察し，特に共和分ランクの検定に焦点を当てて説明していく。

9.1 クロスセクション間の相関が無いときの共和分検定

　本節では Kao (1999)，Pedroni (2004)，McCoskey and Kao (1998) のパネル共和分検定について説明する[154]。Kao (1999)，Pedroni (2004) は「共和分なし」，McCoskey and Kao (1998) は「共和分あり」という仮説を検定している。

───────

153) いくつかのパネル共和分モデルの推定方法と検定方法をモンテカルロ実験で比較した研究として Wagner and Hlouskova (2010) がある。
154) これら以外にも「共和分なし」の検定を考察した Westerlund (2005b)，「共和分あり」の検定を考察した Westerlund (2005c, 2006a,b) などがある。また，Gutierrez (2003) はモンテカルロ実験でこれらのいくつかの検定を比較している。

9.1.1 Kao 検定

「共和分なし」という仮説の検定をパネルモデルの枠組みで最初に議論したのは Kao (1999) である。Kao (1999) は次のようなモデルを考えている。

$$y_{it} = \alpha_i + \beta' \mathbf{x}_{it} + e_{it} \tag{9.1}$$

ただし，

$$y_{it} = y_{i,t-1} + u_{it}$$
$$\mathbf{x}_{it} = \mathbf{x}_{i,t-1} + \boldsymbol{\varepsilon}_{it}$$

で，$\mathbf{w}_{it} = (\Delta y_{it}, \Delta \mathbf{x}'_{it})' = (u_{it}, \boldsymbol{\varepsilon}'_{it})'$ は次のような全ての i に共通する短期分散 $\boldsymbol{\Sigma}$ と長期分散 $\boldsymbol{\Omega}$ を持つと仮定する。

$$\boldsymbol{\Sigma} = \begin{bmatrix} \sigma_{uu} & \boldsymbol{\sigma}_{u\varepsilon} \\ \boldsymbol{\sigma}_{\varepsilon u} & \boldsymbol{\Sigma}_{\varepsilon\varepsilon} \end{bmatrix}, \quad \boldsymbol{\Omega} = \begin{bmatrix} \omega_{uu} & \boldsymbol{\omega}_{u\varepsilon} \\ \boldsymbol{\omega}_{\varepsilon u} & \boldsymbol{\Omega}_{\varepsilon\varepsilon} \end{bmatrix}$$

モデル (9.1) の LSDV 推定量の残差を $\widehat{e}_{it}$ とする。残差に基づいた共和分検定は

$$\widehat{e}_{it} = \rho \widehat{e}_{i,t-1} + v_{it}$$

における $H_0 : \rho = 1$ vs. $H_1 : |\rho| < 1$ の DF 検定である。このモデルの Pooled OLS 推定量は次のようになる。

$$\widehat{\rho} = \frac{\sum_{i=1}^{N} \sum_{t=2}^{T} \widehat{e}_{it} \widehat{e}_{i,t-1}}{\sum_{i=1}^{N} \sum_{t=2}^{T} \widehat{e}_{i,t-1}^2}$$

これより，t 統計量は次のようになる。

$$t_\rho = \frac{(\widehat{\rho} - 1)}{\sqrt{s_v^2 \left(\sum_{i=1}^{N} \sum_{t=2}^{T} \widehat{e}_{i,t-1}^2 \right)^{-1}}}$$

ここで，$s_v^2 = \frac{1}{NT} \sum_{i=1}^{N} \sum_{t=2}^{T} (\widehat{e}_{it} - \widetilde{\rho} \widehat{e}_{i,t-1})^2$ である。共和分検定は統計量 $T\sqrt{N}(\widehat{\rho} - 1)$ と t_ρ に基づいて行われるが，両統計量とも $N \to \infty$ とする段階で期待値はゼロではないため修正が必要になる (同様の処理が単位根検定で

第 9 章 パネル共和分検定とパネル多変量共和分モデル

も生じていることを思い出されたい)。平均と分散を修正した検定統計量は以下で与えられる。

$$DF_\rho^* = \frac{\sqrt{NT}(\widehat{\rho}-1) + \frac{3\sqrt{N}\widehat{\sigma}_{u\cdot\varepsilon}}{\widehat{\omega}_{u\cdot\varepsilon}}}{\sqrt{3 + \frac{36\widehat{\sigma}_{u\cdot\varepsilon}^2}{5\widehat{\omega}_{u\cdot\varepsilon}^2}}}, \quad DF_t^* = \frac{t_\rho + \frac{\sqrt{6N}\widehat{\sigma}_{u\cdot\varepsilon}}{2\sqrt{\widehat{\omega}_{u\cdot\varepsilon}}}}{\sqrt{\frac{\widehat{\omega}_{u\cdot\varepsilon}}{2\widehat{\sigma}_{u\cdot\varepsilon}} + \frac{3\widehat{\sigma}_{u\cdot\varepsilon}}{10\widehat{\omega}_{u\cdot\varepsilon}}}}$$

ただし, $\widehat{\omega}_{u\cdot\varepsilon}$, $\widehat{\sigma}_{u\cdot\varepsilon}$ は $\omega_{u\cdot\varepsilon} = \omega_{uu} - \boldsymbol{\omega}_{u\varepsilon}\boldsymbol{\Omega}_{\varepsilon\varepsilon}^{-1}\boldsymbol{\omega}_{\varepsilon u}$, $\sigma_{u\cdot\varepsilon} = \sigma_{uu} - \boldsymbol{\sigma}_{u\varepsilon}\boldsymbol{\Sigma}_{\varepsilon\varepsilon}^{-1}\boldsymbol{\sigma}_{\varepsilon u}$ の一致推定量で, $\mathbf{w}_{it} = (\Delta y_{it}, \Delta \mathbf{x}'_{it})'$ として, 長期分散の推定方法 (7.17) で計算できる。

これらの検定統計量は, 逐次極限理論により, 次のように標準正規分布に従うことが Kao (1999) によって示されている。

$$DF_\rho^*, DF_t^* \xrightarrow[T,N\to\infty]{d} \mathcal{N}(0,1)$$

以上の説明は最も簡単な DF 検定に基づいているが, ADF 検定にも拡張できる。ADF 回帰モデルを

$$\widehat{e}_{it} = \rho\widehat{e}_{i,t-1} + \sum_{j=1}^{p}\varphi_j\Delta\widehat{e}_{i,t-j} + \dot{v}_{it}$$

として, t_{ADF} をこのモデルの $H_0: \rho = 1$ の t 統計量とすると, DF 検定の場合と同じように平均と分散を修正した次の統計量は逐次極限理論により, 標準正規分布に従う。

$$ADF_t^* = \frac{t_{ADF} + \frac{\sqrt{6N}\widehat{\omega}_{u\cdot\varepsilon}}{2\sqrt{\widehat{\sigma}_{u\cdot\varepsilon}}}}{\sqrt{\frac{\widehat{\omega}_{u\cdot\varepsilon}}{2\widehat{\sigma}_{u\cdot\varepsilon}} + \frac{3\widehat{\sigma}_{u\cdot\varepsilon}}{10\widehat{\omega}_{u\cdot\varepsilon}}}} \xrightarrow[N,T\to\infty]{d} \mathcal{N}(0,1)$$

なお, ここではモデルにトレンドを含めていないが, もしトレンドを含めた場合, 検定手順は今までと同様であるが, 平均と分散が異なるので注意されたい。

9.1.2 Pedroni 検定

Kao (1999) のモデルは全ての i で共和分ベクトルが共通であると想定されていた。しかしながら, この仮定は非常に強く, 共和分ベクトルが不均一の

ときに Kao の検定を行うのは適切ではない。
クロスセクションの情報を取り入れるときは可能な限り個体の不均一性を許すのが望ましいという考えのもとで Pedroni (2004) は次のようなモデルの共和分検定を考えている。

$$y_{it} = \alpha_i + \delta_i t + \boldsymbol{\beta}_i' \mathbf{x}_{it} + e_{it} \tag{9.2}$$

このモデルでは i ごとに異なる共和分ベクトルを許しているので，Kao (1999) よりも一般的である。共和分検定は，Kao 検定の場合と同様，$\widehat{e}_{it}$ を (9.2) の OLS 残差とすると，

$$\widehat{e}_{it} = \rho \widehat{e}_{i,t-1} + v_{it}$$

において $H_0 : \rho = 1$ vs. $H_1 : |\rho| < 1$ を検定することである。

ここで $\mathbf{z}_{it} = (y_{it}, \mathbf{x}_{it}')'$ としたとき，$\mathbf{w}_{it} = \Delta \mathbf{z}_{it} = (\Delta y_{it}, \Delta \mathbf{x}_{it}')' = (u_{it}, \boldsymbol{\varepsilon}_{it}')'$ は次のように FCLT を満たすとする。

$$\frac{1}{\sqrt{T}} \sum_{t=1}^{[Tr]} \mathbf{w}_{it} \xrightarrow[T \to \infty]{d} \mathbf{B}_i(r)$$

ただし，$\mathbf{B}_i(r)$ は i ごとに異なる共分散行列

$$\boldsymbol{\Omega}_i = \begin{bmatrix} \omega_{uu,i} & \boldsymbol{\omega}_{u\varepsilon,i} \\ \boldsymbol{\omega}_{\varepsilon u,i} & \boldsymbol{\Omega}_{\varepsilon\varepsilon,i} \end{bmatrix}$$

を持つブラウン運動である。また，$\omega_{u\cdot\varepsilon,i} = \omega_{uu,i} - \boldsymbol{\omega}_{u\varepsilon,i} \boldsymbol{\Omega}_{\varepsilon\varepsilon,i}^{-1} \boldsymbol{\omega}_{\varepsilon u,i}$ を定義し，$\widehat{e}_{it}$ をモデル (9.2) の OLS 残差とする。このときパネル共和分検定の検定統計量は次のようになる。

$$Z_{\widehat{\nu}} = \frac{\frac{1}{N} \sum_{i=1}^{N} \widehat{\omega}_{u\cdot\varepsilon,i}}{\sum_{i=1}^{N} \sum_{t=1}^{T} \widehat{e}_{i,t-1}^2}$$

$$Z_{\widehat{\rho}-1} = \frac{\sum_{i=1}^{N} \left(\sum_{t=1}^{T} \Delta \widehat{e}_{it} \widehat{e}_{i,t-1} - T\widehat{\lambda}_i \right)}{\sum_{i=1}^{N} \sum_{t=1}^{T} \widehat{e}_{i,t-1}^2}$$

$$Z_{\widehat{t}} = \frac{\sum_{i=1}^{N} \left(\sum_{t=1}^{T} \Delta \widehat{e}_{it} \widehat{e}_{i,t-1} - T\widehat{\lambda}_i \right)}{\sqrt{\widetilde{\omega}^2 \sum_{i=1}^{N} \sum_{t=1}^{T} \widehat{e}_{i,t-1}^2}}$$

第 9 章 パネル共和分検定とパネル多変量共和分モデル

$$\widetilde{Z}_{\widehat{\rho}-1} = \sum_{i=1}^{N} \left(\frac{\sum_{t=1}^{T} \Delta \widehat{e}_{i,t-1} \widehat{e}_{it} - T\widehat{\lambda}_i}{\sum_{t=1}^{T} \widehat{e}_{i,t-1}^2} \right)$$

$$\widetilde{Z}_{\widehat{t}} = \sum_{i=1}^{N} \left(\frac{\sum_{t=1}^{T} \Delta \widehat{e}_{i,t-1} \widehat{e}_{it} - T\widehat{\lambda}_i}{\sqrt{\widehat{\omega}_i^2 \sum_{t=1}^{T} \widehat{e}_{i,t-1}^2}} \right)$$

ただし,

$$\widetilde{\omega}^2 = \frac{1}{N} \sum_{i=1}^{N} \widehat{\omega}_i^2, \quad \widehat{\omega}_i^2 = \widehat{\sigma}_i^2 + 2\widehat{\lambda}_i, \quad \widehat{\sigma}_i^2 = \frac{1}{T} \sum_{t=2}^{T} \widehat{v}_{it}^2$$

$$\widehat{\lambda}_i = \frac{1}{T} \sum_{j=1}^{T-1} k\left(\frac{j}{M}\right) \sum_{t=j+1}^{T} \widehat{v}_{it}\widehat{v}_{i,t-j}, \quad \widehat{v}_{it} = \widehat{e}_{it} - \widehat{\rho}_i \widehat{e}_{i,t-1}$$

であり，$k(\cdot)$ は付録 B の (B.12) のようなカーネル関数であり，M はバンド幅である．

これらの統計量は非定常時系列モデルの枠組みで Phillips and Ouliaris (1990) が提案した共和分検定統計量の，パネルモデルへの拡張であるといえる．そこで，Phillips and Ouliaris (1990) の検定がどのようにパネル共和分検定に拡張されているのかをみてみよう．まず，$N=1$, すなわち，通常の時系列モデルの場合，5 つの統計量のうち，$\widehat{Z}_{\widehat{\rho}-1}$ と $\widetilde{Z}_{\widehat{\rho}-1}$, $\widehat{Z}_{\widehat{t}}$ と $\widetilde{Z}_{\widehat{t}}$ はそれぞれ全く同じ式になることがわかる．しかしながら $N \geq 2$ のときは異なる式になる．これはクロスセクションの情報をどのように取り入れているかに関係している．最初の 3 つの統計量は分子分母でそれぞれクロスセクションの情報を取り入れているのに対し，残りの 2 つの統計量は i ごとの検定統計量を pool してクロスセクションの情報を取り入れている．したがって，最後の 2 つの統計量は 5.2 節で説明した Im, Pesaran and Shin (2003) の原理に基づいているといえる．

いずれの検定統計量も平均・分散の修正を行えば，$T \to \infty$ とした後に $N \to \infty$ とする逐次極限理論により標準正規分布に従うことを Pedroni (2004) は示しているが，モデルのタイプと説明変数の数 K に依存して平均・分散の値が異

なる[155]。例えば，$K=1$ で定数項モデル ($\delta_i = 0$) の場合，次のようになる。

$$\frac{T^2 N^{3/2} Z_{\hat{\nu}} - 8.62\sqrt{N}}{\sqrt{60.75}} \xrightarrow[N,T\to\infty]{d} \mathcal{N}(0,1)$$

$$\frac{T\sqrt{N} Z_{\hat{\rho}-1} + 6.02\sqrt{N}}{\sqrt{31.27}} \xrightarrow[N,T\to\infty]{d} \mathcal{N}(0,1)$$

$$\frac{Z_{\hat{t}} + 1.73\sqrt{N}}{\sqrt{0.93}} \xrightarrow[N,T\to\infty]{d} \mathcal{N}(0,1)$$

$$\frac{TN^{-1/2} \widetilde{Z}_{\hat{\rho}-1} + 9.05\sqrt{N}}{\sqrt{35.98}} \xrightarrow[N,T\to\infty]{d} \mathcal{N}(0,1)$$

$$\frac{N^{-1/2} \widetilde{Z}_{\hat{t}} + 2.03\sqrt{N}}{\sqrt{0.66}} \xrightarrow[N,T\to\infty]{d} \mathcal{N}(0,1)$$

確定項なしモデル ($\alpha_i = \delta_i = 0$) やトレンドモデル ($\alpha_i, \delta_i \neq 0$) のケース，$K = 2, ..., 7$ のときの臨界値は Pedroni (1999), Pedroni (2004) を参照されたい。

9.1.3　McCoskey and Kao 検定

次に帰無仮説が「共和分あり」の場合の検定を考えよう。非定常時系列モデルの枠組みでは Shin (1994), Harris and Inder (1994) が「共和分あり」の検定方法を提案しているが，McCoskey and Kao (1998) は彼らの方法を不均一なパネルモデルに拡張しており，次のようなモデルを考えている。

$$\begin{aligned} y_{it} &= \alpha_i + \boldsymbol{\beta}'_i \mathbf{x}_{it} + v_{it} = \boldsymbol{\theta}'_i \mathbf{z}_{it} + v_{it} \\ \mathbf{x}_{it} &= \mathbf{x}_{i,t-1} + \boldsymbol{\varepsilon}_{it} \\ v_{it} &= \gamma_{it} + u_{it} \\ \gamma_{it} &= \gamma_{i,t-1} + \theta u_{it} \end{aligned}$$

ただし，$\mathbf{z}_{it} = (1, \mathbf{x}'_{it})'$，$\boldsymbol{\theta}_i = (\alpha_i, \boldsymbol{\beta}'_i)'$ である。ここで，$\mathbf{w}_{it} = (u_{it}, \boldsymbol{\varepsilon}'_{it})'$ は次のように FCLT を満たすとする。

$$\frac{1}{\sqrt{T}} \sum_{t=1}^{[Tr]} \mathbf{w}_{it} \xrightarrow[T\to\infty]{d} \mathbf{B}_i(r)$$

---

155) Pedroni (2004) では説明変数の数は m という表記を用いている。

第9章 パネル共和分検定とパネル多変量共和分モデル

ただし，$\mathbf{B}_i(r)$ は次のような共分散行列 $\mathbf{\Omega}_i$ を持つブラウン運動である。

$$\mathbf{\Omega}_i = \begin{bmatrix} \omega_{uu,i} & \boldsymbol{\omega}_{u\varepsilon,i} \\ \boldsymbol{\omega}_{\varepsilon u,i} & \mathbf{\Omega}_{\varepsilon\varepsilon,i} \end{bmatrix}$$

このモデルは $\gamma_{i0} = 0$ とすると $\gamma_{it} = \theta \sum_{j=1}^{t} u_{ij}$ と表すことができるので，次のように書き換えることができる。

$$\begin{aligned} y_{it} &= \alpha_i + \boldsymbol{\beta}'_i \mathbf{x}_{it} + v_{it} \\ &= \alpha_i + \boldsymbol{\beta}'_i \mathbf{x}_{it} + \theta \sum_{j=1}^{t} u_{ij} + u_{it} \end{aligned}$$

この式において $\sum_{j=1}^{t} u_{ij}$ がランダムウォークになっているので，$\theta \neq 0$ のときは $v_{it} \sim I(1)$ になるが，$\theta = 0$ のときは $v_{it} \sim I(0)$ となり，y_{it} と x_{it} の間には共和分関係が存在することになる。したがって $H_0 : \theta = 0$ vs. $H_1 : \theta \neq 0$ を検定することで「共和分あり」という帰無仮説を検定できる。

この検定を行うためには残差 $\widehat{e}_{it}$ を計算する必要がある。「共和分あり」という帰無仮説のもとでは LSDV 推定量は 7.2.2 項で見たように一致推定量ではあるが 2 次バイアスの問題がある。したがって LSDV 推定量から計算される残差は v_{it} の適切な推定量ではない。そこで，2 次バイアスを修正した FMOLS 推定量，ダイナミック OLS 推定量を用いて残差を計算する。$\widehat{\boldsymbol{\theta}}_{E,i}$ を第 i 個体の FMOLS 推定量，あるいはダイナミック OLS 推定量とすると，残差は次のようになる。

$$\widehat{v}_{it} = \widehat{y}_{it}^{+} - \mathbf{z}'_{it} \widehat{\boldsymbol{\theta}}_{E,i}$$

ただし，$\widehat{y}_{it}^{+} = y_{it} - \widehat{\boldsymbol{\omega}}_{u\varepsilon,i} \widehat{\mathbf{\Omega}}_{\varepsilon\varepsilon,i}^{-1} \Delta \mathbf{x}_{it}$ である。そして，検定統計量は $s_{it} = \sum_{j=1}^{t} \widehat{v}_{ij}$ とすると

$$LM = \frac{1}{N} \sum_{i=1}^{N} \left(\frac{\frac{1}{T^2} \sum_{t=1}^{T} s_{it}^2}{\widehat{\omega}_{u \cdot \varepsilon, i}} \right) \tag{9.3}$$

となる。ただし，$\widehat{\omega}_{u \cdot \varepsilon, i}$ は $\omega_{u \cdot \varepsilon, i} = \omega_{uu,i} - \boldsymbol{\omega}_{u\varepsilon,i} \mathbf{\Omega}_{\varepsilon\varepsilon,i}^{-1} \boldsymbol{\omega}_{\varepsilon u,i}$ の推定値である。(9.3) の ( ) 内は i ごとに共和分検定を行ったときの検定統計量であり，それをクロスセクションに関して平均を取っているので，(9.3) は Im, Pesaran and

Shin (2003) の原理に基づいているといえる。そして，McCoskey and Kao (1998) は逐次極限理論により

$$\frac{\sqrt{N}(LM - \mu_v)}{\sigma_v} \xrightarrow[T,N\to\infty]{d} \mathcal{N}(0,1)$$

となることを示している。ただし，

$$\begin{aligned}
\mu_v &= E\left[\int_0^1 V(r)^2 dr\right], \qquad \sigma_v^2 = Var\left[\int_0^1 V(r)^2 dr\right] \\
V(r) &= W_u(r) - rW_u(1) \\
&\quad - \left(\int_0^r \widetilde{\mathbf{W}}'_\varepsilon(s)ds\right)\left(\int_0^1 \widetilde{\mathbf{W}}_\varepsilon(s)\widetilde{\mathbf{W}}'_\varepsilon(s)ds\right)^{-1}\left(\int_0^1 \widetilde{\mathbf{W}}_\varepsilon(s)dW_u(s)\right) \\
\widetilde{\mathbf{W}}_\varepsilon(s) &= \mathbf{W}_\varepsilon(s) - \int_0^1 \mathbf{W}_\varepsilon(u)du
\end{aligned}$$

$W_u(s), \mathbf{W}_\varepsilon(s)$ は独立な標準ブラウン運動である。μ_v, σ_v^2 は局外パラメータを含んでいないが，その値を解析的に求めることは難しいため，McCoskey and Kao (1998) はシミュレーションで近似値を計算している。

9.2　クロスセクション間に相関があるときの共和分検定

　クロスセクション間に相関がないモデルの共和分検定に比べて，クロスセクション間に相関があるモデルの共和分検定を議論した研究はまだそれほど蓄積されていない。ここではその中の1つ方法を紹介しよう[156]。

　Gengenbach, Palm and Urbain (2006) はクロスセクションが独立であるという仮定の下で提案された Kao (1999) と Pedroni (2004) の共和分検定がクロスセクション間に相関がある場合には適切な方法ではないということを理論的に示し，Bai and Ng (2004) の PANIC を用いた新しい共和分検定を提案している。

---

[156]　クロスセクション間の相関と構造変化がある場合の共和分検定については例えば Banerjee and Carrion-i-Silvestre (2006)，Westerlund and Edgerton (2008) などを参照されたい。

次のような回帰モデルを考えよう。

$$y_{it} = \alpha_i + \beta_i' \mathbf{x}_{it} + u_{it}$$
$$y_{it} = \boldsymbol{\lambda}_i' \mathbf{f}_t + e_{it}$$
$$\mathbf{x}_{it} = \boldsymbol{\Phi}_i' \mathbf{g}_t + \boldsymbol{\varepsilon}_{it}$$

このモデルにおいて，y_{it} と $\mathbf{x}_{it}$ が共和分ベクトル $(1, -\beta_i')$ で共和分する，すなわち，$y_{it} - \beta_i' \mathbf{x}_{it} \sim I(0)$ となるためには

$$y_{it} - \beta_i' \mathbf{x}_{it} = (\boldsymbol{\lambda}_i' \mathbf{f}_t - \beta_i' \boldsymbol{\Phi}_i' \mathbf{g}_t) + (e_{it} - \beta_i' \boldsymbol{\varepsilon}_{it})$$

において，右辺の第1項，第2項がともに $I(0)$ になるときのみである。Gengenbach, Palm and Urbain (2006) はこの点に注目して第1項，第2項を別々に共和分検定することを提案している。

具体的な検定手順は次のようになる。

Step 1: y_{it} と $\mathbf{x}_{it}$ に Bai and Ng (2004) の PANIC を適用し，主成分分析で共通ファクター $\mathbf{f}_t, \mathbf{g}_t$ を推定し，$\widehat{e}_{it}, \widehat{\varepsilon}_{it}$ を計算する。そして，これらの系列の単位根検定を行う。ファクターの推定値 $\widehat{\mathbf{f}}_t, \widehat{\mathbf{g}}_t$, $\widehat{e}_{it}, \widehat{\varepsilon}_{it}$ が全て $I(0)$ の場合，共和分なしという帰無仮説を棄却する。

Step 2: (a) Step 1 でファクターの推定値 $\widehat{\mathbf{f}}_t, \widehat{\mathbf{g}}_t$ が $I(1)$ となった場合，$\widehat{\mathbf{f}}_t$ と $\widehat{\mathbf{g}}_t$ の共和分検定を例えば Johansen タイプの検定で行う。
(b) $\widehat{e}_{it}, \widehat{\varepsilon}_{it}$ がともに $I(1)$ の場合，例えば Pedroni (2004) などで提案されている共和分検定を行う。

y_{it} と $\mathbf{x}_{it}$ に共和分が無いという帰無仮説を棄却するのは共通ファクター，固有要因項がともに共和分無しを棄却した場合のみである。

ところで，いま説明した方法はクロスセクション間の相関があるときの「共和分なし」の検定であったが，「共和分あり」の検定も考えられる。しかしながら，クロスセクションの相関があるときの共和分ありの検定に関する研究はまだほとんど行われておらず，今後の研究の蓄積が期待される[157]。

---

157) 例えば，ブートストラップによる検定を提案した Westerlund and Edgerton (2007) がある。

9.3 パネル多変量共和分モデルの推定と検定

本節ではパネル多変量共和分モデルについて，特に共和分ランクの検定に焦点を当てて説明していく[158]。パネル多変量共和分モデルに関する研究は単一方程式モデルに比べるとそれほど多くの研究が行われていないが，本節ではその中でも代表的な研究を説明していく[159]。

時系列における多変量共和分モデルの研究の多くは Johansen の一連の研究 (Johansen, 1988, 1991, 1995) に依拠しているが，パネル多変量共和分モデルの分析も基本的には Johansen の結果の拡張である。

9.3.1 クロスセクション間の相関がない場合

パネルデータを用いた多変量共和分モデルを最初に考察したのは Larsson, Lyhagen and Lothgren (2001) である。彼らは Johansen (1988) に倣って，次のような定数項のない m 変量のパネルベクトルエラー修正モデル

$$\underset{(m \times 1)}{\Delta \mathbf{y}_{it}} = \underset{(m \times m)}{\mathbf{\Pi}_i} \underset{(m \times 1)}{\mathbf{y}_{i,t-1}} + \sum_{k=1}^{p_i - 1} \underset{(m \times m)}{\mathbf{\Gamma}_{ik}} \underset{(m \times 1)}{\Delta \mathbf{y}_{i,t-k}} + \underset{(m \times 1)}{\boldsymbol{\varepsilon}_{it}}$$

における尤度比検定を提案している。ここで $\mathbf{\Pi}_i$ がランク落ちしているとすると，$\mathbf{\Pi}_i = \boldsymbol{\alpha}_i \boldsymbol{\beta}_i'$ と表すことができる。ただし，$\boldsymbol{\alpha}_i, \boldsymbol{\beta}_i$ は $m \times r_i$ のフルランク行列である。したがって，i ごとに異なる共和分ベクトルを許している。また，$\boldsymbol{\varepsilon}_{it} \sim i.i.d.\mathcal{N}(\mathbf{0}, \boldsymbol{\Omega}_i)$ を仮定している。これはクロスセクション間の相

---

[158] Breitung (2005) は共和分 VAR(p) モデルの効率的な 2 ステップ推定量を提案している。

[159] 本節で示す VAR モデル以外に Pesaran, Schuermann and Weiner (2004), Dees, Holly, Pesaran and Smith (2007b), Dees, di Mauro, Pesaran and Smith (2007a), Pesaran, Smith and Smith (2007), Pesaran, Schuermann and Smith (2009) による global VAR(GVAR) というモデルもある。興味のある読者はこれらの文献を参照されたい。

第 9 章 パネル共和分検定とパネル多変量共和分モデル

関が無いことを意味している。彼らが考えた検定問題は

$$H_0 : rank(\mathbf{\Pi}_i) = r_i \leq r \quad (全ての\ i)$$
$$H_1 : rank(\mathbf{\Pi}_i) = m \quad (全ての\ i)$$

である。ここで，個体 i のトレース検定統計量を

$$LR_i\left[H(r)|H(m)\right] = -2\log Q_{iT}\left[H(r)|H(m)\right] = -T\sum_{j=r+1}^{m}\log(1-\widehat{\lambda}_j)$$

で表すとする。ただし，$\widehat{\lambda}_1 > \widehat{\lambda}_2 > \cdots > \widehat{\lambda}_p$ は固有値問題

$$|\lambda\mathbf{S}_{i,11} - \mathbf{S}_{i,10}\mathbf{S}_{i,00}^{-1}\mathbf{S}_{i,01}| = 0$$
$$\mathbf{S}_{i,kl} = \mathbf{M}_{i,kl} - \mathbf{M}_{i,k2}\mathbf{M}_{i,22}^{-1}\mathbf{M}_{i,2l}, \qquad \mathbf{M}_{i,kl} = \frac{1}{T}\sum_{t=1}^{T}\mathbf{Z}_{i,kt}\mathbf{Z}'_{i,lt}$$
$$\mathbf{Z}_{i,0t} = \Delta\mathbf{y}_{it}, \quad \mathbf{Z}_{i,1t} = \mathbf{y}_{i,t-1}, \quad \mathbf{Z}_{i,2t} = (\Delta\mathbf{y}'_{i,t-1},\cdots,\Delta\mathbf{y}'_{i,t-m+1})'$$

の解である。
$\overline{LR}[H(r)|H(m)] = \frac{1}{N}\sum_{i=1}^{N}LR_i[H(r)|H(m)]$ を LR_i のクロスセクションの平均として，次の基準化された検定統計量

$$\Upsilon[H(r)|H(m)] = \frac{\sqrt{N}\left(\overline{LR}[H(r)|H(m)] - E(Z_{m-r})\right)}{\sqrt{Var(Z_{m-r})}}$$

を考える。ただし，$E(Z_{m-r})$, $Var(Z_{m-r})$ は，

$$Z_{m-r} \equiv tr\left\{\int_0^1 d\mathbf{W}(s)\mathbf{W}'(s)\left(\int_0^1\mathbf{W}(s)dr\mathbf{W}'(s)ds\right)^{-1}\int_0^1\mathbf{W}(s)d\mathbf{W}(s)\right\}$$

$\mathbf{W}(s)$ は $(m-r)$ 次元標準ブラウン運動

の期待値と分散を表している。Larsson, Lyhagen and Lothgren (2001) は $N, T \to \infty$, $\sqrt{N}/T \to 0$ のとき，

$$\Upsilon[H(r)|H(m)] \xrightarrow[N,T\to\infty]{d} \mathcal{N}(0,1)$$

になることを示している。この統計量は i ごとの検定統計量を pool してクロスセクションの情報を取り入れているので，パネル単位根検定の IPS 検定と同じ原理に基づいているといえる。

9.3.2 クロスセクション間の相関がある場合

Larsson, Lyhagen and Lothgren (2001) はクロスセクションは独立であると仮定していたが，Groen and Kleibergen (2003)，Larsson and Lyhagen (2007) はこの仮定を緩め，クロスセクション間の相関を許すベクトルエラー修正モデルを考察している。

Groen and Kleibergen (2003)，Larsson and Lyhagen (2007) は Larsson, Lyhagen and Lothgren (2001) で仮定されていたクロスセクション間の独立性を緩めるために，誤差項の共分散行列の非対角要素にゼロ制約を置かない場合の多変量共和分モデルを考察している。パネル単位根検定と同様，クロスセクション間の相関に共分散アプローチを採用する場合，T が N に比べて十分大きい必要があり，使われる漸近論も Larsson, Lyhagen and Lothgren (2001) とは異なり，N を固定して $T \to \infty$ という漸近論を用いる。ここでは Groen and Kleibergen (2003) が用いたモデルは Larsson and Lyhagen (2007) のモデルの特殊ケースと見なすことができるので，Larsson and Lyhagen (2007) の方法についてみていこう。

Larsson and Lyhagen (2007) は次のようなベクトルエラー修正モデルを考えている。

$$\begin{bmatrix} \Delta \mathbf{y}_{1t} \\ \Delta \mathbf{y}_{2t} \\ \vdots \\ \Delta \mathbf{y}_{Nt} \end{bmatrix} = \begin{bmatrix} \mu_1 \\ \mu_2 \\ \vdots \\ \mu_N \end{bmatrix} + \begin{bmatrix} \Pi_{11} & \Pi_{12} & \cdots & \Pi_{1N} \\ \Pi_{21} & \Pi_{22} & \cdots & \Pi_{2N} \\ \vdots & \vdots & \ddots & \vdots \\ \Pi_{N1} & \Pi_{N2} & \cdots & \Pi_{NN} \end{bmatrix} \begin{bmatrix} \mathbf{y}_{1,t-1} \\ \mathbf{y}_{2,t-1} \\ \vdots \\ \mathbf{y}_{N,t-1} \end{bmatrix}$$

$$+ \sum_{k=1}^{p-1} \begin{bmatrix} \Gamma_{11,k} & \Gamma_{12,k} & \cdots & \Gamma_{1N,k} \\ \Gamma_{21,k} & \Gamma_{22,k} & \cdots & \Gamma_{2N,k} \\ \vdots & \vdots & \ddots & \vdots \\ \Gamma_{N1,k} & \Gamma_{N2,k} & \cdots & \Gamma_{NN,k} \end{bmatrix} \begin{bmatrix} \Delta \mathbf{y}_{1,t-k} \\ \Delta \mathbf{y}_{2,t-k} \\ \vdots \\ \Delta \mathbf{y}_{N,t-k} \end{bmatrix} + \begin{bmatrix} \varepsilon_{1t} \\ \varepsilon_{2t} \\ \vdots \\ \varepsilon_{Nt} \end{bmatrix}$$

この式を次のように表す。

$$\underset{(Nm \times 1)}{\Delta \mathbf{y}_t} = \underset{(Nm \times 1)}{\mu} + \underset{(Nm \times Nm)}{\Pi} \underset{(Nm \times 1)}{\mathbf{y}_{t-1}} + \sum_{k=1}^{p-1} \underset{(Nm \times Nm)}{\Gamma_k} \underset{(Nm \times 1)}{\Delta \mathbf{y}_{t-k}} + \underset{(Nm \times 1)}{\varepsilon_t} \quad (9.4)$$

ここで，$\varepsilon_t \sim \mathcal{N}(\mathbf{0}, \mathbf{\Omega})$

$$\underset{(Nm \times Nm)}{\mathbf{\Omega}} = \underset{(m \times m)}{\{\mathbf{\Omega}_{ij}\}} = \begin{bmatrix} \mathbf{\Omega}_{11} & \mathbf{\Omega}_{12} & \cdots & \mathbf{\Omega}_{1N} \\ \mathbf{\Omega}_{21} & \mathbf{\Omega}_{22} & \cdots & \mathbf{\Omega}_{2N} \\ \vdots & \vdots & \ddots & \vdots \\ \mathbf{\Omega}_{N1} & \mathbf{\Omega}_{N2} & \cdots & \mathbf{\Omega}_{NN} \end{bmatrix}$$

であり，$\mathbf{\Pi} = \boldsymbol{\alpha}\boldsymbol{\beta}'$ と表すことができると仮定する[160]。ただし，$\boldsymbol{\alpha}, \boldsymbol{\beta}$ は

$$\underset{(Nm \times Nr)}{\boldsymbol{\alpha}} = \underset{(m \times r)}{\{\boldsymbol{\alpha}_{ij}\}} = \begin{bmatrix} \boldsymbol{\alpha}_{11} & \boldsymbol{\alpha}_{12} & \cdots & \boldsymbol{\alpha}_{1N} \\ \boldsymbol{\alpha}_{21} & \boldsymbol{\alpha}_{22} & \cdots & \boldsymbol{\alpha}_{2N} \\ \vdots & \vdots & \ddots & \vdots \\ \boldsymbol{\alpha}_{N1} & \boldsymbol{\alpha}_{N2} & \cdots & \boldsymbol{\alpha}_{NN} \end{bmatrix}$$

$$\underset{(Nm \times Nr)}{\boldsymbol{\beta}} = \underset{(m \times r)}{\{\boldsymbol{\beta}_{ij}\}} = \begin{bmatrix} \boldsymbol{\beta}_{11} & 0 & \cdots & 0 \\ 0 & \boldsymbol{\beta}_{22} & \cdots & 0 \\ \vdots & \vdots & \ddots & \vdots \\ 0 & 0 & \cdots & \boldsymbol{\beta}_{NN} \end{bmatrix}$$

である[161]。ここでは全ての i で共通の共和分ランク r を持つこと，不均一な共和分ベクトルを持つことを仮定している。これを用いると上のモデルは次のように書ける。

$$\Delta \mathbf{y}_t = \boldsymbol{\mu} + \boldsymbol{\alpha}\boldsymbol{\beta}' \mathbf{y}_{t-1} + \sum_{k=1}^{p-1} \mathbf{\Gamma}_k \Delta \mathbf{y}_{t-k} + \boldsymbol{\varepsilon}_t$$

このモデルは $\boldsymbol{\beta}$ がブロック対角であるという点を除けば時系列のベクトルエラー修正モデルと同じ構造になっていることがわかる。したがって，N が固定されていれば時系列モデルの Johansen 検定と同じように共和分ランクの検定ができると考えられる。ところで，このモデルにおいて共和分関係は $\boldsymbol{\beta}' \mathbf{y}_{t-1}$ に含まれているが，$\boldsymbol{\beta}$ はブロック対角行列であると仮定しているので，共和分関係は各個体の中だけに存在し，異なる個体 $i, j, (i \neq j)$ 間の共和分関

---

[160] Larsson, Lyhagen and Lothgren (2001) は $\mathbf{\Omega}_{ij} = \mathbf{0}, i \neq j$ を仮定している。
[161] Groen and Kleibergen (2003) は $\boldsymbol{\alpha}$ がブロック対角行列であると仮定しているため，彼らのモデルは Larsson and Lyhagen (2007) のモデルの特殊ケースである。

係は存在しない，という構造になっていることに注意されたい[162]。また，$\boldsymbol{\alpha}$ の非対角ブロックはゼロであるという仮定を置いていないので，異なる個体の短期従属性を許していることにも注意されたい[163]。

Johansen に従って，$\boldsymbol{\Pi} = \boldsymbol{\alpha}\boldsymbol{\beta}'$ として，帰無仮説

$$H_0 : rank(\boldsymbol{\Pi}) \leq Nr$$

を対立仮説

$$H_1 : rank(\boldsymbol{\Pi}) \leq Nm$$

に対して逐次検定する尤度比検定統計量を Q_T としよう。このとき，$r > 0$ のとき，N 固定で $T \to \infty$ のとき，

$$-2\log Q_T \xrightarrow[T \to \infty]{d} U + V$$
$$U = tr\left\{\int_0^1 d\mathbf{W}(s)\mathbf{F}'(s)\left(\int_0^1 \mathbf{F}(s)\mathbf{F}'(s)ds\right)\int_0^1 \mathbf{F}(s)d\mathbf{W}'(s)\right\}$$
$$V \sim \chi^2_{N(N-1)r(m-r)}$$

となることを Larsson and Lyhagen (2007) は示している。ただし，$\mathbf{W}(s)$ は $N(m-r)$ 次元標準ブラウン運動である。U は通常の Johansen 検定を行うときの分布で，V が共和分行列 $\boldsymbol{\beta}$ のブロック対角性によって新しく生じていることがわかる。ここで，$\mathbf{F}(s)$ の形はパラメータの仮定によって変わってくるので，場合に分けて考えよう。$\boldsymbol{\alpha}'_\perp$ は $\boldsymbol{\alpha}'_\perp \boldsymbol{\alpha} = \boldsymbol{\alpha}' \boldsymbol{\alpha}_\perp = \mathbf{0}$ となるフルランク行列であり，$B_i(s)$ は標準ブラウン運動を表すとする。

(i) $\boldsymbol{\mu} = \mathbf{0}$ の場合

$\mathbf{F}(s)$ は $N(m-r)$ 次元の標準ブラウン運動 $\mathbf{B}(s)$ になる。

---

[162] $\boldsymbol{\beta}$ の非対角ブロックがゼロでないときには異なるクロスセクション個体間に共和分関係が存在することになるが，このようなケースはクロスユニット共和分，あるいはクロスメンバー共和分と呼ばれている。クロスユニット共和分に関する議論は例えば，Banerjee, Marcellino and Osbat (2004, 2005) などを参照されたい。

[163] Larsson, Lyhagen and Lothgren (2001) は $\boldsymbol{\Pi} = diag(\boldsymbol{\alpha}_1 \boldsymbol{\beta}'_1 \cdots \boldsymbol{\alpha}_N \boldsymbol{\beta}'_N)$ を仮定しているので，異なるクロスセクション間の短期従属性が無いケースを扱っていることになる。

(ii) $\mu \neq 0$, $\alpha'_\perp \mu \neq 0$ の場合

$\mathbf{F}(s)$ は $N(m-r-1)+1$ 次元で次のような要素を持つ：

$$F_i(s) = \begin{cases} B_i(s) - \int_0^1 B_i(s)ds & i = 1, ..., N(m-r-1) \\ s - \frac{1}{2} & i = N(m-r-1)+1 \end{cases}$$

(iii) $\mu \neq 0$, $\alpha'_\perp \mu = 0$ の場合

$\mathbf{F}(s)$ は $N(m-r)+1$ 次元で次のような要素を持つ：

$$F_i(s) = \begin{cases} B_i(s) & i = 1, ..., N(m-r) \\ 1 & i = N(m-r)+1 \end{cases}$$

これらは非標準的な分布であるため解析的に分位点を求めることは難しく，シミュレーションで求める必要がある．また，Larsson and Lyhagen (2007) は小標本でのパフォーマンスを改善するために Johansen (2000, 2002) にならって，Bartlett 修正することを提案している[164]．Larsson and Lyhagen (2007) はさらに，全ての i で共通のランクを持つという仮定のもとで $H_0 : \boldsymbol{\beta}_1 = \boldsymbol{\beta}_2 = \cdots = \boldsymbol{\beta}_N = \mathbf{b}$ を $H_1 : \boldsymbol{\beta}_i \neq \boldsymbol{\beta}_j$ (いくつかの i, j) に対して検定する方法，調整行列 $\boldsymbol{\alpha}$ のブロック対角性を検定する方法も提案している．

以上の説明はクロスセクション間の相関をモデル化する方法として共分散アプローチを用いたが，このアプローチでは N が T に比べて十分小さくなければ望ましい有限標本特性を持たない．代替的な方法としてはファクター構造を用いてクロスセクション間の相関をモデル化するという方法が考えられるが，現在のところ，ファクター構造を仮定した多変量共和分モデルの研究はそれほど行われていないようであり，今後の発展が期待される[165]．

---

164) Bartlett 修正に関しては Bartlett (1937), Cribaro-Neto and Cordeiro (1996) を参照されたい．
165) 若干の例外は Huang (2008), Banerjee and Marcellino (2008) である．

付録 A
一般化モーメント (GMM) 推定量

一般化モーメント法 (Generalized Method of Moments, GMM) は Hansen (1982) によって提案された方法であり，実証分析でも頻繁に使われている。GMM 推定量はモーメント条件の設定の仕方によって OLS 推定量や 2SLS 推定量などを特殊ケースとして含む，非常に一般的な推定量である。また，モデルも線形モデルである必要はなく，より一般的な非線形モデルでもよい。

A.1　GMM 推定量の定義

GMM 推定量を考える際，ポイントになるのはモーメント条件の設定である。モーメント条件を一般的に

$$E[\mathbf{g}(\mathbf{w}_i, \boldsymbol{\theta}_0)] = \mathbf{0}$$

と表す。ここで，$\mathbf{g}(\cdot)$ は L 次元ベクトル関数，$\mathbf{w}_i$ は観測可能な変数，$\boldsymbol{\theta}_0$ は K 次元のパラメータ $\boldsymbol{\theta}$ の真の値であり，$L \geq K$ であるとする。ここで，$\mathbf{w}_i$ はランダムサンプルであり，標本平均は次を満たすと仮定する。

$$\frac{1}{N}\sum_{i=1}^{N}\mathbf{g}(\mathbf{w}_i, \boldsymbol{\theta}) = \frac{1}{N}\sum_{i=1}^{N}\mathbf{g}_i(\boldsymbol{\theta}) \xrightarrow[N\to\infty]{p} E[\mathbf{g}(\mathbf{w}_i, \boldsymbol{\theta}_0)] \equiv E[\mathbf{g}_i(\boldsymbol{\theta}_0)]$$

ここで，$N^{-1}\sum_{i=1}^{N}\mathbf{g}_i(\boldsymbol{\theta})$ のことを $E[\mathbf{g}(\mathbf{w}_i, \boldsymbol{\theta})]$ の標本対応 (sample analogue) という。GMM 推定量 $\widetilde{\boldsymbol{\theta}}$ は次の目的関数を最小化する解として定義

される。

$$\widetilde{\boldsymbol{\theta}} = \operatorname*{argmin}_{\boldsymbol{\theta}} Q_N(\boldsymbol{\theta}) \tag{A.1}$$

$$Q_N(\boldsymbol{\theta}) = \left[\frac{1}{N}\sum_{i=1}^{N}\mathbf{g}_i(\boldsymbol{\theta})\right]' \mathbf{W}_N \left[\frac{1}{N}\sum_{i=1}^{N}\mathbf{g}_i(\boldsymbol{\theta})\right]$$

ここで $L \times L$ の対称な正値定符号行列 $\mathbf{W}_N$ はウェイト行列と呼ばれるが，ウェイト行列の選択は GMM 推定量の性質を評価する際に重要な役割を果たす．もし $L = K$ であればウェイト行列を使う必要はなくなる．

以下では OLS 推定量，2SLS 推定量が GMM 推定量の特殊ケースとして得られることを示した後で，GMM 推定量の一般的な性質を示そう．

A.1.1　GMM 推定量としての OLS 推定量

次のような回帰モデルを考えよう．

$$y_i = \boldsymbol{\beta}'\mathbf{x}_i + u_i \quad (i = 1, ..., N)$$

ここで K 次元の説明変数ベクトル $\mathbf{x}_i$ と u_i が無相関であるとすると，モーメント条件 $E(\mathbf{x}_i u_i) = \mathbf{0}$ が得られる．このモーメント条件の標本対応は $\frac{1}{N}\sum_{i=1}^{N}\mathbf{x}_i u_i = \mathbf{X}'\mathbf{u}/N$ となるので，ウェイト行列に $\mathbf{W}_N$ を用いた目的関数は

$$Q_N(\boldsymbol{\beta}) = \left[\frac{1}{N}\sum_{i=1}^{N}\mathbf{x}_i u_i\right]' \mathbf{W}_N \left[\frac{1}{N}\sum_{i=1}^{N}\mathbf{x}_i u_i\right] = \left(\frac{\mathbf{u}'\mathbf{X}}{N}\right) \mathbf{W}_N \left(\frac{\mathbf{X}'\mathbf{u}}{N}\right)$$

となり，この目的関数を最小にする解が OLS 推定量

$$\widehat{\boldsymbol{\beta}}_{OLS} = (\mathbf{X}'\mathbf{X})^{-1}\mathbf{X}'\mathbf{y}$$

として導出される．OLS 推定量は $L = K$ であるので，推定量の形はウェイト行列 $\mathbf{W}_N$ に依存していないことに注意されたい．

A.1.2　GMM 推定量としての 2SLS 推定量

次に u_i と直交する $L(\geq K)$ 次元の操作変数 $\mathbf{z}_i$ が存在すると仮定しよう．この場合，モーメント条件は $E(\mathbf{z}_i u_i) = \mathbf{0}$ となり，その標本対応は $\frac{1}{N}\sum_{i=1}^{N}\mathbf{z}_i u_i = \mathbf{Z}'\mathbf{u}/N$ となるので，ウェイト行列に $\mathbf{W}_N = (N^{-1}\sum_{i=1}^{N}\mathbf{z}_i\mathbf{z}_i')^{-1} = (\mathbf{Z}'\mathbf{Z}/N)^{-1}$ を用いた目的関数は

$$\begin{aligned} Q_N(\boldsymbol{\beta}) &= \left[\frac{1}{N}\sum_{i=1}^{N}\mathbf{z}_i u_i\right]' \left(\frac{1}{N}\sum_{i=1}^{N}\mathbf{z}_i\mathbf{z}_i'\right)^{-1} \left[\frac{1}{N}\sum_{i=1}^{N}\mathbf{z}_i u_i\right] \\ &= \left(\frac{1}{N}\mathbf{u}'\mathbf{Z}\right)\left(\frac{\mathbf{Z}'\mathbf{Z}}{N}\right)^{-1}\left(\frac{1}{N}\mathbf{Z}'\mathbf{u}\right) \end{aligned}$$

となる．そして，この目的関数を最小にする解が 2SLS 推定量

$$\widehat{\boldsymbol{\beta}}_{2SLS} = \left[\mathbf{X}'\mathbf{Z}(\mathbf{Z}'\mathbf{Z})^{-1}\mathbf{X}\right]^{-1}\mathbf{X}'\mathbf{Z}(\mathbf{Z}'\mathbf{Z})^{-1}\mathbf{Z}'\mathbf{y}$$

として導出される．

A.2　GMM 推定量の漸近的特性

ウェイト行列は $\mathbf{W}_N \xrightarrow[N\to\infty]{p} \mathbf{W}$ を満たすとする．ただし $\mathbf{W}$ は正値定符号行列である．また，

$$\boldsymbol{\Omega} = E[\mathbf{g}_i(\boldsymbol{\theta}_0)\mathbf{g}_i(\boldsymbol{\theta}_0)'], \qquad \mathbf{G} = E\left[\frac{\partial \mathbf{g}_i(\boldsymbol{\theta}_0)}{\partial \boldsymbol{\theta}'}\right]$$

を定義する．このとき，(A.1) で定義された GMM 推定量 $\widetilde{\boldsymbol{\theta}}$ はいくつかの仮定の下で次のように，一致性・漸近正規性を持つ．

$$\begin{aligned} \widetilde{\boldsymbol{\theta}} &\xrightarrow[N\to\infty]{p} \boldsymbol{\theta}_0 \\ \sqrt{N}(\widetilde{\boldsymbol{\theta}} - \boldsymbol{\theta}_0) &\xrightarrow[N\to\infty]{d} \mathcal{N}\left[\mathbf{0}, (\mathbf{G}'\mathbf{W}\mathbf{G})^{-1}\mathbf{G}'\mathbf{W}\boldsymbol{\Omega}\mathbf{W}\mathbf{G}(\mathbf{G}'\mathbf{W}\mathbf{G})^{-1}\right] \end{aligned}$$

詳細な仮定や証明については例えば Newey and McFadden (1994), Hall (2005), Arellano (2003a, Appendix A) などを参照されたい．

分散の形を見ると，ウェイト行列 $\mathbf{W}$ に依存して形が変わることがわかる。分散を最小にするウェイト行列は**最適ウェイト行列 (optimal weight(ing) matrix)** と呼ばれており，その形は $\mathbf{W} = \Omega^{-1}$ であることが知られている。したがって，最も効率的な GMM 推定量 (**最適 GMM 推定量**) はウェイト行列に $\Omega_N \xrightarrow{p} \Omega$ となる Ω_N を用いた目的関数を最小化する解として定義される。このようにして導出された GMM 推定量 $\widehat{\boldsymbol{\theta}}$ は次のような漸近分布を持つ。

$$\sqrt{N}(\widehat{\boldsymbol{\theta}} - \boldsymbol{\theta}_0) \xrightarrow[N \to \infty]{d} \mathcal{N}\left[\mathbf{0}, (\mathbf{G}'\Omega^{-1}\mathbf{G})^{-1}\right]$$

ところで，一般的に $\Omega_N = N^{-1} \sum_{i=1}^{N} \mathbf{g}(\mathbf{w}_i, \boldsymbol{\theta}) \mathbf{g}(\mathbf{w}_i, \boldsymbol{\theta})'$ は未知パラメータ $\boldsymbol{\theta}$ に依存しているので最適な GMM 推定量を計算する際には工夫が必要である。最適 GMM 推定量を計算する方法には大きく分けて 2 つある。1 つはパラメータに依存しないウェイト行列 $\mathbf{W}_N$ を用いて $\widetilde{\boldsymbol{\theta}}$ を計算し，それをウェイト行列の未知パラメータと置き換えて 2 段階で推定する方法であり，**2 ステップ GMM 推定量**と呼ばれる。2 ステップ GMM 推定量は次のように定義される。

$$\widehat{\boldsymbol{\theta}}_2 = \underset{\boldsymbol{\theta}}{\operatorname{argmin}} \left[\frac{1}{N} \sum_{i=1}^{N} \mathbf{g}_i(\boldsymbol{\theta})\right]' \left[\frac{1}{N} \sum_{i=1}^{N} \mathbf{g}_i\left(\widetilde{\boldsymbol{\theta}}\right) \mathbf{g}_i\left(\widetilde{\boldsymbol{\theta}}\right)'\right]^{-1} \left[\frac{1}{N} \sum_{i=1}^{N} \mathbf{g}_i(\boldsymbol{\theta})\right]$$

このとき，$\widetilde{\boldsymbol{\theta}}$ は 1 ステップ GMM 推定量と呼ばれている。もう 1 つは目的関数を $\boldsymbol{\theta}$ の非線形関数とみなして，1 階条件から数値最適化により計算する方法である。このようにして得られる GMM 推定量は**連続更新 (Continuously Updated, CU-) GMM 推定量**と呼ばれており，Hansen, Heaton and Yaron (1996) によって提案されている。CU-GMM 推定量は次のように定義される。

$$\widehat{\boldsymbol{\theta}}_{CU} = \underset{\boldsymbol{\theta}}{\operatorname{argmin}} \left[\frac{1}{N} \sum_{i=1}^{N} \mathbf{g}_i(\boldsymbol{\theta})\right]' \left[\frac{1}{N} \sum_{i=1}^{N} \mathbf{g}_i(\boldsymbol{\theta}) \mathbf{g}_i(\boldsymbol{\theta})'\right]^{-1} \left[\frac{1}{N} \sum_{i=1}^{N} \mathbf{g}_i(\boldsymbol{\theta})\right] \tag{A.2}$$

$\widehat{\boldsymbol{\theta}}_2$ も $\widehat{\boldsymbol{\theta}}_{CU}$ も漸近的には同じ性質を持つが，2 つ大きな違いがある。1 つは有限標本でのパフォーマンスである。Newey and Smith (2004) は 2 ステップ GMM 推定量は 1 ステップ目の推定量の推定誤差によってバイアスが大きくなるが，CU-GMM 推定量は 1 ステップ推定量であるため 2 ステップ GMM 推定量よりバイアスが小さくなることを示している。もう 1 つの違い

は，CU-GMM 推定量の目的関数は (A.2) で示しているように複雑な非線形関数になっているので，実際に推定する際にはモデルが線形の場合でも数値最適化が必要になってくるという点である．したがって，一般的に 2 ステップ GMM 推定量は計算が簡単ではあるが，有限標本バイアスが大きくなる場合があり，CU-GMM 推定量は有限標本でのパフォーマンスは優れているが，計算が複雑であるという特徴を持っていることになる．

A.3　GMM 推定量における検定

A.3.1　過剰識別制約検定

モーメント条件 $E[\mathbf{g}(\mathbf{w}_i, \boldsymbol{\theta}_0)] = \mathbf{0}$ が成り立っているかどうかは過剰識別制約検定によって検定できる．$\widehat{\boldsymbol{\theta}}$ を 2 ステップ GMM 推定量，あるいは CU-GMM 推定量とすると，検定統計量は最適 GMM 推定量を導く目的関数を若干修正した

$$J = \left[\frac{1}{\sqrt{N}}\sum_{i=1}^{N}\mathbf{g}_i\left(\widehat{\boldsymbol{\theta}}\right)\right]'\left[\frac{1}{N}\sum_{i=1}^{N}\mathbf{g}_i\left(\widehat{\boldsymbol{\theta}}\right)\mathbf{g}_i\left(\widehat{\boldsymbol{\theta}}\right)'\right]^{-1}\left[\frac{1}{\sqrt{N}}\sum_{i=1}^{N}\mathbf{g}_i\left(\widehat{\boldsymbol{\theta}}\right)\right]$$

で与えられ，漸近的に

$$J \xrightarrow[N\to\infty]{d} \chi^2_{L-K}$$

となる．この検定はその名の通り，$L > K$，すなわち，モーメント条件 (操作変数) の数 L がパラメータの数 K よりも大きいときにのみ使うことができる．

A.3.2　Sargan の階差検定

次に，モーメント条件の一部が成立しているかどうかを検定する場合を考えよう。そのためにモーメント条件を次のように 2 つに分割した場合を考える。

$$E[\mathbf{g}(\mathbf{w}_i, \boldsymbol{\theta})] = E\left[\begin{array}{c} \mathbf{g}_1(\mathbf{w}_i, \boldsymbol{\theta}) \\ \mathbf{g}_2(\mathbf{w}_i, \boldsymbol{\theta}) \end{array}\right] = \mathbf{0}$$

ただし，$\mathbf{g}_1(\cdot)$, $\mathbf{g}_2(\cdot)$ はそれぞれ $L_1, L_2 (> K)$ 次元である。また，簡単化のためにパラメータは両モーメント条件で共通であると仮定する。片方のモーメント条件が成立しているという前提でもう一方のモーメント条件が成立しているかどうかは Sargan の階差検定で検定できる。ここではモーメント条件 $E[\mathbf{g}_1(\mathbf{w}_i, \boldsymbol{\theta}_0)] = \mathbf{0}$ が成り立っているとわかっているときに，残りのモーメント条件 $E[\mathbf{g}_2(\mathbf{w}_i, \boldsymbol{\theta}_0)] = \mathbf{0}$ が成り立っているかどうかを検定するケースを考える。モーメント条件 $E[\mathbf{g}(\mathbf{w}_i, \boldsymbol{\theta}_0)] = \mathbf{0}$, $E[\mathbf{g}_1(\mathbf{w}_i, \boldsymbol{\theta}_0)] = \mathbf{0}$ の過剰識別制約検定統計量をそれぞれ J, J_1 とすると，Sargan の階差検定の検定統計量は

$$J_d = J - J_1 \xrightarrow[N \to \infty]{d} \chi^2_{L_2}$$

となる。

付録 B
ブラウン運動の復習と長期分散の推定

非定常パネル分析の議論に必要なブラウン運動等の結果を簡単に紹介しておこう．詳しい議論に関心のある読者は Hamilton (1994)，Davidson (1994)，Tanaka (1996)，田中 (2006) などを参照されたい．

B.1 ブラウン運動の定義

定義 B.1.1. 区間 $[0,1]$ 上で定義され，次の 3 つの条件を満たす確率過程 $\{W(t)\}$ を標準ブラウン運動と呼ぶ．

(a) $P[W(0) = 0] = 1$

(b) 任意の時点 $0 \leq t_1 < t_2 < \cdots < t_n \leq 1$ において，時点が重ならない増分 $W(t_1) - W(t_0)$, $W(t_2) - W(t_1), \cdots, W(t_n) - W(t_{n-1})$ は互いに独立である．

(c) $0 \leq s < t \leq 1$ に対して $W(t) - W(s) \sim \mathcal{N}(0, t-s)$

以下で本論で登場する平均調整済み (demeaned) ブラウン運動とトレンド調整済み (detrended) ブラウン運動を定義しておこう．

平均調整済みブラン運動:
$$\widetilde{W}(t) = W(t) - \int_0^1 W(s)ds$$

トレンド調整済みブラン運動:

$$\dot{W}(t) = \widetilde{W}(t) - 12\left(t - \frac{1}{2}\right)\int_0^1 \left(s - \frac{1}{2}\right)W(s)ds$$

$$= W(t) - 4\left(\int_0^1 W(t)dt - \frac{3}{2}\int_0^1 tW(t)dt\right)$$

$$+ 6t\left(\int_0^1 W(t)dt - 2\int_0^1 sW(s)dr\right)$$

B.2 いくつかの収束結果と長期分散

u_t をスカラー変数, ε_t を K 次元ベクトルとして, $(K+1) \times 1$ ベクトル $\mathbf{w}_t = (u_t, \varepsilon_t')'$ を定義し, $\mathbf{w}_t$ は次を満たしていると仮定する.

$$\mathbf{w}_t = \mathbf{\Pi}(L)\mathbf{v}_t = \sum_{j=0}^{\infty} \mathbf{\Pi}_j \mathbf{v}_{t-j}, \quad \mathbf{v}_t \sim i.i.d.(\mathbf{0}, \mathbf{\Sigma}_v) \tag{B.1}$$

$$\sum_{j=0}^{\infty} j^a \|\mathbf{\Pi}_j\| < \infty, \quad |\mathbf{\Pi}(1)| \neq 1, \quad a > 1$$

ただし, $\|\mathbf{\Pi}_j\| = \sqrt{tr(\mathbf{\Pi}_j' \mathbf{\Pi}_j)}$ である. また, $\mathbf{w}_t$ の部分和過程を $\mathbf{s}_t = \sum_{j=1}^{t} \mathbf{w}_j$ で表すことにして, 次を定義する.

$$\mathbf{\Omega} = \lim_{T \to \infty} \frac{1}{T} E(\mathbf{s}_T \mathbf{s}_T') = \mathbf{\Sigma} + \mathbf{\Gamma} + \mathbf{\Gamma}' = \begin{bmatrix} \omega_{uu} & \boldsymbol{\omega}_{u\varepsilon} \\ \boldsymbol{\omega}_{\varepsilon u} & \mathbf{\Omega}_{\varepsilon\varepsilon} \end{bmatrix}$$

$$\mathbf{\Sigma} = \lim_{T \to \infty} \frac{1}{T} \sum_{t=1}^{T} E(\mathbf{w}_t \mathbf{w}_t') = \begin{bmatrix} \sigma_{uu} & \boldsymbol{\sigma}_{u\varepsilon} \\ \boldsymbol{\sigma}_{\varepsilon u} & \mathbf{\Sigma}_{\varepsilon\varepsilon} \end{bmatrix},$$

$$\mathbf{\Gamma} = \lim_{T \to \infty} \frac{1}{T} \sum_{t=1}^{T} E(\mathbf{s}_{t-1} \mathbf{w}_t') = \lim_{T \to \infty} \frac{1}{T} \sum_{t=2}^{T} \sum_{j=1}^{t-1} E(\mathbf{w}_j \mathbf{w}_t') = \begin{bmatrix} \gamma_{uu} & \boldsymbol{\gamma}_{u\varepsilon} \\ \boldsymbol{\gamma}_{\varepsilon u} & \mathbf{\Gamma}_{\varepsilon\varepsilon} \end{bmatrix},$$

$$\mathbf{\Delta} = \mathbf{\Sigma} + \mathbf{\Gamma} = \begin{bmatrix} \sigma_{uu} & \boldsymbol{\sigma}_{u\varepsilon} \\ \boldsymbol{\sigma}_{\varepsilon u} & \mathbf{\Sigma}_{\varepsilon\varepsilon} \end{bmatrix} + \begin{bmatrix} \gamma_{uu} & \boldsymbol{\gamma}_{u\varepsilon} \\ \boldsymbol{\gamma}_{\varepsilon u} & \mathbf{\Gamma}_{\varepsilon\varepsilon} \end{bmatrix} = \begin{bmatrix} \delta_{uu} & \boldsymbol{\delta}_{u\varepsilon} \\ \boldsymbol{\delta}_{\varepsilon u} & \mathbf{\Delta}_{\varepsilon\varepsilon} \end{bmatrix}$$

ここで, $\mathbf{\Omega}$ は長期分散 (long-run variance), $\mathbf{\Delta}$ は片側長期分散 (one-sided long-run variance) と呼ばれる.

Phillips and Solo (1992) は仮定 (B.1) の下で, 次の汎関数中心極限定理 (Functional Central Limit Theorem, FCLT) が成り立つことを示している[166]。

$$\frac{1}{\sqrt{T}}\mathbf{s}_{[Tr]} = \frac{1}{\sqrt{T}}\sum_{t=1}^{[Tr]}\mathbf{w}_t \xrightarrow[T\to\infty]{d} \mathbf{B}(r) = \left[\begin{array}{c} B_u(r) \\ {\scriptstyle (1\times 1)} \\ \mathbf{B}_\varepsilon(r) \\ {\scriptstyle (K\times 1)} \end{array}\right], \quad (0 \le r \le 1) \quad (B.2)$$

ここで $\mathbf{B}(r)$ は共分散行列

$$\mathbf{\Omega} = \left[\begin{array}{cc} \omega_{uu} & \omega_{u\varepsilon} \\ \omega_{\varepsilon u} & \mathbf{\Omega}_{\varepsilon\varepsilon} \end{array}\right] \quad (B.3)$$

を持つブラウン運動である。このとき, 次の結果が成り立つことが知られている。

補題 B.1. $\mathbf{w}_t = (u_t, \varepsilon_t')'$ の部分和過程 $\mathbf{s}_t$ は (B.2) の FCLT を満たすとする。このとき, 次の結果が成り立つ。

$(a) \quad \dfrac{1}{\sqrt{T}}\mathbf{s}_T = \dfrac{1}{\sqrt{T}}\sum_{t=1}^{T}\mathbf{w}_t \xrightarrow[T\to\infty]{d} \mathbf{B}(1) = \mathcal{N}(\mathbf{0}, \mathbf{\Omega})$

$(b) \quad \dfrac{1}{T^{3/2}}\sum_{t=1}^{T}\mathbf{s}_t \xrightarrow[T\to\infty]{d} \int_0^1 \mathbf{B}(r)dr$

$(c) \quad \dfrac{1}{T^2}\sum_{t=1}^{T}\mathbf{s}_t\mathbf{s}_t' \xrightarrow[T\to\infty]{d} \int_0^1 \mathbf{B}(r)\mathbf{B}'(r)dr$

$(d) \quad \dfrac{1}{T}\sum_{t=1}^{T}\mathbf{s}_{t-1}\mathbf{w}_t' \xrightarrow[T\to\infty]{d} \int_0^1 \mathbf{B}(r)d\mathbf{B}'(r) + \mathbf{\Gamma}$

証明は例えば Hamilton (1994) などを参照されたい。

---

[166] FCLT については Hamilton (1994), Davidson (1994), Tanaka (1996), 田中 (2006) などを参照されたい。

B.3 ブラウン運動の期待値と分散

非定常パネルモデルの分析では，ブラウン運動の期待値と分散が必要になるケースがある．そこで，代表的なブラウン運動の関数の期待値と分散を求めてみよう．そのために (B.2) で定義されたブラウン運動を次のように書き換える．

$$\mathbf{B}(r) = \mathbf{\Omega}^{1/2} \mathbf{W}(r) \tag{B.4}$$

ここで，$\mathbf{\Omega} = \mathbf{\Omega}^{1/2}\mathbf{\Omega}^{1/2'}$ で，$\mathbf{W}(r)$ は共分散行列 $\mathbf{I}_{K+1}$ を持つ $(K+1)$ 次元の標準ブラウン運動である．$\mathbf{\Omega}^{1/2}$ は

$$\mathbf{\Omega}^{1/2} = \begin{bmatrix} \omega_{u\cdot\varepsilon}^{1/2} & \boldsymbol{\omega}_{u\varepsilon}\mathbf{\Omega}_{\varepsilon\varepsilon}^{-1/2} \\ \mathbf{0} & \mathbf{\Omega}_{\varepsilon\varepsilon}^{1/2} \end{bmatrix} \tag{B.5}$$

であるので，(B.2) は次のように表すこともできる．

$$\begin{bmatrix} B_u(r) \\ \mathbf{B}_\varepsilon(r) \end{bmatrix} = \begin{bmatrix} \omega_{u\cdot\varepsilon}^{1/2} & \boldsymbol{\omega}_{u\varepsilon}\mathbf{\Omega}_{\varepsilon\varepsilon}^{-1/2} \\ \mathbf{0} & \mathbf{\Omega}_{\varepsilon\varepsilon}^{1/2} \end{bmatrix} \begin{bmatrix} W_u(r) \\ \mathbf{W}_\varepsilon(r) \end{bmatrix} \tag{B.6}$$

$$= \begin{bmatrix} \omega_{u\cdot\varepsilon}^{1/2} W_u(r) + \boldsymbol{\omega}_{u\varepsilon}\mathbf{\Omega}_{\varepsilon\varepsilon}^{-1/2}\mathbf{W}_\varepsilon(r) \\ \mathbf{\Omega}_{\varepsilon\varepsilon}^{1/2}\mathbf{W}_\varepsilon(r) \end{bmatrix} \tag{B.7}$$

ただし，$W_u(r)$ と $\mathbf{W}_\varepsilon(r)$ は互いに独立なブラウン運動であり，

$$\omega_{u\cdot\varepsilon} = \omega_{uu} - \boldsymbol{\omega}_{u\varepsilon}\mathbf{\Omega}_{\varepsilon\varepsilon}^{-1}\boldsymbol{\omega}_{\varepsilon u} \tag{B.8}$$

である．

このとき，次の結果が知られている．

補題 B.2. $\mathbf{W}(r)$ を $K+1$ 次元標準ブラウン運動，$\widetilde{\mathbf{W}}(r) = \mathbf{W}(r) - \int_0^1 \mathbf{W}(u)du$, $\widetilde{\mathbf{W}}(s) = \mathbf{W}(s) - \int_0^1 \mathbf{W}(v)dv$ を平均調整されたブラウン運動とする．また，$\mathbf{B}(r)$, $\widetilde{\mathbf{B}}(r) = \mathbf{B}(r) - \int_0^1 \mathbf{B}(u)du$ を $\mathbf{w}_{it} = (u_{it}, \boldsymbol{\varepsilon}'_{it})'$ に対応させて $\mathbf{B}(r) =$

$(B_u(r), \mathbf{B}'_\varepsilon(r))'$, $\widetilde{\mathbf{B}}(r) = \left(\widetilde{B}_u(r), \widetilde{\mathbf{B}}'_\varepsilon(r)\right)'$ と分割する．このとき，次の結果を得る．

$$(a) \quad E\left[\mathbf{W}(r)\mathbf{W}'(s)\right] = min(r,s)\mathbf{I}_{K+1}$$

$$(b) \quad E\left[\widetilde{\mathbf{W}}(r)\widetilde{\mathbf{W}}'(s)\right] = \left[min(r,s) + \frac{1}{3} - (r+s) + \frac{r^2+s^2}{2}\right]\mathbf{I}_{K+1}$$

$$(c) \quad E\left[\int_0^1 \widetilde{\mathbf{B}}_\varepsilon(r)\widetilde{\mathbf{B}}'_\varepsilon(r)dr\right] = \frac{1}{6}\mathbf{\Omega}_{\varepsilon\varepsilon}$$

$$(d) \quad E\left[\int_0^1 \widetilde{\mathbf{B}}_\varepsilon(r)\widetilde{B}_u(r)dr\right] = \frac{1}{6}\boldsymbol{\omega}_{\varepsilon u}$$

$$(e) \quad E\left[\int_0^1 \widetilde{\mathbf{B}}_\varepsilon(r)dB_u(r)\right] = -\frac{1}{2}\boldsymbol{\omega}_{\varepsilon u}$$

$$(f) \quad E\left[\int_0^1 \widetilde{\mathbf{B}}_\varepsilon(r)dB_{u\cdot\varepsilon}(r)\right] = \mathbf{0}$$

$$(g) \quad Var\left[\int_0^1 \widetilde{\mathbf{B}}_\varepsilon(r)dB_{u\cdot\varepsilon}(r)\right] = \frac{1}{6}\omega_{u\cdot\varepsilon}\mathbf{\Omega}_{\varepsilon\varepsilon}$$

ただし，$\mathbf{\Omega}_{\varepsilon\varepsilon}$ は (B.2) で与えられる $\mathbf{B}_\varepsilon(r)$ の共分散行列，

$$B_{u\cdot\varepsilon}(r) = B_u(r) - \boldsymbol{\omega}_{u\varepsilon}\mathbf{\Omega}_{\varepsilon\varepsilon}^{-1}\mathbf{B}_\varepsilon(r) \tag{B.9}$$

は (B.8) で定義されている分散 $\omega_{u\cdot\varepsilon}$ を持つブラウン運動である．

[証明] ブラウン運動の期待値と分散は非定常パネル分析では重要なポイントになるので証明を与えておこう．
(a) ブラウン運動の定義から明らかである．
(b) 次のように分解する．

$$\begin{aligned}\widetilde{\mathbf{W}}(r)\widetilde{\mathbf{W}}'(s) &= \mathbf{W}(r)\mathbf{W}'(s) - \mathbf{W}(r)\left(\int_0^1 \mathbf{W}'(v)dv\right) \\ &\quad - \left(\int_0^1 \mathbf{W}(u)du\right)\mathbf{W}(s)' + \left(\int_0^1 \mathbf{W}(u)du\right)\left(\int_0^1 \mathbf{W}'(v)dv\right) \\ &= \mathbf{W}(r)\mathbf{W}'(s) - \left(\int_0^1 \mathbf{W}(r)\mathbf{W}'(v)dv\right) \\ &\quad - \left(\int_0^1 \mathbf{W}(u)\mathbf{W}'(s)du\right) + \left(\int_0^1\int_0^1 \mathbf{W}(u)\mathbf{W}'(v)dudv\right) \\ &= A + B + C + D\end{aligned}$$

付録B　ブラウン運動の復習と長期分散の推定　　　293

(a) を用いると

$$
\begin{aligned}
E[A] &= min(r,s)\mathbf{I}_{K+1}, \\
E[B] &= E\left[\int_0^1 \mathbf{W}(r)\mathbf{W}'(v)dv\right] = \left(\int_0^1 min(r,v)dv\right)\mathbf{I}_{K+1} \\
&= \left(\int_0^r vdv + \int_r^1 rdv\right)\mathbf{I}_{K+1} = \left(r - \frac{1}{2}r^2\right)\mathbf{I}_{K+1}, \\
E[C] &= E\left[\int_0^1 \mathbf{W}(u)\mathbf{W}'(s)du\right] = \left(\int_0^1 min(u,s)du\right)\mathbf{I}_{K+1} \\
&= \left(s - \frac{1}{2}s^2\right)\mathbf{I}_{K+1}, \\
E[D] &= \int_0^1\int_0^1 min(u,v)dudv = \frac{1}{3}
\end{aligned}
$$

となるので, これらをまとめれば (b) が得られる.

(c) まず (B.7) を使うことにより平均調整済みブラウン運動は次のように表せることに注意しよう.

$$
\begin{aligned}
\widetilde{\mathbf{B}}_\varepsilon(r) &= \mathbf{B}_\varepsilon(r) - \int_0^1 \mathbf{B}_\varepsilon(u)du \\
&= \mathbf{\Omega}_{\varepsilon\varepsilon}^{1/2}\left[\mathbf{W}_\varepsilon(r) - \int_0^1 \mathbf{W}_\varepsilon(u)du\right] \equiv \mathbf{\Omega}_{\varepsilon\varepsilon}^{1/2}\widetilde{\mathbf{W}}_\varepsilon(r) \quad\quad \text{(B.10)}
\end{aligned}
$$

この表現と (b) を用いると, 次のように証明できる.

$$
\begin{aligned}
E\left[\int_0^1 \widetilde{\mathbf{B}}_\varepsilon(r)\widetilde{\mathbf{B}}'_\varepsilon(r)dr\right] &= \mathbf{\Omega}_{\varepsilon\varepsilon}^{1/2}\left[\int_0^1 E\left(\widetilde{\mathbf{W}}_\varepsilon(r)\widetilde{\mathbf{W}}'_\varepsilon(r)\right)dr\right]\mathbf{\Omega}_{\varepsilon\varepsilon}^{1/2\prime} \\
&= \mathbf{\Omega}_{\varepsilon\varepsilon}^{1/2}\left[\int_0^1 \left(r^2 - r + \frac{1}{3}\right)dr\right]\mathbf{\Omega}_{\varepsilon\varepsilon}^{1/2\prime} = \frac{1}{6}\mathbf{\Omega}_{\varepsilon\varepsilon}
\end{aligned}
$$

(d) $\widetilde{W}_u(r)$ と $\widetilde{\mathbf{W}}_\varepsilon(r)$ が独立なブラウン運動であるという事実と

$$
\widetilde{B}_u(r) = \omega_{u\cdot\varepsilon}^{1/2}\widetilde{W}_u(r) + \widetilde{\mathbf{W}}'_\varepsilon(r)\mathbf{\Omega}_{\varepsilon\varepsilon}^{-1/2\prime}\boldsymbol{\omega}_{\varepsilon u} \quad\quad \text{(B.11)}
$$

という表現を使うと次のように示せる.

$$
\begin{aligned}
E\left[\int_0^1 \widetilde{\mathbf{B}}_\varepsilon(r)\widetilde{B}_u(r)dr\right] &= \mathbf{\Omega}_{\varepsilon\varepsilon}^{1/2}\int_0^1 E\left[\widetilde{\mathbf{W}}_\varepsilon(r)\left\{\omega_{u\cdot\varepsilon}^{1/2}\widetilde{W}_u(r)\right.\right. \\
&\quad\quad\quad\quad\quad\quad\quad\quad \left.\left. + \widetilde{\mathbf{W}}'_\varepsilon(r)\mathbf{\Omega}_{\varepsilon\varepsilon}^{-1/2\prime}\boldsymbol{\omega}_{\varepsilon u}\right\}\right]dr \\
&= \mathbf{\Omega}_{\varepsilon\varepsilon}^{1/2}\int_0^1 E\left[\widetilde{\mathbf{W}}_\varepsilon(r)\widetilde{\mathbf{W}}'_\varepsilon(r)\right]dr\mathbf{\Omega}_{\varepsilon\varepsilon}^{-1/2\prime}\boldsymbol{\omega}_{\varepsilon u}
\end{aligned}
$$

$$= \frac{1}{6}\boldsymbol{\omega}_{\varepsilon u}$$

(e) $W_u(r)$ と $\mathbf{W}_\varepsilon(r)$ が独立であり，(B.7)，(B.10)，$E\left[\int_0^1 \mathbf{W}_\varepsilon(r)d\mathbf{W}'_\varepsilon(r)\right] = \mathbf{0}$，$\int_0^1 d\mathbf{W}_\varepsilon(r) = \mathbf{W}_\varepsilon(1)$, (a) を使うと

$$E\left[\int_0^1 \widetilde{\mathbf{B}}_\varepsilon(r)dB_u(r)\right] = \boldsymbol{\Omega}_{\varepsilon\varepsilon}^{1/2} E\left[\int_0^1 \widetilde{\mathbf{W}}_\varepsilon(r)d\mathbf{W}'_\varepsilon(r)\right] \boldsymbol{\Omega}_{\varepsilon\varepsilon}^{-1/2'}\boldsymbol{\omega}_{\varepsilon u}$$

$$= \boldsymbol{\Omega}_{\varepsilon\varepsilon}^{1/2} E\left[\int_0^1 \left(\mathbf{W}_\varepsilon(r) - \int_0^1 \mathbf{W}_\varepsilon(s)ds\right) d\mathbf{W}'_\varepsilon(r)\right] \boldsymbol{\Omega}_{\varepsilon\varepsilon}^{-1/2'}\boldsymbol{\omega}_{\varepsilon u}$$

$$= -\boldsymbol{\Omega}_{\varepsilon\varepsilon}^{1/2} E\left[\left(\int_0^1 \mathbf{W}_\varepsilon(s)ds\right)\left(\int_0^1 d\mathbf{W}'_\varepsilon(r)\right)\right] \boldsymbol{\Omega}_{\varepsilon\varepsilon}^{-1/2'}\boldsymbol{\omega}_{\varepsilon u}$$

$$= -\boldsymbol{\Omega}_{\varepsilon\varepsilon}^{1/2} \left(\int_0^1 E\left[\mathbf{W}_\varepsilon(s)\mathbf{W}'_\varepsilon(1)ds\right]\right) \boldsymbol{\Omega}_{\varepsilon\varepsilon}^{-1/2'}\boldsymbol{\omega}_{\varepsilon u}$$

$$= -\boldsymbol{\Omega}_{\varepsilon\varepsilon}^{1/2} \left(\int_0^1 E\left[\mathbf{W}_\varepsilon(s)\mathbf{W}'_\varepsilon(s)ds\right]\right) \boldsymbol{\Omega}_{\varepsilon\varepsilon}^{-1/2'}\boldsymbol{\omega}_{\varepsilon u}$$

$$= -\frac{1}{2}\boldsymbol{\omega}_{\varepsilon u}$$

(f) ブラウン運動 $B_{u\cdot\varepsilon}(r)$ と $\widetilde{\mathbf{B}}_\varepsilon(r)$ は独立であるので，直ちに示される。

(g) $W_{u\cdot\varepsilon}(r) = W_u(r) - \boldsymbol{\omega}_{u\varepsilon}\boldsymbol{\Omega}_{\varepsilon\varepsilon}^{-1}\mathbf{W}_\varepsilon(r)$ と $\mathbf{W}_\varepsilon(r)$ が独立であるという事実と

$$E[dW_{u\cdot\varepsilon}(r)dW_{u\cdot\varepsilon}(s)] = \begin{cases} dr & \text{if } r = s \\ 0 & \text{if } r \neq s \end{cases}$$

という結果を用いれば，$\widetilde{\mathbf{B}}_\varepsilon(r) = \boldsymbol{\Omega}_{\varepsilon\varepsilon}^{1/2}\widetilde{\mathbf{W}}_\varepsilon(r)$, $B_{u\cdot\varepsilon}(r) = \omega_{u\cdot\varepsilon}^{1/2}W_{u\cdot\varepsilon}(r) = \omega_{u\cdot\varepsilon}^{1/2}$ に注意すると，

$$Var\left[\int_0^1 \widetilde{\mathbf{B}}_\varepsilon(r)dB_{u\cdot\varepsilon}(r)\right]$$

$$= E\left[\int_0^1 \widetilde{\mathbf{B}}_\varepsilon(r)dB_{u\cdot\varepsilon}(r)\right]\left[\int_0^1 \widetilde{\mathbf{B}}'_\varepsilon(s)dB_{u\cdot\varepsilon}(s)\right]'$$

$$= \omega_{u\cdot\varepsilon}\boldsymbol{\Omega}_{\varepsilon\varepsilon}^{1/2}\int_0^1\int_0^1 E\left[\widetilde{\mathbf{W}}_\varepsilon(r)\widetilde{\mathbf{W}}'_\varepsilon(s)dW_{u\cdot\varepsilon}(r)dW_{u\cdot\varepsilon}(s)\right]\boldsymbol{\Omega}_{\varepsilon\varepsilon}^{1/2'}$$

$$= \omega_{u\cdot\varepsilon}\boldsymbol{\Omega}_{\varepsilon\varepsilon}^{1/2}\left(\int_0^1 E\left[\widetilde{\mathbf{W}}_\varepsilon(r)\widetilde{\mathbf{W}}'_\varepsilon(r)\right]dr\right)\boldsymbol{\Omega}_{\varepsilon\varepsilon}^{1/2'}$$

$$= \frac{1}{6}\omega_{u\cdot\varepsilon}\boldsymbol{\Omega}_{\varepsilon\varepsilon}^{-1}$$

が得られる。■

B.4 長期分散の推定

単位根検定や共和分モデルの推定など，非定常データを分析するときには長期分散の推定が必要な場合が多い。ここでは簡単に推定手順をまとめておこう。

(B.1) で定義される $\mathbf{w}_t$ の長期分散の推定値 $\widehat{\boldsymbol{\Omega}}$ と片側長期分散の推定値 $\widehat{\boldsymbol{\Delta}}$ は以下のようにして得られる。

$$\widehat{\boldsymbol{\Omega}} = \sum_{j=-T+1}^{T-1} k\left(\frac{j}{M}\right)\widehat{\boldsymbol{\Gamma}}(j) = \widehat{\boldsymbol{\Gamma}}(0) + \sum_{j=1}^{T-1} k\left(\frac{j}{M}\right)\left(\widehat{\boldsymbol{\Gamma}}(j) + \widehat{\boldsymbol{\Gamma}}(j)'\right)$$

$$\widehat{\boldsymbol{\Delta}} = \sum_{j=0}^{T-1} k\left(\frac{j}{M}\right)\widehat{\boldsymbol{\Gamma}}(j) = \widehat{\boldsymbol{\Gamma}}(0) + \sum_{j=1}^{T-1} k\left(\frac{j}{M}\right)\widehat{\boldsymbol{\Gamma}}(j)$$

$$\widehat{\boldsymbol{\Gamma}}(j) = \frac{1}{T}\sum_{t=j+1}^{T} \widehat{\mathbf{w}}_t \widehat{\mathbf{w}}'_{t-j}$$

ここで，$k(\cdot)$ はカーネル関数で，代表的なものには

Bartlett: $\quad k(x) = \begin{cases} 1 - |x| & |x| < 1 \\ 0 & \text{otherwise} \end{cases}$

Parzen: $\quad k(x) = \begin{cases} 1 - 6x^2 + 6|x|^3 & 0 \leq |x| \leq 1/2 \\ 2(1-|x|)^3 & 1/2 < |x| \leq 1 \\ 0 & \text{otherwise} \end{cases}$ (B.12)

Quadratic Spectral: $k(x) = \frac{25}{12\pi^2 x^2}\left(\frac{\sin(6\pi x/5)}{6\pi x/5} - \cos(6\pi x/5)\right)$

などがある[167]。Bartlett カーネルと Parzen カーネルは M 期までの自己共分散を使うが，Quadratic Spectral カーネルは全ての自己共分散を使う点が特

---

[167] Bartlett カーネルを実際に使うとき，カーネル関数は $1 - j/(M+1)$ となるため，$k(j/M)$ という形と整合的ではない。しかし，本書では表記を統一するため Bartlett カーネルの場合は $k(j/M) = 1 - j/(M+1)$ と表すことにする。

徴的である。また，M はバンド幅であり，

$$M = int\{4(T/100)^{1/4}\}, \quad int\{12(T/100)^{1/4}\}$$

のように固定されたバンド幅を用いるケースとデータに基づいて選択する方法がある。データに基づいて M を決める方法は Andrews (1991), Newey and West (1994) を参照されたい。

付録 C
ファクターモデルとファクター数の推定

クロスセクション間の相関をモデル化する1つの方法としてファクターモデルが良く用いられる。この付録 C では，ファクターモデルの推定とファクター数の推定に関する諸結果をまとめる。

C.1 ファクターモデル

次のようなファクターモデルを考える。

$$X_{it} = \boldsymbol{\lambda}_i' \mathbf{F}_t + e_{it}$$

R 次元ベクトル $\mathbf{F}_t$, $\boldsymbol{\lambda}_i$ はそれぞれ共通ファクター (common factor)，ファクター負荷 (factor loadings) ベクトルであり，e_{it} は X_{it} の固有要因項である。このモデルでは X_{it} のみがデータとして観測可能で，$\boldsymbol{\lambda}_i, \mathbf{F}_t, e_{it}$ は観測できない構造になっている。

$\mathbf{F}_t^0, \boldsymbol{\lambda}_i^0, R$ が真の共通ファクター，ファクター負荷，ファクター数を表しているとすると，モデルは次のように表せる。

$$\begin{bmatrix} X_{1t} \\ X_{2t} \\ \vdots \\ X_{Nt} \end{bmatrix} = \begin{bmatrix} \boldsymbol{\lambda}_1^{0\prime} \\ \boldsymbol{\lambda}_2^{0\prime} \\ \vdots \\ \boldsymbol{\lambda}_N^{0\prime} \end{bmatrix} \mathbf{F}_t^0 + \begin{bmatrix} e_{1t} \\ e_{2t} \\ \vdots \\ e_{Nt} \end{bmatrix} \iff \underset{(N \times 1)}{\mathbf{X}_t} = \underset{(N \times R)}{\boldsymbol{\Lambda}^0} \underset{(R \times 1)}{\mathbf{F}_t^0} + \underset{(N \times 1)}{\mathbf{e}_t}$$

また，$t=1,...,T$ に関してベクトル化すると

$$\begin{bmatrix} X_{i1} \\ X_{i2} \\ \vdots \\ X_{iT} \end{bmatrix} = \begin{bmatrix} \mathbf{F}_1^{0'} \\ \mathbf{F}_2^{0'} \\ \vdots \\ \mathbf{F}_T^{0'} \end{bmatrix} \boldsymbol{\lambda}_i^0 + \begin{bmatrix} e_{i1} \\ e_{i2} \\ \vdots \\ e_{iT} \end{bmatrix} \iff \underset{(T\times 1)}{\mathbf{X}_i} = \underset{(T\times R)}{\mathbf{F}^0} \underset{(R\times 1)}{\boldsymbol{\lambda}_i^0} + \underset{(T\times 1)}{\mathbf{e}_i}$$

したがって，$(T\times N)$ のパネルデータ $\mathbf{X}=(\mathbf{X}_1,...,\mathbf{X}_N)$ は次のように表せる．

$$\underset{(T\times N)}{\mathbf{X}} = \underset{(T\times R)}{\mathbf{F}^0} \underset{(R\times N)}{\boldsymbol{\Lambda}^{0'}} + \underset{(T\times N)}{\mathbf{e}}$$

共通ファクター，ファクター負荷，ファクター数の推定を考察するために次のような仮定を置こう．これらの仮定は Bai and Ng (2002) 等で使われている．$\|\mathbf{A}\|=\sqrt{tr(\mathbf{A}'\mathbf{A})}$ である．

仮定 1. (ファクター)
ファクター $\mathbf{F}_t$ は $E\|\mathbf{F}_t^0\|^4<\infty$，$T\to\infty$ のとき，ある正値定符号行列 $\boldsymbol{\Sigma}_F$ に対し，$\frac{1}{T}\sum_{t=1}^T \mathbf{F}_t^0\mathbf{F}_t^{0'} \xrightarrow{p} \boldsymbol{\Sigma}_F$ を満たす．

仮定 2. (ファクター負荷)
ファクター負荷 $\boldsymbol{\lambda}_i$ は $\|\boldsymbol{\lambda}_i\|\leq\overline{\lambda}<\infty$，$N\to\infty$ のとき，ある $(r\times r)$ の正値定符号行列 $\mathbf{D}$ に対して，$\left\|\frac{\boldsymbol{\Lambda}^{0'}\boldsymbol{\Lambda}^0}{N}-\mathbf{D}\right\|\to 0$ を満たす．

仮定 3. (時間とクロスセクションの相関と不均一分散)
全ての N と T に対して，以下を満たすような正の定数 $M<\infty$ が存在する．

1. (a) $E(e_{it})=0$, (b) $E|e_i|^8\leq M$
2. (a) $E\left(\frac{\mathbf{e}_s'\mathbf{e}_t}{N}\right)=E\left(\frac{1}{N}\sum_{i=1}^N e_{is}e_{it}\right)=\gamma_N(s,t)$,
    (b) 全ての s に対して $|\gamma_N(s,s)|\leq M$,
    (c) $\frac{1}{T}\sum_{s=1}^T\sum_{t=1}^T |\gamma_N(s,t)|\leq M$
3. (a) $E(e_{it}e_{jt})=\tau_{ij,t}$ とすると，全ての t に対して $|\tau_{ij,t}|\leq|\tau_{ij}|$ となる τ_{ij} が存在する．

(b) $\frac{1}{N}\sum_{i=1}^{N}\sum_{j=1}^{N}|\tau_{ij}| \leq M$ を満たす。

4. $E(e_{it}e_{js}) = \tau_{ij,ts}$, $\quad \frac{1}{NT}\sum_{i=1}^{N}\sum_{j=1}^{N}\sum_{t=1}^{T}\sum_{s=1}^{T}|\tau_{ij,ts}| \leq M$

5. 全ての (t,s) に対して, $E\left|\frac{1}{\sqrt{N}}\sum_{i=1}^{N}[e_{is}e_{it} - E(e_{is}e_{it})]\right|^4 \leq M$

仮定 4. (ファクターと固有要因項間の弱い相関)
以下を満たすような正の定数 $M < \infty$ が存在する。

$$E\left(\frac{1}{N}\sum_{i=1}^{N}\left\|\frac{1}{\sqrt{T}}\sum_{t=1}^{T}\mathbf{F}_t^0 e_{it}\right\|^2\right) \leq M$$

C.2 ファクターモデルの推定

ファクター数を推定するためには $\boldsymbol{\lambda}_i, \mathbf{F}_t$ の推定値が必要になるが,これらの推定値は主成分分析によって得られる。具体的にはファクター数が $r < min(N,T)$ 個あると仮定したときの $\boldsymbol{\Lambda}^r, \mathbf{F}^r$ の推定値は以下の最適化問題を解くことで得られる。

$$V(r) = \min_{\boldsymbol{\Lambda}^r, \mathbf{F}^r} \frac{1}{NT}\sum_{i=1}^{N}\sum_{t=1}^{T}(X_{it} - \boldsymbol{\lambda}_i^{r'}\mathbf{F}_t^r)^2$$

$$\text{subject to} \quad \frac{\mathbf{F}^{r'}\mathbf{F}^r}{T} = \mathbf{I}_r \quad \text{or} \quad \frac{\boldsymbol{\Lambda}^{r'}\boldsymbol{\Lambda}^r}{N} = \mathbf{I}_r$$

もし, $\mathbf{F}^{r'}\mathbf{F}^r/T = \mathbf{I}_r$ という基準化を用いれば, ファクター行列の推定値 $\widetilde{\mathbf{F}}^r$ は $(T \times T)$ 行列 $\mathbf{XX}'$ の大きい r 個の固有値に対応する固有ベクトルに $\sqrt{T}$ をかけたものになり, $\widetilde{\boldsymbol{\Lambda}}^{r'} = \widetilde{\mathbf{F}}^{r'}\mathbf{X}/T$ が対応するファクター負荷行列の推定値になる。一方で, $\boldsymbol{\Lambda}^{r'}\boldsymbol{\Lambda}^r/N = \mathbf{I}_r$ という基準化を使った場合は $(N \times N)$ 行列 $\mathbf{X}'\mathbf{X}$ の大きい r 個の固有値に対応する固有ベクトルに $\sqrt{N}$ をかけたものがファクター負荷行列の推定値 $\bar{\boldsymbol{\Lambda}}^r$ になり, $\bar{\mathbf{F}}^r = \mathbf{X}\bar{\boldsymbol{\Lambda}}^r/N$ がファクターの推

定値になる。どちらの基準化を使っても $V(r)$ の値は変わらないが，$T<N$ のときは前者が，$T>N$ のときは後者が計算負荷が少ないという特徴がある。

また，任意の非特異行列 $\mathbf{H}$ に対して，$\boldsymbol{\lambda}_i^{r\prime}\mathbf{H}^{-1}\mathbf{H}\mathbf{F}_t^r = \boldsymbol{\lambda}_i^{r*\prime}\mathbf{F}_t^*$ となるので，主成分分析によって得られる $\widetilde{\boldsymbol{\Lambda}}^{r\prime}, \widetilde{\mathbf{F}}^r$ は $\boldsymbol{\lambda}_i, \mathbf{F}_t$ の推定値ではなく，$\boldsymbol{\lambda}_i, \mathbf{F}_t$ の各要素の線形結合であることに注意されたい。Bai and Ng (2002)，Bai (2003) は主成分分析によって得られる $\boldsymbol{\lambda}_i, \mathbf{F}_t$ の推定値は $N, T \to \infty$ のとき $\boldsymbol{\lambda}_i, \mathbf{F}_t$ の線形結合の一致推定量になることを示している。

C.3 ファクター数の推定

次にファクター数 R の推定を考えよう。そのために，情報量基準 $PC(r)$，$IC(r)$ を次のように定義しよう。

$$\begin{aligned}
PC(r) &= V(r, \widehat{\mathbf{F}}^r) + rg(N, T) \\
IC(r) &= \log\left(V(r, \widehat{\mathbf{F}}^r)\right) + rg(N, T) \\
V(r, \widehat{\mathbf{F}}^r) &= \min_{\Lambda} \frac{1}{NT} \sum_{i=1}^{N}\sum_{t=1}^{T} \left(X_{it} - \boldsymbol{\lambda}_i^{r\prime}\widehat{\mathbf{F}}_t^r\right)^2
\end{aligned}$$

定理 C.1. (Bai and Ng, 2002)
$N, T \to \infty$ のとき，$g(N, T)$ は (i) $g(N, T) \to 0$，(ii) $min\{N, T\}g(N, T) \to 0$ を満たすとする。このとき，$PC(r)$，あるいは $IC(r)$ を最小化する r の推定値 $\widehat{r} = \underset{0 \leq r \leq R_{max}}{\arg\min} PC(r), IC(r)$ は $\lim_{N, T \to \infty} P(\widehat{r} = R) = 1$ となる。ただし，$R_{max} > R$ は想定されるファクター数の上限の値である。

Bai and Ng (2002) は実際に利用可能な基準として以下のような形を提案している[168]。

$$PC_{p1}(r) = V\left(r, \widehat{\mathbf{F}}^r\right) + r\widehat{\sigma}^2 \left(\frac{N+T}{NT}\right) \log\left(\frac{NT}{N+T}\right)$$

---

168) これら以外にも AIC，BIC を考察しているが，これらは定理 C.1 の仮定を満たさないケースがあるので，ここでは紹介しない。

付録C　ファクターモデルとファクター数の推定

$$PC_{p2}(r) = V\left((r,\widehat{\mathbf{F}}^r)\right) + r\widehat{\sigma}^2\left(\frac{N+T}{NT}\right)\log C_{NT}^2$$

$$PC_{p3}(r) = V\left((r,\widehat{\mathbf{F}}^r)\right) + r\widehat{\sigma}^2\left(\frac{\log C_{NT}^2}{C_{NT}^2}\right)$$

$$IC_{p1}(r) = \log\left(V(r,\widehat{\mathbf{F}}^r)\right) + r\left(\frac{N+T}{NT}\right)\log\left(\frac{NT}{N+T}\right)$$

$$IC_{p2}(r) = \log\left(V(r,\widehat{\mathbf{F}}^r)\right) + r\left(\frac{N+T}{NT}\right)\log C_{NT}^2$$

$$IC_{p3}(r) = \log\left(V(r,\widehat{\mathbf{F}}^r)\right) + r\left(\frac{\log C_{NT}^2}{C_{NT}^2}\right)$$

ただし、$C_{NT} = \min\{\sqrt{N}, \sqrt{T}\}$、$\widehat{\sigma}^2$ は R_{max} 個のファクターを仮定したときの e_{it} の分散の一致推定値であり、$V(r,\widehat{\mathbf{F}}^r)$ はファクター数が r 個のときの e_{it} の分散の一致推定値である。IC は PC と異なり、罰則関数が $\widehat{\sigma}^2$ に依存していないことに注意されたい。

付録 D
検定の小標本特性と漸近特性について

　本書ではパネルデータを使った様々な検定を紹介している。それらの検定は，もちろん，各検定が想定するモデルや条件の下で適切に機能することが知られている。この付録 D では，そうした検定の "適切さ" はそもそもどう測られているのかを簡単に解説する。

　検定ではなく推定の適切さを測る方法はよく知られている。いわゆる不偏性・効率性・一致性という 3 つの特性があり，それを (一定の条件下で) 満たす OLS 推定量は適切とされる。検定についてもこうした特性を考てみる。検定の特性を設定するにはどのような検定が望ましいかの原則が必要となるが，ここでは「有意水準をある値に指定したとき，なるべく検出力を大きくする検定が望ましい」という原則を考える[169]。この原則から，

(i) 有意水準が本当に指定した値に近いものになっているか

(ii) 検出力はどのくらい高いか

という 2 つの特性が導かれる。本書では，検定の特性とは，この 2 点を表す。これらの特性を具体的にどう測るかは，標本の大きさに依存する。小標本のときは多くの場合モンテカルロ実験が使われ，大標本のときは漸近論を使って解析的に計算する。そこで，本書では，検定の小標本特性と漸近特性という言葉を使う。以下，それらの特性を概観する。

---

[169] こうした原則は広く一般的に用いられている。例えば，Casella and Berger (2001) 等参照。

D.1 小標本特性

小標本での (i) の特性は，サイズの歪み (size distortion) と表現される。サイズとは，有意水準のことである。サイズの歪みとは，分析者が指定する (例えば 5% といった) 有意水準が，実際にその通りになっているかどうかを測る指標である。具体的には，分析者が指定する有意水準 (名目サイズ (nominal size)) と実際の有意水準 (実質サイズ (empirical size)) の差がサイズの歪みである。実質サイズは，モンテカルロ実験等で求める。例えば，帰無仮説の下でのデータをコンピュータで 1 万回生成してある検定を名目サイズ 5% で 1 万回行い，その内 500 回で帰無仮説が棄却されたら実質サイズは 5% となる。このときは，その検定にサイズの歪みは無いことになる。これに対し，もし 1 万回の検定で 2000 回棄却されたら実質サイズは 20% となりサイズが上方に 15% 歪むということになる。このサイズの歪みは，分析者が有意水準 5% で検定をしているつもりが実際は 20% でやっていた，ということを意味するので極めて危険な現象である。よって，ある検定のサイズの歪みが小さいほどその検定の小標本特性は良いと判断される。

サイズが歪む原因は主に 2 つ考えられる。1 つは，検定統計量の分布を漸近的に導く一方で実際の検定統計量は有限の標本から計算する，という標本の大きさの問題である。標本の大きさが n でパラメータ数が K であり古典的な線形回帰モデルで t 検定統計量を t_{n-K} 分布で検定する，というときには漸近論を使っていないので，当然小標本でもサイズの歪みは無い。t 検定統計量の漸近分布 (つまり標準正規分布) を使った検定でも，$n = 30$ 程度でサイズの歪みはほぼ消えるだろう。もう 1 つの原因は，検定が想定する条件が崩れることである。誤差項が $i.i.d.$ で正規分布すると想定して t_{n-K} 分布で検定したら実は誤差項に不均一分散があった，というときには小標本でも大標本でもサイズが歪む。

小標本での (ii) の特性を測るにも，大抵はモンテカルロ実験が使われる。対立仮説の下でデータを 1 万回生成してある検定を 1 万回行い，その内 5000

回で帰無仮説が棄却されたら検出力は50%となる。こうしていくつかの検定の検出力を測定し，検出力の高かった検定を小標本でのパフォーマンスが良い検定と判定する[170]。ただし，検出力の高さを評価するにはサイズの歪みも考慮した方が良い。サイズの歪みが大きい検定は検出力も高くなる傾向があるからである。名目サイズ5%で2種類の検定方式AとBを行ったところ，検定Aは実質サイズ10%で検出力が30%，検定Bは実質サイズが20%で検出力が80%だったとすると，検出力の高さを単純に比較できないだろう。こうしたときに使われるのがサイズ調整済み検出力 (size-corrected power) である。モンテカルロ実験では検定の実質サイズを強制的に名目サイズに合わせる臨界値を求められるので，その臨界値を使って検定を行い検出力を計算するのである。こうすれば，検定方式A，B共にサイズの歪みが0と調整された上で検出力の比較ができる。ただし，Horowitz and Savin (2000) が指摘するように，サイズ調整済み検出力の高さは実証分析を行う上での参考にはなりにくいので，単なる検出力を報告する論文も多くある。本書でも，特に断らない限りサイズ調整済み検出力は用いない。モンテカルロ実験を使った検定の小標本特性の評価については，Davidson and Mackinnon (1993) に詳しい。

D.2　大標本特性

漸近特性は小標本特性と違い解析的に算出・評価される。まず (i) の特性だが，これについては漸近的なサイズの歪みは，当然，0なのでわざわざ計算する必要は無い。モデルの仮定が崩れて漸近的にもサイズが歪む場合は計算する価値があるかもしれないが。(ii) の検出力については，局所対立仮説 (local alternative hypotheses) の下での検定統計量の漸近分布を解析的に計算して算出する。局

---

[170]　実験ではなく理論的に検出力の高い検定を見つける方法もある。いわゆる Neyman-Pearson の基本定理を使って一様最強力検定を構築する，という方法である。ただし，こうしたことは，統計モデルや仮定に依存して，常にできる訳ではない。

付録D　検定の小標本特性と漸近特性について

所対立仮説に基づく漸近的検出力については例えば Cameron and Trivedi (2005) 等を参照されたい．この基本的な考え方は次のようなものである．係数パラメータ β の古典的な線形回帰モデルで $H_0: \beta = 0$ vs. $H_1: \beta \neq 0$ なる検定問題を考えたとき，(例えば t 検定統計量といった) 通常の検定統計量は，H_1 の下で計算すると漸近的に ∞(もしくは $-\infty$) に発散する．これは漸近的には検定統計量が必ず臨界値を上回る (もしくは下回る)，つまり必ず帰無仮説を棄却することを示し，漸近的な検出力が 100% となることを意味する．こうした性質は検定の一致性と呼ばれ，検定の漸近特性の良さを測る指標となる．ただし，この性質は多くの検定が持つものなので，これだけではどの検定のパフォーマンスが良いのか比較ができない．

そこで，対立仮説を適当に基準化することで，対立仮説の下での検定統計量を発散させないようにしてある分布に収束させ，その分布を使って漸近的検出力を算出することを考える．これならば，収束先の分布の違い等によって検出力の比較ができる．このときの "適当に基準化した対立仮説" が局所対立仮説であり，例えば上の線形回帰モデルの標本の大きさを n とすると局所対立仮説は $H_a: \beta = c/\sqrt{n},\ c \neq 0$ となる．Cameron and Trivedi (2005) は，推定量の性質を一致性に加えて効率性で評価するように，検定の性質も一致性に加えて効率性のようなものでも評価すべきで，その効率性のようなものを導く手法が局所対立仮説だと述べている．

こうした検定の小標本・漸近特性はパネルデータを使った検定に関しても多くの論文で検証されている．本書ではそれらの結果に基づいて検定の特性を比較・検討している．

付録 E
マクロパネルデータの分析における漸近論について

　パネルデータ分析における古典的な漸近論は，第 1 章や第 I 部で紹介したような，時系列方向の標本サイズ (標本の大きさ)T を有限で固定してクロスセクション方向の標本サイズ N を大きくするというものである。こうした漸近論は T が小さく N が大きいという典型的なミクロパネルデータに対しては有用だが，第 II 部 (と第 I 部の一部) で導入される N と T が共に大きいマクロパネルデータに対しては適切ではない。この付録 E では，マクロパネルデータに対する，N と T を共に大きくする漸近論について簡単に解説する。

　N という 1 種類の標本サイズを大きくするのとは違い，N と T という 2 種類の標本サイズを大きくするにはいくつかの異なった方法がある。それらの方法は Phillips and Moon (1999) で詳述されているが，Phillips and Moon (2000) に沿って 3 つの方法を以下に示す。

(i) **逐次極限理論 (sequential limit theoy)**: N と T を別々に大きくする方法。まず始めに N を固定しておいて $T \to \infty$ とし，一方だけ大きくしたときの漸近的な結果を導く。そして，次にその漸近的結果において $N \to \infty$ とし，両方を大きくした漸近的結果を得る。始めに T を固定して $N \to \infty$ とし，次に $T \to \infty$ としても良い。手軽で扱いやすい方法なので，Im, Pesaran and Shin (2003) や Choi (2001) をはじめかなり多くの論文で使われいる。ただし，使い易い反面，誤解を招く結果を得ることもある。

(ii) **特定経路極限理論 (diagonal path limit theoy)**: N と T にある関係を想定し，同時に大きくする方法。具体的には，N を T の何らかの増加

関数 $N = N(T)$ などと置いて $T \to \infty$ とすることで両方を大きくした漸近的結果を得る。$T = T(N)$ として $N \to \infty$ としても良い。関数関係を置くことで標本サイズが N と T の2種類から1種類 (N もしくは T) に落ちるため，計算が比較的簡潔になる。ただし，どのような関数関係を想定するかで漸近的結果が変わってしまう可能性がある。Quah (1994) や Levin, Lin and Chu (2002) 等で使われている。

(iii) 同時極限理論 (joint limit theory): N と T に (ii) のような関係を課さずに同時に大きくする方法。一般に (i) や (ii) より頑健な漸近的結果が得られるが，結果の導出が困難になり高次モーメントの存在などより厳しい条件が必要になってしまう。また，N と T の比に，$N/T \to 0$ のような追加的な制約を置かないと漸近的結果が導けないこともある。この方法を使う論文は，Phillips and Moon (1999) や Shin and Snell (2006) 等，少数にとどまる。なお，(ii) は (iii) の特殊例と見ることができる。

これらの漸近論は多くの論文で用いられ，マクロパネルデータを使った推定量や検定統計量の漸近特性を明らかにしてきた。しかし，実はいくつかの問題点もあるので，以下ではそれらを簡単に示す。

上記のように漸近論のタイプが複数あると，どれを使えば良いかという選択の問題が生じる。しかし，上で示したように各漸近論に長所と短所があり，どの漸近論が最良かはっきりした答えは出ていない。そもそも，何を以って"良い漸近論"と判断するのかその基準を統一すること自体難しい。ゆえに，複数の漸近論があることから生じる問題の焦点は，各漸近論の良し悪しにではなく，使う漸近論のタイプに結果が依存する可能性があるという頑健性にあると見た方が適切だと言えるだろう。しかし，この頑健性の問題についても，どの漸近論を使っても常に同じ結果を得られるとは言えないことが解っており，解決はしていない[171]。

漸近論の選択が漸近特性に影響を与える可能性があることは厄介だが，現

---

171) 詳しくは Phillips and Moon (1999, 2000)，Choi (2001)，Shin and Snell (2006) 等を参照されたい。

実問題としてはどれかを選び漸近的結果を導かねばならない。ここで，あるタイプの漸近論を選ぶと，そこにもう1つ追加的な問題が生じることを注意しておく。それは，NとTを共に大きくする漸近論では，実証分析の際にどの程度の標本サイズが必要となるのかはっきりしないという問題である。この問題についても，ある程度の指針はあるものの[172]，完全には決着していない。

　このように，マクロパネルデータに対する漸近論は，様々な意義深いパネルデータ分析を可能にする一方で，いくつかの問題も引き起こしている。こうした問題については，今後の研究が期待される。

---

172) 例えば，Choi (2001) や Hlouskova and Wagner (2006) を参照のこと。

参考文献

Abuaf, N. and P. Jorion (1990) "Purchasing Power Parity in the Long Run," *Journal of Finance*, 45, 157-174.

Adler, M. and B. Lehmann (1983) "Deviations from Purchasing Power Parity in the Long Run," *Journal of Finance*, 38, 1471-1487.

Ahn, S. C., H.Y. Lee, and P. Schmidt (2001) "GMM estimation of Linear Panel Data Models with Time-Varying Individual Effects," *Journal of Econometrics*, 101, 219-255.

Ahn, S. C., Y. H. Lee, and P. Schmidt (2006) "Panel Data Models with Multiple Time-Varying Individual Effects," mimeo.

Ahn, S. C. and P. Schmidt (1995) "Efficient Estimation of Models for Dynamic Panel Data," *Journal of Econometrics*, 68, 5-27.

Ahn, S. C. and P. Schmidt (1997) "Efficient Estimation of Dynamic Panel Data Models: Alternative Assumptions and Simplified Estimation," *Journal of Econometrics*, 76, 309-321.

Alba, J. D. and D. Park (2003) "Purchasing Power Parity in Developing Countries: Multi-Period Evidence Under the Current Float," *World Development*, 31, 2049-2060.

Alonso-Borrego, C. and M. Arellano (1999) "Symmetrically Normalized Instrumental-Variable Estimation Using Panel Data," *Journal of Business and Economic Statistics*, 17, 36-49.

Alvarez, J. and M. Arellano (2003) "The Time Series and Cross-Section Asymptotics of Dynamic Panel Data Estimators," *Econometrica*, 71, 1121-1159.

Alvarez, J. and M. Arellano (2004) "Robust Likelihood Estimation of Dynamic Panel Data Models," CEMFI Working Paper No. 0421.

Anderson, T. W. and C. Hsiao (1981) "Estimation of Dynamic Models with Error Components," *Journal of the American Statistical Association*, 76, 598-606.

Anderson, T. W. and C. Hsiao (1982) "Formulation and Estimation of Dynamic Models Using Panel Data," *Journal of Econometrics*, 18, 47-82.

Anderson, T. W. and H. Rubin (1949) "Estimation of the Parameters of a Single Equation in a Complete System of Stochastic Equations," *Annals of Mathematical Statistics*, 20, 46-63.

Anderson, T. W. and H. Rubin (1950) "The Asymptotic Properties of Estimates of the Parameters of a Single Equation in a Complete System of Stochastic Equation," *Annals of Mathematical Statistics*, 21, 570-582.

Andrews, D. W. K. (1991) "Heteroskedasticity and Autocorrelation Consistent Covariance Matrix Estimation," *Econometrica*, 59, 817-858.

Andrews, D. W. K. (1993) "Exactly Median-Unbiased Estimation of First Order Autoregressive/Unit Root Models," *Econometrica*, 61, 139-165.

Andrews, D. W. K. and B. Lu (2001) "Consistent Model and Moment Selection Procedures for GMM Estimation with Application to Dynamic Panel Data Models," *Journal of Econometrics*, 101, 123-164.

Anselin, L. (1988) *Spatial Econometrics; Methods and Models*: Kluwer Academic Publishers.

Anselin, L. (2001) "Spatial Econometrics," in B. H. Baltagi ed. *A Companion to Theoretical Econometrics*: Blackwell, 310-330.

Arellano, M. (1987) "Computing Robust Standard Errors for Within-Groups Estimators," *Oxford Bulletin of Economics and Statistics*, 49, 431-434.

Arellano, M. (1989) "A Note on the Anderson-Hsiao Estimator for Panel Data," *Economics Letters*, 31, 337-341.

Arellano, M. (1993) "On the Testing of Correlated Effects with Panel Data," *Journal of Econometrics*, 59, 87-97.

Arellano, M. (2003a) *Panel Data Econometrics*: Oxford University Press.

Arellano, M. (2003b) "Modelling Optimal Instrumental Variables For Dynamic Panel Data Models," CEMFI Working Paper No. 0310.

Arellano, M. and S. Bond (1991) "Some Tests of Specification for Panel Data: Monte Carlo Evidence and an Application to Employment Equations," *Review of Economic Studies*, 58, 277-297.

Arellano, M. and O. Bover (1995) "Another Look at the Instrumental Variable Estimation of Error-Components Models," *Journal of Econometrics*, 68, 29-51.

Arellano, M. and B. E. Honoré (2001) "Panel Data Models: Some Recent Developments," in J. Heckman and E. Leamer eds. *Handbook of Econometrics*, North-Holland, Vol. 5, Chap. 53, 3229-3296.

Asea, P. K. and E. Mendoza (1994) "The Balassa-Samuelson Model: A General-Equilibrium Appraisal," *Review of International Economics*, 2,

244-267.

Bai, J. (2003) "Inferential Theory for Factor Models of Large Dimensions," *Econometrica*, 71, 135-171.

Bai, J. (2004) "Estimating Cross-section Common Stochastic Trends in Nonstationary Panel Data," *Journal of Econometrics*, 122, 137-183.

Bai, J. (2009) "Panel Data Models with Interactive Fixed Effects," *Econometrica*, 77, 1229-1279.

Bai, J., C. Kao, and S. Ng (2009) "Panel Cointegration with Global Stochastic Trends," *Journal of Econometrics*, 149, 82-99.

Bai, J. and C. Kao (2006) "On the Estimation and Inference of a Panel Cointegration Model with Cross-Sectional Dependence," in B. H. Baltagi ed. *Panel Data Econometrics, Theoretical Contributions and Empirical Applications*, Elsevier, 1-30.

Bai, J. and S. Ng (2002) "Determining the Number of Factors in Approximate Factor Models," *Econometrica*, 70, 191-221.

Bai, J. and S. Ng (2004) "A PANIC Attack on Unit Roots and Cointegration," *Econometrica*, 72, 1127-1177.

Bai, J. and S. Ng (2005) "A New Look at Panel Testing of Stationarity and the PPP Hypothesis," in D. W. K. Andrews and J. H. Stock eds. *Identification and Inference for Econometric Models: Essays in Honor of Thomas J. Rothenberg*, Cambridge University Press, Chap. 18, 426-450.

Bai, J. and S. Ng (2010) "Panel Unit Root Tests with Cross-Section Dependence: A Further Investigation," forthcoming in *Econometric Theory*.

Balestra, P. and M. Nerlove (1966) "Pooling Cross Section and Time Series Data in the Estimation of a Dynamic Model: The Demand for Natural Gas," *Econometrica*, 34, 585-612.

Baltagi, B. H. (2008) *Econometric Analysis of Panel Data, 4th ed.*: John Wiley and Sons.

Baltagi, B. H., J. M. Griffin, and W. Xiong (2000) "To Pool or Not to Pool: Homogeneous versus Heterogeneous Estimators Applied to Cigarette Demand," *Review of Economics and Statistics*, 82, 117-126.

Baltagi, B. H. and J. M. Griffin (2001) "The Econometrics of Rational Addiction: The Case of Cigarettes," *Journal of Business and Economic Statistics*, 19, 449-454.

Baltagi, B. H. and C. Kao (2000) "Nonstationary Panels, Cointegration in Panels and Dynamic Panels: A Survey," in B. H. Baltagi ed. *Nonstationary Panels, Panel Cointegration, and Dynamic Panels, Advances in Econometrics*, JAI Press, 15, 7-52.

Baltagi, B. H. and D. Levin (1986) "Estimating Dynamic Demand for Cigarettes Using Panel Data: the Effects of Bootlegging, Taxation, and Advertising Reconsidered," *Review of Economics and Statistics*, 68, 148-155.

Baltagi, B. H. and D. Levin (1992) "Cigarette Taxation: Raising Revenues and Reducing Consumption," *Structural Change and Economic Dynamics*, 3, 321-335.

Banerjee, A., M. Marcellino, and C. Osbat (2004) "Some Cautions on the Use of Panel Methods for Integrated Series of Macroeconomic Data," *Econometrics Journal*, 7, 322-340.

Banerjee, A., M. Marcellino, and C. Osbat (2005) "Testing for PPP: Should We Use Panel Methods?" *Empirical Economics*, 30, 77-91.

Banerjee, A. and M. Marcellino (2008) "Factor-Augmented Error Correction Models," mimeo.

Banerjee, A. and J. L. Carrion-i-Silvestre (2006) "Cointegration in Panel Data with Breaks and Cross-Section Dependence," mimeo.

Barbieri, L. (2006) "Panel Unit Root Tests: A Review," mimeo.

Barossi-Filho, M., R. G. Silva, and E. M. Diniz (2005) "The Empirics of the Solow Growth Model: Long-Term Evidence," *Journal of Applied Economics*, 8, 31-51.

Barro, R. J. and X. Sala-i-Martin (1995) *Economic Growth*: McGraw-Hill.

Bartlett, M. S. (1937) "Properties of Sufficiency and Statistical Tests," *Proceedings of the Royal Statistical Society of London*, Series A, 160, 268-282.

Beck, N. and J. N. Katz (1995) "What to Do (and Not to Do) with Time-Series Cross-Section Data," *American Political Science Review*, 89, 634-647.

Beck, T., R. Levine, and N. Loayza (2000) "Finance and the Sources of Growth," *Journal of Financial Economics*, 58, 261-300.

Beck, T. and R. Levine (2004) "Stock Markets, Banks, and Growth: Panel Evidence," *Journal of Banking and Finance*, 28, 423-442.

Becker, G. S., M. Grossman, and K. M. Murphy (1994) "An Empirical Analysis of Cigarette Addiction," *American Economic Review*, 84, 396-418.

Bekker, P. A. (1994) "Alternative Approximations to the Distributions of Instrumental Variable Estimators," *Econometrica*, 62, 657-681.

Benhabib, J. and M. M. Spiegel (2000) "The Role of Financial Development in Growth and Investment," *Journal of Economic Growth*, 5, 341-360.

Bhargava, A. and J. D. Sargan (1983) "Estimating Dynamic Random Effects Models from Panel Data Covering Short Time Periods," *Econometrica*, 51, 1635-1659.

Binder, M., C. Hsiao, and M. H. Pesaran (2005) "Estimation and Inference in Short Panel Vector Autoregressions with Unit Roots and Cointegration," *Econometric Theory*, 21, 795-837.

Blundell, R. and S. Bond (1998) "Initial Conditions and Moment Restrictions in Dynamic Panel Data Models," *Journal of Econometrics*, 87, 115-143.

Blundell, R. and S. Bond (2000) "GMM Estimation with Persistent Panel Data: An Application to Production Functions," *Econometric Reviews*, 19, 321-340.

Blundell, R., S. Bond, M. Devereux, and F. Schiantarelli (1992) "Investment and Tobin's Q: Evidence from Company Panel Data," *Journal of Econometrics*, 51, 233-257.

Blundell, R., S. Bond, and F. Windmeijer (2000) "Estimation in Dynamic Panel Data Models: Improving on the Performance of the Standard GMM Estimator," in B. H. Baltagi, ed. *Nonstationary Panels, Panel Cointegration and Dynamic Panels, Advances in Econometrics*, JAI Press, 15, 53-91.

Bond, S. (2002) "Dynamic Panel Data Model: A Guide to Micro Data Methods and Practice," *Portuguese Economic Journal*, 1, 141-162.

Bond, S., A. Hoeffler, and J. Temple (2001) "GMM Estimation of Empirical Growth Models," CEPR Discussion Paper No. 3048.

Bond, S., C. Nauges, and F. Windmeijer (2005) "Unit Roots and Identification in Autoregressive Panel Data Models: A Comparison of Alternative Tests," mimeo.

Bond, S. and C. Meghir (1994) "Dynamic Investment Models and the Firm's Financial Policy," *Review of Economic Studies*, 61, 197-222.

Bond, S. and F. Windmeijer (2005) "Reliable Inference For GMM Estimators? Finite Sample Properties of Alternative Test Procedures in Linear Panel Data Models," *Econometric Reviews*, 24, 1-37.

Bowman, D. (1999) "Efficient Tests for Autoregressive Unit Roots in Panel Data," International Finance Discussion Papers 646, Board of Governors of the Federal Reserve System.

Bowsher, C. G. (2002) "On Testing Overidentifying Restrictions in Dynamic Panel Data Models," *Economics Letters*, 77, 211-220.

Breitung, J. (1997) "Testing for Unit Roots in Panel Data Using a GMM Approach," *Statistical Papers*, 38, 253-269.

Breitung, J. (2000) "The Local Power of Some Unit Root Tests for Panel Data," in Baltagi, B. H. ed. *Nonstationary Panels, Panel Cointegration, and Dynamic Panels, Advances in Econometrics*, JAI Press, 15, 161-178.

Breitung, J. (2005) "A Parametric Approach to the Estimation of Cointegration Vectors in Panel Data," *Econometric Reviews*, 24, 151-174.

Breitung, J. and S. Das (2005) "Panel Unit Root Tests Under Cross Sectional Dependence," *Statistica Neerlandica*, 59, 414-433.

Breitung, J. and W. Meyer (1994) "Testing for Unit Roots in Panel Data: Are Wages on Different Bargaining Levels Cointegrated?" *Applied Economics*, 26, 353-361.

Breuer, B., J. R. McNown, and M. S. Wallace (2001) "Misleading Inferences in Panel Unit Root Tests: An Illustration from Purchasing Power Parity," *Review of International Economics*, 9, 482-493.

Breusch, T. S., H. Qian, P. Schmidt, and D. Wyhowski (1999) "Redundancy of Moment Conditions," *Journal of Econometrics*, 91, 89-111.

Brillinger, D. R. (1981) *Time Series: Data Analysis and Theory*, San Francisco: Holden-Day.

Brown, B. W. and W. K. Newey (2002) "Generalized Method of Moments, Efficient Bootstrapping, and Improved Inference," *Journal of Business and Economic Statistics*, 20, 507-517.

Bruno, G. S. F. (2005) "Approximating the Bias of the LSDV Estimator for Dynamic Unbalanced Panel Data Models," *Economics Letters*, 87, 361-366.

Bun, M. J. G. (2003) "Bias Correction in the Dynamic Panel Data Models with a Nonscalar Disturbance Covariance Matrix," *Econometric Reviews*, 22, 29-58.

Bun, M. J. G. and M. A. Carree (2005) "Bias-Corrected Estimation in Dynamic Panel Data Models," *Journal of Business and Economic Statistics*, 23, 200-210.

Bun, M. J. G. and M. A. Carree (2006) "Bias-Corrected Estimation in Dynamic Panel Data Models with Heteroscedasticity," *Economics Letters*, 92, 220-227.

Bun, M. J. G. and J. F. Kiviet (2003) "On the Diminishing Returns of Higher-Order Terms in Asymptotic Expansions of Bias," *Economics Letters*, 79, 145-152.

Bun, M. J. G. and J. F. Kiviet (2006) "The Effects of Dynamic Feedbacks on LS and MM Estimator Accuracy in Panel Data Models," *Journal of Econometrics*, 132, 409-444.

Bun, M. J. G. and F. Windmeijer (2010) "The Weak Instrument Problem of the System GMM Estimator in Dynamic Panel Data Models," *Econometrics Journal*, 13, 95-126.

Cameron, A. C. and P. K. Trivedi (2005) *Microeconometrics: Methods and Applications*: Cambridge University Press.

Campbell, J.Y. and R. J. Shiller (1987) "Cointegration and Tests of Present Value Models," *Journal of Political Economy*, 95, 1062-1087.

Cao, B. and Y. Sun (2006) "Asymptotic Distributions of Impulse Response Functions in Short Panel Vector Autoregressions," mimeo.

Casella, G. and R. L. Berger (2001) *Statistical Inference, 2nd ed.*: Duxbury Press.

Caselli, F., G. Esquivel, and F. Lefort (1996) "Reopening the Convergence Debate: A New Look at Cross-Country Growth Empirics.," *Journal of Economic Growth*, 1, 363-389.

Cerrato, M. and N. Sarantis (2007a) "A Bootstrap Panel Unit Root Test Under Cross-Sectional Dependence, with an Application to PPP," *Computational Statistics and Data Analysis*, 51, 4028-4037.

Cerrato, M. and N. Sarantis (2007b) "Does Purchasing Power Parity Hold in Emerging Markets? Evidence from a Panel of Black Market Exchange Rates," *International Journal of Finance and Economics*, 12, 427-444.

Chamberlain, G. (1984) "Panel Data," in Z. Griliches and M. D. Intriligator eds. *Handbook of Econometrics*, North-Holland, Vol. 2, Chap. 22, 1248-1318.

Chamberlain, G. (1992) "Comment: Sequential Moment Restrictions in Panel Data," *Journal of Business and Economic Statistics*, 10, 20-26.

Chamberlain, G. (1993) "Feedback in Panel Data Models," mimeo.

Chang, T., M. J. Yang, H. C. Liao, and C. H. Lee (2007) "Hysteresis in Unemployment: Empirical Evidence from Taiwan's Region Data Based on Panel Unit Root Tests," *Applied Economics*, 39, 1335-1340.

Chang, Y. (2002) "Nonlinear IV Unit Root Tests in Panels with Cross-Sectional Dependency," *Journal of Econometrics*, 110, 261-292.

Chang, Y. (2004) "Bootstrap Unit Root Tests in Panels with Cross-sectional Dependency," *Journal of Econometrics*, 120, 263-293.

Chiang, M. H. and C. Kao (2002) "Nonstationary Panel Time Series Using NPT 1.3-A User Guide," Center for Policy Research, Syracuse University.

Chiu, R. L. (2002) "Testing the Purchasing Power Parity in Panel Data," *International Review of Economics and Finance*, 11, 349-362.

Choi, C-Y., N. C. Mark, and D. Sul (2010) "Bias Reduction in Dynamic

Panel Data Models by Common Recursive Mean Adjustment," forthcoming in *Oxford Bulletin of Economics and Statistics*.

Choi, I. (2001) "Unit Root Tests for Panel Data," *Journal of International Money and Finance*, 20, 249-272.

Choi, I. (2006) "Combination Unit Root Tests for Cross-Sectionary Correlated Panels," in D. Corbae, S. N. Durlauf, and B. E. Hansen eds. *Econometric Theory and Practice: Frontiers of Analysis and Applied Research*, Cambridge University Press, 311-333.

Choi, I. and T. K. Chue (2007) "Subsampling Hypothesis Tests for Nonstationary Panels with Applications to the PPP Hypothesis," *Journal of Applied Econometrics*, 22, 233-264.

Chowdhury, G. (1987) "A Note on Correcting Biases in Dynamic Panel Models," *Applied Economics*, 19, 31-37.

Creel, M. (2004) "Modified Hausman Tests for Inefficient Estimators," *Applied Economics*, 36, 2373-2376.

Cribaro-Neto, F. and G. Cordeiro (1996) "On Bartlett and Bartlett-Type Corrections," *Econometric Reviews*, 15, 339-367.

Davidson, J. (1994) *Stochastic Limit Theory*: Oxford University Press.

Davidson, R. and J. G. Mackinnon (1993) *Estimation and Inference in Econometrics*: Oxford University Press.

Davidson, R. and J. G. Mackinnon (2003) *Econometric Theory and Methods*: Oxford University Press.

De Blander, R. De and G. Dhaene (2007) "Unit Root Tests for Panel Data with AR(1) Errors and Small T," mimeo.

Dees, S., F. di Mauro, M. H. Pesaran, and L. V. Smith (2007a) "Exploring the International Linkages of the Euro Area: A Global VAR Analysis," *Journal of Applied Econometrics*, 22, 1-38.

Dees, S., S. Holly, M. H. Pesaran, and L. V. Smith (2007b) "Long Run Macroeconomic Relations in the Global Economy," *Economics: The Open-Access, Open-Assessment E-Journal*, 1.

Dickey, D. A. and W. A. Fuller (1979) "Distribution of the Estimators for Autoregressive Time Series With a Unit Root," *Journal of the American Statistical Association*, 74, 427-431.

van den Doel, I. T. and J. F. Kiviet (1994) "Asymptotic Consequences of Neglected Dynamics in Individual Effects Models," *Statistica Neerlandica*, 48, 71-85.

van den Doel, I. T. and J. F. Kiviet (1995) "Neglected Dynamics in Panel Data Models; Consequences and Detection in Finite Samples," *Statistica*

Neerlandica, 49, 343-361.

Egger, P. and M. Pfaffermayr (2004) "Estimating Long and Short Run Effects in Static Panel Models," *Econometric Reviews*, 23, 199-214.

Elliott, G., T. J. Rothenberg, and J. H. Stock (1996) "Efficient Tests for an Autoregressive Unit Root," *Econometrica*, 64, 813-836.

Enders, W. (1988) "ARIMA and Cointegration Tests of PPP under Fixed and Flexible Exchange Rate Regimes," *Review of Economics and Statistics*, 70, 504-508.

Evans, M. D. and K. K. Lewis (1994) "Do Stationary Risk Premia Explain It All? Evidence from the Term Structure," *Journal of Monetary Economics*, 33, 285-318.

Everaert, G. and L. Pozzi (2007) "Bootstrap-Based Bias Correction for Dynamic Panels," *Journal of Economic Dynamics and Control*, 31, 1160-1184.

Fisher, R. A. (1932) *Statistical Methods for Research Workers, 4th ed.*: Oliver and Bond.

Frankel, J. A. (1986) "International Capital Mobility and Crowding Out in the US Economy: Imperfect Integration of Financial Markets or of Goods Markets?" in R. Hafer ed. *How Open is the US Economy?*: Lexington Books, 33-67.

Frankel, J. A. and A. K. Rose (1996) "A Panel Project on Purchasing Power Parity: Mean Reversion within and between Countries," *Journal of International Economics*, 40, 209-224.

Frenkel, J. A. (1981) "The Collapse of Purchasing Power Parities during the 1970's," *European Economic Review*, 16, 145-165.

Froot, K. A. and K. Rogoff (1995) "Perspectives on PPP and Long-Run Real Exchange Rates," in G. M. Grossman and K. Rogoff eds. *Handbook of International Economics*, North-Holland, Vol. 3, Chap. 32, 1647-1688.

Gengenbach, C., F. C. Palm, and J. P. Urbain (2006) "Cointegration Testing in Panels with Common Factors," *Oxford Bulletin of Economics and Statistics*, 68, 683-719.

Gengenbach, C., F. C. Palm, and J. P. Urbain (2010) "Panel Unit Root Tests in the Presence of Cross-Sectional Dependencies: Comparison and Implications for Modelling," *Econometric Reviews*, 29, 111-145.

George, E. O. (1977) "Combining Independent One-Sided and Two-Sided Statistical Tests - Some Theory and Applications," Doctoral Dissertation, University of Rochester.

Granger, C. W. J. and P. Newbold (1974) "Spurious Regressions in Econometrics," *Journal of Econometrics*, 2, 111-120, July.

Greene, W. H. (2007) *Econometric Analysis, 6th ed.*: Prentice-Hall.

Groen, J. J. J. and F. Kleibergen (2003) "Likelihood-Based Cointegration Analysis in Panels of Vector Error-Correction Models," *Journal of Business and Economic Statistics*, 21, 295-318.

Gutierrez, L. (2003) "On the Power of Panel Cointegration Tests: A Monte Carlo Comparison," *Economics Letters*, 80, 105-111.

Gutierrez, L. (2006) "Panel Unit Roots Tests for Cross-Sectionally Correlated Panels: A Monte Carlo Comparison," *Oxford Bulletin of Economics and Statistics*, 68, 519-540.

Hadri, K. (2000) "Testing for Stationarity in Heterogeneous Panel Data," *Econometrics Journal*, 3, 148-161.

Hadri, K. and R. Larsson (2005) "Testing for Stationarity in Heterogeneous Panel Data Where the Time Dimension Is Fixed," *Econometrics Journal*, 8, 55-69.

Hahn, J. (1999) "How Informative Is the Initial Condition in the Dynamic Panel Model with Fixed Effects?" *Journal of Econometrics*, 93, 309-326.

Hahn, J., J. Hausman, and G. Kuersteiner (2007) "Long Difference Instrumental Variables Estimation for Dynamic Panel Models with Fixed Effects," *Journal of Econometrics*, 127, 574-617.

Hahn, J. and G. Kuersteiner (2002) "Asymptotically Unbiased Inference for a Dynamic Panel Model with Fixed Effects When Both n and T Are Large," *Econometrica*, 70, 1639-1657.

Hahn, J. and H. R. Moon (2006) "Reducing Bias of MLE in a Dynamic Panel Model," *Econometric Theory*, 22, 499-512.

Hall, A. (2005) *Generalized Method of Moments*: Oxford University Press.

Hamilton, J. D. (1994) *Time Series Analysis*: Princeton University Press.

Han, C., P. C. B. Phillips, and D. Sul (2010) "X-Differencing and Dynamic Panel Model Estimation," Cowles Foundation Discussion Paper No.1747.

Han, C. and P. C. B. Phillips (2010) "GMM Estimation for Dynamic Panels with Fixed Effects and Strong Instruments at Unity," *Econometric Theory*, 26, 119-151.

Hansen, B. E. (1995) "Rethinking the Univariate Approach to Unit Root Tests: How to Use Covariates to Increase Power," *Econometric Theory*, 11, 1148-1171.

Hansen, C. B. (2007) "Asymptotic Properties of a Robust Variance Matrix Estimator for Panel Data When T is Large," *Journal of Econometrics*, 141, 597-620.

Hansen, L. P. (1982) "Large Sample Properties of Generalized Method of Moments Estimators," *Econometrica*, 50, 1029-1054.

Hansen, L. P., J. Heaton, and A. Yaron (1996) "Finite-Sample Properties of Some Alternative GMM Estimators," *Journal of Business and Economic Statistics*, 14, 262-80.

Harris, D., B. McCabe, and S. Leybourne (2003) "Some Limit Theory for Autocovariances Whose Order Depends on Sample Size," *Econometric Theory*, 19, 829-864.

Harris, D., S. Leybourne, and B. McCabe (2005) "Panel Stationarity Tests for Purchasing Power Parity with Cross-sectional Dependence," *Journal of Business and Economic Statistics*, 23, 395-409.

Harris, D. and B. Inder (1994) "A Test of the Null Hypothesis of Cointegration," in Hargreaves, C. P. ed. *Nonstationary Time Series and Cointegration*, New York: Oxford University Press, 133-152.

Harris, M. N. and L. Mátyás (2000) "Performance of the Operational Wansbeek-Bekker Estimator for Dynamic Panel Data Models," *Applied Economics Letters*, 7, 149-153.

Harris, M. N. and L. Mátyás (2004) "A Comparative Analysis of Different IV and GMM Estimators of Dynamic Panel Data Models," *International Statistical Review*, 72, 397-408.

Harris, R. D. F. and E. Tzavalis (1999) "Inference for Unit Roots in Dynamic Panels Where the Time Dimension Is Fixed," *Journal of Econometrics*, 91, 201-226.

Harvey, A. and D. Bates (2003) "Multivariate Unit Root Tests and Testing for Convergence," DAE Working Paper No. 301, University of Cambridge.

Hause, J.C. (1980) "The Fine Structure of Earnings and the On-the-Job Training Hypothesis," *Econometrica*, 48, 1013-1029.

Hausman, J. A. (1978) "Specification Tests in Econometrics," *Econometrica*, 46, 1251-1271.

Hausman, J. A. and W. E. Taylor (1981) "Panel Data and Unobservable Individual Effects," *Econometrica*, 49, 1377-1398.

Hayakawa, K. (2006) "A Note on Bias in First-Differenced AR(1) Models," *Economics Bulletin*, 3, 1-10.

Hayakawa, K. (2007a) "Consistent OLS Estimation of AR(1) Dynamic Panel Data Models with Short Time Series," *Applied Economics Letters*, 14, 1141-1145.

Hayakawa, K. (2007b) "Small Sample Bias Properties of the System GMM Estimator in Dynamic Panel Data Models," *Economics Letters*, 95, 32-38.

Hayakawa, K. (2008) "The Asymptotic Properties of the System GMM Estimator in Dynamic Panel Data Models When Both N and T Are Large," mimeo.

Hayakawa, K. (2009a) "On the Effect of Mean-Nonstationarity in Dynamic Panel Data Models," *Journal of Econometrics*, 153, 133-135.

Hayakawa, K. (2009b) "A Simple Efficient Instrumental Variable Estimator in Panel AR(p) Models When Both N and T Are Large," *Econometric Theory*, 25, 873-890.

Hayakawa, K. (2010) "The Effects of Dynamic Feedbacks on LS and MM Estimator Accuracy in Panel Data Models: Some Additional Results," forthcoming in *Journal of Econometrics*.

Hayakawa, K. and M. Nogimori (2010) "New Transformation Methods in Dynamic Panel Data Models with Heterogeneous Time Trends," *Applied Economics Letters*, 17, 375-379.

Hayashi, F. (2000) *Econometrics*: Princeton University Press.

Hayashi, F. and T. Inoue (1991) "The Relation between Firm Growth and Q with Multiple Capital Goods: Theory and Evidence from Panel Data on Japanese Firms," *Econometrica*, 59, 731-753.

Hedges, L. V. and I. Olkin (1985) *Statistical Methods for Meta-Analysis*: Academic Press.

Hegwood, N. D. and D. H. Papell (1998) "Quasi Purchasing Power Parity," *International Journal of Finance and Economics*, 3, 279-289.

Herwartz, H. and F. Siedenburg (2008) "Homogenous Panel Unit Root Tests Under Cross Sectional Dependence: Finite Sample Modifications and the Wild Bootstrap," *Computational Statistics and Data Analysis*, 53, 137-150.

Hlouskova, J. and M. Wagner (2006) "The Performance of Panel Unit Root and Stationarity Tests: Results from a Large Scale Simulation Study," *Econometric Reviews*, 25, 85-116.

Hoch, I. (1962) "Estimation of Production Function Parameters Combining Time-Series and Cross-Section Data," *Econometrica*, 30, 34-53.

Holtz-Eakin, D. (1988) "Testing for Individual Effects in Autoregressive Models," *Journal of Econometrics*, 39, 297-307.

Holtz-Eakin, D., W. K. Newey, and H. S. Rosen (1988) "Estimating Vector Autoregressions with Panel Data," *Econometrica*, 56, 1371-95.

Horowitz, J. L. and E. N. Savin (2000) "Empirically Relevant Critical Values for Hypothesis Tests: A Bootstrap Approach," *Journal of Econometrics*, 95, 375-389.

Hsiao, C. (2003) *Analysis of Panel Data, 2nd ed.*, Cambridge University Press.

Hsiao, C., M .H. Pesaran, and A. K. Tahmiscioglu (1999) "Bayes Estimation of Short-Run Coefficients in Dynamic Panel Data Models," in C. Hsiao, K. Lahiri, L. F. Lee, and M. H. Pesaran eds. *Analysis of Panels and Limited Dependent Variable Models*, Cambridge University Press, Chap. 11, 268-296.

Hsiao, C., M. H. Pesaran, and K. A. Tahmiscioglu (2002) "Maximum Likelihood Estimation of Fixed Effects Dynamic Panel Data Models Covering Short Time Periods," *Journal of Econometrics*, 109, 107-150.

Hsiao, C. and M. H. Pesaran (2008) "Random Coefficients Models," in Mátyás, L. and P. Sevestre eds. *The Econometrics of Panel Data 3rd ed.; Fundamentals and Recent Developments in Theory and Practice*: Springer, 187-216.

Huang, X. (2008) "Panel Vector Autoregression under Cross-Sectional Dependence," *Econometrics Journal*, 11, 219-243.

Hurlin, C. and V. Mignon (2006) "Second Generation Panel Unit Root Tests," mimeo.

Im, K. S., M. H. Pesaran, and Y. Shin (1995) "Testing for Unit Roots in Heterogeneous Panels," WP 9526, University of Cambridge. Revised 1996, 1997.

Im, K. S., M. H. Pesaran, and Y. Shin (2003) "Testing for Unit Roots in Heterogeneous Panels," *Journal of Econometrics*, 115, 53-74.

Imbens, G. (1997) "One-Step Estimators for Over-Identified Generalized Method of Moments Models," *Review of Economic Studies*, 64, 359-383.

Jacobson, T., J. Lyhagen, R. Larsson, and M. Nessén (2008) "Inflation, Exchange Rates and PPP in a Multivariate Panel Cointegration Model," *Econometrics Journal*, 11, 58-79.

Jang, M. J. and D. W. Shin (2005) "Comparison of Panel Unit Root Tests under Cross Sectional Dependence," *Economics Letters*, 89, 12-17.

Jimenez-Martin, S. (1998) "On Testing of Heterogeneity Effects in Dynamic Unbalanced Panel Data Models," *Economics Letters*, 58, 157-163.

Johansen, S. (1988) "Statistical Analysis of Cointegration Vectors," *Journal of Economic Dynamics and Control*, 12, 231-254.

Johansen, S. (1991) "Estimation and Hypothesis Testing of Cointegrating Vectors in Gaussian Vector Autoregressive Models," *Econometrica*, 59, 1551-1580.

Johansen, S. (1995) *Likelihood-Based Inference in Cointegrated Vector Au-*

toregressive Models: Oxford University Press.

Johansen, S. (2000) "A Bartlett Correction Factor for Tests on the Cointegrating Relations," *Econometric Theory*, 16, 740-778.

Johansen, S. (2002) "A Small Sample Correction of the Test for Cointegrating Rank in the Vector Autoregressive Model," *Econometrica*, 70, 1929-1961.

Jönsson, K. (2005) "Cross-Sectional Dependency and Size Distortion in a Small-Sample Homogeneous Panel Data Unit Root Test," *Oxford Bulletin of Economics and Statistics*, 67, 369-392.

Judson, R. R. and A. L. Owen (1999) "Estimating Dynamic Panel Data Models: A Guide for Macroeconomist," *Economics Letters*, 65, 9-15.

Jung, H. (2005) "A Test for Autocorrelation in Dynamic Panel Data Models," *Journal of the Korean Statistical Society*, 34, 367-375.

Kao, C. (1999) "Spurious Regression and Residual-Based Tests for Cointegration in Panel Data," *Journal of Econometrics*, 90, 1-44.

Kao, C. and M. H. Chiang (2000) "On the Estimation and Inference of a Cointegrated Regression in Panel Data," in B. H. Baltagi ed. *Nonstationary Panels, Panel Cointegration, and Dynamic Panels, Advances in Econometrics*, 15, JAI Press, 161-178.

Kao, C., M. H. Chiang and B. Chen (1999) "International R&D Spillovers: An Application of Estimation and Inference in Panel Cointegration," *Oxford Bulletin of Economics and Statistics*, 61, 691-709.

Karlsson, S. and M. Löthgren (2000) "On the Power and Interpretation of Panel Unit Root Tests," *Economics Letters*, 66, 249-255.

Karlsson, S. and J. Skoglund (2004) "Maximum-Likelihood Based Inference in the Two-Way Random Effects Model with Serially Correlated Time Effects," *Empirical Economics*, 29, 79-88.

Keane, M. P. and D. E. Runkle (1992) "On the Estimation of Panel-Data Models with Serial Correlation When Instruments Are Not Strictly Exogenous," *Journal of Business and Economic Statistics*, 10, 1-9.

Kejriwal, M. and P. Perron (2008) "Data Dependent Rules for Selection of the Number of Leads and Lags in the Dynamic OLS Cointegrating Regression," *Econometric Theory*, 25, 1425-1441.

Kezdi, G. (2003) "Robust Standard Error Estimation in Fixed-Effects Panel Models," mimeo.

Kitamura, Y. (2001) "Asymptotic Optimality of Empirical Likelihood for Testing Moment Restrictions," *Econometrica*, 69, 1661-1672.

Kitamura, Y. (2006) "Empirical Likelihood Methods in Econometrics: Theory and Practice," in R. Blundell, W. K. Newey, and T. Persson eds. *Advances in Economics and Econometrics: Theory and Applications*, Cambridge University Press, Chap. 7.

Kiviet, J. F. (1995) "On Bias, Inconsistency, and Efficiency of Various Estimators in Dynamic Panel Data Models," *Journal of Econometrics*, 68, 53-78.

Kiviet, J. F. (1999) "Expectations of Expansions for Estimators in a Dynamic Panel Data Model: Some Results for Weakly Exogenous Regressors," in C. Hsiao, C., K. Lahiri, L. F. Lee, and M. H. Pesaran eds. *Analysis of Panels and Limited Dependent Variable Models*: Cambridge University Press, Chap. 8.

Kiviet, J. F. (2007) "Judging Contending Estimators by Simulation: Tournaments in Dynamic Panel Data Models," in G. D. A. Phillips and E. Tzavalis eds. *The Refinement of Econometric Estimation and Test Procedures*: Cambridge University Press, 282-318.

Kiviet, J. F. and G. D. A. Phillips (1993) "Alternative Bias Approximations in Regressions with a Lagged-Dependent Variable," *Econometric Theory*, 9, 62-80.

Kruiniger, H. (2007) "An Efficient Linear GMM Estimator for the Covariance Stationary AR(1)/Unit Root Model for Panel Data," *Econometric Theory*, 23, 519-535.

Kruiniger, H. (2008) "Maximum Likelihood Estimation and Inference Methods for the Covariance Stationary Panel AR(1)/Unit Root Model," *Journal of Econometrics*, 144, 447-464.

Kruiniger, H. (2009) "GMM Estimation and Inference in Dynamic Panel Data Models with Persistent Data," *Econometric Theory*, 25, 1348-1391.

Kruiniger, H. and E. Tzavalis (2002) "Testing for Unit Roots in Short Dynamic Panels with Serially Correlated and Heteroscedastic Disturbance Terms," Queen Mary University of London Economics Working Paper No. 459.

Kunitomo, N. (1980) "Asymptotic Expansions of Distributions of Estimators in a Linear Functional Relationship and Simultaneous Equations," *Journal of the American Statistical Association*, 75, 693-700.

Kwiatkowski, D., P. C. B. Phillips, P. Schmidt, and Y. Shin (1992) "Testing the Null Hypothesis of Stationary Against the Alternative of a Unit Root: How Sure Are We That Economic Time Series Have a Unit Root?" *Journal of Econometrics*, 54, 159-178.

Larsson, R., J. Lyhagen, and M. Lothgren (2001) "Likelihood-Based Cointe-

gration Tests in Heterogenous Panels," *Econometrics Journal*, 4, 109-142.
Larsson, R. and J. Lyhagen (2007) "Inference in Panel Cointegration Models with Long Panels," *Journal of Business and Economic Statistics*, 25, 473-483.
Lee, K., M. H. Pesaran, and R. Smith (1997) "Growth and Convergence in a Multi-Country Empirical Stochastic Solow Model," *Journal of Applied Econometrics*, 12, 358-392.
Lee, Y. (2007) "A General Approach to Bias Correction in Dynamic Panels under Time Series Misspecification," mimeo.
Levin, A., C. F. Lin, and C. J. Chu (2002) "Unit Root Tests in Panel Data: Asymptotic and Finite-Sample Properties," *Journal of Econometrics*, 108, 1-24.
Levin, A. and C. F. Lin (1992) "Unit Root Tests in Panel Data: Asymptotic and Finite-Sample Properties," Unpublished manuscript, UC San Diego.
Levin, A. and C. F. Lin (1993) "Unit Root Tests in Panel Data: New Results," Working Paper 93-56, UC San Diego.
Levine, R., N. Loayza, and T. Beck (2000) "Financial Intermediation and Growth: Causality and Causes," *Journal of Monetary Economics*, 46, 31-77.
Leybourne, S. J. and B. P. M. McCabe (1994) "A Consistent Test for a Unit Root," *Journal of Business and Economic Statistics*, 12, 157-166.
Leybourne, S. J. and B. P. M. McCabe (1998) "On Estimating an ARMA Model with an MA Unit Root," *Econometric Theory*, 14, 326-338.
Lillard, L. A. and Y. Weiss (1979) "Components of Variation in Panel Earnings Data: American Scientists," *Econometrica*, 47, 437-454.
Lillard, L. A. and R. J. Willis (1978) "Dynamic Aspects of Earning Mobility," *Econometrica*, 46, 985-1012.
Lopez, C. (2008) "Evidence of Purchasing Power Parity for the Floating Regime Period," *Journal of International Money and Finance*, 27, 156-164.
Lopez, C. and D. H. Papell (2007) "Convergence to Purchasing Power Parity at the Commencement of the Euro," *Review of International Economics*, 15, 1-16.
Lothian, J. R. and M. P. Taylor (1996) "Real Exchange Rate Behavior: The Recent Float from the Perspective of the Past Two Centuries," *Journal of Political Economy*, 104, 488-510.
Lothian, J. R. and M. P. Taylor (1997) "Real Exchange Rate Behavior," *Journal of International Money and Finance*, 16, 945-954.

MacDonald, R. (1996) "Panel Unit Root Tests and Real Exchange Rates," *Economics Letters*, 50, 7-11.

MacKinnon, J. G. (1996) "Numerical Distribution Functions for Unit Root and Cointegration Tests," *Journal of Applied Econometrics*, 11, 601-618.

MaCurdy, T. E. (1985) "Interpreting Empirical Models of Labor Supply in an Intertemporal Framework With Uncertainty," in J. Heckman and B. Singer eds. *Longitudinal Analysis of Labor Market Data*: Cambridge University Press, 111-155.

Maddala, G. S., S. Wu, and C. Liu (2000) "Do Panel Data Rescue the Purchasing Power Parity (PPP) Theory?" in J. Krishnakumar and E. Ronchetti eds. *Panel Data Econometrics: Future Directions: Papers in Honour of Professor Pietro Balestra*: Elsevier, 35-51.

Maddala, G. S. and I. M. Kim (1998) *Unit Roots, Cointegration and Structural Change*: Cambridge University Press.

Maddala, G. S. and S. Wu (1999) "A Comparative Study of Unit Root Tests with Panel Data and a New Simple Test," *Oxford Bulletin of Economics and Statistics*, 61, 631-652.

Madsen, E. (2010) "Unit Root Inference in Panel Data Models Where the Time-series Dimension is Fixed: A Comparison of Different Test," *Econometrics Journal*, 13, 63-94.

Mark, N. C., M. Ogaki, and D. Sul (2005) "Dynamic Seemingly Unrelated Cointegrating Regressions," *Review of Economic Studies*, 72, 797-820.

Mark, N. C. and D. Sul (2003) "Cointegration Vector Estimation by Panel DOLS and Long-Run Money Demand," *Oxford Bulletin of Economics and Statistics*, 65, 655-680.

Mátyás, L. and P. Sevestre (1992) *The Econometrics of Panel Data; Handbook of Theory and Applications*: Kluwer Academic.

McCoskey, S. and C. Kao (1998) "A Residual-Based Test of the Null of Cointegration in Panel Data," *Econometric Reviews*, 17, 57-84.

Meghir, C. and L. Pistaferri (2004) "Income Variance Dynamics and Heterogeneity," *Econometrica*, 72, 1-32.

Meghir, C. and F. Windmeijer (1999) "Moment Conditions for Dynamic Panel Data Models with Multiplicative Individual Effects in the Conditional Variance," *Annales d'Economie et de Statistique*, 55-56, 317-330.

Moon, H. R. (1999) "A Note on Fully-Modified Estimation of Seemingly Unrelated Regressions Models with Integrated Regressors," *Economics Letters*, 65, 25-31.

Moon, H. R., B. Perron, and P. C. B. Phillips (2006) "On the Breitung

Test for Panel Unit Roots and Local Asymptotic Power," *Econometric Theory*, 22, 1179-1190.

Moon, H. R., B. Perron, and P. C. B. Phillips (2007) "Incidental Trends and the Power of Panel Unit Root Tests," *Journal of Econometrics*, 141, 416-459.

Moon, H. R. and B. Perron (2004) "Testing for Unit Root in Panels with Dynamic Factors," *Journal of Econometrics*, 122, 81-126.

Moon, H. R. and B. Perron (2005) "Efficient Estimation of the Seemingly Unrelated Regression Cointegration Model and Testing for Purchasing Power Parity," *Econometric Reviews*, 23, 293-323.

Moon, H. R. and B. Perron (2007) "An Empirical Analysis of Nonstationarity in a Panel of Interest Rates with Factors," *Journal of Applied Econometrics*, 22, 383-400.

Moon, H. R. and B. Perron (2008) "Asymptotic Local Power of Pooled t-Ratio Tests for Unit Roots in Panels with Fixed Effects," *Econometrics Journal*, 11, 80-104.

Morimune, K. (1983) "Approximate Distributions of k-Class Estimators When the Degree of Overidentifiability Is Large Compared with the Sample Size," *Econometrica*, 51, 821-841.

Mundlak, Y. (1978) "On the Pooling of Time Series and Cross Section Data," *Econometrica*, 46, 69-85.

Nabeya, S. (1999) "Asymptotic Moments of Some Unit Root Test Statistics in the Null Case," *Econometric Theory*, 15, 139-149.

Nabeya, S. and K. Tanaka (1988) "Asymptotic Theory of a Test for the Constancy of Regression Coefficients Against the Random Walk Alternative," *Annals of Statistics*, 16, 218-235.

Nagar, A.L. (1959) "The Bias and Moment Matrix of the General k-class Estimators of the Parameters in Simultaneous Equations," *Econometrica*, 27, 575-595.

Nerlove, M. (1971) "A Note on Error Components Models," *Econometrica*, 39, 383-396.

Nerlove, M. (2002) *Essays in Panel Data Econometrics*: Cambridge University Press.

Newey, W. K. and D. McFadden (1994) "Large Sample Estimation and Hypothesis Testing," in R. F. Engle, and D. McFadden eds. *Handbook of Econometrics*, North-Holland, Vol. 4, Chap. 36, 2113-2245.

Newey, W. K. and R. J. Smith (2004) "Higher Order Properties of GMM and Generalized Empirical Likelihood Estimators," *Econometrica*, 72, 219-

255.

Newey, W. K. and K. D. West (1987) "A Simple, Positive Semi-definite, Heteroskedasticity and Autocorrelation Consistent Covariance Matrix," *Econometrica*, 55, 703-708.

Newey, W. K. and K. D. West (1994) "Automatic Lag Selection in Covariance Estimation," *Review of Economics Studies*, 61, 631-653.

Nickell, S. J. (1981) "Biases in Dynamic Models with Fixed Effects," *Econometrica*, 49, 1417-1426.

O'Connell, P. J. G. (1998) "The Overvaluation of Purchasing Power Parity," *Journal of International Economics*, 44, 1-19.

Oh, K. Y. (1996) "Purchasing Power Parity and Unit Root Tests Using Panel Data," *Journal of International Money and Finance*, 15, 405-418.

Okui, R. (2009) "The Optimal Choice of Moments in Dynamic Panel Data Models," *Journal of Econometrics*, 151, 1-16.

Owen, A. B. (1990) "Empirical Likelihood Ratio Confidence Regions," *Annals of Statistics*, 22, 300-325.

Papell, D. H. (1997) "Searching for Stationarity: Purchasing Power Parity under the Current Float," *Journal of International Economics*, 43, 313-332.

Papell, D. H. (2002) "The Great Appreciation, the Great Depreciation and the Purchasing Power Parity Hypothesis," *Journal of International Economics*, 57, 51-82, January.

Papell, D. H. and H. Theodoridis (2001) "The Choice of Numeraire Currency in Panel Tests of Purchasing Power Parity," *Journal of Money, Credit, and Banking*, 33, 790-803.

Park, J. Y. (1992) "Canonical Cointegrating Regressions," *Econometrica*, 60, 119-143.

Park, J. Y. and P. C. B. Phillips (1988) "Statistical Inference in Regressions with Integrated Processes: Part 1," *Econometric Theory*, 4, 468-497.

Pedroni, P. (1999) "Critical Values for Cointegration Tests in Heterogeneous Panels with Multiple Regressors," *Oxford Bulletin of Economics and Statistics*, 61, 653-670.

Pedroni, P. (2000) "Fully Modified OLS for Heterogenous Cointegrated Panels," in B. H. Baltagi ed. *Nonstationary Panels, Panel Cointegration, and Dynamic Panels, Advances in Econometrics*, JAI Press, 15, 93-130.

Pedroni, P. (2004) "Panel Cointegration: Asymptotic and Finite Sample Properties of Pooled Time Series Tests with an Application to the PPP Hypothesis," *Econometric Theory*, 20, 597-625.

Pesaran, M. H. (2004) "General Diagnostic Tests for Cross Section Dependence in Panels," Cambridge Working Papers in Economics, No. 435.

Pesaran, M. H. (2006) "Estimation and Inference in Large Heterogeneous Panels with Cross Section Dependence," *Econometrica*, 74, 967-1012.

Pesaran, M. H. (2007) "A Simple Panel Unit Root Test in the Presence of Cross Section Dependence," *Journal of Applied Econometrics*, 22, 265-312.

Pesaran, M. H., R. Smith, and K. S. Im (1996) "Dynamic Linear Models for Heterogenous Panels," in L. Mátyás and P. Sevestre eds. *The Econometrics of Panel Data: A Handbook of the Theory with Applications* 2nd ed., 145-195.

Pesaran, M. H., Y. Shin, and R. P. Smith (1999) "Pooled Mean Group Estimation of Dynamic Heterogeneous Panels," *Journal of the American Statistical Association*, 94, 621-624.

Pesaran, M. H., T. Schuermann, and S. M. Weiner (2004) "Modelling Regional Interdependencies Using a Global Error-Correcting Macroeconometric Model," *Journal of Business and Economic Statistics*, 22, 129-162.

Pesaran, M. H., L. V. Smith, and R. P. Smith (2007) "What If the UK or Sweden Had Joined the Euro in 1999? An Empirical Evaluation Using a Global VAR," *International Journal of Finance and Economics*, 12, 55-87.

Pesaran, M. H., L. V. Smith, and T. Yamagata (2008) "Panel Unit Root Tests in the Presence of a Multifactor Error Structure," mimeo.

Pesaran, M. H., T. Schuermann, and L. V. Smith (2009) "Forecasting Economic and Financial Variables with Global VARs," *International Journal of Forecasting*, 25, 642-675.

Pesaran, M. H., R. P. Smith, T. Yamagata, and L. Hvozdyk (2009) "Pairwise Tests of Purchasing Power Parity," *Econometric Reviews*, 28, 495-521.

Pesaran, M. H. and R. Smith (1995) "Estimating Long-Run Relationships from Dynamic Heterogeneous Panels," *Journal of Econometrics,*, 68, 79-113.

Pesaran, M. H. and T. Yamagata (2008) "Testing Slope Homogeneity in Large Panels," *Journal of Econometrics*, 142, 50-93.

Pesaran, M. H. and Z. Zhao (1999) "Bias Reduction in Estimating Long-Run Relationships from Dynamic Heterogeneous Panels," in C. Hsiao, K. Lahiri, L. F. Lee, and M. H. Pesaran eds. *Analysis of Panels and Limited Dependent Variable Models*, Cambridge University Press, Chap. 12, 297-322.

Pesaran, M. H. and E. Tosetti (2007) "Large Panels with Common Factors and Spatial Correlations," Cambridge Working Papers in Economics 0743.

Petersen, M. A. (2009) "Estimating Standard Errors in Finance Panel Data Sets: Comparing Approaches," *Review of Financial Studies*, 22, 435-480.

Phillips, P. C. B. (1986) "Understanding Spurious Regressions in Econometrics," *Journal of Econometrics*, 33, 311-340.

Phillips, P. C. B. and C. Han (2008) "Gaussian Inference in AR(1) Time Series with or without a Unit Root," *Econometric Theory*, 24, 631-650.

Phillips, P. C. B. and B. E. Hansen (1990) "Statistical Inference in Instrumental Variable Regression with $I(1)$ Processes," *Review of Economic Studies*, 57, 99-125.

Phillips, P. C. B. and M. Loretan (1991) "Estimating Long-Run Economic Equilibria," *Review of Economic Studies*, 58, 407-436.

Phillips, P. C. B. and H. R. Moon (1999) "Linear Regression Limit Theory for Nonstationary Panel Data," *Econometrica*, 67, 1057-1111.

Phillips, P. C. B. and H. R. Moon (2000) "Nonstationary Panel Data Analysis: An Overview of Some Recent Developments," *Econometric Reviews*, 19, 263-286.

Phillips, P. C. B. and S. Ouliaris (1990) "Asymptotic Properties of Residual Based Tests for Cointegration," *Econometrica*, 58, 165-193.

Phillips, P. C. B. and J. Y. Park (1988) "Asymptotic Equivalence of Ordinary Least Squares and Generalized Least Squares in Regressions with Integrated Regressors," *Journal of the American Statistical Association*, 83, 111-115.

Phillips, P. C. B. and P. Perron (1988) "Testing for a Unit Root in Time Series Regression," *Biometrika*, 75, 335-346.

Phillips, P. C. B. and V. Solo (1992) "Asymptotics for Linear Processes," *Annals of Statistics*, 20, 971-1001.

Phillips, P. C. B. and D. Sul (2003) "Dynamic Panel Estimation and Homogeneity Testing Under Cross Section Dependence," *Econometrics Journal*, 6, 217-259.

Phillips, P. C. B. and D. Sul (2007) "Bias in Dynamic Panel Estimation with Fixed Effects, Incidental Trends and Cross Section Dependence," *Journal of Econometrics*, 127, 162-188.

Qin, J. and J. Lawless (1994) "Empirical Likelihood and General Estimating Equations," *Annals of Statistics*, 22, 300-325.

Quah, D. (1994) "Exploiting Cross-Section Variation for Unit Root Inference in Dynamic Data," *Economics Letters*, 44, 9-19.

Ramalho, J. (2005) "Feasible Bias-Corrected OLS, Within-Groups, and First-Differences Estimators for Typical Micro and Macro AR(1) Panel Data Models," *Empirical Economics*, 30, 735-748.

Rogers, J. H. and M. Jenkins (1995) "Haircuts or Hysteresis? Sources of Movements in Real Exchange Rates," *Journal of International Economics*, 38, 339-360.

Roll, R. (1979) "Violations of Purchasing Power Parity and Their Implications for Efficient International Commodity Markets," in M. Sarnat and G. P. Szego eds. *International Finance and Trade, Vol. 1*: Ballinger Publishing Company, 133-176.

Romero-Avila, D. (2008) "A Confirmatory Analysis of the Unit Root Hypothesis for OECD Consumption-Income Ratios," *Applied Economics*, 40, 2271-2278.

Roodman, D. (2006) "How to Do xtabond2: An Introduction to "Difference" and "System" GMM in Stata," Working Papers No. 103, Center for Global Development.

Roodman, D. (2009) "A Note on the Theme of Too Many Instruments," *Oxford Bulletin of Economics and Statistics*, 71, 135-158.

Runkle, D. E. (1991) "Liquidity Constraints and the Permanent-Income Hypothesis: Evidence from Panel Data," *Journal of Monetary Economics*, 27, 73-98.

Said, S. E. and D. A. Dickey (1984) "Testing for Unit Roots in Autoregressive Moving Average Models of Unknown Order," *Biometrika*, 71, 599-607.

Saikkonen, P. (1991) "Asymptotic Efficient Estimation of Cointegration Regressions," *Econometric Theory*, 7, 1-21.

Sarafidis, V. (2008) "GMM Estimation of Short Dynamic Panel Data Models with Error Cross Section Dependence," mimeo.

Sarafidis, V., T. Yamagata, and D. Robertson (2009) "A Test of Cross Section Dependence for a Linear Dynamic Panel Model with Regressors," *Journal of Econometrics*, 148, 149-161.

Sarafidis, V. and D. Robertson (2009) "On the Impact of Error Cross-sectional Dependence in Short Dynamic Panel Estimation," *Econometrics Journal*, 12, 62-81.

Sargan, J. D. and A. Bhargava (1983) "Testing Residuals from Least Squares Regression for Being Generated by the Gaussian Random Walk," *Econometrica*, 51, 153-174.

Satchachai, P. and P. Schmidt (2008) "GMM with More Moment Conditions Than Observations," *Economics Letters*, 99, 252-255.

Savin, N. E. (1984) "Multiple Hypothesis Testing," in Z. Griliches and M. D. Intrilligator eds. *Handbook of Econometrics*, North-Holland, Vol. 2, Chap. 14, 828-879.

Shin, D. W. and S. Kang (2006) "An Instrumental Variable Approach for Panel Unit Root Tests under Cross-Sectional Dependence," *Journal of Econometrics*, 134, 215-234.

Shin, D. W. and B. S. So (2001) "Recursive Mean Adjustment and Tests for Unit Roots," *Journal of Time Series Analysis*, 22, 595-612.

Shin, Y. (1994) "A Residual-Based Test of the Null of Cointegration Against the Alternative of No Cointegration," *Econometric Theory*, 10, 91-115.

Shin, Y. and A. Snell (2006) "Mean Group Tests for Stationarity in Heterogeneous Panels," *Econometrics Journal*, 9, 123-158.

So, B. S. and D. W. Shin (1999) "Recursive Mean Adjustment in Time Series Inferences," *Statistics and Probability Letters*, 43, 65-73.

Stock, J. H. (1990) "A Class of Tests for Integration and Cointegration," mimeo.

Stock, J. H. and M. W. Watson (1993) "A Simple Estimator of Cointegrating Vectors in Higher Order Integrated Systems," *Econometrica*, 61, 783-820.

Stock, J. H. and M. W. Watson (2008) "Heteroskedasticity-Robust Standard Errors for Fixed Effects Panel Data Regression," *Econometrica*, 76, 155-174.

Stouffer, S. A., E. A. Suchman, L. C. DeVinney, S. A. Star, and R. M. Williams Jr. (1949) *The American Soldier Volume I. Adjustment During Army Life*: Princeton University Press.

Strauss, J. and T. Yigit (2003) "Shortfalls of Panel Unit Root Testing," *Economics Letters*, 81, 309-313.

Sul, D. (2009) "Panel Unit Root Tests under Cross Section Dependence with Recursive Mean Adjustment," *Economics Letters*, 105, 123-126.

Swamy, P. A. V. B. (1970) "Efficient Inference in a Random Coefficient Regression Model," *Econometrica*, 38, 311-323.

Tanaka, K. (1996) *Time Series Analysis: Nonstationary and Noninvertible Distribution Theory*: John Wiley & Sons.

Taylor, M. P. and L. Sarno (1998) "The Behavior of Real Exchange Rates During the Post-Bretton Woods Period," *Journal of International Economics*, 46, 281-312.

Tippett, L. H. C. (1931) *The Methods of Statistics*: Williams and Norgate.

Wachter, S. De, R. D.F. Harris, and E. Tzavalis (2007) "Panel Data Unit Roots Tests: The Role of Serial Correlation and the Time Dimension," *Journal of Statistical Planning and Inference*, 137, 230-244.

Wagner, M. and J. Hlouskova (2010) "The Performance of Panel Cointegration Methods: Results from a Large Scale Simulation Study," *Econometric Reviews*, 29, 182-223.

Wansbeek, T. and P. Bekker (1996) "On IV, GMM and ML in a Dynamic Panel Data Model," *Economics Letters*, 51, 145-152.

Wansbeek, T. J. and T. Knaap (1999) "Estimating a Dynamic Panel Data Model with Heterogeneous Trends," *Annales d'Economie et de Statistique*, 55-56, 331-349.

Westerlund, J. (2005a) "Data Dependent Endogeneity Correction in Cointegrated Panels," *Oxford Bulletin of Economics and Statistics*, 67, 691-705.

Westerlund, J. (2005b) "New Simple Tests for Panel Cointegration," *Econometric Reviews*, 24, 297-316.

Westerlund, J. (2005c) "A Panel CUSUM Test of the Null of Cointegration," *Oxford Bulletin of Economics and Statistics*, 67, 231-262.

Westerlund, J. (2006a) "Reducing the Size Distortion of the Panel LM Test for Cointegration," *Economics Letters*, 90, 384-389.

Westerlund, J. (2006b) "Testing for Panel Cointegration with Multiple Structural Breaks," *Oxford Bulletin of Economics and Statistics*, 68, 101-132.

Westerlund, J. (2007) "Estimating Cointegrated Panels with Common Factors and the Forward Rate Unbiasedness Hypothesis," *Journal of Financial Econometrics*, 5, 491-522.

Westerlund, J. and D. L. Edgerton (2007) "A Panel Bootstrap Cointegration Test," *Economics Letters*, 97, 185-190.

Westerlund, J. and D. L. Edgerton (2008) "Simple Tests for Cointegration in Dependent Panels with Structural Breaks," *Oxford Bulletin of Economics and Statistics*, 70, 665-704.

Westerlund, J. and R. Larsson (2009) "A Note on the Pooling of Individual PANIC Unit Root Tests," *Econometric Theory*, 25, 1851-1868.

White, H. (1980) "A Heteroskedasticity-Consistent Covariance Matrix Estimator and a Direct Test for Heteroskedasticity," *Econometrica*, 48, 817-838.

White, H. (2001) *Asymptotic Theory for Econometricians*: Academic Press.

Windmeijer, F. (2005) "A Finite Sample Correction for the Variance of

Linear Efficient Two-Step GMM Estimators," *Journal of Econometrics*, 126, 25-51.

Wooldridge, J. M. (2001) *Econometric Analysis of Cross Section and Panel Data*: MIT Press.

Wu, J. L. and S. L. Chen (2001) "Mean Reversion of Interest Rates in the Eurocurrency Market," *Oxford Bulletin of Economics and Statistics*, 63, 459-473.

Wu, J. L., J. L. Tsai, and S. L. Chen (2004) "Are Real Exchange Rates Non-Stationary? The Pacific Basin Perspective," *Journal of Asian Economics*, 15, 425-438.

Wu, J. L. and S. Wu (2001) "Is Purchasing Power Parity Overvalued?" *Journal of Money, Credit, and Banking*, 33, 804-812.

Wu, Y. (1996) "Are Real Exchange Rates Nonstationary? Evidence from a Panel-Data Test," *Journal of Money, Credit, and Banking*, 28, 54-63.

Yamagata, T. (2008) "A Joint Serial Correlation Test for Linear Panel Data Models," *Journal of Econometrics*, 146, 135-145.

Yin, Y. and S. Wu (2000) "Stationary Tests in Heterogeneous Panels," in B. H. Baltagi ed. *Nonstationary Panels, Panel Cointegration, and Dynamic Panels, Advances in Econometrics*, JAI Press, 15, 275-296.

Yule, G. U. (1926) "Why Do We Sometimes Get Nonsense-Correlations between Time-Series?–A Study in Sampling and the Nature of Time-Series," *Journal of the Royal Statistical Society*, 89, 1-63.

Zeldes, S. P. (1989) "Comsumption and Liquidity Constraints: An Empirical Investigation," *Journal of Political Economy*, 97, 305-346.

Zellner, A. (1962) "An Efficient Method of Estimating Seemingly Unrelated Regressions and Tests for Aggregation Bias," *Journal of the American Statistical Association*, 57, 348-368.

Zellner, A. (1969) "On the Aggregation Problem: A New Approach to a Troublesome Problem," in K. A. Fox, J. K. Sengupta, and G. V. L. Narasimham eds. *Economic Models, Estimation and Risk Programming: Essays in Honor of Gerhard Tintner*, Springer-Verlag, 365-378.

Ziliak, J. P. (1997) "Efficient Estimation with Panel Data When Instruments Are Predetermined: An Empirical Comparison of Moment-Condition Estimators," *Journal of Business and Economic Statistics*, 15, 419-431.

Zivot, E. and D. W. K. Andrews (1992) "Further Evidence on the Great Crash, the Oil-Price Shock, and the Unit-Root Hypothesis," *Journal of Business and Economic Statistics*, 10, 251-270.

北村行伸 (2003) 「パネルデータ分析の新展開」,『経済研究』, 54, 74-93.
北村行伸 (2005) 『パネルデータ分析』, 岩波書店.
田中勝人 (2006) 『現代時系列分析』, 岩波出版.

索　引

SLS　　16, 64, 69
SLS 推定量　　75, 80, 84, 284
　——のバイアス　　75, 80
次バイアス → バイアス
ADF-GLS 検定　　150, 183
ADF 検定　　132
ARCH 構造　　111
Bartlett 修正　　281
BOD 変換　　59, 76
bootstrap → ブートストラップ
CADF 分布　　198
CIPS 検定　　200
Combination 検定　　146, 180, 192, 211
CUP 推定量　　265
　FM——　　266
DF 分布　　142, 191, 192, 195
diagonal path limit theory → 特定経路極限理論
Eviews　　107, 163
FCLT　　222, 223, 231, 233, 244, 259, 270, 272, 290
fixed effect → 固定効果
FMOLS 推定量 → OLS 推定量
FOD
　——GMM 推定量 → GMM 推定量
　——変換　　51, 59, 64, 85, 97, 98
GDP　　216
GLS　　8, 52, 116, 117, 178
GLS 推定量　　13, 46, 53
　——のバイアス　　252
　——のバイアス修正　　255
　F——　　26, 167
　システム——　　250
　システム FM-　　254
　システムダイナミック——　　256
GMM　　20, 282
GMM 推定量　　60, 282

　——の Windmeijer の標準誤差の修正　　74
　——のバイアス　　74, 76, 77, 79, 86, 115, 116, 285
ステップ——　　63, 65, 285
ステップ——　　63, 68, 72, 285
CU——　　81, 108, 285
FOD——　　64, 66, 76, 78, 84, 98
一階階差——　　60, 76, 82, 83, 97
最適——　　285
システム——　　45, 64, 70, 77, 82, 100, 101, 105, 108
レベル——　　45, 66, 69, 82, 99, 100, 102
Hausman and Taylor モデル　　20, 32, 34
Hausman 検定　　33, 103
Helmert 変換　　47, 51
Johansen 検定　　275, 276, 279
joint limit theory → 同時極限理論
KPSS 検定　　153, 207, 219
LIML 推定量　　75, 79, 80, 115
LSDV 推定量　　14, 46, 49, 50, 82, 90, 115, 234, 260, 268
　——のバイアス　　50, 83, 235, 261
　——のバイアス修正　　54, 56, 92, 111, 113, 116, 236, 261
m_j 検定　　104, 108
OLS　　7
OLS 推定量　　7, 46, 225, 232, 283
　——のバイアス　　48, 123, 134, 136, 226, 252
　——のバイアス修正　　56, 205, 226, 252, 254
　FM——　　226, 236, 261, 273
　Pooled——　　9, 46, 133, 142, 186, 268
　システム——　　249

索 引

システム FM—— 252
システムダイナミック—— 256
ダイナミック—— 226, 229, 237, 273
PANIC 191
PANIC 206, 274
Pooled OLS 推定量 → OLS 推定量
random effect → 変量効果
Sargan の階差検定 103, 106, 108, 287
sequential limit theory → 逐次極限理論
STATA 107, 163
SUR モデル 5, 171, 176, 246
Wald 検定 74
weak instruments → 操作変数
WG 13
　——推定量 13 → LSDV 推定量、固定効果推定量
　——変換 13, 48, 112

ア 行

アンバランスパネルデータ 95, 147
一階階差 12, 23, 67, 85, 113, 116, 191, 207
　——GMM 推定量 → GMM 推定量
　——変換 47
　——モデル 47, 57, 96, 97
一致推定量 12, 112, 232, 235, 251
一致性 7, 13, 47, 63, 70, 73, 92, 223, 284
　検定の—— 141, 197, 305
インパルス応答関数 120
ウェイト行列 283
　最適—— 285

カ 行

カーネル
　——関数 137, 295
　——推定量 137
確認分析 153, 157
過剰識別制約検定 108, 286
為替レート 189, 212
外生
　——変数 74, 88
　厳密な——性 19, 36, 49
　厳密な——変数 88, 92, 95, 97
　同時点——性 19

共和分
　——ベクトル 225, 233, 246, 269, 275, 276
　——モデル 223
　——ランク 276, 279
クロスメンバー—— 280
クロスユニット—— 280
パネル——検定 267, 274, 276
パネル——モデル 233, 245, 257, 258
局所対立仮説 161, 304
均一
　——係数 9, 133, 168, 179
　——性 127, 154, 174
　——長期分散 231
　——分散 65, 75
クロスセクション
　——データ 3
　——の相関 22, 31, 37, 95, 115, 128, 138, 166, 175, 212, 243, 274, 278
　——の相関の検定 117, 212
　——の独立・無相関性 11, 131, 132, 165, 221, 267, 276
グローバル確率的トレンド 264
経験尤度推定量 75, 79, 92
経済成長モデル 121, 172
系列相関 13, 26, 58, 63, 65, 75, 104, 113, 117, 198, 226, 235
　——の検定 104 → m_j 検定
検出力 302
　過剰識別制約検定の—— 109
　サイズ調整済み—— 163, 304
　時系列単位根検定の—— 131, 153, 164, 170
　パネル単位根検定の—— 160, 189, 202
構造変化 150, 169, 204, 214, 274
購買力平価説 163, 212
効率性 7, 13, 26, 55, 60, 75, 76, 256
効率的 60, 72, 97, 230, 285
固定効果 80, 184
　——推定量 13, 46
　——分析 4, 9
　——モデル 11, 133
　——モデルの妥当性の検定 35
一元配置——モデル 22
二元配置——モデル 22
個別効果 11, 25, 43, 181

索 引

――の有無の検定　35, 103
雇用　107

サ 行

最小 2 乗ダミー変数推定量 → LSDV 推定量
サイズ
　　――の歪み　74, 138, 160, 175, 178, 202, 303
　　実質――　303
　　名目――　303
最尤推定量　79, 80, 111
　　擬似――　120
　　制限情報―― → LIML 推定量
サブサンプリング　202
システム
　　――GMM 推定量 → GMM 推定量
　　――モデル　70, 101, 249
消費関数　121
初期条件　44, 63, 70, 75, 80, 82
　　――の平均定常性の検定　105, 108
　　平均定常な――　45, 67, 70, 73, 82, 83, 99, 105
　　平均非定常な――　45, 82, 83
所得関数　28
時間効果　17, 22, 31, 36, 55, 107, 116, 120, 128, 138, 157, 176, 177, 180, 243, 257
　　――の検定　36
時系列データ　3
生産関数　15
先決変数　88, 92, 95, 102
漸近正規性　13, 63, 137, 284
漸近展開　54, 92
漸近バイアス → バイアス
操作変数　202, 284
　　――推定量　57, 96
　　――の数　66, 77 → モーメント条件の数
　　――の選択 → モーメント条件の選択
　　弱い――　64, 69, 72, 77, 85

タ 行

タイムトレンド　112, 189, 204
単位根検定 → ADF 検定, ADF-GLS 検定
　　パネル――　131, 178
短期係数　121

第 1 世代の非定常パネル　129, 131, 221
第 2 世代の非定常パネル　129, 175, 243
ダイナミック OLS 推定量 → OLS 推定量
逐次極限理論　139, 142, 152, 156, 159, 180, 183, 198, 232, 235, 258, 265, 269, 271, 274, 306
長階差変換　47
長期係数　121
長期分散　132, 134, 136, 137, 158, 185, 187, 203, 204, 226, 233, 238, 245, 259, 268, 289
　　――の推定　236, 295
　　片側――　185, 233, 289
賃金　107, 216
定常性検定　153 → KPSS 検定
　　パネル――　131, 153, 203
投資関数　121
特定経路極限理論　134, 139, 306
動学的パネルモデル　42, 88
同時極限理論　139, 159, 198, 307

ナ 行

内生性　57, 226, 235

ハ 行

汎関数中心極限定理　290 → FCLT
バイアス　116
　　――修正 → OLS 推定量、GLS 推定量、LSDV 推定量
　　次――　226, 235, 236, 252, 254, 255, 262, 265
　　漸近――　48, 50, 55, 95, 113
パネル
　　――AR(1) モデル　43
　　――AR(p) モデル　60, 111, 117
　　――VAR モデル　50, 107, 120, 276
　　――共和分検定 → 共和分
　　――共和分モデル → 共和分
　　――多変量共和分モデル　276
　　――ベクトルエラー修正モデル　276, 278
パネルデータ　3
　　典型的な――　14, 126
　　ミクロ――　126
不均一　112

——共和分ベクトル　246, 270, 272,
　　　　275, 276, 279
　　　——係数　37, 120, 140, 147, 167,
　　　　176
　　　——性　127, 157, 173
　　　——長期分散　238
　　　——分散　55, 65, 111
不偏性　13
ブートストラップ　54, 151, 167, 202,
　　275
ブラウン運動　288
　　　トレンド調整済み——　288
　　　標準——　288
　　　平均調整済み——　226, 288
平均グループ推定量　123
変量効果　80
　　　——推定量　26, 46, 53
　　　——分析　4, 23
　　　——モデル　24
　　　——モデルの妥当性の検定　36
　　　一元配置——モデル　31
　　　二元配置——モデル　31

マ　行

見せかけ
　　　——の回帰　222, 231, 243, 264
　　　——の相関　222
モーメント条件　282
　　　——の数　66, 74–76, 80, 286
　　　——の選択　77
　　　重複する——　71

ヤ　行

弱い操作変数 → 操作変数

ラ　行

ラグランジュ乗数検定　36
ランダム係数モデル　120, 127, 174
利子率　172, 189, 218
レベル
　　　——GMM 推定量 → GMM 推定量
　　　——モデル　67, 99
労働需要関数　121

千木良 弘朗（ちぎら・ひろあき）

1976年群馬県で生まれる。2001年一橋大学経済学部卒業。2006年一橋大学大学院経済学研究科博士号（経済学）取得。2006年東北大学大学院経済学研究科助教授。現在東北大学大学院経済学研究科准教授

〔主要業績〕A Test of Serial Independence of Deviations from Cointegrating Relations. *Economics Letters*, 2006. Finite Sample Modifications of the Granger Non-Causality Test in Cointegrated Vector Autoregressions. *Communications in Statistics - Theory and Methods*, 2007.（山本拓との共著）

早川 和彦（はやかわ・かずひこ）

1979年広島で生まれる。2001年慶應義塾大学経済学部卒業。2007年一橋大学大学院経済学研究科博士号（経済学）取得。2008年広島大学大学院社会科学研究科講師。現在広島大学大学院社会科学研究科准教授

〔主要業績〕A Simple Efficient Instrumental Variable Estimator in Panel AR(p) Models When Both N and T are Large, *Econometric Theory*, 2009. The Asymptotic Properties of Efficient Estimators for Cointegrating Regression Models with Serially Dependent Errors, *Journal of Econometrics*, 2009.（黒住英司氏との共著）

山本 拓（やまもと・たく）

1945年東京で生まれる。1968年慶応義塾大学工学部管理工学科卒業。1974年ペンシルヴァニア大学Ph.D.(経済学)取得。1991年一橋大学経済学部教授。現在日本大学経済学部教授・一橋大学名誉教授

〔主要業績〕『経済の時系列分析』（創文社，1988年）。（1988年度「日経・経済図書文化賞」受賞）。Statistical Inference in Vector Autoregressions with Possibly Integrated Processes, *Journal of Econometrics*, 1995.（戸田裕之氏との共著）

〔動学的パネルデータ分析〕　　　　　ISBN978-4-86285-102-4

2011年2月25日　第1刷印刷
2011年2月28日　第1刷発行

著者　千木良　弘朗
　　　早川　和彦
　　　山本　　拓
発行者　小山　光夫
製版　ジャット

発行所　〒113-0033 東京都文京区本郷1-13-2
電話03(3814)6161 振替00120-6-117170
http://www.chisen.co.jp
株式会社 知泉書館

Printed in Japan

印刷・製本／藤原印刷